"十三五"国家重点出版物出版规划项目

中国土系志

Soil Series of China

（中西部卷）

总主编　张甘霖

重 庆 卷
Chongqing

慈　恩　著

科 学 出 版 社
龙 门 书 局
北 京

内 容 简 介

《中国土系志·重庆卷》在对重庆市区域概况和主要土壤类型进行全面调查研究的基础上，进行了土壤系统分类高级分类单元（土纲-亚纲-土类-亚类）的鉴定和基层分类单元（土族-土系）的划分。本书的上篇论述重庆市区域概况、成土因素、成土过程、诊断层与诊断特性、土壤分类的历史回顾以及本次土系调查的概况；下篇重点介绍建立的重庆市典型土系，内容包括每个土系所属的高级分类单元、分布与环境条件、土系特征与变幅、对比土系、利用性能综述、参比土种、代表性单个土体以及相应的主要理化性质。最后附重庆市典型土系与土种参比表。

本书可供土壤学、土地资源管理、农学、林学、环境科学、地理学、生态学等学科的科研和教学工作者参阅，也可供涉及土壤调查工作的管理部门和技术单位相关人员使用。

审图号：GS（2020）3822 号

图书在版编目（CIP）数据

中国土系志. 中西部卷. 重庆卷/张甘霖主编；慈恩著. —北京：龙门书局，2020.12

"十三五"国家重点出版物出版规划项目　国家出版基金项目

ISBN 978-7-5088-5703-9

Ⅰ.①中… Ⅱ.①张… ②慈… Ⅲ.①土壤地理-中国②土壤地理-重庆 Ⅳ.①S159.2

中国版本图书馆 CIP 数据核字（2019）第 291498 号

责任编辑：周 丹　曾佳佳/责任校对：杨聪敏
责任印制：师艳茹/封面设计：许 瑞

科 学 出 版 社
龍 門 書 局 出版

北京东黄城根北街 16 号
邮政编码：100717
http://www.sciencep.com
中国科学院印刷厂 印刷

科学出版社发行　各地新华书店经销
*
2020 年 12 月第 一 版　开本：787×1092　1/16
2020 年 12 月第一次印刷　印张：25 1/2
字数：600 000

定价：298.00 元
（如有印装质量问题，我社负责调换）

《中国土系志》编委会顾问

孙鸿烈　　赵其国　　龚子同　　黄鼎成　　王人潮
张玉龙　　黄鸿翔　　李天杰　　田均良　　潘根兴
黄铁青　　杨林章　　张维理　　郧文聚

土系审定小组

组　长　张甘霖
成　员（以姓氏笔画为序）

王天巍　　王秋兵　　龙怀玉　　卢　瑛　　卢升高
刘梦云　　李德成　　杨金玲　　吴克宁　　辛　刚
张凤荣　　张杨珠　　赵玉国　　袁大刚　　黄　标
常庆瑞　　麻万诸　　章明奎　　隋跃宇　　慈　恩
蔡崇法　　漆智平　　翟瑞常　　潘剑君

《中国土系志》编委会

主　　编　张甘霖

副主编　王秋兵　李德成　张凤荣　吴克宁　章明奎

编　　委（以姓氏笔画为序）

王天巍	王秋兵	王登峰	孔祥斌	龙怀玉
卢　瑛	卢升高	白军平	刘梦云	刘黎明
李　玲	李德成	杨金玲	吴克宁	辛　刚
宋付朋	宋效东	张凤荣	张甘霖	张杨珠
张海涛	陈　杰	陈印军	武红旗	周　清
赵　霞	赵玉国	胡雪峰	袁大刚	黄　标
常庆瑞	麻万诸	章明奎	隋跃宇	董云中
韩春兰	慈　恩	蔡崇法	漆智平	翟瑞常
潘剑君				

《中国土系志·重庆卷》作者名单

主要作者 慈　恩

参编人员 （以姓氏笔画为序）

祁　乐　李　松　连茂山　陈　林

邵景安　屈　明　胡　瑾　翁昊璐

唐　江　程永毅　曾蔓漫　樊晶晶

丛 书 序 一

　　土壤分类作为认识和管理土壤资源不可或缺的工具,是土壤学最为经典的学科分支。现代土壤学诞生后,近 150 年来不断发展,日渐加深人们对土壤的系统认识。土壤分类的发展一方面促进了土壤学整体进步,同时也为相邻学科提供了理解土壤和认知土壤过程的重要载体。土壤分类水平的提高也极大地提高了土壤资源管理的水平,为土地利用和生态环境建设提供了重要的科学支撑。在土壤分类体系中,高级单元主要体现土壤的发生过程和地理分布规律,为宏观布局提供科学依据;基层单元主要反映区域特征、层次组合以及物理、化学性状,是区域规划和农业技术推广的基础。

　　我国幅员辽阔,自然地理条件迥异,人类活动历史悠久,造就了我国丰富多样的土壤资源。自现代土壤学在中国发端以来,土壤学工作者对我国土壤的形成过程、类型、分布规律开展了卓有成效的研究。就土壤基层分类而言,自 20 世纪 30 年代开始,早期的土壤分类引进美国 Marbut 体系,区分了我国亚热带低山丘陵区的土壤类型及其续分单元,同时定名了一批土系,如孝陵卫系、萝岗系、徐闻系等,对后来的土壤分类研究产生了深远的影响。

　　与此同时,美国土壤系统分类(soil taxonomy)也在建立过程中,当时 Marbut 分类体系中的土系(soil series)没有严格的边界,一个土系的属性空间往往跨越不同的土纲。典型的例子是迈阿密(Miami)系,在系统分类建立后按照属性边界被拆分成为不同土纲的多个土系。我国早期建立的土系也同样具有属性空间变异较大的情形。

　　20 世纪 50 年代,随着全面学习苏联土壤分类理论,以地带性为基础的发生学土壤分类迅速成为我国土壤分类的主体。1978 年,中国土壤学会召开土壤分类会议,制定了依据土壤地理发生的《中国土壤分类暂行草案》。该分类方案成为随后开展的全国第二次土壤普查中使用的主要依据。通过这次普查,于 20 世纪 90 年代出版了《中国土种志》,其中包含近 3000 个典型土种。这些土种成为各行业使用的重要土壤数据来源。限于当时的认识和技术水平,《中国土种志》所记录的典型土种依然存在"同名异土"和"同土异名"的问题,代表性的土壤剖面没有具体的经纬度位置,也未提供剖面照片,无法了解土种的直观形态特征。

　　随着"中国土壤系统分类"的建立和发展,在建立了从土纲到亚类的高级单元之后,建立以土系为核心的土壤基层分类体系是"中国土壤系统分类"发展的必然方向。建立我国的典型土系,不但可以从真正意义上使系统完整,全面体现土壤类型的多样性和丰富性,而且可以为土壤利用和管理提供最直接和完整的数据支持。

　　在科技部国家科技基础性工作专项项目"我国土系调查与《中国土系志》编制"的支持下，以中国科学院南京土壤研究所张甘霖研究员为首，联合全国二十多所大学和相关科研机构的一批中青年土壤科学工作者，经过数年的努力，首次提出了中国土壤系统分类框架内较为完整的土族和土系划分原则与标准，并应用于土族和土系的建立。通过艰苦的野外工作，先后完成了我国东部地区和中西部地区的主要土系调查和鉴别工作。在比土、评土的基础上，总结和建立了具有区域代表性的土系，并编纂了以各省市为分册的《中国土系志》，这是继"中国土壤系统分类"之后我国土壤分类领域的又一重要成果。

　　作为一个长期从事土壤地理学研究的科技工作者，我见证了该项工作取得的进展和一批中青年土壤科学工作者的成长，深感完善这项成果对中国土壤系统分类具有重要的意义。同时，这支中青年土壤分类工作者队伍的成长也将为未来该领域的可持续发展奠定基础。

　　对这一基础性工作的进展和前景我深感欣慰。是为序。

中国科学院院士

2017 年 2 月于北京

丛 书 序 二

　　土壤分类和分布研究既是土壤学也是自然地理学中的基础工作。认识和区分土壤类型是理解土壤多样性和开展土壤制图的基础，土壤分类的建立也是评估土壤功能，促进土壤技术转移和实现土壤资源可持续管理的工具。对土壤类型及其分布的勾画是土地资源评价、自然资源区划的重要依据，同时也是诸多地表过程研究所不可或缺的数据来源，因此，土壤分类研究具有显著的基础性，是地球表层系统研究的重要组成部分。

　　我国土壤资源调查和土壤分类工作经历了几个重要的发展阶段。20 世纪 30 年代至70 年代，老一辈土壤学家在路线调查和区域综合考察的基础上，基本明确了我国土壤的类型特征和宏观分布格局；80 年代开始的全国土壤普查进一步摸清了我国的土壤资源状况，获得了大量的基础数据。当时由于历史条件的限制，我国土壤分类基本沿用了苏联的地理发生分类体系，强调生物气候带的影响，而对母质和时间因素重视不够。此后虽有局部的调查考察，但都没有形成系统的全国性数据集。

　　以诊断层和诊断特性为依据的定量分类是当今国际土壤分类的主流和趋势。自 20世纪 80 年代开始的"中国土壤系统分类"研究历经 20 多年的努力构建了具有国际先进水平的分类体系，成果获得了国家自然科学奖二等奖。"中国土壤系统分类"完成了亚类以上的高级单元，但对基层分类级别——土族和土系——仅仅开展了一些样区尺度的探索性研究。因此，无论是从土壤系统分类的完整性，还是土壤类型代表性单个土体的数据积累来看，仅有高级单元与实际的需求还有很大距离，这也说明进行土系调查的必要性和紧迫性。

　　在科技部国家科技基础性工作专项的支持下，自 2008 年开始，中国科学院南京土壤研究所联合国内 20 多所大学和科研机构，在张甘霖研究员的带领下，先后承担了"我国土系调查与《中国土系志》编制"（项目编号 2008FY110600）和"我国土系调查与《中国土系志（中西部卷）》编制"（项目编号 2014FY110200）两期研究项目。自项目开展以来，近百名项目参加人员，包括数以百计的研究生，以省区为单位，依据统一的布点原则和野外调查规范，开展了全面的典型土系调查和鉴定。经过 10 多年的努力，参加人员足迹遍布全国各地，克服了种种困难，不畏艰辛，调查了近 7000 个典型土壤单个土体，结合历史土壤数据，建立了近 5000 个我国典型土系；并以省区为单位，完成了我国第一部包含 30 分册、基于定量标准和统一分类原则的土系志，朝着系统建立我国基于定量标准的基层分类体系迈进了重要的一步。这些基础性的数据，无疑是我国自第二次土壤普查以来重要的土壤信息来源，相关成果可望为各行业、部门和相关研究者，特别是土壤质量提升、土地资源评价、水文水资源模拟、生态系统服务评估等工作提供最新的、系统的数据支撑。

　　我欣喜于并祝贺《中国土系志》的出版，相信其对我国土壤分类研究的深入开展、对促进土壤分类在地球表层系统科学研究中的应用有重要的意义。欣然为序。

中国科学院院士

2017 年 3 月于北京

丛 书 前 言

土壤分类的实质和理论基础，是区分地球表面三维土壤覆被这一连续体发生重要变化的边界，并试图将这种变化与土壤的功能相联系。区分土壤属性空间或地理空间变化的理论和实践过程在不断进步，这种演变构成土壤分类学的历史沿革。无论是古代朴素分类体系所使用的土壤颜色或土壤质地，还是现代分类采用的多种物理、化学属性乃至光谱（颜色）和数字特征，都携带或者代表了土壤的某种潜在功能信息。土壤分类正是基于这种属性与功能的相互关系，构建特定的分类体系，为使用者提供土壤功能指标，这些功能可以是农林生产能力，也可以是固存土壤有机碳或者无机碳的潜力或者抵御侵蚀的能力，乃至是否适合作为建筑材料。分类体系也构筑了关于土壤的系统知识，在一定程度上厘清了土壤之间在属性和空间上的距离关系，成为传播土壤科学知识的重要工具。

毫无疑问，对土壤变化区分的精细程度决定了对土壤功能理解和合理利用的水平，所采用的属性指标也决定了其与功能的关联程度。在大陆或国家尺度上，土纲或亚纲级别的分布已经可以比较准确地表达大尺度的土壤空间变化规律。在农场或景观水平，土壤的变化通常从诊断层（发生层）的差异变为颗粒组成或层次厚度等属性的差异，表达这种差异正是土族或土系确立的前提。因此，建立一套与土壤综合功能密切相关的土壤基层单元分类标准，并据此构建亚类以下的土壤分类体系（土族和土系），是对土壤变异精细认识的体现。

基于现代分类体系的土系鉴定工作在我国基本处于空白状态。我国早期（1949 年以前）所建立的土系沿用了美国土壤系统分类建立之前的 Marbut 分类原则，基本上都是区域的典型土壤类型，大致可以相当于现代系统分类中的亚类水平，涵盖范围较大。"中国土壤系统分类"研究在完成高级单元之后尝试开展了土系研究，进行了一些局部的探索，建立了一些典型土系，并以海南等地区为例建立了省级尺度的土系概要，但全国范围内的土系鉴定一直未能实现。缺乏土族和土系的分类体系是不完整的，也在一定程度上制约了分类在生产实际中特别是区域土壤资源评价和利用中的应用，因此，建立"中国土壤系统分类"体系下的土族和土系十分必要和紧迫。

所幸，这项工作得到了国家科技基础性工作专项的支持。自 2008 年开始，我们联合国内 20 多所大学和科研机构，先后开展了"我国土系调查与《中国土系志》编制"（项目编号 2008FY110600）和"我国土系调查与《中国土系志（中西部卷）》编制"（项目编号 2014FY110200）两个项目的连续研究，朝着系统建立我国基于定量标准的基层分类体系迈进了重要的一步。经过 10 多年的努力，项目调查了近 7000 个典型土壤单个土体，结合历史土壤数据，建立了近 5000 个我国典型土系，并以省区为单位，完成了我国第一部基于定量标准和统一分类原则的全国土系志。这些基础性的数据，将成为自第二次全国土壤普查以来重要的土壤信息来源，可望为农业、自然资源管理、生态环境建设等部门和相关研究者提供最新的、系统的数据支撑。

项目在执行过程中，得到了两届项目专家小组和项目主管部门、依托单位的长期指导和支持。孙鸿烈院士、赵其国院士、龚子同研究员和其他专家为项目的顺利开展提供了诸多重要的指导。中国科学院前沿科学与教育局、重大科技任务局、科技促进发展局、中国科学院南京土壤研究所以及土壤与农业可持续发展国家重点实验室都持续给予关心和帮助。

值得指出的是，作为研究项目，在有限的资助下只能着眼主要的和典型的土系，难以开展全覆盖式的调查，不可能穷尽亚类单元以下所有的土族和土系，也无法绘制土系分布图。但是，我们有理由相信，随着研究和调查工作的开展，更多的土系会被鉴定，而基于土系的应用将展现巨大的潜力。

由于有关土系的系统工作在国内尚属首次，在国际上可资借鉴的理论和方法也十分有限，因此我们在对于土系划分相关理论的理解和土系划分标准的建立上肯定会存在诸多不足；而且，由于本次土系调查工作在人员和经费方面的局限性以及项目执行期限的限制，书中疏误恐在所难免，希望得到各方的批评与指正！

张甘霖

2017 年 4 月于南京

前　　言

2014 年起，在国家科技基础性工作专项项目"我国土系调查与《中国土系志（中西部卷）》编制"（2014FY110200）支持下，由中国科学院南京土壤研究所牵头，联合全国多所高等院校和科研单位，开展我国中西部地区 15 个省（直辖市、自治区）（内蒙古、山西、陕西、宁夏、甘肃、新疆、青海、西藏、四川、贵州、云南、重庆、广西、江西、湖南）的土系调查和土系志编制工作。本书是该专项的主要成果之一，也是继 20 世纪 80 年代第二次土壤普查后，有关重庆市土壤调查与分类方面的最新成果体现。

重庆市土系调查研究覆盖了全市区域，经历了基础资料与图件收集整理、代表性单个土体布点、野外调查与采样、室内测定分析、高级单元土纲-亚纲-土类-亚类的确定、基层单元土族-土系划分与建立、专著编撰等一系列艰辛、烦琐、细致的过程。整个工作历时近 6 年，累计行程 2 万多公里，共挖掘、调查了 145 个典型土壤剖面，采集、分析了 700 多个发生层土样，拍摄了 4 万多张景观、剖面和新生体等照片，获取了 7 万多条成土因素、土壤剖面形态、土壤理化性质等方面的信息和数据，最终共划分出 106 个土族，新建了 144 个土系。

本书中单个土体布点依据"空间单元（地形、母质、利用）＋历史土壤图＋专家经验"的方法，土壤剖面调查依据项目组制定的《野外土壤描述与采样手册》，土样测定分析依据《土壤调查实验室分析方法》，土纲-亚纲-土类-亚类高级分类单元的确定依据《中国土壤系统分类检索（第三版）》，基层分类单元土族-土系的划分和建立根据项目组制定的《中国土壤系统分类土族和土系划分标准》。

本书作为一本区域性专著，全书共两篇，分 8 章。上篇（第 1～3 章）为总论，主要介绍重庆市的区域概况、成土因素、主要成土过程、诊断层与诊断特性、土壤分类简史及土系调查概况等；下篇（第 4～8 章）为区域典型土系，详细介绍所建立的典型土系，包括分布与环境条件、土系特征与变幅、对比土系、利用性能综述、参比土种、代表性单个土体形态描述及相应的理化性质等。

重庆市土系调查工作的完成与本书的定稿，饱含着我国众多老一辈专家、各界同仁和研究生的辛勤劳动。在此，特别感谢项目组诸位专家和同仁们多年来的温馨合作和热情指导！感谢西南大学谢德体教授、魏朝富研究员和高明研究员在前期资料收集、野外工作及土系志编撰等方面给予的支持和帮助！感谢参与野外调查、室内测定分析、土系数据库建立的各位同仁和全体研究生！感谢重庆市农业农村委员会及各区（县）土肥站同仁给予的支持与帮助！感谢浙江大学章明奎教授对本书的审阅及提出的宝贵修改建议！在土系调查和本书写作过程中，参阅了大量资料，特别是重庆市第二次土壤普查资料，主要包括《重庆土壤》《涪陵土壤》《万县地区土壤》《四川土壤》《四川土种志》及相关图件等，在此一并表示感谢！

受时间和经费的限制，本次土系调查研究不同于全面的土壤普查，而是重点针对重庆市的典型土系，虽然建立的典型土系遍布重庆全市，但由于重庆市自然条件复杂、农业利用形式多样，肯定尚有一些土系还没有被列入。因此，本书对重庆市土系研究而言，仅是一个开端，新的土系还有待今后的进一步充实。另外，由于作者水平有限，疏漏之处在所难免，敬请读者谅解和批评指正！

慈　恩

2019 年 11 月于重庆

目　　录

上 篇　总　　论

下篇　区域典型土系

上篇　总　　论

第1章 区域概况与成土因素

1.1 区 域 概 况

1.1.1 地理位置

重庆市，简称渝，是中华人民共和国直辖市，地处我国西南部、长江上游地区，位于 105°17′～110°11′E 和 28°10′～32°13′N，东邻湖北省、湖南省，南接贵州省，西与四川省毗邻，北连陕西省；辖区东西长 470 km，南北宽 450 km，面积 8.24 万 km²；2017 年底，全市辖 26 个区、8 个县、4 个自治县（图 1-1 和表 1-1），222 个街道、626 个镇、182 个乡（包括 14 个民族乡）（重庆市统计局和国家统计局重庆调查总队，2018）。

图 1-1　重庆市行政区划图

表 1-1　重庆市县级以上行政区划

市辖区	县	自治县
万州区、黔江区、涪陵区、渝中区、大渡口区、江北区、沙坪坝区、九龙坡区、南岸区、北碚区、渝北区、巴南区、长寿区、江津区、合川区、永川区、南川区、綦江区、大足区、璧山区、铜梁区、潼南区、荣昌区、开州区、梁平区、武隆区	城口县、丰都县、垫江县、忠县、云阳县、奉节县、巫山县、巫溪县	石柱土家族自治县、秀山土家族苗族自治县、酉阳土家族苗族自治县、彭水苗族土家族自治县

1.1.2　土地利用

据国土部门的相关统计资料显示，重庆市 2016 年土地利用现状数据如下：土地总面积 823.74 万 hm^2，其中农用地 708.25 万 hm^2，占土地总面积的 85.98%；建设用地 65.76 万 hm^2，占 7.98%；其他土地 49.73 万 hm^2，占 6.04%。农用地中，以耕地和林地为主，耕地面积为 243.18 万 hm^2，占农用地面积的 34.33%；林地面积为 380.74 万 hm^2，占 53.76%；园地面积 27.11 万 hm^2，牧草地面积 4.55 万 hm^2，其他农用地 52.67 万 hm^2，分别占 3.83%、0.64% 和 7.44%。建设用地中，城乡建设用地面积 55.25 万 hm^2，交通水利用地面积 9.97 万 hm^2，其他建设用地 0.54 万 hm^2，分别占 84.02%、15.16% 和 0.82%。城乡建设用地中，以农村居民点为主，面积为 34.90 万 hm^2，占城乡建设用地面积的 63.17%，城市用地 10.10 万 hm^2，建制镇 8.73 万 hm^2，采矿用地 1.52 万 hm^2，分别占城乡建设用地面积的 18.28%、15.80% 和 2.75%。其他土地中，水域面积 17.54 万 hm^2，滩涂沼泽 0.72 万 hm^2，自然保留地 31.47 万 hm^2，分别占其他土地面积的 35.27%、1.45% 和 63.28%。自然保留地中，主要为荒草地和裸地，面积分别为 28.10 万 hm^2 和 3.37 万 hm^2，分别占自然保留地面积的 89.29% 和 10.71%。

1.1.3　社会经济状况

重庆市是我国重要的中心城市之一，国家历史文化名城，长江上游地区经济中心，国家重要的现代制造业基地，西南地区综合交通枢纽。2017 年，全市实现地区生产总值（GDP）19 500.27 亿元，其中第一、二、三产业分别为 1339.62 亿元、8596.61 亿元和 9564.04 亿元。全市常住人口 3075.16 万人，人均 GDP 为 6.34 万元。2017 年，全市农作物总播种面积为 360.64 万 hm^2，其中粮食、油料、蔬菜、烟叶等农作物的种植面积分别为 223.90 万 hm^2、32.86 万 hm^2、76.08 万 hm^2、3.49 万 hm^2，全年粮食、油料、蔬菜和烟叶的产量分别为 1167.15 万 t、64.36 万 t、1947.18 万 t 和 6.91 万 t（重庆市统计局和国家统计局重庆调查总队，2018）。

重庆市有着丰富的自然和人文旅游资源，拥有山、水、林、泉、瀑、峡、洞等自然景观，共有自然、人文景点 300 余处，其中有世界文化遗产 1 个（大足石刻），世界自然遗产 2 个（重庆武隆喀斯特旅游区、重庆金佛山风景区），国家重点风景名胜区 6 个，国家森林公园 24 个，国家地质公园 6 个，国家级自然保护区 4 个，全国重点文物保护单位 20 个。

1.2　成　土　因　素

1.2.1　气候

　　重庆市位于青藏高原东部的东亚季风区，冬季温暖，夏季炎热，年平均降水量1100 mm 左右，属亚热带湿润季风气候（重庆市气象志编纂委员会, 2007）。重庆市所处的纬度属副热带，按行星风系的气候分带，本应是干旱区，但由于亚欧大陆与西太平洋的海陆差异及青藏高原的动力和热力作用，改变了温压场分布，夏季盛行东南季风并带来丰沛的降水，冬季则受大陆高压的偏北风影响，季风环流改变了近地面层行星风系的环流系统，变干旱的大陆性气候为湿润的亚热带季风气候（刘德, 2012）。总的来看，重庆市气候的主要特点为：冬暖春早，夏热秋凉，四季分明，无霜期长；空气湿润，降水丰沛；太阳辐射弱，日照时间短；多云雾，少霜雪；光温水同季，立体气候显著，气候

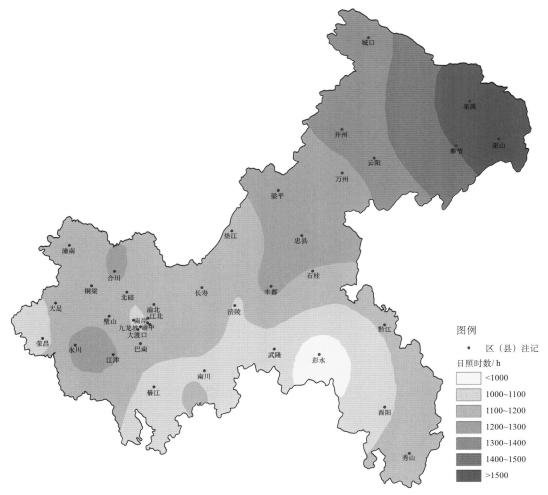

图例

　●　区（县）注记

日照时数/ h

<表>

图 1-2　重庆市年日照时数的空间分布图

资源丰富，气象灾害频繁；兼有盆地、山地、丘陵、河谷等气候特征，素有"火炉"和"雾都"之称。现对重庆市日照、气温、降水等气象要素的主要特点作一简要描述（刘德，2012；万县地区土地资源调查办公室，1987）。

1）日照

重庆各地湿度较大，云雾较多，日照时数较少。全市大部分地区年日照时数为1000～1500 h，自东北向西南递减（图 1-2），东北部巫山最多达 1574.9 h，东南部彭水最少仅 924.7 h。全年各月中，8 月日照时数最多，大部分地区超过 180 h，7 月次之。7、8 月重庆多受西太平洋副热带高压影响，各地天气晴朗，光照充足，加上白昼时间长，因而日照时数多；12 月至次年 2 月为全年日照最少月份，月日照时数普遍不足 35 h。

2）气温

重庆年平均气温为 17.4℃，各地在 13.7～18.6℃，其中城口、黔江、酉阳在 16℃以下，西部偏南地区及中东部的长江沿线地区（涪陵、丰都、忠县、万州、云阳、开州、巫山、巫溪）在 17℃以上，其他地区在 16～17℃（图 1-3）。年平均气温的最低值出现在城口，为 13.7℃；最高值出现在綦江，为 18.6℃。

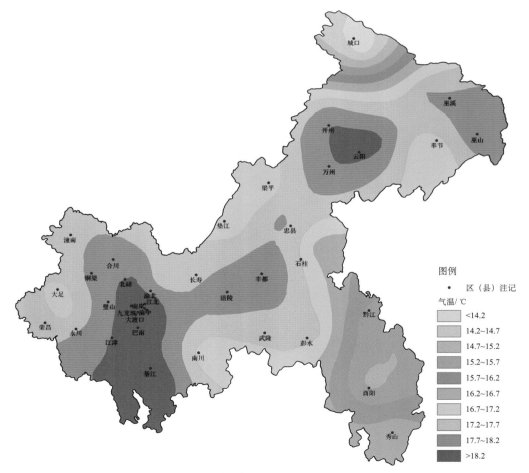

图 1-3　重庆市年平均气温的空间分布图

3）降水

重庆境内降水充沛，年降水量普遍在 1000～1300 mm，西北部的潼南最少，为 971.2 mm，东南部的秀山则多达 1351.5 mm。地域分布大致表现为西少东多的特点，东南部及东北部的梁平、万州、开州、城口为相对多雨区，年降水量超过 1200 mm，西部大部分地区及中部的丰都、武隆等地为相对少雨区，年降水量为 1000～1150 mm（图 1-4）。此外，境内部分区域地形高低悬殊，气候立体变化十分明显，降水量除受大气环流所控制外，还受局部地形地貌的影响，通常降水量随海拔上升呈递增趋势。在渝东北，海拔 2100 m 以上地带降水量可达到 1500 mm 以上，受大巴山对南来暖湿气流的阻挡、抬升影响，该区域形成了多个暴雨区。

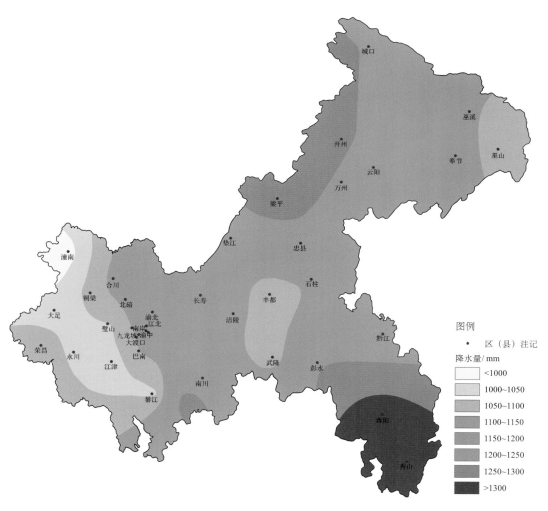

图 1-4　重庆市年降水量的空间分布图

重庆的降水主要集中在 5～9 月，暴雨相对较多。4 月开始降水迅速增多，进入多雨季节，6 月达到峰值，10 月以后降水明显减少，冬季（12 月至次年 2 月）降水稀少。1971

年以来，重庆年降水量呈递减趋势，其中 20 世纪 80 年代后期至 20 世纪 90 年代后期降水减少的趋势较明显。近十几年降水的减少趋势虽不明显，但波动明显加大，先后出现了两个降水异常少年（2001 年、2006 年）和一个降水异常多年（1998 年）。

1.2.2　地形地貌

重庆市地处四川盆地东部，位于我国陆地地势的第二级阶梯。北部有大巴山，其呈西北—东南走向，是汉中盆地和四川盆地的界山，山峰海拔多在 2000 m 以上，山高谷深，山谷高差 800～1200 m；东部有巫山，海拔多在 1000～1500 m，是我国地势二、三级阶梯的界线；南部有大娄山，呈东北—西南走向，是四川盆地和云贵高原的界山，山峰海拔多在 1500～2000 m，最高峰为重庆境内的金佛山风吹岭（海拔 2238 m）；西部有华蓥山，山岭海拔落差不大，多在 300～800 m；中部有精华山、黄草山、挖断山、方斗山等，从东北向西南延伸，山间有丘陵、平坝分布。在大地构造上，重庆市分属川中褶带、川东褶带、川东南陷褶带和大巴山弧形断褶带 4 个单元，其分别位于重庆西部、中部、东南部和东北部等区域（陈升琪，2003）。受区域地质构造和地表物质差异的影响，重庆市全域可分为渝西方山丘陵区、中部构造平行岭谷区、渝东北大巴山构造溶蚀层状中山区和渝东南巫山、七曜山强岩溶化峡谷中山区 4 个主要地貌分区（重庆市地质矿产勘查开发总公司，2002），具体见图 1-5。

全市地势沿河流、山脉起伏，形成了东北部、东南部高，中部和西部低，由南北向长江河谷逐级降低的地势特征（图 1-6），以山地、丘陵等地形为主，素有"山城"之称，其总体地貌的主要特点如下（刘德，2012；重庆市地理信息中心和重庆市遥感中心，2008；陈升琪，2003；四川省农牧厅和四川省土壤普查办公室，1997）：

（1）地势起伏大，层状地貌明显。全市最低点在巫山县碚石村鱼溪口，海拔 73.1 m，最高点为巫溪县、巫山县和湖北神农架林区三地交界的阴条岭，海拔 2796.8 m，相对高差 2723.7 m。东北部、东南部地势较高，海拔多在 1500 m 以上；西部地势较低，大多为海拔 300～400 m 的丘陵。

（2）地貌造型各样，以山地、丘陵为主。全市地貌类型主要有山地（中山和低山）、丘陵（高丘、中丘、低丘）、台地、平原（平坝）等类型，其中山地面积 6.24 万 km²，占辖区面积的 75.8%；丘陵面积近 1.50 万 km²，占 18.2%；台地面积 0.30 万 km²，占 3.6%；平原面积 0.20 万 km²，占 2.4%。

（3）地貌形态组合的地区分异明显。华蓥山—巴岳山以西为丘陵地貌，区内河流两侧多为缓丘平坝，中、高丘多发育于水平岩层分布区，大范围显示为侵蚀丘、坝交织间桌、台状方山的地貌景观；华蓥山至方斗山之间为中部平行岭谷区，平行岭谷由背斜低山和向斜槽谷组成，背斜褶皱紧密，向斜谷地宽缓，丘陵广布，并交错分布着河谷冲积带坝，以低山—丘陵—河谷带坝为基本地貌形态；东北部为大巴山中山山地，总体海拔较高；东南部则属于巫山—七曜山中山区，有巫山、七曜山、大娄山、武陵山等山脉展布，以中山地貌为主，兼有低山、丘陵和少量平坝。

图 1-5　重庆市地貌分区图

　　（4）喀斯特地貌分布广泛。在重庆市东南部地区，灰岩广泛分布，占全区面积 60% 以上，主要有三叠系、二叠系、奥陶系及寒武系灰岩或白云质灰岩等；该区热量丰富，降水充沛，地下水交替频繁，溶蚀作用强烈，喀斯特地貌大量集中分布，地下水和地表喀斯特形态发育较好，是重庆市喀斯特地貌发育最为良好的地区。在东南部的喀斯特地区，不仅发育了该区特有的岩溶槽谷奇观，也分布着典型的石林、峰林、洼地、浅丘、落水洞、溶洞、暗河、峡谷等喀斯特地貌景观。

　　重庆市境内江河纵横，境内主要河流有长江、嘉陵江、乌江、涪江、渠江、大宁河、綦江、御临河、龙溪河、赖溪河、小江、琼江、芙蓉江、阿蓬江、酉水、任河等，多属长江水系。长江干流自西南向东北横穿全境，嘉陵江、渠江、涪江、乌江、大宁河等主要支流及上百条中小河流汇入长江，构成近似向心状水系；受地壳垂直运动、河流下切侵蚀、冲积物堆积等的影响，在长江干流及主要支流（如嘉陵江、涪江等）两岸，有一定数量的河流阶地发育，呈断续状分布，其中一、二级阶地由第四系全新统冲积物构成，阶地面通常保持较为完好,三至五级阶地多属于残存的第四系更新统河床相冰水堆积物,阶地面多被侵蚀破坏,呈长岗丘或孤立小丘;此外,河床两侧还存在发育规模不等的河漫滩地貌(重庆市土壤普查办公室,1986)。

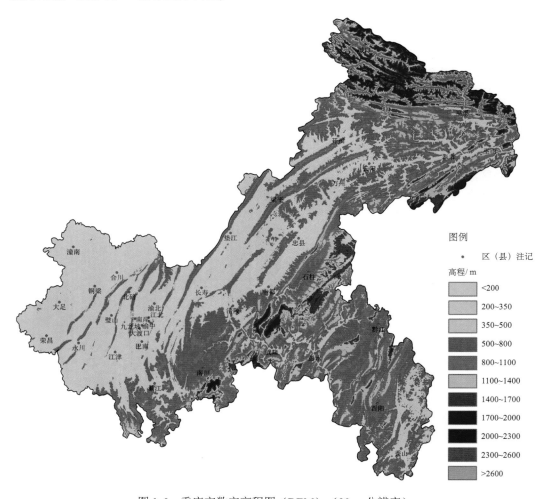

图 1-6　重庆市数字高程图(DEM)(90 m 分辨率)

1.2.3　成土母质

成土母质是土壤的物质基础,其基本属性对土壤形成和肥力状况有着深刻的影响。重庆市地质地貌、生物气候十分复杂,成土母质类型及其迁移、堆积情况也多种多样,分析成土母质的物源类型和正确区分成土母质类型,有利于土壤的分类及合理利用。

1)地层分布与岩性

成土母质源于岩石风化物,其特点受母岩性质支配明显,不同区域的母岩则与其地层分布关系密切。重庆市地层分布与岩性深受不同地质时期的构造运动和古地理环境的制约,区域差异明显。志留纪加里东晚期前,沉积一套灰岩和泥(页)岩为主的浅海相沉积，其间在大巴山北部伴生中性、基性、超基性侵入岩及基性、碱性浅成-喷发岩，东南部有铅锌、萤石等内生矿床的形成。海西运动早期，其基底整体隆起，西北部上升成陆，长期遭受剥蚀，缺失志留系上统、泥盆系、石炭系地层；东南部仍受海侵波及，间断沉积了泥盆系上统和石炭系中统地层，为以灰岩、砂岩为主的浅海相沉积。二叠纪，再度拗陷，海水复入，沉积一套生物碎屑灰岩为主的浅海相地层。三叠纪，继续接受海相灰岩、白云质灰岩或泥（页）岩沉积。印支运动晚期，强烈隆起，海侵结束，内陆湖盆形成，转为紫红色砂岩、泥（页）岩陆相碎屑岩建造。早白垩世燕山运动期，褶皱隆起，全区均遭受剥蚀，缺失早白垩世地层。晚期燕山运动使其盖层褶皱隆起，广大地区遭受剥蚀，在东南部黔江、酉阳一带堆积砖红色钙质砂岩及紫红色砾岩，在綦江、江津南部堆积砖红色砂质泥岩、砂岩。喜山期，境内各褶皱成生定型，强烈抬升为剥蚀区，故无此期相关堆积。第四纪，因新构造运动的间歇性抬升，除古夷平面残存古风化壳、拗陷地区湖沼相堆积及喀斯特洼地蚀积层、江河沿岸冲积层等以外，加上受人类活动的影响，现今为强烈剥蚀区（陈升琪，2003）。

　　2）主要成土母质

　　重庆市境内，土壤母质类型丰富，其属性主要决定于岩石风化物的类型以及这些风化物的迁移、堆积形态和古气候条件的残留特征等。全市成土母质可分为以下几种主要类型（四川省农牧厅和四川省土壤普查办公室，1997；重庆市土壤普查办公室，1986；四川省涪陵地区土壤普查办公室，1987a，1987b；万县地区土地资源调查办公室，1987；辜学达和刘啸虎，1997）：

　　（1）第四系新冲（洪）积物。第四系新冲积物为全新统近代河流冲积物，主要由砂、黏土、卵石等组成，多分布于河谷平原、江河两岸的低阶地及河漫滩等；冲积物断面层次明显，靠近河床的冲积物质地较轻，远离河床的质地较重；在重庆境内，根据冲积物的物源差异，可续分为灰棕冲积物、紫色冲积物、黄色冲积物和黄红冲积物等。洪积物则零星分布于境内山地坡前地带，多出现于山麓前沿的河流出口处。

　　（2）第四系更新统沉积物。在重庆市境内，有多种更新统沉积物分布，但总体面积不大。其中，由冰水或流水堆积的夹卵石黄（红）色黏土、黄（红）色黏土等，俗称"老冲积物"，主要分布在嘉陵江、涪江等河流沿岸的高阶地上，在长江、乌江、梅江等河流沿岸的高阶地上也有零星分布，该类母质通常遭受古气候的风化淋溶作用较强，化学组成上多表现出高铝、低钙的特点；残余碳酸盐黄色黏土主要分布于万州至巫山段的长江沿岸，富含盐基，部分黏土层内有钙质结核（姜石）存在；古湖相沉积的黄色黏土分布于梁平坝子；第四纪红色黏土主要分布在秀山县境内的喀斯特平原及部分槽谷平坝上；另外，有极少量的黄土或黄土状堆积物（即"巫山黄土"）主要分布于巫山县城一带，目前已基本被人造建筑物覆盖。

　　（3）紫色岩风化残坡积物。在重庆市境内，紫色沉积岩（简称紫色岩）广泛发育，主要为白垩系、侏罗系、三叠系部分岩石地层的紫色砂、泥（页）岩，受干热或湿热的古地理环境影响，一般呈紫、红、棕等颜色，其地表风化物集中分布于渝西方山丘陵区和中部平行岭谷区，并有少量散布在渝东北和渝东南中山区。紫色岩风化残坡积物是重庆市境内最为主要的成土母质，其涉及的岩石地层有正阳组（K_2z）、夹关组（K_2j）、蓬莱镇组（J₃p）、遂宁组（J₃s）、沙溪庙组（J₂s）、新田沟组（J₂x）、自流井组（J₁-₂z）、巴东组（T₂b）和飞仙关组（T₁f）等，其中以沙溪庙组（J₂s）出露面积最大，其次为遂宁组（J₃s）和蓬莱镇组（J₃p），受岩石地层的沉积环境（如沉积相和古气候等）影响，不同岩石地层的紫色岩岩性特征有明显差异。在重庆市境内，紫色岩风化物涉及的主要岩石地层特征如下：① 白垩系正阳组（K₂z），由砖红、灰紫色厚层至块状砾岩、砾砂岩、细至粉粒岩屑砂岩组成，砂岩层中常见砾岩透镜体，交错层理发育，零星分布于黔江区正阳和酉阳县铜西一带。② 白垩系夹关组（K₂j），为砖红色厚块状长石石英砂岩，夹砖红、紫红色粉砂岩、页岩、泥岩，具底砾岩，主要分布于綦江、江津等地。③ 侏罗系蓬莱镇组（J₃p），为厚层紫红色泥岩夹紫红色块状长石砂岩互层，以泥岩为主，泥岩富含钙质，由下而上岩石颗粒变粗，泥岩减薄。④ 侏罗系遂宁组（J₃s），为鲜红色、紫红色、砖红色钙质泥岩、粉砂质钙质泥岩、粉砂岩，夹黄灰、紫红色细粒长石石英砂岩、细粒钙质长石砂岩。⑤ 沙溪庙组（J₂s），为紫红、紫灰色泥（页）岩与黄灰、紫灰色长石石英砂岩不等厚韵律互层。⑥ 自流井组（J₁-₂z），岩层组合较复杂，上部为灰绿、暗紫红泥岩，中部为灰色薄层及中厚层的灰岩、介壳灰岩、泥质灰岩、夹紫红、灰紫色泥岩，下部为紫红色泥岩、夹黄绿色薄中厚层粉砂岩、细粒石英砂岩。⑦ 三叠系巴东组（T₂b），为上、下部以紫红夹灰绿色泥岩为主，夹钙质页岩及泥灰岩，中部以灰色薄层-中厚层状泥质灰岩为主，夹白云岩、泥灰岩及少量钙质页岩。⑧ 三叠系飞仙关组（T₁f），为紫红、灰紫色钙质泥（页）岩夹泥质灰岩、鲕状灰岩及粉砂岩，底多泥灰岩。

（4）黄色砂、泥（页）岩风化残坡积物。此类包括侏罗系、三叠系部分岩石地层的黄色、黄绿色、黄灰色等砂岩、泥（页）岩风化残坡积物，主要涉及侏罗系沙溪庙组（J₂s）部分黄色砂岩层段、新田沟组（J₂x）黄色、黄绿色砂岩、泥岩层段以及三叠系须家河组（T₃xj）地层等。其中，三叠系须家河组岩性松软，为黄灰色长石石英砂岩、粉砂岩及薄层泥岩互层，夹煤层，主要出露于境内平行岭谷区背斜中、低山的轴部或翼部，其风化物透水性好，发育的土壤易酸化、黄化。

（5）碳酸盐岩类风化残坡积物。此类包括各地质时期地层的石灰岩、白云岩及相应的变质岩类等的风化残坡积物，广泛分布于渝东南、渝东北的山地及中部的背斜低山区。泥质灰岩，物理风化较强，发育的土壤多呈微碱性；纯质灰岩主要含碳酸钙，属强可溶性盐类，以化学风化为主，风化过程中残留物少，在水热条件好的地段，发育的土壤易呈微酸性，若受含碳酸盐水的浸渍，也会呈现微碱性；白云质灰岩、白云岩富含碳酸镁，属弱可溶性盐类，其发育的土壤一般含砂质较多。

（6）碎屑、泥质岩类灰黄色风化残坡积物。此类包括三叠系以前各岩石地层的页岩、砂岩、凝灰岩、板岩等碎屑或泥质沉积岩及相应的变质岩类风化残坡积物，主要分布于渝东北、渝东南的山地区域。页岩以物理风化为主，其风化产物多为半风化的页岩碎屑；砂岩透水性好，易风化为粗砂，发育的土壤养分较为贫瘠。砂岩和页岩往往是相间分布，易形成粗骨性土壤，且多呈微酸性。

除上述主要的成土母质类型外，重庆市境内的地形地貌复杂、岩石地层出露丰富等原因，造就了多样的母质来源与迁移、堆积环境，易导致出现母质堆积形态叠加（如冲积-洪积、坡积-洪积等）以及岩性差异较大的岩类混合风化、迁移和堆积（如碳酸盐岩、泥（页）岩风化-坡积，碳酸盐岩、硅质岩风化-坡积等）等情况，使境内还存在一些其他的成土母质类型，在此不作一一列举，可依据野外调查的实际情况确定。

1.2.4　植被

重庆市位于我国东西和南北植物区系交错渗透地带，且大部分区域处于我国三大植物自然分布中心之一的"鄂西川东植物分布中心"，植物种类非常丰富，全市有野生维管束植物 224 科 1848 属 5311 种，野生植物中蕨类植物 47 科 120 属 606 种，裸子植物 7 科 23 属 39 种，被子植物 170 科 1090 属 4666 种（易思荣等，2008）。受水热状况的影响，全市的纬度地带性植被是亚热带常绿阔叶林，但由于重庆市山地面积广，地势高低悬殊，植被地理分布也有垂直地带性的变化，其随高度变化的规律为常绿阔叶林带（基带）→常绿阔叶与落叶阔叶混交林带→亚高山针叶林带（包括落叶阔叶与针叶混交林带）（刘德，2012；易思荣等，2008）。从全市植被的组成成分来看，主要属于热带、亚热带性质，可分为以下六个植被小区（易思荣等，2008；万县地区土地资源调查办公室，1987）：

（1）大巴山植被小区，包括巫溪、巫山、奉节、城口等县的大部分地区。其主要原生植被类型为常绿阔叶林，多分布于海拔 1500 m 以下，自然分布区域的海拔可达到 1500 m 以上，主要植物种类有包石栎、丝栗栲、交让木、木莲、青冈、小叶青冈、栲树、华木荷、小花木荷、桢楠、小果润楠、黑壳楠、大头茶、银木荷、枪木、山茶、黄杨等，普遍有成片的马尾松林、巴山松林、杉木林和柏木林等分布，由南天竹、棣棠、悬钩子、蔷薇等组成的灌丛多分布于石灰岩沟谷内。海拔 1500～2000 m 有常绿落叶阔叶混交林分布，主要有青冈、曼青冈、细叶青冈、冬青、栎类、桦木、槭树、鹅耳枥、漆树等树种，部分地区有华山松林、篠竹灌丛等分布。海拔 2000 m 以上有由冷杉、铁杉、云杉等组成的亚高山针叶林分布，还有次生的杨、桦林以及由蒿草、薹草、早熟禾等组成的草甸。

（2）七曜山北部植被小区，包括武隆区的全部及奉节、云阳、万州、石柱、丰都、南川等区（县）的部分地区。其自然植被以马尾松为主，多分布在海拔 1200 m 以下地区，局部阴湿的沟谷中有小片残存的甜槠栲林和宜昌润楠林。在水热条件较好的区域，有较大面积的慈竹林、白夹竹林分布。海拔 1200 m 以上多为马桑灌丛和白茅草坡。

（3）七曜山南部植被小区即武陵山地区，包括秀山、酉阳、黔江、彭水等区（县）的全部及石柱、武隆等区（县）的部分地区。其自然植被以杉木为主，广泛分布于海拔 1400 m 以下地区。在海拔 500～800 m 的向阳瘠薄山地上，有部分马尾松林。在局部海拔较低、环境条件较好的区域，有半自然状态的毛竹林生长，在武陵山还有小片保存较好的黄杉林。

（4）大娄山北缘植被小区，包括南川、武隆、綦江、江津等区（县）的部分地区。其自然植被以低山偏湿性常绿阔叶林最为普遍。海拔 800～1000 m，以栲树林、楠木林较多。海拔 1500～1800 m，有刺果米槠、四川大头茶、大苞木荷林分布，其中以山茶科植物最为丰富，常成为群落乔木和灌木层的优势种。海拔 1500 m 以上，有小面积的峨眉梣、华木荷林，伴生植物有包石栎、多穗石栎、箭杆石栎、青冈、亮叶水青冈、光叶四照花、粉叶新木姜、紫色新木姜以及五加科、山矾科、木兰科等植物，灌木层常以金佛山方竹和茶树占优势。在低山常绿针叶林中，分布面积较大的有杉木林和马尾松林，在江津有小面积的福建柏林。

（5）中部平行低山植被小区，包括长江及其二级支流渠江之间的开州以南，涪陵、南川、巴南、綦江、江津一线以北的 16 个区（县）的部分地区，为一系列东北—西南向平行岭谷。其自然植被主要由刺果米槠林、马尾松林、柏木林和竹林等组成，最典型的常绿阔叶林生长在砂岩、泥（页）岩或石灰岩发育的酸性黄壤上，混生有大苞木荷、四川大头茶、槲栎、麻栎、乌饭树、柃木等植物，常绿阔叶林被破坏后，多被马尾松林替代。土层较厚地区有麻栎、栓皮栎、白栎等为主的低山落叶阔叶林，这种群落被破坏后易形成栎类灌丛；在土体深厚、湿润的酸性黄壤上有杉木林分布；在紫色砂泥（页）岩出露的丘陵地段多为柏木疏林，还有少数化香、黄连木、棕榈、青冈等分布；沟谷地区分布着竹林，主要是慈竹林、硬头黄竹林和白夹竹林。

（6）西部方山丘陵植被小区，位于华蓥山以西，包括合川、潼南、铜梁、大足、永川、璧山、北碚、渝北的全部或部分地区。其自然植被相对较为简单，主要有马尾松林、柏木林，其次为杉木林、竹林。马尾松林多分布在酸性黄壤上，部分生长于土层深厚的浅丘或低山半阳坡上的马尾松林，常混有麻栎、栓皮栎、枫香、合欢等阔叶树。柏木林也有较多阔叶树（如黄连木、八角枫、棕榈、桤木等）分布。常绿阔叶林仅在局部沟谷中有小片保存，主要有栲树、小果润楠、桢楠、四川大头茶等。河流两岸的河漫滩上有田根子、芭茅等草本群落。土壤较湿润处有黄荆、马桑、铁仔等灌木分布。

1.2.5　时间因素

通常，随着时间的推移，成土过程中气候、生物（植物）、人类活动等因素的影响会逐渐加深。一般情况下，成土时间越长，土壤发育越深。时间因素对土壤类型的影响，可用新冲积物发育的新成土逐渐发育出结构变为雏形土的演变案例来说明。例如，一些第四系全新统冲积物发育的土壤，由于水位降低或地形轻微抬升，经过相当长的时间后，受河流影响较小或已脱离河流冲积的影响，有水分的垂直定向运动和土壤环境的干湿交替，使土壤有良好的结构发育 B 层，由新成土转为雏形土。

然而，土壤发育程度并不一定与土壤绝对年龄（即土壤开始形成至今的时间）同步，两者之间的关联性会受到其他的因素制约。土壤的主导成土过程及其存续时间是控制土壤发育方向和进程的关键，若受其他因素影响（如地壳运动、气候变迁、侵蚀作用等），发生中断或演替，则土壤发育和时间因素的同步关系就会发生变化。在重庆市境内，第四纪不同时期的风化物借助河流作用在长江及其主要支流两岸组成了不同级位的阶地，参照刘兴诗（1983）的阶地地文期划分方案，可将境内长江沿岸的各级阶地归并为 5 个主要地文期，其中 T_5、T_4、T_3、T_2、T_1 阶地的地文期分别为天鹅抱蛋期、松林坡期、雅安期、广汉期和资阳期。向芳等（2005）认为长江三峡段 5 级阶地的大致形成年代是：T_5 阶地，0.7～0.73 Ma，中更新世早期；T_4 阶地，0.3～0.5 Ma，中更新世早—中期；T_3

阶地，0.09～0.11 Ma，晚更新世早—中期；T_2 阶地，0.03～0.05 Ma，晚更新世中—晚期；T_1 阶地，0.01 Ma 左右，晚更新世晚期—全新世早期。虽然，松林坡期 T_4 阶地的形成时间不及 T_5 阶地久远，但其堆积物湿热风化强烈，网纹红土化现象特别发育，硅铝率和硅铁率明显低于 T_5 阶地（刘兴诗，1983）。这也表明，重庆境内河流高阶地土壤的发育程度与其绝对年龄之间并不一定存在严格的同步关系。

　　总的来说，虽然土壤绝对年龄对于鉴别多元发生土壤有着重要意义，但该类土壤在重庆市境内分布不多。重庆境内的大面积土壤是更新世以后形成的，以紫色岩风化发育的紫色土分布最为广泛，虽然紫色岩层的形成年代非常久远，但受漫长的地质过程和人类活动等多方面因素的影响，全新统以前风化发育的土壤多被侵蚀殆尽，现今的紫色土仍处于相对年龄较小的幼年阶段。

1.2.6　人类活动

　　人类从垦荒栽培农作物起，就使土壤进入了耕种时期，从而开始了进化的新阶段——耕种成土过程（即熟化过程），这个过程的实质集中体现在土体构型的定向改造、土壤中作物生长障碍因素的消除、土壤水热气状况及养分的调剂与补充等方面的急剧变化。实践证明，人类活动给予土壤广泛而深刻的影响，使土壤发生某种质变的速度远远超过自然演化过程，成为耕地土壤发育的决定因素。重庆市土地的开发历史悠久，农业集约化程度普遍较高，耕地土壤的发育过程显示出自然因素的影响逐级减弱，而人为耕种扰动的烙印则日益深刻（重庆市土壤普查办公室，1986）。

　　巫山县庙宇镇龙骨坡遗址的"巫山人"化石测年结果表明，重庆市古人类活动的历史可追溯到 200 多万年前（陈升琪，2003）。在距今 4000～5000 年的新石器时代，重庆境内的长江、嘉陵江等江河沿岸就已有了较为稠密的原始村落分布，出现了粗放的锄耕农业，此时人类活动对土壤已产生影响，但仍较微弱。直到金属工具特别是铁器出现以后，人类才能将分布于境内丘陵、山地区域的大面积森林砍伐，开辟为耕地，从而对土壤产生较明显的影响，随着后续人口的增加和劳动工具的不断改进，开始了几千年来精耕细作的历史，人类对土壤影响的广度和强度也逐渐增加。可见，在重庆境内，人类活动影响土壤的历史悠久，且沿江地区一般早于丘陵山区（重庆市土壤普查办公室，1986）。

　　自铁制农具出现以后，经几千年的开垦、耕种，人类不仅将重庆境内的平坝地区辟为密布的稻田，而且在丘陵山区的斜坡地段，建造了层层水平梯田。稻田以淹水耕作为利用特征，其从根本上改变了原有的成土过程和土壤基本生态条件，使土壤的耕种熟化方向和土体构型打上了人为因素的深刻烙印。在重庆境内，以消除土壤障碍因子、提高土壤肥力为目标的土壤改良、培肥措施也有大面积实施，例如，常年渍水田的排水改制、耕地平衡施肥和增施有机肥等，实现了人工对土壤的定向改造和快速培肥，显著提高了土壤生产力。修筑梯田、梯地过程中的切高填低、平整地面等人为活动对于土体的熟化层、结构、质地层段组合和障碍层次分布也有显著影响；此外，城市基建、矿山开采等活动，也会高强度扰动土壤，使其失去原有土层，改变土体构型，并混入大量侵入体。

　　人类活动对土壤的影响具有两面性，既有建设的一面，也有破坏的一面。陡坡开荒、过度伐木和垦殖、顺坡耕作、重用轻养等不合理的农业生产活动，会导致严重的水土流失、土层变薄、有机质含量下降、土壤结构破坏及养分失调等（万县地区土地资源调查办公室, 1987）；此外，"三废"的任意排放以及过量使用化肥、农药等也会引起土壤的污染和质量退化等。

第 2 章　成土过程与主要土层

2.1　主要成土过程

土壤是成土母质在气候、地形、生物等因素的影响下，随时间延续而发生一系列物理、化学、生物学性质的变化，形成具有一定剖面形态、内在性质和肥力特征的历史自然体。此外，随着人类文明的不断进步，人类活动逐渐成为影响土壤发育发展的重要因素，可改变自然土壤的发育进程和发展方向等。土壤形成的各种过程均受到不同成土因素或其不同组合的支配，成土因素的不同会导致土壤形成过程的差异，进而形成不同的土壤类型。

2.1.1　有机物质积累过程

有机物质积累过程是指在木本或草本植被下有机质在土体上部积累的过程，但由于水热条件、植被类型等方面的差异，有机物质积累过程的表现形式也不一样。有机物质积累过程是各类成土过程中最为普遍的一个过程，其广泛存在于重庆市境内的多种土壤中，尤以森林、灌丛及草甸等植被条件下发育的自然土壤表现最为显著。以森林土壤为例，森林凋落物、地下根系等植物有机体的影响，易使林下土壤剖面发生分化，在土体上部形成一个暗色的腐殖质层，该层有机质富集明显，且常有枯枝落叶层覆于其上；此外，有机物质的积累与分解是同步的，植物残体或腐殖质的矿化会导致大量灰分元素归还土壤，使其富含矿质养分。通常，在自然植被未被破坏的区域，表层土壤有机质含量较高，但受毁林（草）开荒、过度垦殖和放牧等人为活动的影响，土体内有机物质积累过程会受到强烈抑制，土壤有机质将以分解过程为主导，若不加以合理控制，其含量水平会迅速下降。

2.1.2　钙积过程与脱钙过程

钙积过程是指土壤中钙的碳酸盐发生移动积累的过程。通常，在季节性淋溶条件下，存在于土壤上部土层中的钙以重碳酸盐形式向下移动，达到一定深度后，再以 $CaCO_3$ 形式累积下来，形成钙积层、超钙积层和钙磐等。与钙积过程相反，在一定的生物气候条件下，土壤中的碳酸钙与水、CO_2 反应，形成可溶的重碳酸盐，并随水分移动从部分土层或整个土体中淋失，称为脱钙过程。脱钙与钙积是矛盾的对立统一体，可共存于同一个土壤剖面。重庆市气候湿润，境内多数紫色岩、灰岩等风化发育的土壤都有脱钙过程发生，只是脱钙程度的深浅有所差异；在某些灰岩风化发育的土体内，受下垫面性质、地形条件等因素的影响，可能会出现钙积现象，甚至有钙磐形成。

2.1.3　黏化过程

黏化过程是指土壤剖面中黏粒形成和积累的过程，可分为残积黏化和淀积黏化（黄昌勇和徐建明，2014）。残积黏化，为就地黏化，是土内风化形成的黏粒，因缺乏稳定的下降水流，未向深土层移动而就地积累，形成一个明显黏化或铁质化的土层，主要特点是土壤颗粒仅表现为由粗变细，不涉及黏粒的机械性移动，黏化层缺乏光性定向黏粒，结构面上无明显黏粒胶膜。淀积黏化，为黏粒的机械性淋溶和淀积，是风化和成土作用形成的黏粒，由上部土层向下悬迁至一定深度，受相关物理、化学作用而发生淀积，形成的黏化层存在光性定向黏粒，结构面上胶膜明显。通常，残积黏化多发生在半湿润、半干旱地区，淀积黏化则多发生在湿润地区；此外，在从湿润区到干旱区的过渡地带，还存在残积黏化和淀积黏化的联合发生形式，即两种黏化过程共存于同一个土壤剖面。重庆市位于亚热带湿润地区，淀积黏化是境内土壤黏化过程发生的主要形式，且在低、中山区石灰岩、砂岩等风化发育的部分土壤中表现较为明显。

2.1.4　脱硅富铝化过程

脱硅富铝化过程包括脱硅和铁铝相对富集等两个方面的作用，是指在热带、亚热带地区湿热的生物气候条件下，土壤内原生矿物强烈风化，释放出大量的碱金属和碱土金属，形成弱碱性条件，导致硅酸淋溶发生，随着可溶性盐、碱金属和碱土金属盐基及硅酸的大量流失，从而造成铁铝在土体内相对富集的过程（龚子同等，2007；张凤荣，2016）。在重庆市境内，受流水侵蚀等方面的强烈影响，广大丘陵区紫色岩风化发育的土壤中脱硅富铝化过程难以持续，但在植被繁茂、潮湿暖热的亚热带低山区石灰岩、砂岩等风化发育的土壤中则易发生弱度的脱硅富铝化过程，该过程对境内湿润淋溶土（铝质和铁质）的理化性质有着重要影响。

2.1.5　潜育化过程

潜育化过程是指土壤长期渍水，水、气比例失调，受有机质嫌气分解的影响，铁锰强烈还原，形成灰蓝-灰绿色土体的过程（龚子同等，2007）。潜育化过程可形成氧化还原电位低、还原性物质多的潜育层，其多发生在排水不良的土壤剖面下部，但受上层渍水的影响，也可出现表潜现象。在重庆市境内，潜育化过程是潜育水耕人为土和正常潜育土的主要成土过程，其受地形、地下水位等影响显著，主要发生区域为：① 地下水位高、排水不畅的溪河沿岸一级阶地低洼处；② 山地丘陵区沟谷低洼地段，受高地下水位或上层渍水的影响，该地段土壤多表现出潜育特征。

2.1.6　氧化还原过程

氧化还原过程，也称为潜育化过程，是重庆境内潮湿雏形土和水耕人为土的重要成土过程。氧化还原过程在潮湿雏形土中发生的主要原因是地下水的升降，在水耕人为土中发生的主要原因则是种植水稻所发生的季节性人为灌溉，两者均致使土体出现明显的干湿交替，引起铁锰化合物在氧化态与还原态之间的变化，产生局部的移动或淀积，从而形成一个具有锈斑纹、铁锰结核、红色胶膜等新生体的土层。氧化还原过程是平原（平坝）、沿湖、沿河地区潮湿雏形土和水耕人为土的主要成土过程，也是一些山地丘陵区地势平缓地段斑纹湿润雏形土或淋溶土的成土过程之一。

2.1.7　漂白过程

漂白过程是指土体中出现滞水还原离铁、锰作用而使某一土层漂白的过程。因降水或灌溉水等在土体上部被阻滞，在强还原剂——有机质的参与下，滞水土体内形成还原条件，使土壤中铁、锰被还原并随侧渗水漂洗出上部滞水土体，导致土体逐渐脱色，形成一个白色或灰白色土层。在重庆市境内，该过程多发生于丘陵山地中下部平缓地段、缓坡台地边缘、江河二三级阶地等侧向排水较易地带。

2.1.8　熟化过程

土壤熟化过程是指在人为活动影响下，通过耕作、培肥与改良等，促进水、肥、气、热等诸因素不断协调，使土壤向有利于作物高产方向发展的过程（黄昌勇和徐建明，2014）。熟化过程能改造起源土壤的土体构型，减弱或消除土壤内植物生长障碍因素，使其逐步具有人工培育特征，是人为土形成的主要成土过程。根据农业利用特点和发育方向的差异，可将熟化过程分为水耕熟化过程和旱耕熟化过程，两者分别是指在淹水耕作和旱作条件下培肥、改良土壤的过程。熟化过程以人为因素为主导，具有快速、定向等特点，在重庆市各类耕作土壤的发育、演变中发挥着非常重要的作用。重庆市农耕历史悠久，漫长的人为耕种、灌溉、施肥等，对土壤的形成条件、成土过程均有着深刻的影响，主要表现如下：① 为便于种植水稻，人们平整土地、修筑各类水田，显著改变了原有土壤的形成条件，频繁的淹水耕作导致水耕表层（包括耕作层和犁底层）的形成，季节性的灌溉及相关水分管理措施使水田土壤内出现氧化还原交替过程，而施肥则为土壤带来养分，这种长期的人为干预为水田土壤塑造了特有的形态以及物理、化学和生物学性质，促成了原有土壤向水耕人为土的转变。② 重庆境内的旱地土壤多分布于坡面上，长期以来，人们采用陡改缓、坡改梯等相关措施，改造旱坡地，增厚土层，防止水土流失，结合秸秆还田、增施有机肥、间套种绿肥等培肥手段，提高土壤的保水、保肥、调气和控温等能力；此外，重庆境内还有一定面积的旱地土壤，因长期种植蔬菜，大量施用人畜粪尿、厩肥、有机垃圾和土杂肥等，加上精耕细作和频繁灌溉，逐级形成了高度熟化的人为表层——肥熟表层和磷质耕作淀积层，从而使该类土壤由雏形土或淋溶土演变成了肥熟旱耕人为土。

2.2　诊断层与诊断特性

《中国土壤系统分类检索（第三版）》（中国科学院南京土壤研究所土壤系统分类课题组和中国土壤系统分类课题研究协作组，2001）设有 33 个诊断层、20 个诊断现象和 25 个诊断特性。本次建立的 144 个重庆土系涉及 11 个诊断层，包括淡薄表层、肥熟表层、水耕表层、漂白层、舌状层、雏形层、耕作淀积层、水耕氧化还原层、黏化层、钙积层、钙磐；5 个诊断现象，包括舌状现象、水耕氧化还原现象、钙积现象、潜育现象、铝质现象；10 个诊断特性，包括岩性特征、石质接触面、准石质接触面、土壤水分状况、潜育特征、氧化还原特征、土壤温度状况、腐殖质特性、铁质特性、石灰性。

2.2.1　淡薄表层

淡薄表层是指发育程度较差的淡色或较薄的腐殖质表层。淡薄表层出现在本次调查的 45 个土系中（表 2-1），包括 9 个淋溶土土系，31 个雏形土土系，5 个新成土土系，厚度为 10~21 cm，干态明度为 4~8，润态明度为 3~6，润态彩度为 2~8，有机碳含量为 1.7~28.2 g/kg，pH 为 4.3~8.6。

表 2-1　淡薄表层表现特征统计

土纲（土系数）	厚度/cm	干态明度	润态明度	润态彩度	有机碳/（g/kg）	pH
淋溶土（9）	15~21	6~8	4~6	4~6	5.1~28.2	4.5~7.5
雏形土（31）	14~20	5~8	4~6	2~8	4.2~15.8	4.3~8.5
新成土（5）	10~20	4~7	3~5	2~4	1.7~10.4	6.8~8.6
合计	10~21	4~8	3~6	2~8	1.7~28.2	4.3~8.6

2.2.2　肥熟表层

肥熟表层是指长期种植蔬菜，大量施用人畜粪尿、厕肥、有机垃圾和土杂肥等，精耕细作，频繁灌溉而形成的高度熟化人为表层。肥熟表层仅出现在金龙系，其厚度为 25 cm，有机碳为 8.4 g/kg，0.5 mol/L NaHCO$_3$ 浸提有效磷（P）为 132.5 mg/kg，有多量蚯蚓粪和少量砖瓦碎屑。

2.2.3　水耕表层

水耕表层是指在淹水条件下形成的人为表层（包括耕作层和犁底层）。水耕表层主要集中在水耕人为土的 39 个土系中，除此之外还有石灰简育正常潜育土的盘龙系和红色铁质湿润雏形土的石脚迹系，水耕表层中耕作层（Ap1）厚度为 11~20 cm，平均厚度为 16 cm，容重为 0.79~1.50 g/cm^3；犁底层（Ap2）厚度为 6~13 cm，平均厚度为 8 cm，容重为 0.97~1.77 g/cm^3。犁底层土壤容重对耕作层土壤容重的比值为 1.10~1.39，平均容重比为 1.19。排水落干状态下，可见锈纹、锈斑。

2.2.4　漂白层

漂白层是指由黏粒和（或）游离氧化铁淋失，有时伴有氧化铁的就地分凝，形成颜色主要决定于砂粒和粉粒的漂白物质所构成的土层。漂白层出现在丰盛系、吴家系、继冲系和钓鱼城系，一般出现在 35~130 cm 以下，厚度为 12~35 cm，干态明度为 6~8，润态明度为 5~7，润态彩度为 1~2，黏粒含量为 120~244 g/kg，游离铁含量为 4.2~10.3 g/kg，结构面上有很少量或少量铁锰斑纹。

2.2.5　舌状层与舌状现象

舌状层是指由呈舌状淋溶延伸的漂白物质和原土层残余所构成的土层。舌状层出现在三溪系和永黄系，一般出现在 38～48 cm 以下，有 25%～50% 的漂白物质，厚度 20 cm 左右，干态明度为 8，润态明度为 7～8，润态彩度为 2，黏粒含量为 127～309 g/kg，游离铁含量为 9.8～24.2 g/kg。

舌状现象是指由呈窄舌状（或称指间状）淋溶延伸的漂白物质所构成的特征。窄舌状淋溶延伸深度≥5 cm，但漂白物质按体积计<15%。舌状现象仅出现在胡家村系，出现深度为 41 cm，有 2%～5% 的漂白物质，厚度 89 cm 左右，干态明度为 8，润态明度为 8，润态彩度为 2，黏粒含量为 334～373 g/kg，游离铁含量为 15.8～18.6 g/kg。

2.2.6　雏形层

雏形层是指风化-成土过程中形成的无或基本上无物质淀积，未发生明显黏化，带棕、红棕、红、黄或紫等颜色，且有土壤结构发育的 B 层。

雏形层分布最为广泛，出现在本次调查的 74 个土系中（表 2-2），按土纲分，人为土 1 个土系，淋溶土 3 个土系，雏形土 70 个土系。雏形层的上界深度为 12～105 cm，厚度为 5～135 cm，质地类型多样，主要为砂质壤土、壤土、粉壤土、砂质黏壤土、黏壤土、粉质黏壤土、粉质黏土、黏土，pH 为 4.0～8.8，有机碳含量为 0.8～37.4 g/kg。

表 2-2　雏形层表现特征统计

土纲（土系数）	上界深度/cm	厚度/cm	质地	pH	有机碳/（g/kg）
人为土（1）	45	17	壤土	5.4	4.7
淋溶土（3）	55～105	33～90	砂质壤土、壤土、粉质黏土	5.2～7.7	0.8～6.8
雏形土（70）	12～65	5～135	砂质壤土、壤土、粉壤土、砂质黏壤土、黏壤土、粉质黏壤土、粉质黏土、黏土	4.0～8.8	0.9～37.4
合计	12～105	5～135	—	4.0～8.8	0.8～37.4

2.2.7　耕作淀积层

耕作淀积层是指旱地土壤中受耕种影响而形成的一种淀积层。位于紧接耕作层之下，其前身一般是原来的其他诊断表下层。耕作淀积层出现在金龙系和桃花源系，其中金龙系为磷质耕作淀积层，厚度为 20 cm 左右，0.5 mol/L NaHCO₃ 浸提有效磷（P）含量为 140 mg/kg 左右，明显高于下垫土层。桃花源系，耕作淀积层厚度为 50 cm 左右，其结构面和孔隙壁上有 25%～85% 腐殖质-粉砂-黏粒胶膜。

2.2.8　水耕氧化还原层与水耕氧化还原现象

水耕氧化还原层是指在水耕条件下铁锰自水耕表层或兼自其下垫土层的上部亚层还原淋溶，或兼有由下面具潜育特征或潜育现象的土层还原上移；并在一定深度中氧化淀积的土层。水耕氧化还原层出现在水耕人为土的 39 个土系中，上界深度为 19～28 cm，厚度为 23～126 cm，游离铁含量为 3.1～42.4 g/kg，结构面上可见很少量至大量铁锰斑纹及灰色胶膜。铁渗淋亚层出现在黄登溪系和来苏系，其上界深度为 25～28 cm，厚度为 15～26 cm，色调范围为 7.5YR～2.5Y，润态明度为 5～6，润态彩度为 1，游离铁含量为 3.1～11.3 g/kg，结构面上可见少量铁锰斑纹。

水耕氧化还原现象是指土层中具有一定水耕氧化还原层的特征，但厚度为 5～20 cm 者。水耕氧化还原现象仅出现在石脚迹系，由于厚度仅有 5 cm，未发育成水耕人为土，为红色铁质湿润雏形土。

2.2.9　黏化层

黏化层是指黏粒含量明显高于上覆土层的表下层。其质地分异，可由表层黏粒分散后随悬浮液向下迁移并淀积于一定深度土层中而形成，也可由原土层中原生矿物发生土内风化作用就地形成黏粒并聚集而形成。本次重庆土系调查涉及的黏化层均是由黏粒淀积形成，其出现在淋溶土的 19 个土系中，上部淋溶层的黏粒含量为 128～580 g/kg，平均含量为 295 g/kg，下部黏化层的黏粒含量为 169～751 g/kg，平均含量为 431 g/kg；黏化层的上界深度为 15～70 cm，厚度为 20～125 cm，平均厚度为 68 cm，结构面上可见黏粒胶膜。

2.2.10　钙积层与钙积现象

钙积层是指富含次生碳酸盐的未胶结或未硬结土层。钙积层出现在碧水系、濯水系和白帝系，上界深度为 17～34 cm，厚度为 19～115 cm，CaCO₃ 相当物含量为 180.5～498.7 g/kg，比上覆土层至少高 96.2 g/kg，有少量至中量可辨认的次生碳酸盐。

钙积现象是指土层中有一定次生碳酸盐聚积的特征。钙积现象出现在仙白系，上界深度为 69 cm，厚度为 51 cm，亚层 CaCO₃ 相当物含量为 107.9～131.2 g/kg，细土部分黏粒含量＞180 g/kg，可辨认的次生碳酸盐含量（按体积计）＜10%，不符合钙积层条件。

2.2.11　钙磐

钙磐是指由碳酸盐胶结或硬结，形成连续或不连续的磐状土层。钙磐仅出现在仙白系，上界深度为 120 cm 左右，厚度为 20 cm 左右，CaCO₃ 相当物含量为 590.0 g/kg。

2.2.12　岩性特征

岩性特征是指土表至 125 cm 范围内土壤性状明显或较明显保留母岩或母质的岩石学性质特征。在本次重庆土系调查中，观察到的岩性特征类型包括冲积物岩性特征，紫色砂、页岩岩性特征，红色砂、页岩、砂砾岩和北方红土岩性特征以及碳酸盐岩岩性特征 4 种，具体分布如下所述。

1）冲积物岩性特征

该岩性特征出现在石灰淡色潮湿雏形土的涪江系和朱沱系、潜育潮湿冲积新成土的滴水系和石灰潮湿冲积新成土的佛耳系。以上 4 个土系均位于河道边，目前仍受定期泛滥的影响而有新鲜冲积物质加入，50 cm 范围内土体中可见冲积层理，在 125 cm 深度处有机碳含量为 2.2～7.0 g/kg。

2）紫色砂、页岩岩性特征

该岩性特征出现在酸性肥熟旱耕人为土的金龙系、石灰紫色湿润雏形土的杜市系、酸性紫色湿润雏形土的慈云系和黄庄村系、斑纹紫色湿润雏形土的树人系、普通紫色湿润雏形土的赶场系、石灰紫色正常新成土的新兴系和德感系、普通紫色正常新成土的朱衣系和福星系，土表至 125 cm 范围内色调为 10RP，土体固结性不强，岩石风化碎屑直径均<4 cm。

3）红色砂、页岩、砂砾岩和北方红土岩性特征

该岩性特征出现在红色铁质湿润雏形土的茨竹系，该土系土体色调为 10R，明度为4～5，彩度为 6。

4）碳酸盐岩岩性特征

该岩性特征出现在普通潜育水耕人为土的票草系，普通铁聚水耕人为土的蒲吕系、安稳系，普通简育水耕人为土的板溪系，腐殖钙质常湿淋溶土的仙白系、思源系，普通钙质常湿淋溶土的春晓村系、中伙系、文峰系、上磺系、红池坝系，普通钙质湿润淋溶土的荔枝坪系、屏锦系，腐殖钙质常湿雏形土的北屏系、清水系，普通钙质常湿雏形土的平安系、银厂坪系、清泉系、大坪村系，棕色钙质湿润雏形土的苟家系、碧水系、建坪系、群力系、楼房村系、长兴系、濯水系、白帝系和泉沟系，普通钙质湿润雏形土的龙车寺系，钙质湿润正常新成土的黄柏渡系。上述土系在上界位于土表至 125 cm 范围内，有沿水平方向起伏或连续的碳酸盐岩石质接触面或有碳酸盐岩岩屑或风化残余石灰，所有土层的盐基饱和度≥50%，pH≥5.5。

2.2.13　石质接触面与准石质接触面

石质接触面是指土壤与紧实黏结的下垫物质（岩石）之间的界面层，不能用铁铲挖开。准石质接触面是指土壤与连续黏结的下垫物质（一般为部分固结的砂岩、粉砂岩、页岩或泥灰岩等沉积岩）之间的界面层，湿时用铁铲可勉强挖开。石质接触面出现在票草系、上磺系、红池坝系、荔枝坪系、碧水系、濯水系、泉沟系、黄柏渡系和黄安坝系，岩石接触类型为石灰岩和板岩。准石质接触面出现在本次调查的 53 个土系中，按土纲分，人为土 9 个土系，淋溶土 3 个土系，雏形土 33 个土系，新成土 8 个土系。准石质接触面的岩石接触类型主要为泥岩、页岩、砂岩、粉砂岩等。

2.2.14　土壤水分状况

土壤水分状况是指年内各时期土壤内或某土层内地下水或＜1500 kPa 张力持水量的有无或多寡。

（1）湿润土壤水分状况：一般见于湿润气候地区的土壤中，降水分配平均或夏季降水多，土壤贮水量加降水量大致等于或超过蒸散量；大多数年份可下渗通过整个土壤。该土壤水分状况出现在本次调查的 63 个土系中，按土纲分，人为土 1 个土系，淋溶土6 个土系，雏形土 48 个土系，新成土 8 个土系。

（2）常湿润土壤水分状况：降水分布均匀、多云雾地区（多为山地）全年各月水分均能下渗通过整个土壤的很湿的土壤水分状况。该土壤水分状况出现在本次调查的26个土系中，按土纲分，淋溶土11个土系，雏形土13个土系，新成土2个土系。

（3）滞水土壤水分状况：地表至2 m内存在缓透水黏土层或较浅处有石质接触面或地表有苔藓和枯枝落叶层，使其上部土层在大多数年份中有相当长的湿润期，或部分时间被地表水和（或）上层滞水饱和；导致土层中发生氧化还原作用而产生氧化还原特征、潜育特征或潜育现象，或铁质水化作用使原红色土壤的颜色转黄；或由于土体层中存在具一定坡降的缓透水黏土层或石质、准石质接触面，大多数年份某一时期其上部土层被地表水和（或）上层滞水饱和并有一定的侧向流动，导致黏粒和（或）游离氧化铁侧向淋失的土壤水分状况。该土壤水分状况主要出现在三溪系、马鹿系、长兴系、少云系、胡家村系、钓鱼城系。

（4）人为滞水土壤水分状况：在水耕条件下由于缓透水犁底层的存在，耕作层被灌溉水饱和的土壤水分状况。该土壤水分状况主要出现在水耕人为土的39个土系中，还出现在石灰简育正常潜育土的盘龙系和红色铁质湿润雏形土的石脚迹系。

（5）潮湿土壤水分状况：大多数年份土温>5℃（生物学零度）时的某一时期，全部或某些土层被地下水或毛管水饱和并呈还原状态的土壤水分状况。该土壤水分状况主要出现在雏形土的黎咀系、东渡系、涪江系、上和系、宜居系、朱沱系、渠口系和新成土的滴水系、佛耳系。

2.2.15　潜育特征与潜育现象

潜育特征是指长期被水饱和，导致土壤发生强烈还原的特征。潜育特征出现在本次调查的人为土9个土系、潜育土1个土系、雏形土1个土系、新成土1个土系中。人为土中，绍庆系、双梁系、迎新系、澄溪系、票草系、永生系60 cm以上的土体出现潜育特征，丰盛系、三教系、响水系仅在60 cm以下土体出现潜育特征，具有潜育特征的土层色调为7.5YR～5Y，润态明度为5～8，润态彩度为1～3，结构面上可见少量至多量的铁锰斑纹。潜育土的盘龙系位于低丘坡麓低洼地段，土体常年积水，水耕表层以下土体具有潜育特征，色调为7.5YR，润态明度为4，润态彩度为2。雏形土的宜居系位于河漫滩，潜育特征出现在55～89 cm和132～148 cm，色调为2.5Y，润态明度为4，润态彩度为2，结构面上可见少量至中量的铁锰斑纹。新成土的滴水系位于河漫滩，潜育特征出现在62～118 cm和133～148 cm，色调为10YR，润态明度为4～5，润态彩度为1～2，结构面上可见少量至中量的铁锰斑纹。

潜育现象是指土壤发生弱-中度还原作用的特征。潜育现象出现在普通简育水耕人为土的礼让系，该土系100 cm深度以下土体具有潜育现象，有40%左右土壤基质符合"潜育特征"的全部条件。

2.2.16　氧化还原特征

氧化还原特征是指由于潮湿水分状况、滞水水分状况或人为滞水水分状况的影响，大多数年份某一时期土壤受季节性水分饱和，发生氧化还原交替而形成的特征。主要表现为结构面上可见铁锰斑纹或土体中可见铁锰结核或润态彩度≤2。氧化还原特征的统计见表 2-3。

表 2-3　氧化还原特征统计

类型（土系数）	结构面上铁锰斑纹面积/%	土体中铁锰结核体积/%	润态彩度
人为土（39）	<85	<5	≤6
潜育土（1）			2
淋溶土（6）	<15	<2	≤6
雏形土（27）	<40	<5	≤6
新成土（2）	<15		≤6

2.2.17　土壤温度状况

土壤温度状况是指土表下 50 cm 深度处或浅于 50 cm 的石质或准石质接触面处的土壤温度。本次调查的 144 个土系中，位于巫溪、城口、巫山、石柱、武隆等地的 12 个土系（思源系、春晓村系、红池坝系、西流溪系、黄水系、北屏系、平安系、银厂坪系、大坪村系、东安系、仙女山系、黄安坝系）为温性土壤温度状况，代表性单个土体 50 cm 深度土壤温度为 11.6～15.6℃，其余的土系均为热性土壤温度状况，代表性单个土体 50 cm 深度土壤温度为 16.3～19.6℃。

2.2.18　腐殖质特性

腐殖质特性是指热带亚热带地区土壤或黏质开裂土壤中除 A 层或 A+AB 层有腐殖质的生物积累外，B 层并有腐殖质的淋溶积累或重力积累的特性。腐殖质特性出现在仙白系、思源系、北屏系、西流溪系、清水系、石梁子系等，腐殖质特性大致表现在 30～100 cm 土体内，其结构面、孔隙壁上可见腐殖质淀积胶膜或裂隙壁填充有自 A 层落下的含腐殖质土体，土表至 100 cm 深度范围内土壤有机碳总储量为 13.2～26.8 kg/m^2。

2.2.19　铁质特性

铁质特性是指土壤中游离氧化铁非晶质部分的浸润和赤铁矿、针铁矿微晶的形成，并充分分散于土壤基质内使土壤红化的特性。铁质特性出现在本次调查的 48 个土系中，按土纲分，人为土 5 个土系，淋溶土 6 个土系，雏形土 37 个土系。

2.2.20　铝质现象

铝质现象是指在除铁铝土和富铁土以外的土壤中富含 KCl 浸提性铝的特性，但其不满足铝质特性的全部条件。铝质现象出现在淋溶土的黄水系、沙子系和虎峰系，雏形土的马鹿系、慈云系、黄庄村系、老瀛山系、珞璜系、南泉系、团松林系、围龙系和华盖山系。

2.2.21　石灰性

石灰性是指土表至 50 cm 范围内所有亚层中 $CaCO_3$ 相当物含量均≥10 g/kg，用 1：3 HCl 处理有泡沫反应。若某亚层中 $CaCO_3$ 相当物比其上、下亚层高时，则绝对增量不超过 20 g/kg，即低于钙积现象的下限。石灰性出现在本次调查的 41 个土系中，按土纲分，人为土 9 个土系，潜育土 1 个土系，淋溶土 2 个土系，雏形土 22 个土系，新成土 7 个土系。

第 3 章 土 壤 分 类

3.1 土壤分类的历史回顾

3.1.1 20 世纪 30～40 年代

自 20 世纪 30 年代，中外学者便开始对重庆市境内的土壤进行分类研究。特别是在抗日战争期间，中央地质调查所土壤研究室内迁至重庆后，有诸多老一辈土壤学家先后工作于此，使这一时期成了重庆市土壤分类研究的奠基阶段，此时的土壤分类深受美国学派影响，以土系为基础分类单元（中国科学院成都分院土壤研究室，1991）。

1935 年，美国土壤学家梭颇（James Thorp）在四川省江北县（今重庆市渝北区）挖取紫色土剖面观察，将其命名为四川灰棕色森林土（gray-brown forest soils of Szechuan），1936 年改称为紫棕壤（purple-brown soils），并与黑色石灰土归为一组，以区别于华南的红壤（Thorp, 1936; 中国科学院成都分院土壤研究室，1991）。1941 年，侯光炯著《四川重庆区土壤概述》一书，将重庆境内土壤分为 9 个土类（幼红壤、幼黄壤、黄壤、棕壤、灰棕壤、变质原色土、纯质原色土、显潴性水稻土、隐潴性水稻土）和 80 个土系，并在 1∶25000 图上标出时，划分为 57 个区（侯光炯，1941）。1945 年，侯光炯将重庆市北碚区境内土壤分为原色土、变质原色土、灰棕壤、棕壤、红壤 5 种类型（侯光炯，1945）。原色土是指土壤属性与母质（母岩）性质相近，相当于现今的紫色土，变质原色土相当于现今酸化黄化的紫色土（接近黄壤）或紫色古风化壳上发育的土壤，灰棕壤和棕壤可能属于紫色岩上发育的黄棕壤或暗黄棕壤；在变质原色土、灰棕壤等之下，按土壤发育程度又划分出渗育性、浅灰化性和高腐化性等不同的土壤类型（侯光炯，1945；四川省农牧厅和四川省土壤普查办公室，1997）。

3.1.2 20 世纪 50～60 年代

中华人民共和国成立后，结合国家生产建设任务，各地积极开展土地资源综合考察、流域规划和荒地勘测开发等与土壤分类相关的研究工作。这一时期，受苏联地理发生学分类影响，改循其土壤发生学派的分类体制，采用土种、变种为土壤基层分类单元，以成土过程、母质、主要土性等作为修饰词，串联成很长的土壤名称，但这种分类体制十分烦琐，未能广泛应用。1956 年，侯光炯在《四川盆地内紫色土的分类与分区》一书中将重庆境内的紫色土划分为 2 个土类（黄壤、棕色森林土）、3 个亚类（紫色幼年土、紫色旱作土、紫色水稻土），土种按水分动态上的变异划分，变种根据母质、主要质地及其他关键特征划分（侯光炯，1956）。1958 年，重庆市开展了第一次土壤普查，在调查中深入总结了群众辨土、识土和改土的经验，在人为因素的作用、土壤熟化过程、定向培育及肥力概念等方面，都提出了新的见解，对耕作土壤分类问题进行了广泛的讨论。当时土壤分类命名主要采用了群众习惯的语言。但是，第一次土壤普查的土壤分类还缺乏科学性和系统性研究，将耕作土壤与自然土壤人为地割裂为两个系列，对基层分类也没有进行系统的整理和归纳。

1963 年，在总结全国土壤普查的基础上，"暂行中国土壤分类系统"将紫色土分为紫色土和紫泥土两个亚类。前者指石灰性及钙质饱和的母质发育的紫色土，有天然植被生长的土壤，后者指耕种的紫色土，但这种分类未得到科学工作者的完全赞同。有人仍坚持保留过去的碱性、中性、酸性紫色土 3 个亚类，也有人主张分为紫色石骨土、紫色土、紫黄泥 3 个亚类，以示紫色土发育的阶段性。1964 年，全国土壤普查办公室根据紫色土的农业利用，将紫色土划分为紫泥土和紫泥田两大土类，其中，紫泥土为旱作土，按其生产性能差异，又续分为 5 个亚类（黑紫泥、棕紫泥、红紫泥、紫色石骨土和血泥土）和 9 个土组，而紫泥田则未设亚类，分为紫色大土泥田、红油砂田、紫色夹砂泥田、血泥田、紫黄泥田和干硝田 6 个土组（中国科学院成都分院土壤研究室，1991）。虽然上述工作对农业土壤分类作了初步尝试，但由于论据不足，也未能在实践中应用。

3.1.3　20 世纪 70～90 年代

20 世纪 70～90 年代，重庆市行政区划进行了多次调整。1983 年，撤销永川地区，所属 8 县划归重庆市；1996 年，四川省人民政府将四川省万县市、四川省涪陵市和四川省黔江地区委托重庆市人民政府代管；1997 年，设立重庆直辖市，辖原重庆市、万县市、涪陵市和黔江地区。该时期，我国土壤分类研究主要经历了两个阶段，其一是依托第二次全国土壤普查工作开展的土壤发生学分类研究与实践，其二是以诊断层和诊断特性为基础、定量化为特点的中国土壤系统分类的建立与实践。

1978～1987 年期间，全国第二次土壤普查工作在重庆市境内开展，鉴于当时的行政区划，该次土壤普查工作分别在重庆市（包括市中区、江北区、沙坪坝区、九龙坡区、南岸区、北碚区、南桐矿区、大渡口区、双桥区、巴县、江北县、綦江县、长寿县、江津县、合川县、潼南县、铜梁县、永川县、大足县、荣昌县、璧山县）、涪陵地区（包括涪陵市、垫江县、南川县、丰都县、武隆县、石柱县、彭水县、黔江县、酉阳县、秀山县）、万县地区（包括万县市、万县、云阳县、开县、梁平县、忠县、奉节县、巫山县、巫溪县、城口县）等 3 个区域进行。其中，重庆市第二次土壤普查工作从 1979 年春至 1985 年底，历时 7 年，普查土壤面积 2.30 万 km^2，提交土壤普查报告 19 册，专题报告 48 篇，工作总结 19 份，区（县）级图件 413 套、4672 张，乡级图件 3766 幅，数据统计 190 册，形成土壤普查报告及《重庆土壤》一册，全市土壤分为 5 个土纲、8 个土类、13 个亚类、37 个土属、114 个土种；涪陵地区第二次土壤普查于 1978 年 6 月开始，至 1987 年 5 月结束，形成了《涪陵土壤（上册）》《涪陵土壤（土种志）》，通过评土比土，在消除同名异土和同土异名的基础上，将全区土壤分为 8 个土类、16 个亚类、57 个土属、135 个土种；万县地区第二次土壤普查于 1979 年春开始，分四批进行，于 1985 年 10 月基本结束全区县级普查工作，1986 年 9 月通过省级验收，形成了《万县地区土壤》《万县地区土种志》，全区土壤共分为 8 个土类、14 个亚类、45 个土属、121 个土种。作者参照《四川土壤》（1995）、《四川土种志》（1994）的土壤分类与命名、典型土种特征及分布区域等，对上述三个地区第二次土壤普查记录的土壤类型进行了详细的比对、归并等工作，结果表明，全市土壤可分为 5 个土纲、8 个亚纲、12 个土类、33 个亚类、76 个土属和 177 个土种，其中土纲、亚纲、土类和亚类的名称见表 3-1。总的来看，此次土壤类型的划分遵循了发生学原则、统一性原则和综合指标原则，在研究土壤分类时，综合考虑了成土因素、成土过程和土壤属性；考虑到土壤属性能够确切地反映成土条件和成土过程，在具体土壤分类时将其作为分类的基础；各地区基于第二次土壤普查建立的土壤分类系统属发生学分类，在土类、亚类等高级分类单元划分上与全国土壤分类系统保持一致，在土属、土种等基层分类单元划分上则是根据境内土壤的实际特性加以区分，并制成了相应区域的土壤图。此外，这次土壤普查还对全市土壤提出了改良利用分区的意见，且针对各个区域土壤的特点和问题，也提出了相应的改良利用措施，并对今后的发展方向进行了论述。

表 3-1　重庆市土壤的发生分类（土纲-亚类）

土纲	亚纲	土类	亚类
铁铝土	湿热铁铝土	红壤	黄红壤
	湿暖铁铝土	黄壤	黄壤、漂洗黄壤、黄壤性土
淋溶土	湿暖淋溶土	黄棕壤	黄棕壤、暗黄棕壤、黄棕壤性土
		黄褐土	黄褐土、黄褐土性土
	湿暖温淋溶土	棕壤	棕壤、酸性棕壤、棕壤性土
初育土	土质初育土	新积土	新积土、冲积土
	石质初育土	石灰（岩）土	黄色石灰土、红色石灰土、黑色石灰土、棕色石灰土
		紫色土	酸性紫色土、中性紫色土、石灰性紫色土
		粗骨土	酸性粗骨土、中性粗骨土、钙质粗骨土
半水成土	淡半水成土	山地草甸土	山地草甸土、山地灌丛草甸土
		潮土	灰潮土
人为土	人为水成土	水稻土	潴育水稻土、淹育水稻土、渗育水稻土、潜育水稻土、脱潜水稻土、漂洗水稻土

自 1984 年开始，在中国科学院和国家自然科学基金委员会的资助下，由中国科学院南京土壤研究所主持，联合 30 多家科研单位和高等院校，着手中国土壤系统分类研究，经过十几年的努力，取得了一系列令人瞩目的成果。其中，先后提出了《中国土壤系统分类（初拟）》（1985）、《中国土壤系统分类（二稿）》（1987）、《中国土壤系统分类（三稿）》（1988）、《中国土壤系统分类（首次方案）》（1991）及《中国土壤系统分类（修订方案）》（1995），并出版了总结性专著《中国土壤系统分类——理论·方法·实践》（1999）（中国科学院南京土壤研究所土壤系统分类课题组和中国土壤系统分类课题研究协作组，2001）。在这一时期，虽然我国的土壤系统分类研究发展迅速，但针对重庆市土壤的系统分类研究与实践工作几乎没有开展。

3.1.4　21 世纪以来

21 世纪以来，随着《中国土壤系统分类检索（第三版）》（2001）的正式出版，我国土壤系统分类的研究与实践进入了一个新的阶段，其涉及的区域范围和样点规模不断扩大，也陆续有学者对重庆市境内的主要土壤开展了系统分类方面的相关研究。其中，庄云等（2013）调查了重庆市彭水、武隆和巫山3个区（县）15块典型烟田的土壤，依据中国土壤系统分类的原则和方法，将其划分为淋溶土、雏形土2个土纲及相应的2个亚纲、2个土类、3个亚类、7个土族和10个土系；此外，近年来，作者针对重庆市境内的主要土壤类型，如紫色土、水稻土、新积土、潮土、黄壤和石灰（岩）土等，开展了一系列相关的系统分类研究，基本明确了重庆市境内上述土壤典型个体的系统分类高级单元归属及其与发生分类的参比（慈恩等，2018；胡瑾等，2018；连茂山等，2018；陈林等，2019）。

3.2　本次土系调查

3.2.1　依托项目

本次土系调查主要依托国家科技基础性工作专项（2014FY110200）、国家自然科学基金项目（41977002）和中央高校基本科研业务费专项资金项目（XDJK2020B069）。

3.2.2　调查方法

1）单个土体位置确定与调查方法

利用 ArcGIS 软件，依据重庆市土壤图，筛选出重庆市各类型土壤分布区，叠加地形、地质等相关数据，划定用于调查的典型地体单元，结合土种分布和交通状况等，选取适宜的地体单元作为重庆市典型土壤个体调查区并布设采样点。根据预设采样点的坐标和第二次土壤普查资料，完成野外定点工作，本次土系调查共挖掘、观测了 145 个典型土壤剖面，采集相关发生层土样 700 多个、纸盒标本 145 套，单个土体采样点空间分布见图 3-1。

2）野外单个土体调查和描述、土壤样品测定、系统分类归属的依据

依据《野外土壤描述与采样手册》（张甘霖和李德成，2016），开展野外单个土体调查和描述。在土壤发生层的符号表达方面，对具有潜育特征的发生层，不用 G 表示，而是在该层符号后加 g 表示，例如，具有潜育特征的 B 层用 Bg 表示；通常，R 表示即使湿润时也无法用铁铲挖开的坚硬基岩，但本次土系调查为便于显示石质接触面或准石质接触面的深度分布情况，除石质接触面以下的坚硬基岩用 R 表示外，将准石质接触面以下部分固结的泥质岩和砂岩等也用 R 表示，对于保留了原有岩石结构的半风化体，若呈连续的整块状或未发生明显位移的碎裂块状，也用 R 表示。此外，本次调查的单个土体50 cm 深度土温均是依据其与纬度、海拔之间的相关性推算获得的（冯学民和蔡德利，2004）。

土壤颜色比色依据《中国土壤标准色卡》（中国科学院南京土壤研究所和中国科学院西安光学精密机械研究所，1989），土样测定分析依据《土壤调查实验室分析方法》（张甘霖和龚子同，2012），土壤系统分类高级单元确定依据《中国土壤系统分类检索（第三

版）》（中国科学院南京土壤研究所土壤系统分类课题组和中国土壤系统分类课题研究协作组，2001），土族和土系建立依据《中国土壤系统分类土族和土系划分标准》（张甘霖等，2013）。

图 3-1   重庆市土系调查典型单个土体采样点空间分布

3.2.3 土系建立情况

通过对本次调查的单个土体进行筛选和归并，合计建立 144 个土系，涉及 5 个土纲、10 个亚纲、25 个土类、49 个亚类、106 个土族、144 个土系（表 3-2），各土系的详细信息见"下篇 区域典型土系"。与全国土壤系统分类相比，此次在重庆市境内尚未调查到有机土、灰土、火山灰土、铁铝土、干旱土、变性土、盐成土、均腐土、富铁土 9 个土纲，其中灰土、火山灰土、干旱土、铁铝土、盐成土等土纲的缺少，与调查区域不具备上述土纲形成的自然环境条件有关，而其他土纲的缺少则可能是受本次调查范围、剖面点数量、资料掌握情况等影响所致，但也不排除部分土纲在重庆市境内确实无分布的可能。随着以后在重庆市境内土壤系统分类调查工作的扩大和深入，相关资料信息的不断补充，所划分的各级土壤分类单元将会有所增加。

表 3-2　重庆市土系分布统计

序号	土纲	亚纲	土类	亚类	土族	土系
1	人为土	2	5	8	23	40
2	潜育土	1	1	1	1	1
3	淋溶土	2	5	10	18	19
4	雏形土	3	11	23	53	72
5	新成土	2	3	7	11	12
合计	5	10	25	49	106	144

下篇　区域典型土系

第4章 人 为 土

4.1 铁聚潜育水耕人为土

4.1.1 绍庆系（Shaoqing Series）

土　族：黏壤质硅质混合型非酸性热性-铁聚潜育水耕人为土
拟定者：慈　恩，连茂山，李　松

分布与环境条件　主要分布在彭水、黔江等地，多位于中、低山区溪河两岸低阶地，海拔一般在 450～550 m，成土母质为第四系全新统冲积物；水田，单季水稻。亚热带湿润季风气候，年日照时数 900～1000 h，年平均气温 16.0～17.0℃，年降水量 1200～1300 mm，无霜期 290～305 d。

绍庆系典型景观

土系特征与变幅　诊断层包括水耕表层、水耕氧化还原层；诊断特性包括人为滞水土壤水分状况、潜育特征、氧化还原特征、热性土壤温度状况等。剖面构型为 Apg1-Apg2-Bg-Cr，土体厚度 100 cm 以上，层次质地构型为粉质黏壤土-黏壤土-壤土，无石灰反应，pH 6.1～7.5。土体结构面上有少量至多量的铁锰斑纹，0～100 cm 深度范围各土层均有潜育特征，水耕表层之下土体有明显的铁聚层次，Cr 层有极多量次圆状岩石碎屑。

对比土系　同一土族的土系中，双梁系，位于低山中坡，成土母质为侏罗系新田沟组黄色泥岩风化残坡积物，剖面构型为 Apg1-Apg2-Br-R，0～50 cm 深度范围内有准石质接触面出现，犁底层以下土层无潜育特征；迎新系，所处地形部位相似，成土母质类型相同，但剖面构型为 Apg1-Apg2-Br，犁底层以下土层无潜育特征，耕作层土壤质地为壤土类。

利用性能综述　该土系土体深厚，质地偏黏，耕性一般；耕层土壤有机质、全氮、全钾含量较高，全磷含量较低，有效磷含量丰富。在改良利用上，注意区域排水系统整治，降低地下水位，改善土壤水分状况；实行秸秆还田和种植豆科绿肥等，改善土壤结构，培肥地力；根据作物养分需求和土壤供肥性能，合理施肥。

参比土种　下湿潮田。

代表性单个土体　位于重庆市彭水县绍庆街道镇南村 5 组，29°13′52.5″N，108°08′31.1″E，海拔 502 m，低阶地，成土母质为第四系全新统冲积物，水田，单季水稻，50 cm 深度土温 19.0℃。野外调查时间为 2016 年 1 月 28 日，编号 50-100。

绍庆系代表性单个土体剖面

Apg1：0～20 cm，淡灰（5Y 7/1，干），灰（5Y 6/1，润）；粉质黏壤土，强发育中块状结构，疏松；中量中根和少量细根；少量动物穴；结构面上有中量铁锰斑纹；中度亚铁反应，无石灰反应；向下层平滑渐变过渡。

Apg2：20～28 cm，淡灰（5Y 7/1，干），灰（5Y 4/1，润）；粉质黏壤土，强发育大块状结构，稍坚实；少量中根和很少量细根；结构面上有中量铁锰斑纹；中度亚铁反应，无石灰反应；向下层平滑渐变过渡。

Bg1：28～40 cm，淡灰（5Y 7/1，干），灰（5Y 5/1，润）；粉质黏壤土，中等发育大棱块状结构，稍坚实；很少量细根；结构面上有中量铁锰斑纹，可见灰色胶膜；轻度亚铁反应，无石灰反应；向下层平滑渐变过渡。

Bg2：40～58 cm，灰（5Y 6/1，干），灰（5Y 5/1，润）；粉质黏壤土，中等发育很大棱块状结构，稍坚实；很少量细根；结构面上有多量铁锰斑纹，可见灰色胶膜；轻度亚铁反应，无石灰反应；向下层平滑渐变过渡。

Bg3：58～85 cm，灰（5Y 6/1，干），灰（5Y 5/1，润）；粉质黏壤土，中等发育很大棱块状结构，坚实；很少量极细根；结构面上有少量铁锰斑纹，可见灰色胶膜；轻度亚铁反应，无石灰反应；向下层平滑渐变过渡。

Bg4：85～106 cm，浊黄（2.5Y 6/3，干），黄棕（2.5Y 5/3，润）；黏壤土，弱发育大棱块状结构，坚实；结构面上有多量铁锰斑纹，可见灰色胶膜，土体中有 5%次圆状岩石碎屑；轻度亚铁反应，无石灰反应；向下层平滑清晰过渡。

Cr：106～128 cm，黄棕（2.5Y 5/3，干），橄榄棕（2.5Y 4/3，润）；壤土，很弱发育中粒状结构，疏松；结构面上有中量铁锰斑纹，层内有 85%次圆状岩石碎屑；无石灰反应。

绍庆系代表性单个土体物理性质

土层	深度 /cm	砾石* (>2 mm，体积分数)/%	细土颗粒组成 (粒径：mm)/(g/kg)			质地	容重 /(g/cm³)
			砂粒 2～0.05	粉粒 0.05～0.002	黏粒 <0.002		
Apg1	0～20	0	74	536	390	粉质黏壤土	1.21
Apg2	20～28	0	74	538	388	粉质黏壤土	1.35
Bg1	28～40	0	68	575	357	粉质黏壤土	1.52
Bg2	40～58	0	109	564	327	粉质黏壤土	1.58
Bg3	58～85	0	117	551	332	粉质黏壤土	1.56
Bg4	85～106	5	229	482	289	黏壤土	1.60
Cr	106～128	85	421	391	188	壤土	—

*包括岩石碎屑、结核等（下同）。

绍庆系代表性单个土体化学性质

深度 /cm	pH (H₂O)	有机碳 /(g/kg)	全氮(N) /(g/kg)	全磷(P) /(g/kg)	全钾(K) /(g/kg)	CEC /[cmol(+)/kg]	游离铁 /(g/kg)
0～20	6.1	15.3	1.84	0.43	20.7	21.5	7.4
20～28	6.1	14.5	1.78	0.37	22.5	17.6	7.5
28～40	7.1	9.8	1.24	0.30	23.8	25.2	12.4
40～58	7.0	8.5	1.04	0.33	24.5	30.0	14.2
58～85	6.9	10.0	1.23	0.27	23.3	40.9	9.9
85～106	7.0	5.1	0.78	0.46	23.0	38.8	20.7
106～128	7.5	5.8	0.78	0.88	26.3	30.0	20.6

4.1.2　双梁系（Shuangliang Series）

土　族：黏壤质硅质混合型非酸性热性-铁聚潜育水耕人为土
拟定者：慈　恩，连茂山，李　松

双梁系典型景观

分布与环境条件　主要分布在忠县、万州、丰都等地，多位于侏罗系新田沟组地层出露的低山中坡，坡度分级为中坡，梯田，海拔一般在 600～750 m，成土母质为侏罗系新田沟组黄色泥岩风化残坡积物；水田，单季水稻。亚热带湿润季风气候，年日照时数 1200～1300 h，年平均气温 15.5～16.5 ℃，年降水量 1200～1300 mm，无霜期 310～320 d。

土系特征与变幅　诊断层包括水耕表层、水耕氧化还原层；诊断特性包括准石质接触面、人为滞水土壤水分状况、潜育特征、氧化还原特征、热性土壤温度状况等。剖面构型为 Apg1-Apg2-Br-R，土体厚度 50 cm 以内，层次质地构型为粉质黏壤土-黏壤土-粉壤土，无石灰反应，pH 5.0～5.6。土体结构面上有中量至多量的铁锰斑纹，耕作层和犁底层有潜育特征，犁底层以下土层内游离铁含量增加明显。水耕氧化还原层厚度 20～30 cm，准石质接触面的出现深度多在 40～50 cm。

对比土系　同一土族的土系中，绍庆系，位于河流低阶地，成土母质为第四系全新统冲积物，剖面构型为 Apg1-Apg2-Bg-Cr，土体厚度 100 cm 以上，母质层的出现深度在 100～150 cm，Bg 层厚度 70 cm 以上；迎新系，位于河流冲积坝，成土母质为第四系全新统冲积物，剖面构型为 Apg1-Apg2-Br，土体厚度 100 cm 以上，0～130 cm 深度范围内未见母质层和准石质接触面，耕作层土壤质地为壤土类。

利用性能综述　该土系土体浅，耕层质地偏黏，耕性一般；耕层土壤有机质、全钾含量中等，全氮含量较高，全磷含量低。在改良利用上，应完善灌排设施，搞好区域排水，改善土壤水分状况；深耕炕田，施用有机肥，实行秸秆还田和种植豆科绿肥等，改善土壤理化性状，培肥地力；根据作物养分需求和土壤供肥性能，合理施肥。

参比土种　砂黄泥田。

代表性单个土体　位于重庆市忠县黄金镇双梁村 3 组，30°23′45.9″N，108°02′10.1″E，海拔 670 m，低山中坡，坡度分级为中坡，梯田，成土母质为侏罗系新田沟组黄色泥岩风化残坡积物，水田，单季水稻，50 cm 深度土温 18.0℃。野外调查时间为 2016 年 1 月 21 日，编号 50-094。

Apg1：　0～19 cm，黄灰（2.5Y 6/1，干），黄灰（2.5Y 5/1，润）；粉质黏壤土，中等发育中块状结构，疏松；中量中根和细根；少量动物穴；结构面上有中量铁锰斑纹；中度亚铁反应，无石灰反应；向下层平滑渐变过渡。

Apg2：　19～26 cm，黄灰（2.5Y 6/1，干），黄灰（2.5Y 5/1，润）；黏壤土，中等发育中块状结构，稍坚实；很少量极细根；结构面上有中量铁锰斑纹；中度亚铁反应，无石灰反应；向下层平滑渐变过渡。

Br1：　26～39 cm，黄灰（2.5Y 5/1，干），黄灰（2.5Y 4/1，润）；黏壤土，中等发育大块状结构，坚实；很少量极细根；结构面上有多量铁锰斑纹，可见灰色胶膜；无石灰反应；向下层波状清晰过渡。

双梁系代表性单个土体剖面

Br2：　39～49 cm，亮黄棕（2.5Y 7/6，干），亮黄棕（2.5Y 6/6，润）；粉壤土，弱发育大块状结构，坚实；结构面上有中量铁锰斑纹，可见灰色胶膜，土体中有 40%泥岩碎屑；无石灰反应；向下层波状清晰过渡。

R：　　49～60 cm，泥岩。

双梁系代表性单个土体物理性质

土层	深度/cm	砾石(>2 mm，体积分数)/%	细土颗粒组成（粒径：mm)/(g/kg)			质地	容重/(g/cm³)
			砂粒 2～0.05	粉粒 0.05～0.002	黏粒 <0.002		
Apg1	0～19	0	206	504	290	粉质黏壤土	1.10
Apg2	19～26	0	239	485	276	黏壤土	1.35
Br1	26～39	0	219	512	269	黏壤土	1.55
Br2	39～49	40	230	523	247	粉壤土	1.33

双梁系代表性单个土体化学性质

深度/cm	pH(H₂O)	有机碳/(g/kg)	全氮(N)/(g/kg)	全磷(P)/(g/kg)	全钾(K)/(g/kg)	CEC/[cmol(+)/kg]	游离铁/(g/kg)
0～19	5.0	14.1	1.69	0.25	17.2	13.7	6.3
19～26	5.2	10.1	1.33	0.23	16.7	10.7	8.0
26～39	5.3	7.1	1.07	0.23	16.4	17.4	16.8
39～49	5.6	1.9	0.69	0.20	22.0	26.6	36.6

4.1.3　迎新系（Yingxin Series）

土　　族：黏壤质硅质混合型非酸性热性-铁聚潜育水耕人为土
拟定者：慈　恩，连茂山，李　松

分布与环境条件　主要分布在黔江、彭水等地，多位于中、低山区溪河两岸冲积坝，海拔一般在 500～600 m，成土母质为第四系全新统冲积物；水田，单季水稻或水稻-油菜轮作。亚热带湿润季风气候，年日照时数 1100～1200 h，年平均气温 15.5～16.5℃，年降水量 1100～1200 mm，无霜期 290～305 d。

迎新系典型景观

土系特征与变幅　诊断层包括水耕表层、水耕氧化还原层；诊断特性包括人为滞水土壤水分状况、潜育特征、氧化还原特征、热性土壤温度状况等。剖面构型为 Apg1-Apg2-Br，土体厚度 100 cm 以上，层次质地构型为壤土-黏壤土-壤土-黏壤土，无石灰反应，pH 5.4～7.1。土体结构面上有少量至多量的铁锰斑纹，潜育特征仅出现于耕作层和犁底层内，水耕表层之下土体有明显的铁聚层次。土体中部分层次有 2%~20%次圆状岩石碎屑。

对比土系　同一土族的土系中，双梁系，位于低山中坡，成土母质为侏罗系新田沟组黄色泥岩风化残坡积物，剖面构型为 Apg1-Apg2-Br-R，0～50 cm 深度范围内有准石质接触面出现，耕作层土壤质地为黏壤土类；绍庆系，所处地形部位相似，成土母质类型相同，但剖面构型为 Apg1-Apg2-Bg-Cr，犁底层以下土层有潜育特征，母质层的出现深度在 100～150 cm，耕作层土壤质地为黏壤土类。

利用性能综述　该土系土体深厚，耕层质地适中，耕性好；耕层土壤有机质、全磷含量较低，全氮含量中等，全钾含量较高。在改良利用上，应整治区域排水系统，改善土壤水分状况；翻耕炕田，增施有机肥和实行秸秆还田等，改善土壤理化性状；根据作物养分需求和土壤供肥性能，合理施肥。

参比土种　黄潮泥田。

代表性单个土体　位于重庆市黔江区中塘乡迎新村 4 组，29°36′04.0″N，108°49′45.9″E，海拔 534 m，溪河冲积坝，成土母质为第四系全新统冲积物，水田，单季水稻或水稻-

油菜轮作，50 cm 深度土温 18.7℃。野外调查时间为 2016 年 1 月 27 日，编号 50-098。

Apg1：0～13 cm，淡灰（5Y 7/1，干），灰（5Y 5/1，润）；壤土，强发育小块状结构，稍坚实；少量中根和中量细根；少量动物穴；结构面上有少量铁锰斑纹；轻度亚铁反应，无石灰反应；向下层平滑清晰过渡。

Apg2：13～23 cm，35%淡灰、65%淡灰（35% 5Y 7/1、65% 5Y 7/1，干），35%灰、65%蓝灰（35% 5Y 5/1、65% 5PB 6/1，润）；黏壤土，强发育中块状结构，稍坚实；很少量细根；结构面上有中量铁锰斑纹；轻度亚铁反应，无石灰反应；向下层平滑清晰过渡。

Br1：23～42 cm，淡灰（5Y 7/1，干），灰（5Y 5/1，润）；黏壤土，中等发育大块状结构，稍坚实；很少量细根；结构面上有少量铁锰斑纹，可见灰色胶膜，土体中有 2%次圆状岩石碎屑；无石灰反应；向下层平滑突变过渡。

Br2：42～62 cm，淡灰（10Y 7/1，干），灰（10Y 6/1，润）；黏壤土，弱发育大块状结构，坚实；很少量细根；结构面上有少量铁锰斑纹，可见灰色胶膜，土体中有 5%次圆状岩石碎屑；无石灰反应；向下层平滑渐变过渡。

迎新系代表性单个土体剖面

Br3：62～76 cm，80%淡灰、20%橙（80% 10Y 7/1、20% 7.5YR 6/6，干），80%灰、20%亮棕（80% 10Y 6/1、20% 7.5YR 5/6，润）；壤土，弱发育中块状结构，坚实；很少量细根；结构面上有多量铁锰斑纹，可见灰色胶膜，土体中有 20%次圆状岩石碎屑；无石灰反应；向下层平滑清晰过渡。

Br4：76～90 cm，淡灰（5Y 7/2，干），灰橄榄（5Y 6/2，润）；壤土，弱发育中块状结构，坚实；结构面上有中量铁锰斑纹，可见灰色胶膜；无石灰反应；向下层波状渐变过渡。

Br5：90～131 cm，淡灰（5Y 7/1，干），灰（5Y 5/1，润）；黏壤土，弱发育大块状结构，坚实；结构面上有少量铁锰斑纹，可见灰色胶膜，无石灰反应。

迎新系代表性单个土体物理性质

土层	深度 /cm	砾石 (>2 mm，体积分数)/%	细土颗粒组成 (粒径：mm)/(g/kg)			质地	容重 /(g/cm³)
			砂粒 2～0.05	粉粒 0.05～0.002	黏粒 <0.002		
Apg1	0～13	0	319	418	263	壤土	1.26
Apg2	13～23	0	255	473	272	黏壤土	1.50
Br1	23～42	2	221	479	300	黏壤土	1.58
Br2	42～62	5	327	397	276	黏壤土	1.63
Br3	62～76	20	372	392	236	壤土	1.63
Br4	76～90	0	370	394	236	壤土	1.63
Br5	90～131	0	250	458	292	黏壤土	1.65

迎新系代表性单个土体化学性质

深度 /cm	pH (H₂O)	有机碳 /(g/kg)	全氮(N) /(g/kg)	全磷(P) /(g/kg)	全钾(K) /(g/kg)	CEC /[cmol(+)/kg]	游离铁 /(g/kg)
0～13	5.4	9.1	1.37	0.40	21.8	10.2	6.4
13～23	6.0	8.4	1.07	0.38	21.3	10.9	11.2
23～42	7.0	9.9	1.06	0.34	16.9	12.6	6.0
42～62	7.1	4.1	0.58	0.32	17.4	8.0	5.7
62～76	7.1	3.1	0.54	0.47	18.7	9.1	19.9
76～90	7.0	3.6	0.57	0.33	18.9	8.8	9.5
90～131	6.9	5.1	0.71	0.30	21.9	10.2	5.0

4.2　普通潜育水耕人为土

4.2.1　澄溪系（Chengxi Series）

土　　族：黏质蒙脱石混合型非酸性热性-普通潜育水耕人为土
拟定者：慈　恩，连茂山，李　松

分布与环境条件　主要分布在垫江、长寿等地，多位于侏罗系沙溪庙组地层出露的低丘坡麓或冲沟下段低洼处，坡度分级为缓坡，梯田，海拔一般在 350～450 m，成土母质为侏罗系沙溪庙组紫色泥岩风化坡积物；水田，单季水稻。亚热带湿润季风气候，年日照时数 1100～1200 h，年平均气温 17.0～17.5 ℃，年降水量 1100～1200 mm，无霜期 290～300 d。

澄溪系典型景观

土系特征与变幅　诊断层包括水耕表层、水耕氧化还原层；诊断特性包括人为滞水土壤水分状况、潜育特征、氧化还原特征、热性土壤温度状况等。剖面构型为 Apg1-Apg2-Bg，土体厚度 100 cm 以上，层次质地构型为壤土-粉质黏壤土-粉质黏土，无石灰反应，pH 5.5～6.4。土体结构面上有少量至中量的铁锰斑纹，20 cm 深度以下土层均有潜育特征，具有潜育特征的土体厚度>100 cm。

对比土系　同一亚类不同土族的土系中，票草系和永生系，分别位于石灰岩地区的中山下坡和低山坡麓，颗粒大小级别为黏壤质，矿物学类型为混合型，石灰性和酸碱反应类别为石灰性。

利用性能综述　该土系土体深厚，耕层质地适中，易耕作，通气状况差；耕层土壤有机质、全氮、全钾含量中等，全磷含量较低。在改良利用上，应搞好区域排水，开沟截流，降低地下水位，改善土壤水分状况，扩大复种；深耕炕田，施用有机肥和实行秸秆还田等，改善土壤结构，提高土壤肥力；根据作物养分需求和土壤供肥性能，合理施肥。

参比土种　鸭屎紫泥田。

代表性单个土体　位于重庆市垫江县澄溪镇双桂村 6 组，30°13′13.4″N，107°15′24.6″E，海拔 395 m，低丘坡麓低洼处，坡度分级为缓坡，梯田，成土母质为侏罗系沙溪庙组紫色泥岩风化坡积物，水田，单季水稻，50 cm 深度土温 18.3℃。野外调查时间为 2016 年 1 月 1 日，编号 50-075。

澄溪系代表性单个土体剖面

Apg1：0～12 cm，灰棕（7.5YR 6/2，干），灰棕（7.5YR 5/2，润）；壤土，强发育小块状结构，疏松；中量中根和少量细根；结构面上有中量铁锰斑纹；轻度亚铁反应，无石灰反应；向下层平滑渐变过渡。

Apg2：12～19 cm，灰棕（7.5YR 6/2，干），灰棕（7.5YR 5/2，润）；粉质黏壤土，强发育中块状结构，坚实；很少量细根；结构面上有中量铁锰斑纹；轻度亚铁反应，无石灰反应；向下层平滑渐变过渡。

Bg1：19～48 cm，浊棕（7.5YR 6/3，干），灰棕（7.5YR 5/2，润）；粉质黏土，中等发育大块状结构，坚实；很少量细根；结构面上有少量铁锰斑纹，可见灰色胶膜；轻度亚铁反应，无石灰反应；向下层平滑渐变过渡。

Bg2：48～70 cm，80%浊棕、20%淡棕灰（80% 7.5YR 6/3、20% 7.5YR 7/2，干），80%棕灰、20%蓝灰（80% 7.5YR 5/1、20% 5PB 6/1，润）；粉质黏土，中等发育大块状结构，坚实；结构面上有少量铁锰斑纹，可见灰色胶膜；轻度亚铁反应，无石灰反应；向下层波状渐变过渡。

Bg3：70～130 cm，淡棕灰（7.5YR 7/2，干），蓝灰（5PB 6/1，润）；粉质黏土，小部分为不明显的块状结构，大部分呈无结构的糊泥状；中度亚铁反应，无石灰反应。

澄溪系代表性单个土体物理性质

土层	深度 /cm	砾石 (>2 mm，体积分数)/%	细土颗粒组成 (粒径：mm)/(g/kg)			质地	容重 /(g/cm³)
			砂粒 2～0.05	粉粒 0.05～0.002	黏粒 <0.002		
Apg1	0～12	0	244	495	261	壤土	1.02
Apg2	12～19	0	137	517	346	粉质黏壤土	1.16
Bg1	19～48	0	110	449	441	粉质黏土	1.27
Bg2	48～70	0	135	430	435	粉质黏土	1.26
Bg3	70～130	0	60	496	444	粉质黏土	1.17

澄溪系代表性单个土体化学性质

深度 /cm	pH (H₂O)	有机碳 /(g/kg)	全氮(N) /(g/kg)	全磷(P) /(g/kg)	全钾(K) /(g/kg)	CEC /[cmol(+)/kg]	游离铁 /(g/kg)
0～12	5.7	13.1	1.53	0.35	17.7	30.9	12.2
12～19	5.5	15.6	1.59	0.29	17.0	31.6	13.1
19～48	6.3	13.9	1.57	0.25	17.3	36.9	14.3
48～70	6.4	13.2	1.44	0.18	18.0	38.7	13.4
70～130	6.2	13.9	1.66	0.23	21.4	43.8	14.2

4.2.2　票草系（Piaocao Series）

土　族：黏壤质混合型石灰性热性-普通潜育水耕人为土
拟定者：慈　恩，连茂山，李　松

分布与环境条件　主要分布在
云阳、万州、奉节等地，多位于
石灰岩地区的中山下坡，坡度分
级为中缓坡，梯田，海拔 650～
750 m，成土母质为三叠系石灰
岩风化残坡积物；水田，单季水
稻。亚热带湿润季风气候，年日
照时数 1300～1400 h，年平均气
温 15.5～16.5 ℃，年降水量
1100～1200 mm，无霜期 260～
280 d。

票草系典型景观

土系特征与变幅　诊断层包括水耕表层、水耕氧化还原层；诊断特性包括碳酸盐岩岩性
特征、石质接触面、人为滞水土壤水分状况、潜育特征、氧化还原特征、热性土壤温度
状况、石灰性等。剖面构型为 Apg1-Apg2-Br-Bg-R，土体厚度 100 cm 以上，层次质地构
型为通体粉壤土，通体有石灰反应，pH 8.0～8.3，$CaCO_3$ 相当物含量在 100～200 g/kg。
土体结构面上有少量至中量的铁锰斑纹，耕作层、犁底层及 60 cm 深度以下土层有潜育
特征，石质接触面多出现在 100～120 cm 深度范围内，不同深度层次中有 2%～10%石灰
岩碎屑。

对比土系　永生系，同一土族，剖面构型为 Ap1-Ap2-Br-Bg，0～50 cm 深度范围内各土
层均无潜育特征，无石质接触面，层次质地构型为粉壤土-粉质黏壤土-粉壤土-壤土。澄
溪系，同一亚类不同土族，位于低丘坡麓或冲沟下段低洼处，由侏罗系沙溪庙组紫色泥
岩风化坡积物发育而成，矿物学类型为蒙脱石混合型，石灰性和酸碱反应类别为非酸性。

利用性能综述　该土系土体深厚，耕层细土质地适中，含少量砾石，保肥能力一般；耕
层土壤有机质、全氮含量丰富，全磷含量较低，全钾含量较高。在改良利用上，注意区
域排水系统整治，调节地下水位，改善土壤水分状况；拣出较大砾石，提高耕作质量；
翻耕炕田和实行秸秆还田等，改善土壤理化性状；根据作物养分需求和土壤供肥性能，
合理施肥。

参比土种　钙质烂黄泥田。

代表性单个土体　　位于重庆市云阳县蓑草镇票草村 3 组，30°46′58.8″N，108°56′38.9″E，海拔 699 m，中山下坡，坡度分级为中缓坡，梯田，成土母质为三叠系石灰岩风化残坡积物，水田，单季水稻，50 cm 深度土温 17.7℃。野外调查时间为 2016 年 1 月 19 日，编号 50-090。

票草系代表性单个土体剖面

Apg1：0～13 cm，灰黄（2.5Y 6/2，干），暗灰黄（2.5Y 4/2，润）；粉壤土，中等发育小块状结构，稍坚实；少量中根和细根；结构面上有少量铁锰斑纹，土体中有 2%石灰岩碎屑；轻度亚铁反应，强石灰反应；向下层平滑渐变过渡。

Apg2：13～21 cm，灰黄（2.5Y 6/2，干），暗灰黄（2.5Y 4/2，润）；粉壤土，中等发育小块状结构，稍坚实；很少量细根；结构面上有中量铁锰斑纹，土体中有 5%石灰岩碎屑；中度亚铁反应，极强石灰反应；向下层平滑渐变过渡。

Br1：21～37 cm，浊黄（2.5Y 6/3，干），橄榄棕（2.5Y 4/3，润）；粉壤土，中等发育中块状结构，稍坚实；很少量细根；结构面上有中量铁锰斑纹，可见灰色胶膜，土体中有 5%石灰岩碎屑；极强石灰反应；向下层平滑模糊过渡。

Br2：37～62 cm，浊黄（2.5Y 6/3，干），橄榄棕（2.5Y 4/3，润）；粉壤土，中等发育中块状结构，稍坚实；很少量极细根；结构面上有中量铁锰斑纹，可见灰色胶膜，土体中有 8%石灰岩碎屑；强石灰反应；向下层平滑模糊过渡。

Bg1：62～85 cm，浊黄（2.5Y 6/3，干），橄榄棕（2.5Y 4/3，润）；粉壤土，中等发育大块状结构，坚实；结构面上有少量铁锰斑纹，可见灰色胶膜，土体中有 10%石灰岩碎屑；中度亚铁反应，极强石灰反应；向下层平滑渐变过渡。

Bg2：85～108 cm，黄灰（2.5Y 5/1，干），黄灰（2.5Y 4/1，润）；粉壤土，弱发育大块状结构，坚实；结构面上有少量铁锰斑纹，可见灰色胶膜，土体中有 10%石灰岩碎屑；中度亚铁反应，极强石灰反应；向下层波状突变过渡。

R：　108～115 cm，石灰岩。

票草系代表性单个土体物理性质

土层	深度/cm	砾石(>2 mm，体积分数)/%	细土颗粒组成 (粒径：mm)/(g/kg)			质地	容重/(g/cm³)
			砂粒 2~0.05	粉粒 0.05~0.002	黏粒 <0.002		
Apg1	0~13	2	240	578	182	粉壤土	0.97
Apg2	13~21	5	181	583	236	粉壤土	1.08
Br1	21~37	5	182	591	227	粉壤土	1.28
Br2	37~62	8	220	591	189	粉壤土	1.26
Bg1	62~85	10	157	615	228	粉壤土	1.25
Bg2	85~108	10	199	597	204	粉壤土	1.26

票草系代表性单个土体化学性质

深度/cm	pH(H₂O)	有机碳/(g/kg)	全氮(N)/(g/kg)	全磷(P)/(g/kg)	全钾(K)/(g/kg)	CEC/[cmol(+)/kg]	游离铁/(g/kg)
0~13	8.0	23.2	2.57	0.52	20.0	14.0	11.5
13~21	8.1	21.4	2.41	0.53	20.8	13.7	13.5
21~37	8.1	16.6	1.93	0.49	20.0	12.8	15.1
37~62	8.2	15.6	1.88	0.36	23.3	15.2	15.8
62~85	8.1	17.9	1.82	0.40	20.9	17.9	15.1
85~108	8.0	17.7	1.93	0.34	21.0	15.7	12.6

4.2.3　永生系（Yongsheng Series）

土　族：黏壤质混合型石灰性热性-普通潜育水耕人为土
拟定者：慈　恩，连茂山，李　松

分布与环境条件　主要分布在南川、武隆、綦江等地，多位于石灰岩地区的低山坡麓，坡度分级为缓坡，梯田，海拔一般在500～600 m，成土母质为三叠系石灰岩风化坡积物；水田，单季水稻或水稻-油菜轮作。亚热带湿润季风气候，年日照时数1000～1100 h，年平均气温16.5～17.0℃，年降水量1100～1200 mm，无霜期300～320 d。

永生系典型景观

土系特征与变幅　诊断层包括水耕表层、水耕氧化还原层；诊断特性包括人为滞水土壤水分状况、潜育特征、氧化还原特征、热性土壤温度状况、石灰性等。剖面构型为Ap1-Ap2-Br-Bg，土体厚度100 cm以上，层次质地构型为粉壤土-粉质黏壤土-粉壤土-壤土，通体有石灰反应，pH 7.8～8.1，$CaCO_3$相当物含量60～90 g/kg。土体结构面上有很少量至多量的铁锰斑纹，50 cm深度以下土层均有潜育特征，具有潜育特征的土体厚度>80 cm。

对比土系　票草系，同一土族，剖面构型为Apg1-Apg2-Br-Bg-R，0～50 cm深度范围内有部分土层具有潜育特征，100～120 cm深度范围内有石质接触面出现，层次质地构型为通体粉壤土。澄溪系，同一亚类不同土族，位于低丘坡麓或冲沟下段低洼处，由侏罗系沙溪庙组紫色泥岩风化坡积物发育而成，矿物学类型为蒙脱石混合型，石灰性和酸碱反应类别为非酸性。

利用性能综述　该土系土体深厚，质地适中，耕性好；耕层土壤有机质、全氮含量丰富，全磷含量中等，全钾含量较高。在改良利用上，应完善灌排设施，搞好区域排水，扩大复种；浅水灌溉，适时晒田，根据作物养分需求和土壤供肥性能，合理施肥。

参比土种　鸭屎黄泥田。

代表性单个土体　位于重庆市南川区东城街道永生桥社区2组，29°11′57.1″N，107°08′45.3″E，海拔547 m，低山坡麓，坡度分级为缓坡，梯田，成土母质为三叠系石灰岩风化坡积物，水田，单季水稻或水稻-油菜轮作，50 cm 深度土温 19.0℃。野外调查时间为 2016 年 1 月 9 日，编号 50-080。

Ap1: 0～12 cm，灰黄（2.5Y 6/2，干），黄灰（2.5Y 5/1，润）；粉壤土，中等发育小块状结构，疏松；少量细根；少量动物穴；结构面上有少量铁锰斑纹；极强石灰反应；向下层波状渐变过渡。

Ap2: 12～19 cm，灰黄（2.5Y 6/2，干），黄灰（2.5Y 5/1，润）；粉壤土，中等发育中块状结构，疏松；很少量细根；结构面上有多量铁锰斑纹；极强石灰反应；向下层波状渐变过渡。

Br: 19～50 cm，浊黄（2.5Y 6/3，干），黄灰（2.5Y 6/1，润）；粉质黏壤土，中等发育大棱块状结构，疏松；很少量细根；结构面上有多量铁锰斑纹，可见灰色胶膜；极强石灰反应；向下层波状渐变过渡。

Bg1: 50～90 cm，浊黄（2.5Y 6/3，干），黄灰（2.5Y 5/1，润）；粉质黏壤土，中等发育很大棱块状结构，稍坚实；很少量细根；结构面上有中量铁锰斑纹，可见灰色胶膜；轻度亚铁反应，极强石灰反应；向下层平滑渐变过渡。

永生系代表性单个土体剖面

Bg2: 90～110 cm，黄灰（2.5Y 6/1，干），黄灰（2.5Y 4/1，润）；粉壤土，中等发育大块状结构，稍坚实；结构面上有少量铁锰斑纹，可见灰色胶膜；轻度亚铁反应，极强石灰反应；向下层平滑渐变过渡。

Bg3: 110～133 cm，淡灰（2.5Y 7/1，干），黄灰（2.5Y 4/1，润）；壤土，中等发育大块状结构，稍坚实；结构面上有很少量铁锰斑纹，可见灰色胶膜；轻度亚铁反应，极强石灰反应。

永生系代表性单个土体物理性质

| 土层 | 深度/cm | 砾石(>2 mm, 体积分数)/% | 细土颗粒组成 (粒径: mm)/(g/kg) | | | 质地 | 容重/(g/cm³) |
			砂粒 2～0.05	粉粒 0.05～0.002	黏粒 <0.002		
Ap1	0～12	0	227	548	225	粉壤土	0.92
Ap2	12～19	0	145	592	263	粉壤土	1.11
Br	19～50	0	101	622	277	粉质黏壤土	1.23
Bg1	50～90	0	65	650	285	粉质黏壤土	1.22
Bg2	90～110	0	83	663	254	粉壤土	1.31
Bg3	110～133	0	343	452	205	壤土	1.33

永生系代表性单个土体化学性质

深度 /cm	pH (H₂O)	有机碳 /(g/kg)	全氮(N) /(g/kg)	全磷(P) /(g/kg)	全钾(K) /(g/kg)	CEC /[cmol(+)/kg]	游离铁 /(g/kg)
0～12	7.9	29.4	3.05	0.78	20.5	25.8	16.1
12～19	7.8	25.6	2.47	0.80	20.7	21.4	16.0
19～50	8.1	19.0	1.84	0.49	23.0	10.7	15.9
50～90	7.9	17.6	1.99	0.21	19.0	21.7	17.2
90～110	7.8	14.7	1.34	0.26	16.1	23.0	10.4
110～133	7.8	15.7	1.22	0.14	17.2	21.4	8.9

4.3　普通铁渗水耕人为土

4.3.1　黄登溪系（**Huangdengxi Series**）

土　族：黏壤质硅质混合型酸性热性-普通铁渗水耕人为土
拟定者：慈　恩，连茂山，李　松

分布与环境条件　主要分布在
江津、永川、荣昌、铜梁等地，
位于溪河沿岸低阶地，海拔一般
在 200～300 m，成土母质为异
源母质，上部为第四系全新统冲
积物，下部为侏罗系沙溪庙组紫
色泥岩风化残坡积物；水田，水
稻-油菜/蔬菜不定期轮作。亚热
带湿润季风气候，年日照时数
1100～1200 h，年平均气温
18.0～18.5℃，年降水量 1000～
1100 mm，无霜期 340～350 d。

黄登溪系典型景观

土系特征与变幅　诊断层包括水耕表层、水耕氧化还原层；诊断特性包括人为滞水土壤
水分状况、氧化还原特征、热性土壤温度状况等。剖面构型为 Ap1-Ap2-Br-2Br，土体厚
度 100 cm 以上，层次质地构型为壤土-粉壤土-粉质黏壤土，无石灰反应，pH 4.5～5.4。
上部土体铁锰还原淋溶明显，紧接水耕表层之下有一带灰色的铁渗淋亚层，厚度 15 cm
左右，40 cm 深度以下土体结构面上有多量的铁锰斑纹。

对比土系　来苏系，同一亚类不同土族，所处地形部位相同，成土母质相似，石灰性和
酸碱反应类别为非酸性。

利用性能综述　该土系土体深厚，质地适中，保水保肥能力一般；耕层土壤有机质、全
氮、全磷、全钾含量较低，pH 低。在改良利用上，注意区域排灌系统建设，增施有机肥，
实行秸秆还田和种植豆科绿肥等，改善土壤理化性状，培肥地力；可适量施用石灰或其
他土壤改良剂，调节土壤酸度；根据作物养分需求和土壤供肥性能，合理施肥。

参比土种　紫潮砂泥田。

代表性单个土体　位于重庆市江津区慈云镇凉河村 1 组，29°03′48.9″N，106°11′32.2″E，
海拔 277 m，低阶地，成土母质为异源母质，上部为第四系全新统冲积物，下部为侏罗
系沙溪庙组紫色泥岩风化残坡积物，水田，水稻-油菜/蔬菜不定期轮作，50 cm 深度土温

19.3℃。野外调查时间为 2015 年 9 月 14 日，编号 50-044。

黄登溪系代表性单个土体剖面

Ap1：0～18 cm，淡灰（2.5Y 7/1，干），黄灰（2.5Y 6/1，润）；壤土，强发育小块状结构，坚实；很少量细根；多量动物穴；结构面上有中量铁锰斑纹；无石灰反应；向下层平滑渐变过渡。

Ap2：18～25 cm，淡灰（2.5Y 7/1，干），黄灰（2.5Y 6/1，润）；壤土，强发育中块状结构，很坚实；少量细根；中量动物穴；结构面上有中量铁锰斑纹；无石灰反应；向下层平滑渐变过渡。

Br1：25～40 cm，淡灰（2.5Y 7/1，干），黄灰（2.5Y 6/1，润）；壤土，强发育很大棱块状结构，很坚实；很少量细根；少量动物穴；结构面上有少量铁锰斑纹；无石灰反应；向下层平滑清晰过渡。

Br2：40～57 cm，50%淡灰、50%淡黄（50% 2.5Y 7/1、50% 2.5Y 7/3，干），50%黄灰、50%浊黄（50% 2.5Y 6/1、50% 2.5Y 6/3，润）；壤土，强发育大棱块状结构，很坚实；很少量细根；少量动物穴；结构面上有多量铁锰斑纹，可见灰色胶膜；无石灰反应；向下层平滑清晰过渡。

2Br3：57～90 cm，浊橙（7.5YR 7/4，干），浊橙（7.5YR 6/4，润）；粉壤土，中等发育中块状结构，很坚实；很少量细根；结构面上有多量铁锰斑纹，可见灰色胶膜；无石灰反应；向下层平滑模糊过渡。

2Br4：90～137 cm，浊橙（7.5YR 7/4，干），浊橙（7.5YR 6/4，润）；粉质黏壤土，弱发育中块状结构，很坚实；结构面上有多量铁锰斑纹，可见灰色胶膜；无石灰反应。

黄登溪系代表性单个土体物理性质

土层	深度/cm	砾石(>2 mm，体积分数)/%	细土颗粒组成 (粒径：mm)/(g/kg)			质地	容重/(g/cm³)
------	--------	------	砂粒 2～0.05	粉粒 0.05～0.002	黏粒 <0.002	------	------
Ap1	0～18	0	426	379	195	壤土	1.47
Ap2	18～25	0	504	344	152	壤土	1.71
Br1	25～40	0	424	402	174	壤土	1.80
Br2	40～57	0	279	485	236	壤土	1.71
2Br3	57～90	0	215	567	218	粉壤土	1.73
2Br4	90～137	0	152	575	273	粉质黏壤土	1.72

黄登溪系代表性单个土体化学性质

深度 /cm	pH (H₂O)	有机碳 /(g/kg)	全氮(N) /(g/kg)	全磷(P) /(g/kg)	全钾(K) /(g/kg)	CEC /[cmol(+)/kg]	游离铁 /(g/kg)
0～18	4.9	7.9	0.95	0.49	11.0	11.9	3.7
18～25	4.8	5.0	0.65	0.29	8.6	7.1	2.5
25～40	4.6	3.7	0.54	0.09	9.6	10.3	3.1
40～57	4.5	3.0	0.39	0.12	10.0	10.3	12.3
57～90	4.7	1.9	0.33	0.16	10.6	9.8	10.4
90～137	5.4	2.9	0.45	0.36	11.8	19.9	10.2

4.3.2　来苏系（Laisu Series）

土　　族：黏壤质硅质混合型非酸性热性-普通铁渗水耕人为土
拟定者：慈　恩，连茂山，李　松

来苏系典型景观

分布与环境条件　主要分布在永川、荣昌等地，位于河流沿岸低阶地，海拔一般为 250～350 m，成土母质为异源母质，上部为第四系全新统冲积物，下部为侏罗系沙溪庙组紫色泥（页）岩风化残坡积物；水田，单季水稻或水稻-蔬菜轮作。亚热带湿润季风气候，年日照时数 1100～1200 h，年平均气温 17.5～18.5℃，年降水量 1000～1100 mm，无霜期 320～340 d。

土系特征与变幅　诊断层包括水耕表层、水耕氧化还原层；诊断特性包括人为滞水土壤水分状况、氧化还原特征、热性土壤温度状况等。剖面构型为 Ap1-Ap2-Br-2Br，土体厚度 100 cm 以上，层次质地构型为黏壤土-壤土，无石灰反应，pH 5.1～6.3。上部土体铁锰还原淋溶较明显，紧接水耕表层之下有一带灰色的铁渗淋亚层，厚度为 20～30 cm，55 cm 左右深度以下土体结构面上的铁锰斑纹明显增多。

对比土系　黄登溪系，同一亚类不同土族，所处地形部位相同，成土母质相似，石灰性和酸碱反应类别为酸性。三教系，分布区域相近，不同土类，土体无明显铁锰还原淋溶，为简育水耕人为土。

利用性能综述　该土系土体深厚，耕层质地偏黏，耕性一般，保水保肥能力较强；耕层土壤有机质、全氮含量中等，全钾含量较低，全磷含量缺乏。在改良利用上，施用有机肥，实行秸秆还田和种植豆科绿肥等，改善土壤结构，培肥地力；根据作物养分需求和土壤供肥性能，合理施肥。

参比土种　紫潮砂泥田。

代表性单个土体　位于重庆市永川区来苏镇观音井村牌坊小组，29°16′11.7″N，105°46′48.2″E，海拔 320 m，低阶地，成土母质为异源母质，上部为第四系全新统冲积物，下部为侏罗系沙溪庙组紫色泥（页）岩风化残坡积物，水田，单季水稻或水稻-蔬菜轮作，50 cm 深度土温 19.1℃。野外调查时间为 2015 年 10 月 31 日，编号 50-064。

Ap1： 0～20 cm，淡棕灰（7.5YR 7/1，干），棕灰（7.5YR 5/1，
　　　润）；黏壤土，强发育小块状结构，疏松；少量细根；
　　　少量动物穴；结构面上有很少量铁锰斑纹；无石灰反应；
　　　向下层平滑渐变过渡。

Ap2： 20～28 cm，淡棕灰（7.5YR 7/1，干），棕灰（7.5YR 5/1，
　　　润）；壤土，强发育中块状结构，稍坚实；少量细根；
　　　结构面上有少量铁锰斑纹；无石灰反应；向下层平滑模
　　　糊过渡。

Br1： 28～54 cm，淡棕灰（7.5YR 7/1，干），棕灰（7.5YR 5/1，
　　　润）；壤土，中等发育很大棱块状结构，坚实；很少量
　　　细根；结构面上有少量铁锰斑纹，可见灰色胶膜，土体
　　　中有 2%岩石碎屑；无石灰反应；向下层平滑渐变过渡。

来苏系代表性单个土体剖面

Br2： 54～75 cm，75%灰棕、25%橙（75% 7.5YR 6/2、25% 7.5YR
　　　6/6，干），75%灰棕、25%亮棕（75% 7.5YR 5/2，25%
　　　7.5YR 5/6，润）；壤土，中等发育大棱块状结构，坚实；
　　　结构面上有中量铁锰斑纹，可见灰色胶膜，土体中有 2%岩石碎屑；无石灰反应；向下层波状清
　　　晰过渡。

2Br3： 75～100 cm，浊棕（7.5YR 6/3，干），浊棕（7.5YR 5/3，润）；壤土，弱发育大块状结构，很
　　　坚实；结构面上有多量铁锰斑纹，可见灰色胶膜；无石灰反应；向下层平滑渐变过渡。

2Br4： 100～131 cm，浊橙（7.5YR 6/4，干），浊棕（7.5YR 5/4，润）；壤土，弱发育大块状结构，很
　　　坚实；结构面上有多量铁锰斑纹，可见灰色胶膜；无石灰反应。

来苏系代表性单个土体物理性质

土层	深度 /cm	砾石 (>2 mm，体积分数)/%	细土颗粒组成 (粒径：mm)/(g/kg)			质地	容重 /(g/cm³)
			砂粒 2～0.05	粉粒 0.05～0.002	黏粒 <0.002		
Ap1	0～20	0	361	342	297	黏壤土	1.20
Ap2	20～28	0	358	379	263	壤土	1.41
Br1	28～54	2	391	362	247	壤土	1.61
Br2	54～75	2	350	413	237	壤土	1.63
2Br3	75～100	0	379	405	216	壤土	1.66
2Br4	100～131	0	458	363	179	壤土	1.64

来苏系代表性单个土体化学性质

深度 /cm	pH (H₂O)	有机碳 /(g/kg)	全氮(N) /(g/kg)	全磷(P) /(g/kg)	全钾(K) /(g/kg)	CEC /[cmol(+)/kg]	游离铁 /(g/kg)
0～20	5.5	15.4	1.16	0.26	10.7	22.4	7.4
20～28	5.2	9.5	1.20	0.16	13.6	21.8	9.5
28～54	5.1	6.9	0.93	0.20	13.7	19.9	11.3
54～75	5.2	3.2	0.57	0.77	13.4	19.4	19.1
75～100	6.1	1.6	0.44	0.30	13.1	17.6	12.2
100～131	6.3	1.5	0.44	0.24	12.5	15.3	10.5

4.4　漂白铁聚水耕人为土

4.4.1　丰盛系（**Fengsheng Series**）

土　族：黏壤质硅质型非酸性热性-漂白铁聚水耕人为土
拟定者：慈　恩，连茂山，李　松

分布与环境条件　主要分布在巴南、南川、涪陵等地，多位于背斜低山、丘陵区沟谷低洼处，坡度分级为缓坡，梯田，海拔一般在 350～550 m，成土母质为三叠系须家河组砂岩风化坡积物；水田，单季水稻。亚热带湿润季风气候，年日照时数 1100～1200 h，年平均气温 16.5～18.0℃，年降水量 1100～1200 mm，无霜期 310～330 h。

丰盛系典型景观

土系特征与变幅　诊断层包括水耕表层、漂白层、水耕氧化还原层；诊断特性包括人为滞水土壤水分状况、潜育特征、氧化还原特征、热性土壤温度状况等。剖面构型为 Ap1-Ap2-Br-E-Br-Bg，土体厚度 100 cm 以上，层次质地构型为砂质黏壤土-砂质壤土-砂质黏壤土-壤土-砂质黏壤土-壤土，无石灰反应，pH 6.7～7.1。土体结构面上有少量至多量的铁锰斑纹，水耕表层之下土体有明显的铁聚层次。50～70 cm 深度范围，水分侧渗明显，有漂白层发育。110 cm 深度以下土体有潜育特征。

对比土系　吴家系，同一亚类不同土族，位于低阶地，上下部土体分别由第四系全新统冲积物和侏罗系沙溪庙组紫色泥岩风化残坡积物发育而成，矿物学类型为硅质混合型。

利用性能综述　该土系土体深厚，耕层质地适中，耕性较好，保水保肥能力一般；耕层土壤有机质、全钾含量较高，全氮含量中等，全磷含量缺乏。在改良利用上，注意完善灌排设施，改善土壤水分状况；实行秸秆还田和种植豆科绿肥等，改善土壤理化性状；根据作物养分需求和土壤供肥性能，合理施肥。

参比土种　黄砂田。

代表性单个土体　位于重庆市巴南区丰盛镇油房村 4 社，29°27′25.3″N，106°55′45.3″E，海拔 412 m，低山沟谷低洼处，坡度分级为缓坡，梯田，成土母质为三叠系须家河组砂岩风化坡积物，水田，单季水稻，50 cm 深度土温 18.9℃。野外调查时间为 2016 年 1 月 8 日，编号 50-079。

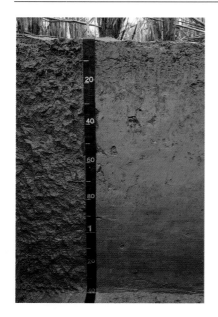

丰盛系代表性单个土体剖面

Ap1：0～14 cm，灰黄（2.5Y 6/2，干），灰黄棕（10YR 5/2，润）；砂质黏壤土，强发育中块状结构，疏松；少量细根；少量动物穴；结构面上有很少量铁锰斑纹；无石灰反应；向下层平滑渐变过渡。

Ap2：14～21 cm，灰黄（2.5Y 6/2，干），棕灰（10YR 5/1，润）；砂质壤土，强发育中块状结构，疏松；很少量细根；结构面上有少量铁锰斑纹；无石灰反应；向下层平滑渐变过渡。

Br1：21～50 cm，浊黄（2.5Y 6/3，干），浊黄棕（10YR 5/3，润）；砂质黏壤土，强发育中块状结构，坚实；很少量细根；结构面上有多量铁锰斑纹，可见灰色胶膜，中度亚铁反应，无石灰反应；向下层平滑渐变过渡。

E：　50～70 cm，灰黄（2.5Y 6/2，干），灰黄棕（10YR 5/2，润）；壤土，强发育大块状结构，坚实；很少量细根；结构面上有少量铁锰斑纹，土体中有 1%砂岩碎屑；无石灰反应；向下层波状清晰过渡。

Br2：70～110 cm，浊黄（2.5Y 6/4，干），浊黄棕（10YR 5/4，润）；砂质黏壤土，强发育大块状结构，很坚实；结构面上有多量铁锰斑纹，可见灰色胶膜，土体中有 1%砂岩碎屑；无石灰反应；向下层波状清晰过渡。

Bg1：110～125 cm，浊黄（2.5Y 6/3，干），灰黄棕（10YR 5/2，润）；壤土，强发育大块状结构，很坚实；结构面上有中量铁锰斑纹，可见灰色胶膜；中度亚铁反应，无石灰反应；向下层平滑清晰过渡。

Bg2：125～140 cm，灰黄（2.5Y 7/3，干），棕灰（10YR 6/1，润）；壤土，强发育大块状结构，坚实；结构面上有少量铁锰斑纹，可见灰色胶膜；中度亚铁反应，无石灰反应。

丰盛系代表性单个土体物理性质

土层	深度 /cm	砾石 (>2 mm, 体积分数)/%	细土颗粒组成 (粒径: mm)/(g/kg)			质地	容重 /(g/cm³)
			砂粒 2～0.05	粉粒 0.05～0.002	黏粒 <0.002		
Ap1	0～14	0	545	248	207	砂质黏壤土	1.20
Ap2	14～21	0	543	261	196	砂质壤土	1.35
Br1	21～50	0	488	280	232	砂质黏壤土	1.56
E	50～70	1	454	327	219	壤土	1.66
Br2	70～110	1	537	261	202	砂质黏壤土	1.71
Bg1	110～125	0	497	319	184	壤土	1.74
Bg2	125～140	0	483	325	192	壤土	1.74

丰盛系代表性单个土体化学性质

深度/cm	pH (H₂O)	有机碳/(g/kg)	全氮(N)/(g/kg)	全磷(P)/(g/kg)	全钾(K)/(g/kg)	CEC/[cmol(+)/kg]	游离铁/(g/kg)
0～14	7.0	18.0	1.43	0.38	18.5	11.5	13.6
14～21	6.9	14.5	1.36	0.31	17.3	12.5	14.2
21～50	6.7	12.4	1.22	0.25	20.2	15.5	14.6
50～70	6.8	8.8	0.94	0.26	19.3	14.9	9.5
70～110	7.1	5.2	0.51	0.21	17.3	18.1	17.6
110～125	7.0	4.6	0.40	0.23	17.7	16.0	22.5
125～140	6.9	3.9	0.70	0.31	19.3	15.9	17.4

4.4.2　吴家系（Wujia Series）

土　　族：黏壤质硅质混合型非酸性热性−漂白铁聚水耕人为土
拟定者：慈　恩，连茂山，李　松

吴家系典型景观

分布与环境条件　主要分布在荣昌、大足、铜梁等地，位于河流沿岸低阶地，海拔一般在 300～350 m，成土母质为异源母质，上部为第四系全新统冲积物，下部为侏罗系沙溪庙组紫色泥岩风化残坡积物；水田，单季水稻。亚热带湿润季风气候，年日照时数 1000～1100 h，年平均气温 17.5～18.0℃，年降水量 1000～1100 mm，无霜期 320～330 d。

土系特征与变幅　诊断层包括水耕表层、漂白层、水耕氧化还原层；诊断特性包括准石质接触面、人为滞水土壤水分状况、氧化还原特征、热性土壤温度状况等。剖面构型为 Ap1-Ap2-Br-E-Br-2Br-2R，土体厚度 100 cm 以上，层次质地构型为壤土−黏壤土，无石灰反应，pH 5.9～7.1。土体结构面上有少量至中量的铁锰斑纹，水耕表层之下土体有明显的铁聚层次。35～70 cm 深度范围，水分侧渗明显，有漂白层发育。70 cm 深度以下层次土壤质地较黏，结构面上铁锰斑纹增多，准石质接触面多出现在 110～120 cm 深度范围。

对比土系　丰盛系，同一亚类不同土族，位于低山、丘陵区沟谷低洼处，由三叠系须家河组砂岩风化坡积物发育而成，矿物学类型为硅质型。盘龙系，分布区域相近，不同土纲，无水耕氧化还原层发育，25 cm 深度以下各土层均有潜育特征，为潜育土。

利用性能综述　该土系土体深厚，耕层质地适中，保水保肥能力一般；耕层土壤有机质、全氮、全磷、全钾含量较低。在改良利用上，应增施有机肥，种植豆科绿肥和实行秸秆还田等，提高有机质含量，改善土壤结构，培肥土壤；根据作物养分需求和土壤供肥性能，合理施肥。

参比土种　紫潮白鳝泥田。

代表性单个土体　位于重庆市荣昌区吴家镇高峰村 7 组，29°36′39.4″N，105°22′48.0″E，海拔 312 m，低阶地，成土母质为异源母质，上部为第四系全新统冲积物，下部为侏罗系沙溪庙组紫色泥岩风化残坡积物，水田，单季水稻，50 cm 深度土温 18.8℃。野外调查时间为 2015 年 11 月 19 日，编号 50-067。

Ap1：　0～15 cm，浊棕（7.5YR 6/3，干），浊棕（7.5YR 5/3，
　　　润）；壤土，强发育小块状结构，稍坚实；少量中根和
　　　细根；少量动物穴；结构面上有少量铁锰斑纹；无石灰
　　　反应；向下层平滑渐变过渡。

Ap2：　15～21 cm，浊棕（7.5YR 6/3，干），浊棕（7.5YR 5/3，
　　　润）；壤土，强发育中块状结构，坚实；很少量细根；
　　　结构面上有少量铁锰斑纹；无石灰反应；向下层平滑渐
　　　变过渡。

Br1：　21～35 cm，浊棕（7.5YR 6/3，干），浊棕（7.5YR 5/3，
　　　润）；壤土，强发育大块状结构，很坚实；很少量细根；
　　　结构面上有少量铁锰斑纹，可见灰色胶膜，土体中有少
　　　量瓦片；无石灰反应；向下层波状清晰过渡。

E：　　35～70 cm，橙白（7.5YR 8/1，干），淡棕灰（7.5YR 7/1，
　　　润）；壤土，强发育中块状结构，稍坚实；结构面上有
　　　少量铁锰斑纹，土体中有少量瓦片；无石灰反应；向下
　　　层波状渐变过渡。

吴家系代表性单个土体剖面

Br2：　70～83 cm，橙（7.5YR 6/6，干），亮棕（7.5YR 5/6，润）；黏壤土，中等发育中块状结构，坚
　　　实；结构面上有中量铁锰斑纹，可见灰色胶膜；无石灰反应；向下层平滑渐变过渡。

2Br3：　83～114 cm，浊橙（7.5YR 6/4，干），浊棕（7.5YR 5/4，润）；黏壤土，弱发育中块状结构，
　　　坚实；结构面上有中量铁锰斑纹，可见灰色胶膜；无石灰反应；向下层平滑清晰过渡。

2R：　　114～140 cm，泥岩半风化体。

吴家系代表性单个土体物理性质

土层	深度/cm	砾石（>2 mm，体积分数）/%	细土颗粒组成（粒径：mm）/(g/kg)			质地	容重/(g/cm³)
			砂粒 2～0.05	粉粒 0.05～0.002	黏粒 <0.002		
Ap1	0～15	0	379	417	204	壤土	1.50
Ap2	15～21	0	358	427	215	壤土	1.66
Br1	21～35	0	397	377	226	壤土	1.77
E	35～70	0	389	387	224	壤土	1.59
Br2	70～83	0	402	314	284	黏壤土	1.60
2Br3	83～114	0	329	391	280	黏壤土	1.63

吴家系代表性单个土体化学性质

深度 /cm	pH (H₂O)	有机碳 /(g/kg)	全氮(N) /(g/kg)	全磷(P) /(g/kg)	全钾(K) /(g/kg)	CEC /[cmol(+)/kg]	游离铁 /(g/kg)
0～15	5.9	7.1	0.91	0.39	11.8	16.1	9.6
15～21	6.0	5.2	0.70	0.25	11.7	16.5	10.2
21～35	6.7	1.8	0.47	0.12	11.2	17.1	10.6
35～70	6.8	1.4	0.36	0.13	10.6	13.8	9.6
70～83	6.8	1.7	0.44	0.25	12.7	15.0	17.0
83～114	7.1	1.6	0.42	0.22	11.5	19.7	15.6

4.5 普通铁聚水耕人为土

4.5.1 龙台系（**Longtai Series**）

土　族：砂质硅质混合型非酸性热性–普通铁聚水耕人为土
拟定者：慈　恩，连茂山，李　松

分布与环境条件　主要分布在綦江、江津等地，多位于白垩系夹关组地层出露的中山中坡，坡度分级为陡坡，梯田，海拔一般在 750～900 m，成土母质为白垩系夹关组砂岩风化残坡积物；水田，单季水稻。亚热带湿润季风气候，年日照时数 1000～1100 h，年平均气温 15.0～16.0℃，年降水量 1000～1100 mm，无霜期 300～310 d。

龙台系典型景观

土系特征与变幅　诊断层包括水耕表层、水耕氧化还原层；诊断特性包括准石质接触面、人为滞水土壤水分状况、氧化还原特征、热性土壤温度状况等。剖面构型为 Ap1-Ap2-Br-R，土体厚度在 100 cm 以上，质地构型为通体砂质壤土，无石灰反应，pH 6.3～7.2。土体结构面上有很少量至中量的铁锰斑纹，水耕表层之下土体有明显的铁聚层次，准石质接触面的出现深度多在 100～120 cm。不同深度层次中有 1%～10%砂岩碎屑。

对比土系　郭扶系，同一亚类不同土族，所处地形部位相邻，由白垩系夹关组砂岩、含砾砂岩等风化坡积物发育而成，颗粒大小级别为壤质。杨寿系，同一亚类不同土族，位于高阶地，由第四系更新统老冲积物发育而成，颗粒大小级别为黏质，矿物学类型为伊利石混合型。

利用性能综述　该土系土体深厚，质地偏砂，易耕作，保水保肥能力弱；耕层土壤有机质、全氮含量较低，全磷、全钾含量低。在改良利用上，应改善区域灌排条件，增强抗旱减灾能力；多施有机肥，实行秸秆还田和种植豆科绿肥，掺泥改砂，改善土壤理化性状，提高土壤肥力；根据作物养分需求和土壤供肥性能，合理施肥。

参比土种　红紫砂田。

代表性单个土体　位于重庆市綦江区郭扶镇龙台村 6 组，28°49′45.4″N，106°31′20.0″E，海拔 869 m，中山中坡，坡度分级为陡坡，梯田，成土母质为白垩系夹关组砂岩风化残坡积物，水田，单季水稻，50 cm 深度土温 19.0℃。野外调查时间为 2015 年 11 月 22 日，编号 50-072。

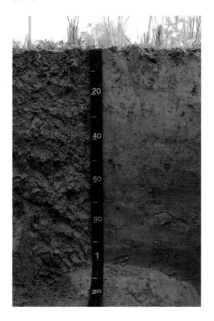

龙台系代表性单个土体剖面

Ap1：0～15 cm，灰棕（5YR 6/2，干），灰棕（5YR 5/2，润）；砂质壤土，中等发育中块状结构，疏松；少量中根和细根；少量动物穴；结构面上有很少量铁锰斑纹，土体中有 1%砂岩碎屑；无石灰反应；向下层平滑渐变过渡。

Ap2：15～21 cm，灰棕（5YR 6/2，干），灰棕（5YR 5/2，润）；砂质壤土，中等发育中块状结构，稍坚实；很少量细根；结构面上有少量铁锰斑纹，土体中有 1%砂岩碎屑；无石灰反应；向下层平滑清晰过渡。

Br1：21～40 cm，浊橙（5YR 6/3，干），浊红棕（5YR 5/3，润）；砂质壤土，弱发育中块状结构，稍坚实；很少量细根；结构面上有中量铁锰斑纹，可见灰色胶膜，土体中有 1%砂岩碎屑；无石灰反应；向下层平滑模糊过渡。

Br2：40～76 cm，浊橙（5YR 6/3，干），浊红棕（5YR 5/3，润）；砂质壤土，弱发育大块状结构，稍坚实；很少量细根；结构面上有少量铁锰斑纹，可见灰色胶膜，土体中有 2%砂岩碎屑；无石灰反应；向下层波状渐变过渡。

Br3：76～100 cm，浊橙（5YR 6/4，干），浊红棕（5YR 5/4，润）；砂质壤土，弱发育大块状结构，坚实；结构面上有少量铁锰斑纹，可见灰色胶膜，土体中有 10%砂岩碎屑；无石灰反应；向下层波状突变过渡。

R：　100～120 cm，砂岩。

龙台系代表性单个土体物理性质

土层	深度/cm	砾石(>2 mm，体积分数)/%	细土颗粒组成（粒径：mm）/(g/kg)			质地	容重/(g/cm³)
			砂粒 2～0.05	粉粒 0.05～0.002	黏粒 <0.002		
Ap1	0～15	1	566	287	147	砂质壤土	1.39
Ap2	15～21	1	550	333	117	砂质壤土	1.58
Br1	21～40	1	544	337	119	砂质壤土	1.61
Br2	40～76	2	586	309	105	砂质壤土	1.51
Br3	76～100	10	523	347	130	砂质壤土	1.54

龙台系代表性单个土体化学性质

深度 /cm	pH (H₂O)	有机碳 /(g/kg)	全氮(N) /(g/kg)	全磷(P) /(g/kg)	全钾(K) /(g/kg)	CEC /[cmol(+)/kg]	游离铁 /(g/kg)
0～15	6.3	8.5	1.01	0.22	9.0	8.7	5.4
15～21	6.5	5.3	0.72	0.23	10.1	9.2	9.7
21～40	7.2	4.8	0.70	0.18	9.7	8.9	11.4
40～76	6.9	6.2	0.81	0.22	9.5	8.6	8.2
76～100	7.1	4.9	0.74	0.36	9.8	11.8	8.8

4.5.2　杨寿系（Yangshou Series）

土　　族：黏质伊利石混合型非酸性热性-普通铁聚水耕人为土
拟定者：慈　恩，连茂山，李　松

分布与环境条件　主要分布在潼南、铜梁、合川等地，多位于涪江、嘉陵江等河流沿岸的高阶地，海拔一般在 220～280 m，成土母质为第四系更新统老冲积物；水田，单季水稻或水稻-蔬菜轮作。亚热带湿润季风气候，年日照时数 1100～1200 h，年平均气温 18.0～18.5℃，年降水量 1000～1100 mm，无霜期330～340 d。

杨寿系典型景观

土系特征与变幅　诊断层包括水耕表层、水耕氧化还原层；诊断特性包括人为滞水土壤水分状况、氧化还原特征、热性土壤温度状况等。成土母质为更新世冰水或流水堆积而成的老冲积物，主要由黄色黏土组成。剖面构型为 Ap1-Ap2-Br，土体厚度在 100 cm 以上，层次质地构型为粉质黏壤土-粉质黏土-粉质黏壤土，无石灰反应，pH 5.2～6.0。土体结构面上有少量至中量的铁锰斑纹，50 cm 左右深度以下土体内游离铁含量增加明显。

对比土系　钱塘系，同一亚类不同土族，所处地形部位和成土母质相似，颗粒大小级别为黏壤质，矿物学类型为硅质混合型；龙台系，同一亚类不同土族，由白垩系夹关组砂岩风化残坡积物发育而成，颗粒大小级别为砂质，矿物学类型为硅质混合型。

利用性能综述　该土系土体深厚，质地偏黏，通气透水性较差，耕性一般；耕层土壤有机质、全氮、全磷含量中等，全钾含量较高。在改良利用上，注意完善区域灌排设施，施用有机肥和实行秸秆还田等，改善土壤理化性状，培肥地力；根据作物养分需求和土壤供肥性能，合理施肥。

参比土种　老冲积黄泥田。

代表性单个土体　位于重庆市铜梁区安居镇杨寿村 6 组，29°59′49.5″N，106°06′15.3″E，海拔 233 m，高阶地，成土母质为第四系更新统老冲积物，主要由黄色黏土组成，水田，单季水稻或水稻-蔬菜轮作，50 cm 深度土温 18.6℃。野外调查时间为 2015 年 10 月 2 日，编号 50-053。

Ap1：0～16 cm，淡黄（2.5Y 7/4，干），黄棕（2.5Y 5/4，润）；
　　　粉质黏壤土，强发育小块状结构，疏松；少量中根和细
　　　根；少量动物穴，内有少量细土；结构面上有中量铁锰
　　　斑纹；无石灰反应；向下层平滑渐变过渡。

Ap2：16～24 cm，淡黄（2.5Y 7/4，干），黄棕（2.5Y 5/4，润）；
　　　粉质黏壤土，强发育小块状结构，稍坚实；少量细根；结构
　　　面上有中量铁锰斑纹；无石灰反应；向下层平滑模糊过渡。

Br1：24～47 cm，淡黄（2.5Y 7/4，干），黄棕（2.5Y 5/4，润）；
　　　粉质黏壤土，强发育中块状结构，稍坚实；很少量细根；
　　　结构面上有少量铁锰斑纹，可见灰色胶膜；无石灰反应；
　　　向下层平滑突变过渡。

Br2：47～75 cm，亮黄棕（10YR 7/6，干），黄棕（10YR 5/8，
　　　润）；粉质黏壤土，中等发育大块状结构，稍坚实；很
　　　少量细根；结构面上有中量铁锰斑纹，可见灰色胶膜；
　　　无石灰反应；向下层平滑模糊过渡。

杨寿系代表性单个土体剖面

Br3：75～105 cm，亮黄棕（10YR 7/6，干），黄棕（10YR 5/8，润）；粉质黏土，弱发育大块状结构，
　　　稍坚实；结构面上有中量铁锰斑纹，可见灰色胶膜；无石灰反应；向下层平滑模糊过渡。

Br4：105～130 cm，亮黄棕（10YR 7/6，干），黄棕（10YR 5/8，润）；粉质黏壤土，弱发育大块状结
　　　构，稍坚实；结构面上有中量铁锰斑纹，可见灰色胶膜；无石灰反应。

杨寿系代表性单个土体物理性质

| 土层 | 深度 /cm | 砾石 (>2 mm, 体积分数)/% | 细土颗粒组成 (粒径：mm)/(g/kg) | | | 质地 | 容重 /(g/cm³) |
			砂粒 2～0.05	粉粒 0.05～0.002	黏粒 <0.002		
Ap1	0～16	0	61	583	356	粉质黏壤土	1.28
Ap2	16～24	0	68	579	353	粉质黏壤土	1.44
Br1	24～47	0	75	608	317	粉质黏壤土	1.65
Br2	47～75	0	53	551	396	粉质黏壤土	1.48
Br3	75～105	0	44	525	431	粉质黏土	1.46
Br4	105～130	0	100	581	319	粉质黏壤土	1.44

杨寿系代表性单个土体化学性质

深度 /cm	pH (H₂O)	有机碳 /(g/kg)	全氮(N) /(g/kg)	全磷(P) /(g/kg)	全钾(K) /(g/kg)	CEC /[cmol(+)/kg]	游离铁 /(g/kg)
0～16	5.2	11.2	1.44	0.45	23.4	11.6	20.5
16～24	5.8	8.1	1.13	0.31	24.1	10.5	23.7
24～47	5.5	5.1	0.91	0.23	23.8	13.7	19.0
47～75	6.0	3.3	0.77	0.23	27.5	15.2	35.6
75～105	5.7	2.8	0.76	0.18	27.5	15.8	37.8
105～130	5.8	3.1	0.79	0.17	28.8	26.6	42.0

4.5.3　长寿寨系（Changshouzhai Series）

土　　族：黏壤质硅质混合型非酸性热性-普通铁聚水耕人为土
拟定者：慈　恩，连茂山，李　松

长寿寨系典型景观

分布与环境条件　主要分布在长寿、垫江等地，多位于侏罗系沙溪庙组地层出露的低丘上坡，坡度分级为中缓坡，梯田，海拔一般在 400～500 m，成土母质为侏罗系沙溪庙组紫色泥岩、砂岩风化残坡积物；水田，单季水稻。亚热带湿润季风气候，年日照时数 1100～1200 h，年平均气温 16.5～17.5℃，年降水量 1100～1200 mm，无霜期 330～350 d。

土系特征与变幅　诊断层包括水耕表层、水耕氧化还原层；诊断特性包括准石质接触面、人为滞水土壤水分状况、氧化还原特征、热性土壤温度状况等。剖面构型为 Ap1-Ap2-Br-R，土体厚度在 50～70 cm，层次质地构型为粉质黏壤土-粉壤土-粉质黏壤土，无石灰反应，pH 5.3～6.7，土体色调为 7.5YR。土体结构面上有少量至多量的铁锰斑纹，水耕表层之下土体有明显的铁聚层次。

对比土系　同一土族的土系中，兼善系，位于中山下坡，成土母质为侏罗系新田沟组杂色泥岩、粉砂岩风化残坡积物，表层土壤质地为壤土类，土体色调为 5Y；凉河系、蒲吕系、钱塘系、清流系、石会系，剖面构型均为 Ap1-Ap2-Br，无准石质接触面；钱塘系，位于高阶地，成土母质为第四系更新统老冲积物，层次质地构型为粉质黏壤土-黏壤土；凉河系，所处地形部位相邻，成土母质为侏罗系沙溪庙组紫色泥岩风化坡积物，层次质地构型为通体粉质黏壤土；蒲吕系，位于岩溶槽谷，由白云岩、石灰岩风化发育而成，层次质地构型为通体粉质黏壤土；清流系，位于低阶地，成土母质为第四系全新统冲积物，表层土壤质地为壤土类；石会系，位于中、低山下坡，由石灰岩风化发育而成，土体色调为 2.5Y。

利用性能综述　该土系土体稍深，耕层质地偏黏，耕性一般，保水保肥能力强；耕层土壤有机质、全氮含量中等，全磷含量低，全钾含量较高。在改良利用上，应完善区域灌排设施，适当深耕，施用有机肥，实行秸秆还田和种植豆科绿肥等，改善土壤理化性状，扩大复种；根据作物养分需求和土壤供肥性能，合理施肥。

参比土种　黄紫泥田。

代表性单个土体 位于重庆市长寿区双龙镇长寿寨村 2 组，29°57′36.6″N，107°08′59.3″E，海拔 438 m，低丘上坡，坡度分级为中缓坡，梯田，成土母质为侏罗系沙溪庙组紫色泥岩、砂岩风化残坡积物，水田，单季水稻，50 cm 深度土温 18.5℃。野外调查时间为 2016 年 1 月 1 日，编号 50-074。

Ap1: 0～11 cm，浊棕（7.5YR 6/3，干），浊棕（7.5YR 5/3，润）；粉质黏壤土，强发育中块状结构，疏松；少量中根和细根；少量动物穴；结构面上有中量铁锰斑纹；无石灰反应；向下层平滑渐变过渡。

Ap2: 11～18 cm，浊棕（7.5YR 6/3，干），浊棕（7.5YR 5/3，润）；粉质黏壤土，中等发育大块状结构，疏松；少量细根；结构面上有中量铁锰斑纹；无石灰反应；向下层平滑渐变过渡。

Br1: 18～30 cm，浊棕（7.5YR 6/3，干），浊棕（7.5YR 5/3，润）；粉壤土，中等发育很大棱块状结构，疏松；少量细根；结构面上有少量铁锰斑纹，可见灰色胶膜；无石灰反应；向下层平滑渐变过渡。

Br2: 30～58 cm，浊橙（7.5YR 6/4，干），浊棕（7.5YR 5/4，润）；粉质黏壤土，弱发育大棱块状结构，稍坚实；结构面上有多量铁锰斑纹，可见灰色胶膜；无石灰反应；向下层波状突变过渡。

长寿寨系代表性单个土体剖面

R: 58～73 cm，砂岩半风化体，整块状。

长寿寨系代表性单个土体物理性质

土层	深度 /cm	砾石 (>2 mm，体积分数)/%	细土颗粒组成（粒径：mm）/(g/kg)			质地	容重 /(g/cm³)
			砂粒 2～0.05	粉粒 0.05～0.002	黏粒 <0.002		
Ap1	0～11	0	107	545	348	粉质黏壤土	1.02
Ap2	11～18	0	150	553	297	粉质黏壤土	1.23
Br1	18～30	0	190	580	230	粉壤土	1.38
Br2	30～58	0	189	450	361	粉质黏壤土	1.46

长寿寨系代表性单个土体化学性质

深度 /cm	pH (H₂O)	有机碳 /(g/kg)	全氮(N) /(g/kg)	全磷(P) /(g/kg)	全钾(K) /(g/kg)	CEC /[cmol(+)/kg]	游离铁 /(g/kg)
0～11	5.3	14.4	1.43	0.30	23.2	29.4	9.3
11～18	5.9	11.4	1.26	0.26	22.6	30.2	11.4
18～30	6.2	8.0	0.99	0.18	22.8	26.7	10.8
30～58	6.7	5.4	0.78	0.17	20.5	27.4	15.1

4.5.4　兼善系（Jianshan Series）

土　　族：黏壤质硅质混合型非酸性热性-普通铁聚水耕人为土
拟定者：慈　恩，连茂山，李　松

分布与环境条件　主要分布在开州、万州、云阳等地，多位于侏罗系新田沟组地层出露的中山下坡，坡度分级为中缓坡，梯田，海拔一般在 700～900 m，成土母质为侏罗系新田沟组杂色泥岩、粉砂岩风化残坡积物；水田，单季水稻。亚热带湿润季风气候，年日照时数 1200～1300 h，年平均气温 14.0～15.5 ℃，年降水量 1200～1300 mm，无霜期 250～270 d。

兼善系典型景观

土系特征与变幅　诊断层包括水耕表层、水耕氧化还原层；诊断特性包括准石质接触面、人为滞水土壤水分状况、氧化还原特征、热性土壤温度状况等。剖面构型为 Ap1-Ap2-Br-R，土体厚度 70～90 cm，层次质地构型为通体粉壤土，无石灰反应，pH 5.3～6.4，土体色调为 5Y。土体结构面上有少量至多量的铁锰斑纹，水耕表层之下土体有明显的铁聚层次。不同深度土层中有 2%～10%岩石碎屑。

对比土系　同一土族的土系中，凉河系、蒲吕系、钱塘系、清流系、石会系，剖面构型均为 Ap1-Ap2-Br，无准石质接触面；凉河系，位于低丘中坡，成土母质为侏罗系沙溪庙组紫色泥岩风化坡积物，表层土壤质地为黏壤土类，土体色调为 7.5YR；蒲吕系，位于低山槽谷，由白云岩、石灰岩风化发育而成，有碳酸盐岩岩性特征，表层土壤质地为黏壤土类，土体色调为 10YR；钱塘系，位于高阶地，成土母质为第四系更新统老冲积物，表层土壤质地为黏壤土类，土体色调为 7.5YR；清流系，位于低阶地，成土母质为第四系全新统冲积物，层次质地构型为通体壤土，土体色调为 7.5YR；石会系，由石灰岩风化发育而成，表层土壤质地为黏壤土类；长寿寨系，位于低丘上坡，成土母质为侏罗系沙溪庙组紫色泥岩、砂岩风化残坡积物，表层土壤质地为黏壤土类，土体色调为 7.5YR。

利用性能综述　该土系土体稍深，质地适中，耕性好，保水保肥能力一般；耕层土壤有机质、全氮含量较高，全磷、全钾含量较低。在改良利用上，注意改善区域灌排条件，增强抗旱减灾能力，扩大复种；根据作物养分需求和土壤供肥性能，合理施肥。

参比土种　砂黄泥田。

代表性单个土体　位于重庆市开州区长沙镇兼善村 1 组，30°56′25.3″N，108°20′04.5″E，海拔 786 m，中山下坡，坡度分级为中缓坡，梯田，成土母质为侏罗系新田沟组杂色泥岩、粉砂岩风化残坡积物，水田，单季水稻，50 cm 深度土温 17.5℃。野外调查时间为 2016 年 1 月 20 日，编号 50-092。

Ap1：　0～12 cm，灰（5Y 6/1，干），灰（5Y 5/1，润）；粉壤土，强发育小块状结构，疏松；中量中根和细根；少量动物穴；结构面上有少量铁锰斑纹，土体中有 2%岩石碎屑；无石灰反应；向下层平滑渐变过渡。

Ap2：　12～20 cm，灰（5Y 6/1，干），灰（5Y 5/1，润）；粉壤土，强发育中块状结构，稍坚实；少量细根；结构面上有中量铁锰斑纹，土体中有 2%岩石碎屑；无石灰反应；向下层平滑清晰过渡。

Br1：　20～40 cm，灰橄榄（5Y 6/2，干），灰橄榄（5Y 5/2，润）；粉壤土，中等发育中块状结构，坚实；很少量细根；结构面上有中量铁锰斑纹，可见灰色胶膜，土体中有 5%岩石碎屑；无石灰反应；向下层平滑渐变过渡。

Br2：　40～60 cm，灰（5Y 5/1，干），灰（5Y 4/1，润）；粉壤土，弱发育中块状结构，坚实；很少量细根；结构面上有中量铁锰斑纹，可见灰色胶膜，土体中有 5%岩石碎屑；无石灰反应；向下层波状模糊过渡。

兼善系代表性单个土体剖面

Br3：　60～70 cm，灰（5Y 5/1，干），灰（5Y 4/1，润）；粉壤土，弱发育大块状结构，坚实；结构面上有多量铁锰斑纹，可见灰色胶膜，土体中有 10%岩石碎屑；无石灰反应；向下层波状突变过渡。

R：　　70～100 cm，泥岩半风化体。

兼善系代表性单个土体物理性质

土层	深度 /cm	砾石 (>2 mm，体积分数)/%	细土颗粒组成 (粒径：mm)/(g/kg)			质地	容重 /(g/cm³)
			砂粒 2～0.05	粉粒 0.05～0.002	黏粒 <0.002		
Ap1	0～12	2	156	610	234	粉壤土	0.96
Ap2	12～20	2	139	624	237	粉壤土	1.19
Br1	20～40	5	137	635	228	粉壤土	1.49
Br2	40～60	5	177	611	212	粉壤土	1.53
Br3	60～70	10	227	597	176	粉壤土	1.49

兼善系代表性单个土体化学性质

深度 /cm	pH (H₂O)	有机碳 /(g/kg)	全氮(N) /(g/kg)	全磷(P) /(g/kg)	全钾(K) /(g/kg)	CEC /[cmol(+)/kg]	游离铁 /(g/kg)
0～12	5.4	22.6	1.89	0.58	14.4	12.6	10.3
12～20	5.3	19.8	1.51	0.47	14.5	13.0	11.6
20～40	5.9	8.1	1.00	0.32	15.0	9.4	11.6
40～60	6.1	7.7	0.98	0.28	16.1	11.2	10.5
60～70	6.4	7.4	0.84	0.43	16.4	11.4	15.6

4.5.5　凉河系（Lianghe Series）

土　族：黏壤质硅质混合型非酸性热性-普通铁聚水耕人为土
拟定者：慈　恩，连茂山，李　松

分布与环境条件　主要分布在
江津、永川等地，多位于侏罗系
沙溪庙组地层出露的低丘中坡，
坡度分级为中缓坡，梯田，海拔
一般在 250～350 m，成土母质
为侏罗系沙溪庙组紫色泥岩风
化坡积物；水田，单季水稻。亚
热带湿润季风气候，年日照时数
1100～1200 h，年平均气温
18.0～18.5℃，年降水量 1000～
1100 mm，无霜期 340～350 d。

凉河系典型景观

土系特征与变幅　诊断层包括水耕表层、水耕氧化还原层；诊断特性包括人为滞水土壤
水分状况、氧化还原特征、热性土壤温度状况等。剖面构型为 Ap1-Ap2-Br，土体厚度
100 cm 以上，层次质地构型为通体粉质黏壤土，无石灰反应，pH 5.3～5.7，土体色调为
7.5YR。土体结构面上有很少量至中量的铁锰斑纹，水耕表层之下土体有明显的铁聚层次。

对比土系　同一土族的土系中，兼善系和长寿寨系，剖面构型均为 Ap1-Ap2-Br-R，有准
石质接触面；兼善系，位于中山下坡，成土母质为侏罗系新田沟组杂色泥岩、粉砂岩风
化残坡积物，层次质地构型为通体粉壤土，土体色调为 5Y；长寿寨系，所处地形部位相
邻，成土母质为侏罗系沙溪庙组紫色泥岩、砂岩风化残坡积物，层次质地构型为粉质黏
壤土-粉壤土-粉质黏壤土；蒲吕系，位于低山槽谷，由白云岩、石灰岩风化发育而成，
有碳酸盐岩岩性特征；钱塘系，位于高阶地，成土母质为第四系更新统老冲积物；清流
系，位于低阶地，成土母质为第四系全新统冲积物，层次质地构型为通体壤土；石会系，
位于中、低山下坡，由石灰岩风化发育而成，层次质地构型为粉质黏壤土-粉壤土-粉质
黏壤土，土体色调为 2.5Y。

利用性能综述　该土系土体深厚，质地偏黏，耕性一般；耕层土壤有机质、全氮含量较
低，全磷含量低，全钾含量中等。在改良利用上，应多施有机肥，实行秸秆还田和种植
豆科绿肥等，提高有机质含量，改善土壤结构，培肥地力；根据作物养分需求和土壤供
肥性能，合理施肥。

参比土种　大泥田。

代表性单个土体　位于重庆市江津区慈云镇凉河村 1 组，29°03′15.7″N，106°11′40.6″E，海拔 286 m，低丘中坡，坡度分级为中缓坡，梯田，成土母质为侏罗系沙溪庙组紫色泥岩风化坡积物，水田，单季水稻，50 cm 深度土温 19.3℃。野外调查时间为 2015 年 9 月 15 日，编号 50-047。

凉河系代表性单个土体剖面

Ap1：0～20 cm，浊棕（7.5YR 6/3，干），浊棕（7.5YR 5/3，润）；粉质黏壤土，强发育中块状结构，疏松；少量粗根和很少量细根；少量动物穴；结构面上有很少量铁锰斑纹；无石灰反应；向下层平滑渐变过渡。

Ap2：20～30 cm，浊棕（7.5YR 6/3，干），浊棕（7.5YR 5/3，润）；粉质黏壤土，强发育大块状结构，稍坚实；很少量细根；结构面上有少量铁锰斑纹；无石灰反应；向下层平滑渐变过渡。

Br1：30～50 cm，浊棕（7.5YR 6/3，干），浊棕（7.5YR 5/3，润）；粉质黏壤土，中等发育大棱柱状结构，稍坚实；很少量极细根；结构面上有少量铁锰斑纹，可见灰色胶膜；无石灰反应；向下层平滑模糊过渡。

Br2：50～80 cm，浊橙（7.5YR 6/4，干），浊棕（7.5YR 5/4，润）；粉质黏壤土，中等发育大棱柱状结构，稍坚实；很少量极细根；结构面上有中量铁锰斑纹，可见灰色胶膜；无石灰反应；向下层平滑模糊过渡。

Br3：80～110 cm，浊橙（7.5YR 6/4，干），浊棕（7.5YR 5/4，润）；粉质黏壤土，中等发育大棱柱状结构，稍坚实；很少量极细根；结构面上有中量铁锰斑纹，可见灰色胶膜；无石灰反应；向下层平滑渐变过渡。

Br4：110～142 cm，淡棕灰（7.5YR 7/2，干），灰棕（7.5YR 5/2，润）；粉质黏壤土，中等发育大棱块状结构，稍坚实；很少量极细根；结构面上有中量铁锰斑纹，可见灰色胶膜；无石灰反应。

凉河系代表性单个土体物理性质

土层	深度 /cm	砾石 (>2 mm, 体积分数)/%	细土颗粒组成 (粒径：mm)/(g/kg)			质地	容重 /(g/cm³)
			砂粒 2～0.05	粉粒 0.05～0.002	黏粒 <0.002		
Ap1	0～20	0	156	556	288	粉质黏壤土	1.31
Ap2	20～30	0	166	562	272	粉质黏壤土	1.53
Br1	30～50	0	132	587	281	粉质黏壤土	1.50
Br2	50～80	0	135	581	284	粉质黏壤土	1.56
Br3	80～110	0	149	576	275	粉质黏壤土	1.58
Br4	110～142	0	156	570	274	粉质黏壤土	1.55

凉河系代表性单个土体化学性质

深度 /cm	pH (H₂O)	有机碳 /(g/kg)	全氮(N) /(g/kg)	全磷(P) /(g/kg)	全钾(K) /(g/kg)	CEC /[cmol(+)/kg]	游离铁 /(g/kg)
0~20	5.4	9.5	0.87	0.26	17.3	43.2	8.4
20~30	5.5	7.1	0.68	0.20	17.7	48.7	14.2
30~50	5.4	5.4	0.57	0.23	17.8	45.5	13.8
50~80	5.6	5.7	0.54	0.15	18.0	44.6	13.9
80~110	5.6	6.2	0.56	0.21	18.4	41.7	13.7
110~142	5.4	5.7	0.61	0.13	16.9	41.7	14.7

4.5.6　蒲吕系（Pulü Series）

土　　族：黏壤质硅质混合型非酸性热性-普通铁聚水耕人为土
拟定者：慈　恩，连茂山，李　松

分布与环境条件　主要分布在铜梁、合川等地，多位于背斜低山的岩溶槽谷区，坡度分级为缓坡，梯田，海拔一般在 400～500 m，成土母质为三叠系白云岩、石灰岩风化坡积物；水田，单季水稻。亚热带湿润季风气候，年日照时数 1100～1200 h，年平均气温 16.5～17.5℃，年降水量 1000～1100 mm，无霜期310～330 d。

蒲吕系典型景观

土系特征与变幅　诊断层包括水耕表层、水耕氧化还原层；诊断特性包括碳酸盐岩岩性特征、人为滞水土壤水分状况、氧化还原特征、热性土壤温度状况等。剖面构型为Ap1-Ap2-Br，土体厚度 100 cm 以上，层次质地构型为通体粉质黏壤土，无石灰反应，pH 6.1～6.8，土体色调为 10YR。土体结构面上有少量至多量的铁锰斑纹，水耕表层之下土体有明显的铁聚层次。0～100 cm 深度范围内各土层有很少量至少量的碳酸盐岩碎屑。

对比土系　同一土族的土系中，兼善系和长寿寨系，剖面构型均为 Ap1-Ap2-Br-R，有准石质接触面，无碳酸盐岩岩性特征；兼善系，位于中山下坡，成土母质为侏罗系新田沟组杂色泥岩、粉砂岩风化残坡积物，表层土壤质地为粉壤土类，土体色调为 5Y；长寿寨系，位于低丘上坡，成土母质为侏罗系沙溪庙组紫色泥岩、砂岩风化残坡积物，层次质地构型为粉质黏壤土-粉壤土-粉质黏壤土；凉河系、钱塘系、清流系、石会系，均无碳酸盐岩岩性特征；凉河系，位于低丘中坡，成土母质为侏罗系沙溪庙组紫色泥岩风化坡积物；钱塘系，位于高阶地，成土母质为第四系更新统老冲积物，层次质地构型为粉质黏壤土-黏壤土；清流系，成土母质为第四系全新统冲积物，表层土壤质地为壤土类；石会系，位于中、低山下坡，成土母质相似，层次质地构型为粉质黏壤土-粉壤土-粉质黏壤土，土体色调为 2.5Y。

利用性能综述　该土系土体深厚，质地偏黏，耕性一般，保水保肥能力中等；耕层土壤有机质、全氮含量中等，全磷含量较低，全钾含量较高。在改良利用上，注意完善灌排设施，调节土壤水分状况，扩大复种；施用有机肥，实行秸秆还田和种植豆科绿肥等，改善土壤理化性状，培肥地力；根据作物养分需求和土壤供肥性能，合理施肥。

参比土种　矿子锈黄泥田。

代表性单个土体　位于重庆市铜梁区蒲吕街道新联村 17 组，29°48′00.5″N，106°12′29.0″E，海拔 456 m，低山槽谷，坡度分级为缓坡，梯田，成土母质为三叠系白云岩、石灰岩风化坡积物，水田，单季水稻，50 cm 深度土温 18.6℃。野外调查时间为2015 年 10 月 23 日，编号 50-060。

Ap1：0～19 cm，浊黄橙（10YR 6/3，干），浊黄棕（10YR 5/3，润）；粉质黏壤土，强发育中块状结构，稍坚实；中量中根和少量细根；少量蚯蚓孔道，内有球形蚯蚓粪便；结构面上有少量铁锰斑纹，土体中有 2%岩石碎屑；无石灰反应；向下层平滑渐变过渡。

Ap2：19～28 cm，浊黄橙（10YR 6/4，干），浊黄棕（10YR 5/4，润）；粉质黏壤土，中等发育大块状结构，稍坚实；很少量细根；结构面上有中量铁锰斑纹，土体中有 2%岩石碎屑；无石灰反应；向下层平滑渐变过渡。

Br1：28～68 cm，浊黄橙（10YR 6/4，干），浊黄棕（10YR 5/4，润）；粉质黏壤土，中等发育很大棱块状结构，坚实；很少量极细根；结构面上有多量铁锰斑纹，可见灰色胶膜，土体中有 2%岩石碎屑；无石灰反应；向下层平滑模糊过渡。

蒲吕系代表性单个土体剖面

Br2：68～105 cm，浊黄橙（10YR 6/4，干），浊黄棕（10YR 5/4，润）；粉质黏壤土，中等发育很大棱块状结构，坚实；很少量极细根；结构面上有中量铁锰斑纹，可见灰色胶膜，土体中有 1%岩石碎屑；无石灰反应；向下层平滑渐变过渡。

Br3：105～145 cm，浊黄橙（10YR 7/4，干），浊黄橙（10YR 6/4，润）；粉质黏壤土，中等发育大棱块状结构，坚实；结构面上有中量铁锰斑纹，可见灰色胶膜；无石灰反应。

蒲吕系代表性单个土体物理性质

| 土层 | 深度/cm | 砾石（>2 mm，体积分数)/% | 细土颗粒组成（粒径：mm)/(g/kg) | | | 质地 | 容重/(g/cm³) |
			砂粒2～0.05	粉粒0.05～0.002	黏粒<0.002		
Ap1	0～19	2	144	483	373	粉质黏壤土	1.46
Ap2	19～28	2	146	525	329	粉质黏壤土	1.64
Br1	28～68	2	181	501	318	粉质黏壤土	1.62
Br2	68～105	1	157	518	325	粉质黏壤土	1.55
Br3	105～145	0	76	584	340	粉质黏壤土	1.56

蒲吕系代表性单个土体化学性质

深度 /cm	pH (H₂O)	有机碳 /(g/kg)	全氮(N) /(g/kg)	全磷(P) /(g/kg)	全钾(K) /(g/kg)	CEC /[cmol(+)/kg]	游离铁 /(g/kg)
0~19	6.1	14.5	1.48	0.43	20.8	18.8	15.3
19~28	6.7	11.9	1.30	0.39	19.2	20.4	22.6
28~68	6.5	7.7	0.90	0.30	19.6	34.2	25.6
68~105	6.6	5.7	0.78	0.29	20.0	12.7	22.9
105~145	6.8	3.5	0.61	0.46	20.6	18.4	22.4

4.5.7　钱塘系（Qiantang Series）

土　族：黏壤质硅质混合型非酸性热性-普通铁聚水耕人为土
拟定者：慈　恩，连茂山，李　松

分布与环境条件　主要分布在
合川、潼南等地，多位于嘉陵江、
涪江等河流沿岸的高阶地，海拔
一般在 240～280 m，成土母质
为第四系更新统老冲积物；水
田，单季水稻或水稻-油菜轮作。
亚热带湿润季风气候，年日照时
数为 1100～1200 h，年平均气温
17.5～18.0℃，年降水量 1000～
1100 mm，无霜期 330～340 d。

钱塘系典型景观

土系特征与变幅　诊断层包括水耕表层、水耕氧化还原层；诊断特性包括人为滞水土壤
水分状况、氧化还原特征、热性土壤温度状况等。成土母质为更新世冰水或流水堆积而
成的老冲积物，主要由黄色黏土和卵石组成。剖面构型为 Ap1-Ap2-Br，土体厚度 100 cm
以上，层次质地构型为粉质黏壤土-黏壤土，无石灰反应，pH 4.9～5.7，土体色调为 7.5YR。
土体结构面上有少量至多量的铁锰斑纹，水耕表层之下土体有明显的铁聚层次，不同深
度层次中有 2%～10%次圆状砾石（卵石）。

对比土系　同一土族的土系中，兼善系和长寿寨系，剖面构型均为 Ap1-Ap2-Br-R，有准
石质接触面；兼善系，位于中山下坡，成土母质为侏罗系新田沟组杂色泥岩、粉砂岩风
化残坡积物，层次质地构型为通体粉壤土，土体色调为 5Y；长寿寨系，位于低丘上坡，
成土母质为侏罗系沙溪庙组紫色泥岩、砂岩风化残坡积物，层次质地构型为粉质黏壤
土-粉壤土-粉质黏壤土；凉河系，位于低丘中坡，成土母质为侏罗系沙溪庙组紫色泥岩
风化坡积物；蒲吕系，位于岩溶槽谷，由白云岩、石灰岩风化发育而成，有碳酸盐岩岩
性特征，层次质地构型为通体粉质黏壤土；清流系，位于低阶地，成土母质为第四系全
新统冲积物，表层土壤质地为壤土类；石会系，位于中、低山下坡，由石灰岩风化发育
而成，层次质地构型为粉质黏壤土-粉壤土-粉质黏壤土，土体色调为 2.5Y。杨寿系，同
一亚类不同土族，所处地形部位和成土母质相似，颗粒大小级别为黏质，矿物学类型为
伊利石混合型。

利用性能综述　该土系土体深厚，有少量卵石，质地偏黏，耕性较差；耕层土壤有机质、

全钾含量较低，全氮含量中等，全磷含量低，pH 较低。在改良利用上，注意完善排灌设施，深耕炕田，增施有机肥，实行秸秆还田和种植豆科绿肥，改善土壤理化性状，培肥地力；可适量施用石灰或其他土壤改良剂，调节土壤酸度；拣出土中卵石，提高耕作质量，改善作物根系伸展环境；根据作物养分需求和土壤供肥性能，合理施肥。

参比土种　卵石锈黄泥田。

代表性单个土体　位于重庆市合川区钱塘镇湖塘村 4 组，30°11′04.6″N，106°12′37.0″E，海拔 247 m，高阶地，成土母质为第四系更新统老冲积物，主要由黄色黏土和卵石组成，水田，单季水稻或水稻-油菜轮作，50 cm 深度土温 18.5℃。野外调查时间为 2015 年 3 月 21 日，编号 50-005。

Ap1：0～20 cm，淡棕灰（7.5YR 7/2，干），浊棕（7.5YR 5/3，润）；粉质黏壤土，强发育小块状结构，稍坚实；很少量细根；少量蚯蚓孔道，内有球形蚯蚓粪便；结构面上有少量铁锰斑纹，土体中有 2%次圆状砾石；无石灰反应；向下层平滑清晰过渡。

Ap2：20～28 cm，浊橙（7.5YR 7/3，干），浊棕（7.5YR 5/3，润）；粉质黏壤土，强发育中块状结构，稍坚实；很少量细根；结构面上有少量铁锰斑纹，土体中有 5%次圆状砾石；无石灰反应；向下层平滑清晰过渡。

Br1：28～45 cm，橙（7.5YR 6/6，干），亮棕（7.5YR 5/6，润）；粉质黏壤土，中等发育中块状结构，稍坚实；很少量细根；结构面上有中量铁锰斑纹，可见灰色胶膜，土体中有 10%次圆状砾石；无石灰反应；向下层平滑渐变过渡。

钱塘系代表性单个土体剖面

Br2：45～62 cm，橙（7.5YR 7/6，干），橙（7.5YR 6/6，润）；粉质黏壤土，中等发育大块状结构，稍坚实；结构面上有多量铁锰斑纹，可见灰色胶膜，土体中有 2%次圆状砾石；无石灰反应；向下层平滑模糊过渡。

Br3：62～95 cm，橙（7.5YR 6/6，干），亮棕（7.5YR 5/6，润）；粉质黏壤土，弱发育大块状结构，稍坚实；结构面上有多量铁锰斑纹，可见灰色胶膜，土体中有 2%次圆状砾石；无石灰反应；向下层平滑模糊过渡。

Br4：95～135 cm，橙（7.5YR 6/6，干），亮棕（7.5YR 5/6，润）；黏壤土，弱发育大块状结构，稍坚实；结构面上有中量铁锰斑纹，可见灰色胶膜，土体中有 2%次圆状砾石；无石灰反应。

钱塘系代表性单个土体物理性质

土层	深度 /cm	砾石 (>2 mm，体积分数)/%	细土颗粒组成（粒径：mm)/(g/kg)			质地	容重 /(g/cm³)
			砂粒 2～0.05	粉粒 0.05～0.002	黏粒 <0.002		
Ap1	0～20	2	137	544	319	粉质黏壤土	1.44
Ap2	20～28	5	165	512	323	粉质黏壤土	1.68
Br1	28～45	10	165	517	318	粉质黏壤土	1.67
Br2	45～62	2	181	469	350	粉质黏壤土	1.59
Br3	62～95	2	194	480	326	粉质黏壤土	1.59
Br4	95～135	2	208	475	317	黏壤土	1.59

钱塘系代表性单个土体化学性质

深度 /cm	pH (H₂O)	有机碳 /(g/kg)	全氮(N) /(g/kg)	全磷(P) /(g/kg)	全钾(K) /(g/kg)	CEC /[cmol(+)/kg]	游离铁 /(g/kg)
0～20	5.0	9.3	1.16	0.29	11.1	23.8	12.2
20～28	4.9	7.5	0.82	0.29	10.4	12.8	14.4
28～45	5.0	2.8	0.50	0.20	11.1	13.9	31.6
45～62	5.5	2.7	0.50	0.25	12.3	22.5	30.0
62～95	5.7	2.7	0.48	0.24	11.5	24.4	31.1
95～135	5.7	2.3	0.57	0.25	12.6	23.3	35.1

4.5.8　清流系（Qingliu Series）

土　　族：黏壤质硅质混合型非酸性热性-普通铁聚水耕人为土
拟定者：慈　恩，连茂山，李　松

分布与环境条件　主要分布在荣昌、大足、铜梁等地，位于河流沿岸低阶地，海拔一般在 250～350 m，成土母质为第四系全新统冲积物；水田，单季水稻或水稻-油菜/蔬菜轮作。亚热带湿润季风气候，年日照时数 1000～1100 h，年平均气温 17.5～18.0℃，年降水量 1000～1100 mm，无霜期 320～330 d。

清流系典型景观

土系特征与变幅　诊断层包括水耕表层、水耕氧化还原层；诊断特性包括人为滞水土壤水分状况、氧化还原特征、热性土壤温度状况等。剖面构型为 Ap1-Ap2-Br，土体厚度 100 cm 以上，层次质地构型为通体壤土，无石灰反应，pH 5.9～7.3，土体色调为 7.5YR。土体结构面上有中量至多量的铁锰斑纹，水耕表层之下土体有明显的铁聚层次。

对比土系　同一土族的土系中，兼善系和长寿寨系，剖面构型均为 Ap1-Ap2-Br-R，有准石质接触面；兼善系，位于中山下坡，成土母质为侏罗系新田沟组杂色泥岩、粉砂岩风化残坡积物，土体色调为 5Y；长寿寨系，位于低丘上坡，成土母质为侏罗系沙溪庙组紫色泥岩、砂岩风化残坡积物，表层土壤质地为黏壤土类；钱塘系，位于高阶地，成土母质为第四系更新统老冲积物，表层土壤质地为黏壤土类；凉河系，位于低丘中坡，成土母质为侏罗系沙溪庙组紫色泥岩风化坡积物，表层土壤质地为黏壤土类；蒲吕系，位于岩溶槽谷，由白云岩、石灰岩风化发育而成，有碳酸盐岩岩性特征，表层土壤质地为黏壤土类；石会系，位于中、低山下坡，由石灰岩风化发育而成，表层土壤质地为黏壤土类，土体色调为 2.5Y。盘龙系，分布区域相近，不同土纲，无水耕氧化还原层发育，有潜育特征，为潜育土。

利用性能综述　该土系土体深厚，质地适中，保水保肥能力一般；耕层土壤有机质、全氮、全磷、全钾含量较低。在改良利用上，应多施有机肥，实行秸秆还田和种植豆科绿肥等，提高有机质含量，改善土壤结构，培肥地力；根据作物养分需求和土壤供肥性能，合理施肥。

参比土种　紫潮砂泥田。

代表性单个土体　位于重庆市荣昌区清流镇马草村 10 组，29°37′00.0″N，105°20′46.0″E，海拔 317 m，河流一级阶地，成土母质为第四系全新统冲积物，水田，单季水稻或水稻-油菜/蔬菜轮作，50 cm 深度土温 18.8℃。野外调查时间为 2015 年 11 月 19 日，编号 50-068。

Ap1：0～15 cm，灰棕（7.5YR 6/2，干），灰棕（7.5YR 5/2，润）；壤土，强发育小块状结构，稍坚实；少量细根；少量动物穴；结构面上有中量铁锰斑纹；无石灰反应；向下层平滑渐变过渡。

Ap2：15～22 cm，浊棕（7.5YR 6/3，干），浊棕（7.5YR 5/3，润）；壤土，中等发育中块状结构，很坚实；很少量细根；结构面上有中量铁锰斑纹；无石灰反应；向下层平滑渐变过渡。

Br1：22～40 cm，浊棕（7.5YR 6/3，干），浊棕（7.5YR 5/3，润）；壤土，中等发育大块状结构，很坚实；很少量细根；少量瓦片，结构面上有中量铁锰斑纹，可见灰色胶膜；无石灰反应；向下层平滑突变过渡。

Br2：40～52 cm，浊橙（7.5YR 6/4，干），浊棕（7.5YR 5/4，润）；壤土，弱发育中块状结构，很坚实；结构面上有多量铁锰斑纹，可见灰色胶膜；无石灰反应；向下层平滑模糊过渡。

清流系代表性单个土体剖面

Br3：52～90 cm，浊橙（7.5YR 6/4，干），浊棕（7.5YR 5/4，润）；壤土，弱发育中块状结构，坚实；结构面上有中量铁锰斑纹，可见灰色胶膜；无石灰反应；向下层平滑渐变过渡。

Br4：90～132 cm，浊橙（7.5YR 7/4，干），浊橙（7.5YR 6/4，润）；壤土，弱发育中块状结构，坚实；结构面上有中量铁锰斑纹，可见灰色胶膜；无石灰反应。

清流系代表性单个土体物理性质

土层	深度/cm	砾石(>2 mm, 体积分数)/%	细土颗粒组成 (粒径: mm)/(g/kg)			质地	容重/(g/cm³)
			砂粒 2～0.05	粉粒 0.05～0.002	黏粒 <0.002		
Ap1	0～15	0	407	417	176	壤土	1.47
Ap2	15～22	0	434	299	267	壤土	1.69
Br1	22～40	0	455	318	227	壤土	1.77
Br2	40～52	0	442	334	224	壤土	1.72
Br3	52～90	0	459	325	216	壤土	1.65
Br4	90～132	0	492	290	218	壤土	1.61

清流系代表性单个土体化学性质

深度 /cm	pH (H₂O)	有机碳 /(g/kg)	全氮(N) /(g/kg)	全磷(P) /(g/kg)	全钾(K) /(g/kg)	CEC /[cmol(+)/kg]	游离铁 /(g/kg)
0～15	5.9	8.5	1.02	0.43	10.5	13.7	6.7
15～22	7.3	4.5	0.63	0.20	10.6	15.2	7.9
22～40	7.2	3.7	0.66	0.14	10.3	12.6	9.8
40～52	7.0	2.3	0.50	0.14	9.6	15.0	14.0
52～90	6.7	2.2	0.49	0.11	9.3	14.5	10.5
90～132	6.5	2.4	0.48	0.05	9.3	16.9	11.9

4.5.9 石会系（Shihui Series）

土　族：黏壤质硅质混合型非酸性热性-普通铁聚水耕人为土
拟定者：慈　恩，连茂山，李　松

分布与环境条件　主要分布在黔江、彭水等地，多位于石灰岩地区的中、低山下坡，坡度分级为中缓坡，梯田，海拔一般在 400～600 m，成土母质为志留系石灰岩风化坡积物；水田，单季水稻。亚热带湿润季风气候，年日照时数 1000～1100 h，年平均气温 15.5～17.0℃，年降水量 1200～1300 mm，无霜期 290～310 d。

石会系典型景观

土系特征与变幅　诊断层包括水耕表层、水耕氧化还原层；诊断特性包括人为滞水土壤水分状况、氧化还原特征、热性土壤温度状况等。剖面构型为 Ap1-Ap2-Br，土体厚度 100 cm 以上，层次质地构型为粉质黏壤土-粉壤土-粉质黏壤土，无石灰反应，pH 5.1～6.2，土体色调为 2.5Y。土体结构面上有中量至多量的铁锰斑纹，水耕表层之下土体有明显的铁聚层次。受表层滞水的影响，耕作层有 15%左右土壤基质具有亚铁反应。

对比土系　同一土族的土系中，兼善系和长寿寨系，剖面构型均为 Ap1-Ap2-Br-R，有准石质接触面；兼善系，由侏罗系新田沟组杂色泥岩、粉砂岩风化残坡积物发育而成，表层土壤质地为壤土类；长寿寨系，位于低丘上坡，成土母质为侏罗系沙溪庙组紫色泥岩、砂岩风化残坡积物，土体色调为 7.5YR；凉河系，位于低丘中坡，成土母质为侏罗系沙溪庙组紫色泥岩风化坡积物，层次质地构型为通体粉质黏壤土，土体色调为 7.5YR；蒲吕系，位于岩溶槽谷，成土母质相似，有碳酸盐岩岩性特征，层次质地构型为通体粉质黏壤土；钱塘系，位于高阶地，成土母质为第四系更新统老冲积物，层次质地构型为粉质黏壤土-黏壤土，土体色调为 7.5YR；清流系，位于低阶地，成土母质为第四系全新统冲积物，表层土壤质地为壤土类，土体色调为 7.5YR。安稳系，同一亚类不同土族，所处地形部位相同，颗粒大小级别为壤质盖黏质，矿物学类型为硅质混合型盖伊利石混合型，石灰性及酸碱反应类别为石灰性。

利用性能综述　该土系土体深厚，耕层质地偏黏，耕性一般；耕层土壤有机质含量较低，全氮、全钾含量中等，全磷含量低。在改良利用上，应改善灌排条件，深耕炕田，多施有机肥，实行秸秆还田和种植豆科绿肥等，改善土壤理化性状，培肥地力；根据作物养分需求和土壤供肥性能，合理施肥。

参比土种　　矿子锈黄泥田。

代表性单个土体　　位于重庆市黔江区石会镇关后村 1 组，29°33′27.1″N，108°36′00.4″E，海拔 430 m，中山下坡，坡度分级为中缓坡，梯田，成土母质为志留系石灰岩风化坡积物，水田，单季水稻，50 cm 深度土温 18.8℃。野外调查时间为 2016 年 1 月 27 日，编号 50-099。

Ap1：0～17 cm，85%灰黄、15%淡灰（85% 2.5Y 7/2、15% 2.5Y 7/1，干），85%灰黄、15%黄灰（85% 2.5Y 6/2、15% 2.5Y 4/1，润）；粉质黏壤土，强发育大块状结构，疏松；少量细根；少量动物穴；结构面上有中量铁锰斑纹；15%土壤基质有中度亚铁反应，无石灰反应；向下层平滑清晰过渡。

Ap2：17～24 cm，灰黄（2.5Y 6/2，干），黄棕（2.5Y 5/3，润）；粉质黏壤土，中等发育大块状结构，稍坚实；很少量细根；结构面上有中量铁锰斑纹；无石灰反应；向下层平滑渐变过渡。

Br1：24～39 cm，灰黄（2.5Y 6/2，干），黄棕（2.5Y 5/3，润）；粉质黏壤土，中等发育大棱块状结构，坚实；很少量细根；结构面上有中量铁锰斑纹，可见灰色胶膜；无石灰反应；向下层平滑渐变过渡。

石会系代表性单个土体剖面

Br2：39～56 cm，灰黄（2.5Y 6/2，干），黄棕（2.5Y 5/3，润）；粉质黏壤土，中等发育很大棱块状结构，坚实；很少量细根；结构面上有中量铁锰斑纹，可见灰色胶膜；无石灰反应；向下层平滑渐变过渡。

Br3：56～85 cm，灰黄（2.5Y 6/2，干），黄棕（2.5Y 5/3，润）；粉壤土，中等发育大棱块状结构，坚实；结构面上有多量铁锰斑纹，可见灰色胶膜；无石灰反应；向下层波状突变过渡。

Br4：85～128 cm，亮黄棕（2.5Y 7/6，干），亮黄棕（2.5Y 6/6，润）；粉质黏壤土，弱发育中块状结构，坚实；结构面上有中量铁锰斑纹；无石灰反应。

石会系代表性单个土体物理性质

土层	深度 /cm	砾石 (>2 mm，体积分数)/%	细土颗粒组成 (粒径：mm)/(g/kg)			质地	容重 /(g/cm³)
			砂粒 2～0.05	粉粒 0.05～0.002	黏粒 <0.002		
Ap1	0～17	0	69	637	294	粉质黏壤土	1.23
Ap2	17～24	0	43	668	289	粉质黏壤土	1.54
Br1	24～39	0	71	631	298	粉质黏壤土	1.60
Br2	39～56	0	55	638	307	粉质黏壤土	1.63
Br3	56～85	0	161	576	263	粉壤土	1.65
Br4	85～128	0	93	619	288	粉质黏壤土	1.60

石会系代表性单个土体化学性质

深度 /cm	pH (H₂O)	有机碳 /(g/kg)	全氮(N) /(g/kg)	全磷(P) /(g/kg)	全钾(K) /(g/kg)	CEC /[cmol(+)/kg]	游离铁 /(g/kg)
0～17	5.1	10.5	1.46	0.33	18.5	12.3	11.9
17～24	6.0	7.3	1.11	0.27	20.7	10.7	15.7
24～39	6.1	5.1	0.86	0.20	19.7	10.5	16.4
39～56	6.2	4.5	0.85	0.22	20.4	10.0	20.5
56～85	6.2	3.9	0.76	0.32	19.9	11.8	24.9
85～128	6.2	1.3	0.54	0.14	17.2	21.1	23.6

4.5.10 郭扶系（Guofu Series）

土　　族：壤质硅质混合型非酸性热性-普通铁聚水耕人为土
拟定者：慈　恩，连茂山，李　松

分布与环境条件　主要分布在綦江、江津等地，多位于白垩系夹关组地层出露的中山下坡，坡度分级为中缓坡，梯田，海拔一般在 700～900 m，成土母质为白垩系夹关组砂岩、含砾砂岩等风化坡积物；水田，单季水稻。亚热带湿润季风气候，年日照时数 1000～1100 h，年平均气温 15.0～16.0℃，年降水量 1000～1100 mm，无霜期 300～320 d。

郭扶系典型景观

土系特征与变幅　诊断层包括水耕表层、水耕氧化还原层；诊断特性包括人为滞水土壤水分状况、氧化还原特征、热性土壤温度状况等。剖面构型为 Ap1-Ap2-Br，土体厚度100 cm 以上，层次质地构型为壤土-砂质壤土-砂质黏壤土-壤土，无石灰反应，pH 6.0～6.6。土体结构面上有少量至中量的铁锰斑纹，水耕表层之下土体有明显的铁聚层次，不同深度层次中有 2%～10%次圆状砾石。

对比土系　同一土族的土系中，蔺市系，位于低山上坡，成土母质为侏罗系蓬莱镇组紫色泥岩、砂岩风化残坡积物，剖面构型为 Ap1-Ap2-Br-R，有准石质接触面，出现在 50～100 cm，表层土壤质地为黏壤土类；凤来系，位于低山坡顶，成土母质为侏罗系沙溪庙组砂岩风化残积物，剖面构型为 Ap1-Ap2-Br-R，有准石质接触面，出现在 50～100 cm。龙台系，同一亚类不同土族，所处地形部位相邻，由白垩系夹关组砂岩风化残坡积物发育而成，颗粒大小级别为砂质；安稳系，同一亚类不同土族，颗粒大小级别为壤质盖黏质，矿物学类型为硅质混合型盖伊利石混合型，酸碱性和石灰反应类别为石灰性。

利用性能综述　该土系土体深厚，耕层质地适中，有少量砾石，保水保肥能力一般；耕层土壤有机质、全氮含量中等，全钾含量较低，全磷含量低。在改良利用上，应逐步改善灌排条件，扩大复种；拣出耕层较大砾石，施用有机肥，实行秸秆还田和种植豆科绿肥等，改善土壤理化性状；根据作物养分需求和土壤供肥性能，合理施肥。

参比土种　酸紫砂泥田。

代表性单个土体 位于重庆市綦江区郭扶镇龙台村 6 组，28°49′41.7″N，106°31′17.2″E，海拔 846 m，中山下坡，坡度分级为中缓坡，梯田，成土母质为白垩系夹关组砂岩、含砾砂岩等风化坡积物，水田，单季水稻，50 cm 深度土温 19.0℃。野外调查时间为 2015 年 11 月 22 日，编号 50-070。

Ap1：0～16 cm，灰棕（7.5YR 6/2，干），灰棕（7.5YR 5/2，润）；壤土，中等发育中块状结构，疏松；中量中根和很少量细根；少量动物穴；结构面上有少量铁锰斑纹，土体中有 5% 次圆状砾石；无石灰反应；向下层平滑清晰过渡。

Ap2：16～25 cm，浊棕（7.5YR 6/3，干），浊棕（7.5YR 5/3，润）；壤土，弱发育大块状结构，坚实；很少量细根；结构面上有少量铁锰斑纹，土体中有 3% 次圆状砾石；无石灰反应；向下层平滑渐变过渡。

Br1：25～42 cm，浊棕（7.5YR 6/3，干），浊棕（7.5YR 5/3，润）；壤土，弱发育大块状结构，坚实；很少量细根；结构面上有少量铁锰斑纹，可见灰色胶膜，土体中有 10% 次圆状砾石；无石灰反应；向下层平滑渐变过渡。

Br2：42～79 cm，灰棕（7.5YR 6/2，干），灰棕（7.5YR 5/2，润）；砂质壤土，弱发育大块状结构，稍坚实；很少量细根；结构面上有少量铁锰斑纹，可见灰色胶膜，土体中有 8% 次圆状砾石；无石灰反应；向下层平滑渐变过渡。

郭扶系代表性单个土体剖面

Br3：79～102 cm，灰棕（7.5YR 6/2，干），灰棕（7.5YR 5/2，润）；砂质黏壤土，弱发育很大块状结构，稍坚实；结构面上有中量铁锰斑纹，可见灰色胶膜，土体中有 2% 次圆状砾石；无石灰反应；向下层平滑渐变过渡。

Br4：102～125 cm，灰棕（7.5YR 6/2，干），灰棕（7.5YR 5/2，润）；壤土，弱发育很大块状结构，疏松；结构面上有中量铁锰斑纹，可见灰色胶膜，土体中有 2% 次圆状砾石；无石灰反应。

郭扶系代表性单个土体物理性质

土层	深度/cm	砾石（>2 mm，体积分数)/%	细土颗粒组成 (粒径：mm)/(g/kg)			质地	容重/(g/cm³)
			砂粒 2～0.05	粉粒 0.05～0.002	黏粒 <0.002		
Ap1	0～16	5	517	289	194	壤土	1.28
Ap2	16～25	3	498	329	173	壤土	1.64
Br1	25～42	10	497	351	152	壤土	1.67
Br2	42～79	8	529	288	183	砂质壤土	1.59
Br3	79～102	2	546	252	202	砂质黏壤土	1.37
Br4	102～125	2	435	440	125	壤土	1.11

郭扶系代表性单个土体化学性质

深度 /cm	pH (H₂O)	有机碳 /(g/kg)	全氮(N) /(g/kg)	全磷(P) /(g/kg)	全钾(K) /(g/kg)	CEC /[cmol(+)/kg]	游离铁 /(g/kg)
0～16	6.0	12.9	1.35	0.29	11.7	11.3	5.2
16～25	6.4	7.0	0.83	0.24	11.7	9.7	7.7
25～42	6.5	6.4	0.80	0.29	11.1	9.7	8.3
42～79	6.6	6.5	0.90	0.32	10.8	11.6	8.2
79～102	6.6	9.5	1.14	0.48	9.8	15.3	10.2
102～125	6.6	9.9	1.14	0.49	9.7	14.6	12.0

4.5.11 蔺市系（Linshi Series）

土　族：壤质硅质混合型非酸性热性-普通铁聚水耕人为土
拟定者：慈　恩，连茂山，李　松

分布与环境条件　主要分布在
涪陵、巴南等地，多位于侏罗系
蓬莱镇组地层出露的低山上坡，
坡度分级为中缓坡，梯田，海拔
一般在 500～600 m，成土母质
为侏罗系蓬莱镇组紫色泥岩、砂
岩风化残坡积物；水田，单季水
稻。亚热带湿润季风气候，年日
照时数 1100～1200 h，年平均气
温 16.5～17.0 ℃，年降水量
1100～1200 mm，无霜期 290～
300 d。

蔺市系典型景观

土系特征与变幅　诊断层包括水耕表层、水耕氧化还原层；诊断特性包括准石质接触面、
人为滞水土壤水分状况、氧化还原特征、热性土壤温度状况等。剖面构型为
Ap1-Ap2-Br-R，土体厚度 65～85 cm，层次质地构型为粉质黏壤土-粉壤土-壤土，无石
灰反应，pH 5.1～6.1。土体结构面上有中量至多量的铁锰斑纹，水耕表层之下土体有明
显的铁聚层次。

对比土系　同一土族的土系中，郭扶系，位于中山下坡，成土母质为白垩系夹关组砂岩、
含砾砂岩等风化坡积物，剖面构型为 Ap1-Ap2-Br，无准石质接触面，根系限制层在 100～
150 cm，表层土壤质地为壤土类；风来系，所处地形部位相邻，成土母质为侏罗系沙溪
庙组砂岩风化残积物，表层土壤质地为壤土类。安稳系，同一亚类不同土族，颗粒大小
级别为壤质盖黏质，矿物学类型为硅质混合型盖伊利石混合型，酸碱性和石灰反应类别
为石灰性。

利用性能综述　该土系土体稍深，耕层质地偏黏，耕性一般，保水保肥能力较强；耕层
土壤有机质、全氮、全钾含量中等，全磷含量很低。在改良利用上，应施用有机肥，实
行秸秆还田和种植豆科绿肥等，改善土壤结构，培肥地力；根据作物养分需求和土壤供
肥性能，合理施肥。

参比土种　黄紫砂泥田。

代表性单个土体　位于重庆市涪陵区蔺市镇泡桐村 5 组，29°37′50.2″N，107°10′41.6″E，
海拔 563 m，低山上坡，坡度分级为中缓坡，梯田，成土母质为侏罗系蓬莱镇组紫色泥

岩、砂岩风化残坡积物,水田,单季水稻,50 cm 深度土温 18.6℃。野外调查时间为 2016 年 1 月 10 日,编号 50-082。

蔺市系代表性单个土体剖面

Ap1:0～14 cm,淡棕灰(7.5YR 7/2,干),浊棕(7.5YR 5/3,润);粉质黏壤土,强发育中块状结构,疏松;中量中根和细根;少量动物穴;结构面上有中量铁锰斑纹;无石灰反应;向下层平滑渐变过渡。

Ap2:14～20 cm,淡棕灰(7.5YR 7/2,干),浊棕(7.5YR 5/3,润);粉质黏壤土,强发育大块状结构,疏松;很少量细根;结构面上有中量铁锰斑纹;无石灰反应;向下层平滑清晰过渡。

Br1:20～60 cm,浊橙(7.5YR 7/3,干),浊棕(7.5YR 5/3,润);粉壤土,中等发育大棱柱状结构,坚实;很少量细根;结构面上有中量铁锰斑纹,可见灰色胶膜;无石灰反应;向下层波状清晰过渡。

Br2:60～77 cm,85%亮黄棕、15%橙白(85% 10YR 7/6、15% 7.5YR 8/1,干),85%黄棕、15%橙白(85% 10YR 5/6、15% 7.5YR 8/2,润);壤土,弱发育大块状结构,坚实;结构面上有多量铁锰斑纹,可见灰色胶膜,土体中有 45%岩石碎屑;无石灰反应;向下层波状突变过渡。

R:　77～97 cm,砂岩半风化体。

蔺市系代表性单个土体物理性质

土层	深度 /cm	砾石 (>2 mm,体积分数)/%	细土颗粒组成 (粒径:mm)/(g/kg)			质地	容重 /(g/cm³)
			砂粒 2～0.05	粉粒 0.05～0.002	黏粒 <0.002		
Ap1	0～14	0	150	545	305	粉质黏壤土	1.15
Ap2	14～20	0	195	492	313	粉质黏壤土	1.27
Br1	20～60	0	230	572	198	粉壤土	1.62
Br2	60～77	45	503	337	160	壤土	1.39

蔺市系代表性单个土体化学性质

深度 /cm	pH (H₂O)	有机碳 /(g/kg)	全氮(N) /(g/kg)	全磷(P) /(g/kg)	全钾(K) /(g/kg)	CEC /[cmol(+)/kg]	游离铁 /(g/kg)
0～14	5.1	12.4	1.23	0.19	17.3	20.4	9.0
14～20	5.3	12.2	1.28	0.20	16.5	19.7	9.5
20～60	6.1	5.3	0.61	0.16	15.7	15.7	12.8
60～77	6.1	1.9	0.28	0.16	9.2	22.2	23.6

4.5.12 凤来系（Fenglai Series）

土　　族：壤质硅质混合型非酸性热性-普通铁聚水耕人为土
拟定者：慈　恩，连茂山，李　松

分布与环境条件　主要分布在武隆、涪陵、南川等地，多位于侏罗系沙溪庙组砂岩出露的低山坡顶，坡度分级为微坡，海拔一般在 600～700 m，成土母质为侏罗系沙溪庙组砂岩风化残积物；水田，单季水稻。亚热带湿润季风气候，年日照时数 1000～1100 h，年平均气温 15.0～15.5℃，年降水量 1100～1200 mm，无霜期 270～280 d。

凤来系典型景观

土系特征与变幅　诊断层包括水耕表层、水耕氧化还原层；诊断特性包括准石质接触面、人为滞水土壤水分状况、氧化还原特征、热性土壤温度状况等。剖面构型为 Ap1-Ap2-Br-R，土体厚度 50～60 cm，层次质地构型为壤土-砂质壤土，无石灰反应，pH 5.1～6.3。土体结构面上有中量至很多量的铁锰斑纹，30 cm 深度以下土体内游离铁含量增加明显，水耕氧化还原层厚度>30 cm。

对比土系　同一土族的土系中，郭扶系，位于中山下坡，成土母质为白垩系夹关组砂岩、含砾砂岩等风化坡积物，剖面构型为 Ap1-Ap2-Br，无准石质接触面，根系限制层在 100～150 cm；蔺市系，所处地形部位相邻，成土母质为侏罗系蓬莱镇组紫色泥岩、砂岩风化残坡积物，表层土壤质地为黏壤土类。安稳系，同一亚类不同土族，颗粒大小级别为壤质盖黏质，矿物学类型为硅质混合型盖伊利石混合型，酸碱性和石灰反应类别为石灰性。

利用性能综述　该土系土体稍深，质地适中，易耕好种，保水保肥能力一般；耕层土壤有机质、全钾含量中等，全氮含量较高，全磷含量低。在改良利用上，应施用有机肥，实行秸秆还田和种植绿肥，提升土壤保肥能力；根据作物养分需求和土壤供肥性能，合理施肥。

参比土种　黄砂田。

代表性单个土体　位于重庆市武隆区凤来乡送坪村回龙湾社，29°23′58.7″N，107°17′01.4″E，海拔 651 m，低山坡顶，坡度分级为微坡，成土母质为侏罗系沙溪庙组砂岩风化残积物，水田，单季水稻，50 cm 深度土温 18.8℃。野外调查时间为 2016 年 1 月 25 日，编号 50-095。

凤来系代表性单个土体剖面

Ap1：0～13 cm，棕灰（10YR 6/1，干），棕灰（10YR 5/1，润）；壤土，中等发育中块状结构，疏松；少量细根；少量动物穴；结构面上有中量铁锰斑纹，可见灰色胶膜；无石灰反应；向下层平滑渐变过渡。

Ap2：13～20 cm，棕灰（10YR 6/1，干），棕灰（10YR 5/1，润）；壤土，中等发育大块状结构，稍坚实；很少量细根；结构面上有中量铁锰斑纹，可见灰色胶膜；无石灰反应；向下层平滑清晰过渡。

Br1：20～30 cm，灰黄棕（10YR 6/2，干），浊黄棕（10YR 5/3，润）；壤土，弱发育大棱块状结构，坚实；很少量细根；结构面上有多量铁锰斑纹，可见灰色胶膜；向下层平滑渐变过渡。

Br2：30～52 cm，灰黄棕（10YR 6/2，干），浊黄棕（10YR 5/3，润）；砂质壤土，弱发育大棱块状结构，坚实；很少量细根；结构面上有很多量铁锰斑纹，可见灰色胶膜；无石灰反应；向下层平滑突变过渡。

R：　52 cm～，砂岩。

凤来系代表性单个土体物理性质

土层	深度 /cm	砾石 (>2 mm, 体积分数)/%	细土颗粒组成（粒径：mm)/(g/kg)			质地	容重 /(g/cm³)
			砂粒 2～0.05	粉粒 0.05～0.002	黏粒 <0.002		
Ap1	0～13	0	439	340	221	壤土	1.05
Ap2	13～20	0	442	354	204	壤土	1.28
Br1	20～30	0	470	334	196	壤土	1.55
Br2	30～52	0	534	291	175	砂质壤土	1.62

凤来系代表性单个土体化学性质

深度 /cm	pH (H₂O)	有机碳 /(g/kg)	全氮(N) /(g/kg)	全磷(P) /(g/kg)	全钾(K) /(g/kg)	CEC /[cmol(+)/kg]	游离铁 /(g/kg)
0～13	5.1	15.7	1.67	0.36	16.4	14.4	7.5
13～20	5.2	12.1	1.38	0.33	14.2	12.7	8.2
20～30	5.9	7.7	0.96	0.19	14.1	11.9	9.4
30～52	6.3	4.5	0.37	0.10	12.5	10.8	16.8

4.5.13 安稳系（Anwen Series）

土　族：壤质盖黏质硅质混合型盖伊利石混合型石灰性热性-普通铁聚水耕人为土
拟定者：慈　恩，连茂山，李　松

分布与环境条件　主要分布在綦江、南川等地，多位于石灰岩地区的中、低山下坡，坡度分级为中缓坡，梯田，海拔一般在350～500 m，成土母质为二叠系石灰岩、砂页岩风化坡积混合物；水田，单季水稻。亚热带湿润季风气候，年日照时数1000～1100 h，年平均气温17.0～18.5℃，年降水量1100～1200 mm，无霜期320～340 d。

安稳系典型景观

土系特征与变幅　诊断层包括水耕表层、水耕氧化还原层；诊断特性包括碳酸盐岩岩性特征、人为滞水土壤水分状况、氧化还原特征、热性土壤温度状况、石灰性等。剖面构型为 Ap1-Ap2-Br，土体厚度 100 cm 以上，层次质地构型为粉质黏壤土-粉壤土-黏土-黏壤土-砂质壤土，通体有石灰反应，pH 8.0～8.3，CaCO$_3$ 相当物含量＞25 g/kg。土体结构面上有很少量至中量的铁锰斑纹，水耕表层之下土体有明显的铁聚层次。土体中部分层次有少量岩石碎屑，主要为碳酸盐岩、砂页岩碎屑。

对比土系　石会系，同一亚类不同土族，所处地形部位相同，颗粒大小级别为黏壤质，矿物学类型为硅质混合型，石灰性和酸碱反应类别为非酸性；郭扶系、蔺市系和凤来系，同一亚类不同土族，颗粒大小级别为壤质，矿物学类型为硅质混合型，石灰性和酸碱反应类别为非酸性。

利用性能综述　该土系土体深厚，耕层质地偏黏，耕性一般；耕层土壤有机质、全氮含量丰富，全磷含量中等，全钾含量较低。在改良利用上，应改善灌排条件，扩大复种；实行秸秆还田，合理种植绿肥，改善土壤结构；根据作物养分需求和土壤供肥性能，合理施肥。

参比土种　钙质矿子黄泥田。

代表性单个土体　位于重庆市綦江区安稳镇九盘村 1 组，28°39′21.7″N，106°46′13.2″E，海拔 413 m，低山下坡，坡度分级为中缓坡，梯田，成土母质为二叠系石灰岩、砂页岩风化坡积混合物，水田，单季水稻，50 cm 深度土温 19.5℃。野外调查时间为 2015 年 11 月 23 日，编号 50-073。

安稳系代表性单个土体剖面

Ap1：0～19 cm，灰黄棕（10YR 5/2，干），灰黄棕（10YR 4/2，润）；粉质黏壤土，中等发育大块状结构，疏松；中量细根；少量动物穴；结构面上有很少量铁锰斑纹，土体中有 2%岩石碎屑；极强石灰反应；向下层平滑渐变过渡。

Ap2：19～27 cm，浊黄棕（10YR 5/3，干），浊黄棕（10YR 4/3，润）；粉壤土，中等发育大块状结构，稍坚实；少量细根；结构面上有很少量铁锰斑纹，土体中有 4%岩石碎屑；极强石灰反应；向下层平滑渐变过渡。

Br1：27～50 cm，浊黄橙（10YR 6/3，干），浊黄棕（10YR 5/3，润）；粉壤土，弱发育大块状结构，稍坚实；很少量细根；结构面上有少量铁锰斑纹，可见灰色胶膜，土体中有 4%岩石碎屑；极强石灰反应；向下层平滑渐变过渡。

Br2：50～90 cm，浊黄棕（10YR 4/3，干），暗棕（10YR 3/3，润）；黏土，弱发育中块状结构，稍坚实；很少量细根；结构面上有中量铁锰斑纹，可见灰色胶膜，土体中有 2%岩石碎屑；强石灰反应；向下层平滑模糊过渡。

Br3：90～127 cm，浊黄棕（10YR 4/3，干），暗棕（10YR 3/3，润）；黏壤土，弱发育中块状结构，稍坚实；结构面上有中量铁锰斑纹，可见灰色胶膜；强石灰反应；向下层平滑渐变过渡。

Br4：127～138 cm，浊黄棕（10YR 5/3，干），浊黄棕（10YR 4/3，润）；砂质壤土，弱发育中块状结构，稍坚实；结构面上有少量铁锰斑纹，可见灰色胶膜；强石灰反应。

安稳系代表性单个土体物理性质

土层	深度 /cm	砾石 (>2 mm，体积分数)/%	细土颗粒组成（粒径：mm)/(g/kg)			质地	容重 /(g/cm³)
			砂粒 2～0.05	粉粒 0.05～0.002	黏粒 <0.002		
Ap1	0～19	2	197	508	295	粉质黏壤土	1.16
Ap2	19～27	4	249	531	220	粉壤土	1.52
Br1	27～50	4	299	545	156	粉壤土	1.50
Br2	50～90	2	269	314	417	黏土	1.41
Br3	90～127	0	308	325	367	黏壤土	1.44
Br4	127～138	0	570	340	90	砂质壤土	1.62

安稳系代表性单个土体化学性质

深度 /cm	pH (H$_2$O)	有机碳 /(g/kg)	全氮(N) /(g/kg)	全磷(P) /(g/kg)	全钾(K) /(g/kg)	CEC /[cmol(+)/kg]	游离铁 /(g/kg)
0~19	8.2	26.1	2.47	0.65	14.0	33.1	25.6
19~27	8.1	12.3	1.24	0.49	13.3	52.0	27.6
27~50	8.2	5.9	0.84	0.27	13.6	40.4	27.3
50~90	8.2	5.8	0.80	0.34	18.8	44.8	42.4
90~127	8.2	5.9	0.83	0.33	16.4	35.0	36.8
127~138	8.2	4.7	0.69	0.30	16.6	16.4	26.7

4.6　底潜简育水耕人为土

4.6.1　三教系（Sanjiao Series）

土　族：黏壤质硅质混合型非酸性热性-底潜简育水耕人为土
拟定者：慈　恩，连茂山，李　松

分布与环境条件　主要分布在永川、铜梁、璧山等地，多位于侏罗系沙溪庙组地层出露的低丘冲沟中段，坡度分级为缓坡，梯田，海拔一般在 300～400 m，成土母质为侏罗系沙溪庙组紫色泥（页）岩风化坡积物；水田，单季水稻。亚热带湿润季风气候，年日照时数 1100～1200 h，年平均气温 17.5～18.0℃，年降水量 1000～1100 mm，无霜期 320～330 d。

三教系典型景观

土系特征与变幅　诊断层包括水耕表层、水耕氧化还原层；诊断特性包括人为滞水土壤水分状况、潜育特征、氧化还原特征、热性土壤温度状况等。剖面构型为 Ap1-Ap2-Br-Bg，土体厚度 100 cm 以上，层次质地构型为壤土-粉壤土，无石灰反应，pH 5.0～6.2。土体结构面上有中量至多量的铁锰斑纹，70 cm 以下各土层均有潜育特征。

对比土系　继冲系，分布区域相近，不同亚类，70 cm 以下土体无潜育特征，为普通简育水耕人为土。来苏系，分布区域相近，不同土类，上部土体铁锰还原淋溶较明显，紧接水耕表层之下有一带灰色的铁渗淋亚层，为铁渗水耕人为土。

利用性能综述　该土系土体深厚，质地适中，耕性好，保肥能力较强；耕层土壤有机质、全氮、全钾含量中等，全磷含量低。在改良利用上，施用有机肥，实行秸秆还田和种植豆科绿肥等，改善土壤结构，培肥地力；注意水浆管理，防止稻田干水开裂；根据作物养分需求和土壤供肥性能，合理施肥。

参比土种　下湿紫泥田。

代表性单个土体　位于重庆市永川区三教镇陡沟河村 2 组，29°29′06.6″N，105°51′39.2″E，海拔 353 m，低丘冲沟中段，坡度分级为缓坡，梯田，成土母质为侏罗系沙溪庙组紫色泥（页）岩风化坡积物，水田，单季水稻，50 cm 深度土温 18.9℃。野外调查时间为 2015 年 10 月 30 日，编号 50-062。

Ap1：0～17 cm，灰棕（5YR 6/2，干），棕（7.5YR 4/3，润）；壤土，强发育中块状结构，疏松；中量中根和少量细根；少量动物穴；结构面上有中量铁锰斑纹；无石灰反应；向下层平滑渐变过渡。

Ap2：17～25 cm，灰棕（5YR 6/2，干），棕（7.5YR 4/3，润）；壤土，强发育中块状结构，疏松；很少量细根；结构面上有多量铁锰斑纹；无石灰反应；向下层平滑渐变过渡。

Br1：25～45 cm，灰棕（5YR 6/2，干），棕（7.5YR 4/3，润）；壤土，中等发育大棱柱状结构，稍坚实；很少量细根；结构面上有多量铁锰斑纹，可见灰色胶膜；无石灰反应；向下层平滑渐变过渡。

Br2：45～70 cm，灰棕（5YR 6/2，干），棕（7.5YR 4/3，润）；壤土，中等发育大棱柱状结构，稍坚实；很少量细根；结构面上有多量铁锰斑纹，可见灰色胶膜；向下层波状渐变过渡。

三教系代表性单个土体剖面

Bg1：70～90 cm，灰棕（5YR 6/2，干），棕灰（7.5YR 5/1，润）；粉壤土，中等发育大棱块状结构，稍坚实；结构面上有多量铁锰斑纹，可见灰色胶膜；中度亚铁反应，无石灰反应；向下层波状模糊过渡。

Bg2：90～135 cm，灰棕（5YR 6/2，干），棕灰（7.5YR 5/1，润）；粉壤土，弱发育大棱块状结构，稍坚实；结构面上有中量铁锰斑纹，可见灰色胶膜；中度亚铁反应，无石灰反应。

三教系代表性单个土体物理性质

土层	深度/cm	砾石(>2 mm,体积分数)/%	细土颗粒组成 (粒径：mm)/(g/kg)			质地	容重/(g/cm³)
			砂粒 2～0.05	粉粒 0.05～0.002	黏粒 <0.002		
Ap1	0～17	0	274	466	260	壤土	1.08
Ap2	17～25	0	280	473	247	壤土	1.30
Br1	25～45	0	286	472	242	壤土	1.44
Br2	45～70	0	291	489	220	壤土	1.49
Bg1	70～90	0	274	522	204	粉壤土	1.54
Bg2	90～135	0	227	525	248	粉壤土	1.50

三教系代表性单个土体化学性质

深度/cm	pH(H₂O)	有机碳/(g/kg)	全氮(N)/(g/kg)	全磷(P)/(g/kg)	全钾(K)/(g/kg)	CEC/[cmol(+)/kg]	游离铁/(g/kg)
0～17	5.0	13.8	1.49	0.23	16.7	21.5	13.5
17～25	5.1	10.9	1.15	0.15	16.0	20.9	16.8
25～45	5.2	9.8	1.25	0.20	16.3	25.2	16.2
45～70	5.5	10.5	1.38	0.21	16.6	22.2	16.0
70～90	5.7	9.8	1.29	0.16	17.0	21.3	13.1
90～135	6.2	7.7	0.94	0.17	17.1	24.8	13.1

4.7　普通简育水耕人为土

4.7.1　凉亭系（Liangting Series）

土　族：黏质高岭石型非酸性热性-普通简育水耕人为土
拟定者：慈　恩，连茂山，李　松

分布与环境条件　主要分布在秀山县境内的喀斯特平原和部分槽谷平坝上，海拔一般在350～450 m，成土母质为第四系红色黏土；水田，单季水稻。亚热带湿润季风气候，年日照时数为 1100～1200 h，年平均气温16.0～17.0℃，年降水量 1300～1400 mm，无霜期 290～300 d。

凉亭系典型景观

土系特征与变幅　诊断层包括水耕表层、水耕氧化还原层；诊断特性包括人为滞水土壤水分状况、氧化还原特征、热性土壤温度状况等。剖面构型为 Ap1-Ap2-Br，土体厚度100 cm 以上，层次质地构型为黏土-粉质黏壤土-粉质黏土，无石灰反应，pH 5.1～6.8，土体色调为 10YR，结构面上有很少量至中量的铁锰斑纹。

对比土系　同一亚类不同土族的土系中，铜溪系，矿物学类型为蒙脱石混合型；板溪系，矿物学类型为伊利石混合型，石灰性和酸碱反应类别为石灰性；礼让系，矿物学类型为伊利石混合型，石灰性和酸碱反应类别为酸性。

利用性能综述　该土系土体深厚，质地黏，耕性差；耕层土壤有机质、全氮含量中等，全磷含量低，全钾含量较低。在改良利用上，应搞好区域排水，消除渍害，扩大复种；深耕炕田，多施有机肥，实行秸秆还田和种植豆科绿肥等，改善土壤结构和通透性，培肥地力；根据作物养分需求和土壤供肥性能，合理施肥。

参比土种　黄红泥田。

代表性单个土体　位于重庆市秀山土家族苗族自治县乌杨街道凉亭村邓家湾组，28°26′06.0″N，108°57′23.3″E，海拔 395 m，平原，成土母质为第四系红色黏土，水田，单季水稻，50 cm 深度土温 19.6℃。野外调查时间为 2016 年 1 月 26 日，编号 50-096。

Ap1：0～18 cm，浊黄橙（10YR 6/4，干），浊黄棕（10YR 5/4，润）；黏土，强发育中块状结构，疏松；很少量中根和少量细根；少量动物穴；结构面上有中量铁锰斑纹；无石灰反应；向下层平滑渐变过渡。

Ap2：18～25 cm，浊黄橙（10YR 6/4，干），浊黄棕（10YR 5/4，润）；粉质黏壤土，强发育大块状结构，稍坚实；很少量细根；结构面上有少量铁锰斑纹；无石灰反应；向下层平滑模糊过渡。

Br1：25～35 cm，浊黄橙（10YR 6/4，干），浊黄棕（10YR 5/4，润）；粉质黏土，中等发育大棱块状结构，稍坚实；很少量细根；结构面上有少量铁锰斑纹，可见灰色胶膜；无石灰反应；向下层平滑渐变过渡。

Br2：35～53 cm，浊黄橙（10YR 6/4，干），浊黄棕（10YR 5/4，润）；粉质黏土，中等发育很大棱块状结构，稍坚实；很少量细根；结构面上有中量铁锰斑纹，可见灰色胶膜；无石灰反应；向下层平滑渐变过渡。

凉亭系代表性单个土体剖面

Br3：53～64 cm，浊黄橙（10YR 6/3，干），浊黄棕（10YR 5/3，润）；粉质黏土，弱发育大棱块状结构，稍坚实；很少量细根；结构面上有少量铁锰斑纹，可见灰色胶膜；无石灰反应；向下层平滑渐变过渡。

Br4：64～75 cm，浊黄橙（10YR 6/3，干），浊黄棕（10YR 5/3，润）；粉质黏土，弱发育中棱块状结构，稍坚实；结构面上有少量铁锰斑纹，可见灰色胶膜；无石灰反应；向下层平滑渐变过渡。

Br5：75～110 cm，浊黄橙（10YR 6/3，干），浊黄棕（10YR 5/3，润）；粉质黏土，弱发育中块状结构，稍坚实；结构面上有很少量铁锰斑纹，可见灰色胶膜；无石灰反应；向下层平滑模糊过渡。

Br6：110～145 cm，浊黄橙（10YR 6/3，干），浊黄棕（10YR 5/3，润）；粉质黏土，弱发育中块状结构，稍坚实；结构面上有很少量铁锰斑纹，可见灰色胶膜；无石灰反应。

凉亭系代表性单个土体物理性质

土层	深度 /cm	砾石 (>2 mm，体积分数)/%	细土颗粒组成 (粒径：mm)/(g/kg)			质地	容重 /(g/cm³)
			砂粒 2～0.05	粉粒 0.05～0.002	黏粒 <0.002		
Ap1	0～18	0	98	398	504	黏土	1.13
Ap2	18～25	0	120	547	333	粉质黏壤土	1.57
Br1	25～35	0	74	455	471	粉质黏土	1.58
Br2	35～53	0	111	479	410	粉质黏土	1.46
Br3	53～64	0	110	471	419	粉质黏土	1.52
Br4	64～75	0	95	464	441	粉质黏土	1.44
Br5	75～110	0	100	412	488	粉质黏土	1.41
Br6	110～145	0	102	429	469	粉质黏土	1.49

凉亭系代表性单个土体化学性质

深度 /cm	pH (H₂O)	有机碳 /(g/kg)	全氮(N) /(g/kg)	全磷(P) /(g/kg)	全钾(K) /(g/kg)	CEC /[cmol(+)/kg]	游离铁 /(g/kg)
0～18	5.2	12.2	1.42	0.33	11.5	24.0	25.4
18～25	6.2	7.1	0.87	0.37	10.9	25.7	22.4
25～35	6.6	6.7	0.82	0.34	11.3	14.3	22.9
35～53	6.8	8.1	0.84	0.32	10.4	17.3	22.6
53～64	6.7	7.7	0.76	0.34	9.5	16.0	22.3
64～75	6.7	8.1	0.87	0.38	9.8	17.8	19.8
75～110	5.7	9.5	0.92	0.39	10.3	17.4	24.3
110～145	5.1	10.7	0.98	0.48	10.3	20.2	21.8

4.7.2　铜溪系（Tongxi Series）

土　　族：黏质蒙脱石混合型非酸性热性-普通简育水耕人为土
拟定者：慈　恩，连茂山，李　松

分布与环境条件　主要分布在合川、永川、荣昌等地，多位于低丘坡麓，坡度分级为缓坡，梯田，海拔一般在 200～300 m，成土母质为侏罗系沙溪庙组紫色泥（页）岩风化坡积物；水田，单季水稻。亚热带湿润季风气候，年日照时数 1000～1100 h，年平均气温 17.5～18.0℃，年降水量 1100～1200 mm，无霜期 330～340 d。

铜溪系典型景观

土系特征与变幅　诊断层包括水耕表层、水耕氧化还原层；诊断特性包括人为滞水土壤水分状况、氧化还原特征、热性土壤温度状况等。剖面构型为 Ap1-Ap2-Br，土体厚度 100 cm 以上，层次质地构型为壤土-黏壤土-黏土-黏壤土，无石灰反应，pH 6.0～7.5，土体色调为 2.5YR，结构面上有少量至中量的铁锰斑纹。

对比土系　同一亚类不同土族的土系中，凉亭系，矿物学类型为高岭石型；板溪系，矿物学类型为伊利石混合型，石灰性和酸碱反应类别为石灰性；礼让系，矿物学类型为伊利石混合型，石灰性和酸碱反应类别为酸性。

利用性能综述　该土系土体深厚，耕层质地适中，耕性好，保水保肥能力较强；耕层土壤有机质、全磷含量较低，全氮含量中等，全钾含量丰富。在改良利用上，应完善灌排设施，调节土壤水分状况，扩大复种；增施有机肥，实行秸秆还田和种植豆科绿肥等，增加土壤有机质含量，培肥地力；根据作物养分需求和土壤供肥性能，合理施肥。

参比土种　大泥田。

代表性单个土体　位于重庆市合川区铜溪镇弯桥村 2 组，29°59′32.8″N，106°09′06.2″E，海拔 215 m，低丘坡麓，坡度分级为缓坡，梯田，成土母质为侏罗系沙溪庙组紫色泥（页）岩风化坡积物，水田，单季水稻，50 cm 深度土温 18.6℃。野外调查时间为 2015 年 10 月 1 日，编号 50-052。

Ap1：0～13 cm，浊橙（2.5YR 6/3，干），浊红棕（2.5YR 5/3，润）；壤土，中等发育小块状结构，疏松；少量细根；结构面上有少量铁锰斑纹；无石灰反应；向下层波状渐变过渡。

Ap2：13～19 cm，浊橙（2.5YR 6/3，干），浊红棕（2.5YR 5/3，润）；黏壤土，中等发育中块状结构，稍坚实；很少量细根；结构面上有少量铁锰斑纹；无石灰反应；向下层平滑渐变过渡。

Br1：19～37 cm，浊橙（2.5YR 6/3，干），浊红棕（2.5YR 5/3，润）；黏壤土，弱发育很大棱块状结构，稍坚实；很少量细根；结构面上有少量铁锰斑纹，可见灰色胶膜；无石灰反应；向下层平滑渐变过渡。

Br2：37～58 cm，浊红棕（2.5YR 5/3，干），浊红棕（2.5YR 4/3，润）；黏土，弱发育大棱柱状结构，坚实；很少量细根；结构面上有中量铁锰斑纹，可见灰色胶膜；无石灰反应；向下层平滑渐变过渡。

铜溪系代表性单个土体剖面

Br3：58～100 cm，浊红棕（2.5YR 5/3，干），浊红棕（2.5YR 4/3，润）；黏土，弱发育很大棱块状结构，坚实；结构面上有少量铁锰斑纹，可见灰色胶膜；无石灰反应；向下层平滑渐变过渡。

Br4：100～135 cm，浊红棕（2.5YR 5/3，干），浊红棕（2.5YR 4/3，润）；黏壤土，弱发育大棱块状结构，坚实；结构面上有少量铁锰斑纹，可见灰色胶膜；无石灰反应。

铜溪系代表性单个土体物理性质

土层	深度/cm	砾石（>2 mm，体积分数）/%	细土颗粒组成（粒径：mm）/(g/kg)			质地	容重/(g/cm³)
			砂粒 2～0.05	粉粒 0.05～0.002	黏粒 <0.002		
Ap1	0～13	0	311	484	205	壤土	1.27
Ap2	13～19	0	234	440	326	黏壤土	1.47
Br1	19～37	0	222	412	366	黏壤土	1.62
Br2	37～58	0	216	348	436	黏土	1.68
Br3	58～100	0	214	379	407	黏土	1.69
Br4	100～135	0	227	421	352	黏壤土	1.74

铜溪系代表性单个土体化学性质

深度/cm	pH（H₂O）	有机碳/(g/kg)	全氮(N)/(g/kg)	全磷(P)/(g/kg)	全钾(K)/(g/kg)	CEC/[cmol(+)/kg]	游离铁/(g/kg)
0～13	6.0	10.2	1.25	0.43	26.4	25.2	10.7
13～19	7.1	8.8	1.03	0.35	26.9	23.2	11.2
19～37	7.4	5.1	0.68	0.25	27.0	25.4	10.8
37～58	7.5	4.8	0.71	0.37	28.0	21.5	12.9
58～100	7.5	3.0	0.44	0.39	27.6	21.1	11.7
100～135	7.5	2.8	0.44	0.32	25.7	19.2	10.6

4.7.3 板溪系（Banxi Series）

土　族：黏质伊利石混合型石灰性热性-普通简育水耕人为土
拟定者：慈　恩，连茂山，李　松

分布与环境条件　主要分布在酉阳、秀山等地，多位于石灰岩地区的中山中坡，坡度分级为中坡，梯田，海拔一般在 600～800 m，成土母质为寒武系石灰岩风化坡积物；水田，单季水稻。亚热带湿润季风气候，年日照时数 1000～1100 h，年平均气温14.0～15.5℃，年降水量 1300～1400 mm，无霜期 260～280 d。

板溪系典型景观

土系特征与变幅　诊断层包括水耕表层、水耕氧化还原层；诊断特性包括碳酸盐岩岩性特征、人为滞水土壤水分状况、氧化还原特征、热性土壤温度状况、石灰性等。剖面构型为 Ap1-Ap2-Br-Cr，土体厚度 100 cm 以上，层次质地构型为粉质黏壤土-壤土，通体有石灰反应，pH 7.8～8.2，CaCO$_3$ 相当物含量 20～40 g/kg，土体色调为 2.5Y，结构面上有少量的铁锰斑纹。不同深度层次中有 2%～50%石灰岩碎屑。

对比土系　同一亚类不同土族的土系中，凉亭系，矿物学类型为高岭石型，石灰性和酸碱反应类别为非酸性；铜溪系，矿物学类型为蒙脱石混合型，石灰性和酸碱反应类别为非酸性；礼让系，石灰性和酸碱反应类别为酸性。

利用性能综述　该土系土体深厚，质地偏黏，耕性一般；耕层土壤有机质含量中等，全氮含量较高，全磷、全钾含量较低。在改良利用上，应改善水利条件，适时放干冬水，逐步实行水旱轮作；施用有机肥，种植短期绿肥和实行秸秆还田，改善土壤结构，培肥地力；根据作物养分需求和土壤供肥性能，合理施肥。

参比土种　钙质矿子黄泥田。

代表性单个土体　位于重庆市酉阳土家族苗族自治县板溪镇杉树湾村 2 组，28°43′30.3″N，108°47′41.1″E，海拔 704 m，中山中坡，坡度分级为中坡，梯田，成土母质为寒武系石灰岩风化坡积物，水田，单季水稻，50 cm 深度土温 19.2℃。野外调查时间为 2016 年 1 月 26 日，编号 50-097。

板溪系代表性单个土体剖面

Ap1：0～16 cm，黄灰（2.5Y 6/1，干），黄灰（2.5Y 5/1，润）；粉质黏壤土，中等发育大块状结构，稍坚实；少量细根；少量动物穴；结构面上有少量铁锰斑纹，土体中有 2%石灰岩碎屑；中度石灰反应；向下层平滑渐变过渡。

Ap2：16～24 cm，黄灰（2.5Y 6/1，干），黄灰（2.5Y 5/1，润）；粉质黏壤土，中等发育大块状结构，稍坚实；很少量细根；结构面上有少量铁锰斑纹，土体中有 2%石灰岩碎屑；中度亚铁反应，中度石灰反应；向下层平滑清晰过渡。

Br1：24～50 cm，浊黄（2.5Y 6/3，干），黄棕（2.5Y 5/3，润）；粉质黏壤土，弱发育很大棱块状结构，坚实；很少量细根；结构面上有少量铁锰斑纹，可见灰色胶膜，土体中有 5%石灰岩碎屑；轻度石灰反应；向下层平滑模糊过渡。

Br2：50～70 cm，浊黄（2.5Y 6/3，干），黄棕（2.5Y 5/3，润）；粉质黏壤土，弱发育很大棱块状结构，坚实；结构面上有少量铁锰斑纹，可见灰色胶膜，土体中有 8%石灰岩碎屑；轻度石灰反应；向下层平滑清晰过渡。

Br3：70～114 cm，灰黄（2.5Y 6/2，干），暗灰黄（2.5Y 5/2，润）；粉质黏壤土，弱发育很大棱块状结构，坚实；结构面上有少量铁锰斑纹，可见灰色胶膜，土体中有 5%石灰岩碎屑；轻度石灰反应；向下层平滑清晰过渡。

Cr：114～125 cm，浊黄（2.5Y 6/4，干），黄棕（2.5Y 5/6，润）；壤土，很弱发育大块状结构，稍坚实；结构面上有少量铁锰斑纹，土体中有 50%石灰岩碎屑；轻度石灰反应。

板溪系代表性单个土体物理性质

土层	深度 /cm	砾石 (>2 mm，体积分数)/%	细土颗粒组成（粒径：mm)/(g/kg)			质地	容重 /(g/cm³)
			砂粒 2～0.05	粉粒 0.05～0.002	黏粒 <0.002		
Ap1	0～16	2	81	599	320	粉质黏壤土	1.40
Ap2	16～24	2	93	560	347	粉质黏壤土	1.56
Br1	24～50	5	87	540	373	粉质黏壤土	1.66
Br2	50～70	8	124	483	393	粉质黏壤土	1.63
Br3	70～114	5	119	552	329	粉质黏壤土	1.64
Cr	114～125	50	248	482	270	壤土	1.42

板溪系代表性单个土体化学性质

深度 /cm	pH (H₂O)	有机碳 /(g/kg)	全氮(N) /(g/kg)	全磷(P) /(g/kg)	全钾(K) /(g/kg)	CEC /[cmol(+)/kg]	游离铁 /(g/kg)
0～16	8.0	13.6	1.67	0.56	10.6	22.8	14.0
16～24	8.1	10.5	1.32	0.47	9.8	12.1	14.3
24～50	8.2	5.7	0.72	0.37	10.7	20.2	15.3
50～70	8.0	6.3	0.70	0.36	12.5	18.5	15.1
70～114	7.9	7.2	0.91	0.31	10.3	11.9	14.5
114～125	7.8	2.9	0.55	0.29	13.3	12.8	21.3

4.7.4　礼让系（**Lirang Series**）

土　　族：黏质伊利石混合型酸性热性-普通简育水耕人为土
拟定者：慈　恩，连茂山，李　松

分布与环境条件　主要分布在梁平区境内湖积平原的地势略高地段，海拔一般在 400～500 m，成土母质为第四系更新统湖沉积物；水田，单季水稻。亚热带湿润季风气候，年日照时数 1200～1300 h，年平均气温 16.5～17.5℃，年降水量 1200～1300 mm，无霜期 270～280 d。

礼让系典型景观

土系特征与变幅　诊断层包括水耕表层、水耕氧化还原层；诊断特性包括人为滞水土壤水分状况、氧化还原特征、热性土壤温度状况等；诊断现象包括潜育现象。剖面构型为 Ap1-Ap2-Br，土体厚度 100 cm 以上，层次质地构型为粉质黏壤土-黏土，无石灰反应，pH 4.9～5.4，土体色调为 2.5Y，结构面上有中量至多量的铁锰斑纹。40 cm 深度以下土体内黏粒含量 560～660 g/kg，显著高于上部土体。100 cm 深度以下土体具有潜育现象，有 40%左右土壤基质符合"潜育特征"的全部条件。

对比土系　同一亚类不同土族的土系中，凉亭系，矿物学类型为高岭石型，石灰性和酸碱反应类别为非酸性；铜溪系，矿物学类型为蒙脱石混合型，石灰性和酸碱反应类别为非酸性；板溪系，石灰性和酸碱反应类别为石灰性。

利用性能综述　该土系土体深厚，质地黏，耕性差，保水保肥能力强；耕层土壤有机质、全氮含量中等，全磷、全钾含量低，pH 低。在改良利用上，注意开沟排水，消除渍害，扩大复种；增施有机肥，种植豆科绿肥和实行秸秆还田，改善土壤结构和养分状况；适量施用石灰或其他土壤改良剂，调节土壤酸度；根据作物养分需求和土壤供肥性能，合理施肥。

参比土种　小土黄泥田。

代表性单个土体　位于重庆市梁平区礼让镇老营村 9 组，30°41′00.6″N，107°37′25.9″E，海拔 448 m，平原，成土母质为第四系更新统湖沉积物，水田，单季水稻，50 cm 深度土温 17.9℃。野外调查时间为 2016 年 1 月 3 日，编号 50-078。

Ap1：0～17 cm，淡黄（2.5Y 7/4，干），黄棕（2.5Y 5/3，润）；粉质黏壤土，强发育中块状结构，疏松；少量中根和细根；少量动物穴；结构面上有多量铁锰斑纹；无石灰反应；向下层平滑渐变过渡。

Ap2：17～25 cm，淡黄（2.5Y 7/4，干），黄棕（2.5Y 5/3，润）；粉质黏壤土，强发育中块状结构，稍坚实；很少量细根；结构面上有多量铁锰斑纹；无石灰反应；向下层波状清晰过渡。

Br1：25～40 cm，黄（2.5Y 8/6，干），亮黄棕（2.5Y 7/6，润）；粉质黏壤土，中等发育大块状结构，稍坚实；很少量细根；结构面上有多量铁锰斑纹，可见灰色胶膜；无石灰反应；向下层平滑渐变过渡。

Br2：40～80 cm，95%黄、5%灰白（95% 2.5Y 8/6、5% 2.5Y 8/1，干），95%亮黄棕、5%淡灰（95% 2.5Y 7/6、5% 2.5Y 7/1，润）；黏土，中等发育大块状结构，稍坚实；很少量细根；结构面上有多量铁锰斑纹，可见灰色胶膜；无石灰反应；向下层平滑模糊过渡。

礼让系代表性单个土体剖面

Br3：80～100 cm，90%黄、10%灰白（90% 2.5Y 8/6、10% 2.5Y 8/1，干），90%亮黄棕、10%淡灰（90% 2.5Y 7/6、10% 2.5Y 7/1，润）；黏土，中等发育大块状结构，疏松；结构面上有中量铁锰斑纹，可见灰色胶膜；无石灰反应；向下层平滑渐变过渡。

Br4：100～128 cm，60%黄、40%灰白（60% 2.5Y 8/6、40% 2.5Y 8/1，干），60%亮黄棕、40%淡灰（60% 2.5Y 7/6、40% 2.5Y 7/1，润）；黏土，中等发育中块状结构，疏松；结构面上有中量铁锰斑纹，可见灰色胶膜；中度亚铁反应，无石灰反应。

礼让系代表性单个土体物理性质

土层	深度/cm	砾石(>2 mm，体积分数)/%	砂粒 2～0.05	粉粒 0.05～0.002	黏粒 <0.002	质地	容重/(g/cm³)
Ap1	0～17	0	128	474	398	粉质黏壤土	1.13
Ap2	17～25	0	194	443	363	粉质黏壤土	1.40
Br1	25～40	0	170	496	334	粉质黏壤土	1.48
Br2	40～80	0	125	308	567	黏土	1.42
Br3	80～100	0	71	327	602	黏土	1.36
Br4	100～128	0	33	310	657	黏土	1.32

礼让系代表性单个土体化学性质

深度 /cm	pH (H$_2$O)	有机碳 /(g/kg)	全氮(N) /(g/kg)	全磷(P) /(g/kg)	全钾(K) /(g/kg)	CEC /[cmol(+)/kg]	游离铁 /(g/kg)
0~17	4.9	11.6	1.18	0.23	8.4	25.4	19.0
17~25	5.0	8.6	0.83	0.22	5.6	28.6	23.8
25~40	5.4	3.4	0.45	0.11	10.7	30.3	19.7
40~80	5.1	2.7	0.40	0.14	14.4	33.7	19.0
80~100	5.3	3.3	0.45	0.16	16.4	45.6	13.3
100~128	5.3	2.8	0.22	0.11	20.4	38.3	13.5

4.7.5　曹回系（Caohui Series）

土　　族：黏壤质硅质混合型石灰性热性-普通简育水耕人为土
拟定者：慈　恩，连茂山，李　松

分布与环境条件　主要分布在
垫江、大足、潼南等地，多位于
侏罗系遂宁组地层出露的低丘
上部平缓地段，坡度分级为缓
坡，梯田，海拔一般在 350～
450 m，成土母质为侏罗系遂宁
组红棕紫色泥岩风化残坡积物；
水田，单季水稻。亚热带湿润季
风气候，年日照时数 1100～
1200 h，年平均气温 17.0～
17.5 ℃，年降水量 1200～
1300 mm，无霜期 290～300 d。

曹回系典型景观

土系特征与变幅　诊断层包括水耕表层、水耕氧化还原层；诊断特性包括人为滞水土壤
水分状况、氧化还原特征、热性土壤温度状况、石灰性等。剖面构型为 Ap1-Ap2-Br，土
体厚度 100 cm 以上，层次质地构型为粉质黏壤土-黏壤土-壤土，0～70 cm 范围内各土
层均有石灰反应，pH 7.2～8.1，土体色调为 2.5YR，0～50 cm 范围内 $CaCO_3$ 相当物含
量 10～25 g/kg。土体结构面上有很少量的铁锰斑纹，犁底层之下部分层次有少量的铁
锰结核。

对比土系　响水系，同一土族，位于低山下坡，成土母质相似，剖面构型为
Ap1-Ap2-Br-Bg，120 cm 深度以下土体有潜育特征，表层土壤质地为壤土类。龙水系和
三幢系，同一亚类不同土族，成土母质相似，颗粒大小级别为壤质。

利用性能综述　该土系土体深厚，质地偏黏，耕性一般；耕层土壤有机质、全氮、全磷
含量较低，全钾含量高。在改良利用上，应搞好区域排水，消除水患，扩大复种；多施
有机肥，实行秸秆还田和种植豆科绿肥等，改善土壤结构，培肥地力；根据作物养分需
求和土壤供肥性能，合理施肥。

参比土种　棕紫泥田。

代表性单个土体　位于重庆市垫江县曹回镇龙家村 5 组，30°23′14.7″N，107°25′46.8″E，
海拔 393 m，低丘上部平缓地段，坡度分级为缓坡，梯田，成土母质为侏罗系遂宁组红
棕紫色泥岩风化残坡积物，水田，单季水稻，50 cm 深度土温 18.2℃。野外调查时间为
2016 年 1 月 2 日，编号 50-076。

曹回系代表性单个土体剖面

Ap1：0～13 cm，浊橙（2.5YR 6/3，干），浊红棕（2.5YR 5/3，润）；粉质黏壤土，中等发育小块状结构，疏松；中量细根；结构面上有很少量铁锰斑纹；轻度石灰反应；向下层平滑渐变过渡。

Ap2：13～20 cm，浊橙（2.5YR 6/3，干），浊红棕（2.5YR 5/3，润）；粉质黏壤土，中等发育中块状结构，坚实；少量细根；结构面上有很少量铁锰斑纹；轻度石灰反应；向下层平滑渐变过渡。

Br1：20～36 cm，浊橙（2.5YR 6/3，干），浊红棕（2.5YR 5/3，润）；粉质黏壤土，中等发育中棱柱状结构，坚实；很少量细根；结构面上有很少量铁锰斑纹，可见灰色胶膜；轻度石灰反应；向下层平滑渐变过渡。

Br2：36～70 cm，浊橙（2.5YR 6/4，干），浊红棕（2.5YR 5/4，润）；粉质黏壤土，中等发育大块状结构，坚实；很少量细根；结构面上有很少量铁锰斑纹，可见灰色胶膜，土体中有 4%球形铁锰结核；轻度石灰反应；向下层平滑模糊过渡。

Br3：70～95 cm，浊橙（2.5YR 6/4，干），浊红棕（2.5YR 5/4，润）；黏壤土，中等发育大块状结构，坚实；结构面上有很少量铁锰斑纹，土体中有 2%球形铁锰结核，可见灰色胶膜；无石灰反应；向下层平滑渐变过渡。

Br4：95～140 cm，浊橙（2.5YR 6/3，干），浊红棕（2.5YR 5/3，润）；壤土，中等发育大块状结构，很坚实；结构面上有很少量铁锰斑纹，土体中有2%球形铁锰结核，可见灰色胶膜；无石灰反应。

曹回系代表性单个土体物理性质

土层	深度/cm	砾石(>2 mm，体积分数)/%	细土颗粒组成 (粒径：mm)/(g/kg)			质地	容重/(g/cm³)
			砂粒2～0.05	粉粒0.05～0.002	黏粒<0.002		
Ap1	0～13	0	181	501	318	粉质黏壤土	1.24
Ap2	13～20	0	149	520	331	粉质黏壤土	1.40
Br1	20～36	0	79	561	360	粉质黏壤土	1.63
Br2	36～70	4	174	519	307	粉质黏壤土	1.61
Br3	70～95	2	331	359	310	黏壤土	1.66
Br4	95～140	2	272	484	244	壤土	1.65

曹回系代表性单个土体化学性质

深度 /cm	pH (H₂O)	有机碳 /(g/kg)	全氮(N) /(g/kg)	全磷(P) /(g/kg)	全钾(K) /(g/kg)	CEC /[cmol(+)/kg]	游离铁 /(g/kg)
0～13	7.9	8.3	0.99	0.42	21.2	27.9	12.8
13～20	8.1	7.0	0.78	0.41	20.9	37.3	13.7
20～36	7.9	3.1	0.45	0.18	19.6	36.9	13.9
36～70	7.7	2.1	0.38	0.12	19.0	28.0	12.3
70～95	7.5	2.5	0.35	0.14	17.7	30.0	12.8
95～140	7.2	2.5	0.27	0.17	12.7	20.1	8.5

4.7.6　响水系（Xiangshui Series）

土　　族：黏壤质硅质混合型石灰性热性-普通简育水耕人为土
拟定者：慈　恩，连茂山，李　松

响水系典型景观

分布与环境条件　主要分布在万州、忠县等地，多位于侏罗系遂宁组地层出露的低山下坡，坡度分级为中缓坡，梯田，海拔一般在 450～550 m，成土母质为侏罗系遂宁组红棕紫色泥岩风化坡积物；水田，单季水稻。亚热带湿润季风气候，年日照时数 1200～1300 h，年平均气温 16.0～17.0℃，年降水量 1200～1300 mm，无霜期 300～315 d。

土系特征与变幅　诊断层包括水耕表层、水耕氧化还原层；诊断特性包括人为滞水土壤水分状况、潜育特征、氧化还原特征、热性土壤温度状况、石灰性等。剖面构型为 Ap1-Ap2-Br-Bg，土体厚度 100 cm 以上，层次质地构型为通体粉壤土，通体有石灰反应，pH 7.6～8.4，土体色调为 5YR，0～50 cm 范围内 $CaCO_3$ 相当物含量 15～50 g/kg。土体结构面上有很少量至中量的铁锰斑纹，120 cm 深度以下土体有潜育特征。

对比土系　曹回系，同一土族，位于低丘上部平缓地段，成土母质相似，剖面构型为 Ap1-Ap2-Br，无潜育特征，表层土壤质地为黏壤土类。龙水系和三幢系，同一亚类不同土族，成土母质相似，颗粒大小级别为壤质。

利用性能综述　该土系土体深厚，质地适中，耕性好，保水保肥能力一般；耕层土壤有机质含量较低，全氮、全磷含量中等，全钾含量高。在改良利用上，应搞好区域排水，多施有机肥，种植豆科绿肥，实行秸秆还田，增加土壤有机质含量，改善土壤理化性状；针对土壤偏碱、碳酸钙含量较高的特点，可适量选用生理酸性肥料。

参比土种　棕紫夹砂泥田。

代表性单个土体　位于重庆市万州区响水镇万民村 1 组，30°39′11.6″N，108°12′09.9″E，海拔 509 m，低山下坡，坡度分级为中缓坡，梯田，成土母质为侏罗系遂宁组红棕紫色泥岩风化坡积物，水田，单季水稻，50 cm 深度土温 17.9℃。野外调查时间为 2016 年 1 月 20 日，编号 50-093。

Ap1：0～17 cm，浊橙（5YR 6/3，干），浊红棕（5YR 5/3，润）；粉壤土，中等发育中块状结构，疏松；中量细根；结构面上有很少量铁锰斑纹，土体中有 2%岩石碎屑；强石灰反应；向下层平滑渐变过渡。

Ap2：17～25 cm，浊橙（5YR 6/3，干），浊红棕（5YR 5/3，润）；粉壤土，中等发育大块状结构，稍坚实；很少量细根；结构面上有很少量铁锰斑纹，土体中有 5%岩石碎屑；强石灰反应；向下层平滑渐变过渡。

Br1：25～68 cm，浊橙（5YR 6/3，干），浊红棕（5YR 5/3，润）；粉壤土，弱发育大棱块状结构，稍坚实；很少量细根；结构面上有很少量铁锰斑纹，可见灰色胶膜，土体中有 2%岩石碎屑；轻度石灰反应；向下层平滑渐变过渡。

Br2：68～100 cm，浊橙（5YR 6/3，干），浊红棕（5YR 5/3，润）；粉壤土，弱发育很大棱块状结构，坚实；结构面上有少量铁锰斑纹，可见灰色胶膜，土体中有 2%岩石碎屑；轻度石灰反应；向下层波状清晰过渡。

响水系代表性单个土体剖面

Br3：100～120 cm，浊橙（5YR 6/3，干），灰棕（5YR 5/2，润）；粉壤土，弱发育大块状结构，坚实；结构面上有中量铁锰斑纹，可见灰色胶膜，土体中有 2%岩石碎屑；轻度石灰反应；向下层平滑渐变过渡。

Bg：120～135 cm，灰棕（5YR 6/2，干），棕灰（5YR 5/1，润）；粉壤土，弱发育大块状结构，很坚实；结构面上有中量铁锰斑纹，土体中有 2%岩石碎屑；中度亚铁反应，轻度石灰反应。

响水系代表性单个土体物理性质

土层	深度/cm	砾石（>2 mm，体积分数)/%	细土颗粒组成（粒径：mm)/(g/kg)			质地	容重/(g/cm³)
			砂粒 2～0.05	粉粒 0.05～0.002	黏粒 <0.002		
Ap1	0～17	2	211	600	189	粉壤土	1.16
Ap2	17～25	5	141	649	210	粉壤土	1.41
Br1	25～68	2	160	584	256	粉壤土	1.56
Br2	68～100	2	275	570	155	粉壤土	1.67
Br3	100～120	2	275	542	183	粉壤土	1.66
Bg	120～135	2	208	571	221	粉壤土	1.76

响水系代表性单个土体化学性质

深度 /cm	pH (H₂O)	有机碳 /(g/kg)	全氮(N) /(g/kg)	全磷(P) /(g/kg)	全钾(K) /(g/kg)	CEC /[cmol(+)/kg]	游离铁 /(g/kg)
0～17	8.1	11.1	1.30	0.63	23.2	11.9	12.6
17～25	8.2	9.4	1.05	0.53	23.5	13.2	13.3
25～68	8.1	5.0	0.66	0.36	17.5	11.2	12.2
68～100	8.4	2.2	0.42	0.24	21.9	10.7	13.4
100～120	8.3	2.6	0.28	0.26	15.4	13.1	12.7
120～135	7.6	2.3	0.37	0.18	11.0	16.7	9.6

4.7.7 继冲系（Jichong Series）

土　族：黏壤质硅质混合型非酸性热性-普通简育水耕人为土
拟定者：慈　恩，连茂山，李　松

分布与环境条件　主要分布在
永川、江津、荣昌等地，多位于
侏罗系沙溪庙组地层出露的低
丘中坡，坡度分级为缓坡，梯田，
海拔一般在 300～400 m，成土
母质为侏罗系沙溪庙组紫色泥
岩、砂岩风化残坡积物；水田，
单季水稻。亚热带湿润季风气
候，年日照时数 1200～1300 h，
年平均气温 17.5～18.5℃，年降
水量 1000～1100 mm，无霜期
320～340 d。

继冲系典型景观

土系特征与变幅　诊断层包括水耕表层、漂白层、水耕氧化还原层；诊断特性包括人为
滞水土壤水分状况、氧化还原特征、热性土壤温度状况等。剖面构型为 Ap1-Ap2-Br-E，
土体厚度 100 cm 以上，层次质地构型为壤土-砂质壤土，无石灰反应，pH 5.2～6.9，土
体色调为 10YR，结构面上有少量至多量的铁锰斑纹，130～145 cm 深度范围内有漂白层
发育。

对比土系　同一土族的土系中，水江系，位于一级阶地或冲积坝，成土母质为第四系全
新统冲积物，表层土壤质地为黏壤土类；云龙系，位于低阶地，成土母质为第四系全新
统冲积物，层次质地构型为粉壤土-壤土-粉质黏壤土-黏壤土-壤土。三教系，分布区域
相近，不同亚类，70 cm 以下土体有潜育特征，为底潜简育水耕人为土。

利用性能综述　该土系土体深厚，质地适中，耕性好，保水保肥能力一般；耕层土壤有
机质、全氮含量中等，全磷含量低，全钾含量较低。在改良利用上，应施用有机肥，实
行秸秆还田和种植豆科绿肥等，改善土壤理化性状，培肥地力；根据作物养分需求和土
壤供肥性能，合理施肥。

参比土种　黄紫砂泥田。

代表性单个土体　位于重庆市永川区卫星湖街道继冲村长田小组，29°13′19.2″N，
105°52′58.0″E，海拔 330 m，低丘中坡，坡度分级为缓坡，梯田，成土母质为侏罗系沙
溪庙组紫色泥岩、砂岩风化残坡积物，水田，单季水稻，50 cm 深度土温 19.1℃。野外
调查时间为 2015 年 11 月 1 日，编号 50-066。

继冲系代表性单个土体剖面

Ap1：0～17 cm，灰黄棕（10YR 6/2，干），灰黄棕（10YR 5/2，润）；壤土，强发育中块状结构，疏松；很少量中根和细根；少量动物穴；结构面上有中量铁锰斑纹；无石灰反应；向下层平滑渐变过渡。

Ap2：17～24 cm，浊黄橙（10YR 6/3，干），浊黄棕（10YR 5/3，润）；壤土，强发育中块状结构，坚实；很少量细根；结构面上有多量铁锰斑纹；无石灰反应；向下层平滑渐变过渡。

Br1：24～43 cm，浊黄棕（10YR 5/3，干），浊黄棕（10YR 4/3，润）；壤土，中等发育大块状结构，坚实；很少量细根；结构面上有少量铁锰斑纹，可见灰色胶膜；无石灰反应；向下层平滑模糊过渡。

Br2：43～70 cm，浊黄棕（10YR 5/3，干），浊黄棕（10YR 4/3，润）；壤土，中等发育大块状结构，很坚实；很少量细根；结构面上有中量铁锰斑纹，可见灰色胶膜；无石灰反应；向下层平滑渐变过渡。

Br3：70～103 cm，浊黄橙（10YR 6/3，干），浊黄棕（10YR 5/3，润）；壤土，中等发育大块状结构，很坚实；很少量细根；结构面上有多量铁锰斑纹，可见灰色胶膜；无石灰反应；向下层平滑模糊过渡。

Br4：103～130 cm，浊黄橙（10YR 6/3，干），浊黄棕（10YR 5/3，润）；壤土，中等发育大块状结构，很坚实；结构面上有中量铁锰斑纹，可见灰色胶膜；无石灰反应；向下层波状清晰过渡。

E：130～145 cm，橙白（10YR 8/1，干），浊黄橙（10YR 7/2，润）；砂质壤土，中等发育中块状结构，很坚实；结构面上有少量铁锰斑纹；无石灰反应。

继冲系代表性单个土体物理性质

土层	深度/cm	砾石（>2 mm，体积分数)/%	细土颗粒组成（粒径：mm)/(g/kg)			质地	容重/(g/cm³)
			砂粒 2～0.05	粉粒 0.05～0.002	黏粒 <0.002		
Ap1	0～17	0	401	342	257	壤土	1.28
Ap2	17～24	0	436	336	228	壤土	1.51
Br1	24～43	0	416	373	211	壤土	1.69
Br2	43～70	0	437	347	216	壤土	1.74
Br3	70～103	0	455	334	211	壤土	1.72
Br4	103～130	0	488	340	172	壤土	1.70
E	130～145	0	608	272	120	砂质壤土	1.65

继冲系代表性单个土体化学性质

深度 /cm	pH (H₂O)	有机碳 /(g/kg)	全氮(N) /(g/kg)	全磷(P) /(g/kg)	全钾(K) /(g/kg)	CEC /[cmol(+)/kg]	游离铁 /(g/kg)
0～17	5.2	11.9	1.42	0.20	11.8	14.9	10.3
17～24	5.9	7.3	0.89	0.19	11.9	14.0	11.3
24～43	6.4	5.5	0.80	0.18	11.8	13.2	11.1
43～70	6.9	3.7	0.61	0.17	11.5	12.8	9.1
70～103	6.8	2.0	0.43	0.10	11.7	13.7	14.9
103～130	6.8	2.1	0.44	0.09	10.8	12.8	10.0
130～145	6.7	1.4	0.42	0.12	11.2	8.4	10.3

4.7.8　水江系（Shuijiang Series）

土　　族：黏壤质硅质混合型非酸性热性-普通简育水耕人为土
拟定者：慈　恩，连茂山，李　松

分布与环境条件　主要分布在南川、武隆、丰都等地，多位于中、低山区河流一级阶地或冲积坝，海拔一般在 500～600 m，成土母质为第四系全新统冲积物；水田，单季水稻或水稻-油菜/蔬菜轮作。亚热带湿润季风气候，年日照时数 1000～1100 h，年平均气温 16.5～17.0 ℃，年降水量 1100～1200 mm，无霜期 300～320 d。

水江系典型景观

土系特征与变幅　诊断层包括水耕表层、水耕氧化还原层；诊断特性包括人为滞水土壤水分状况、氧化还原特征、热性土壤温度状况等。剖面构型为 Ap1-Ap2-Br-Cr，土层厚度多在 70～80 cm，层次质地构型为黏壤土-粉壤土-壤土-粉壤土，部分层次有石灰反应，pH 7.1～7.6，土体色调为 2.5Y～5Y，结构面上有少量至多量的铁锰斑纹，土体底部为砾石层。

对比土系　同一土族中，继冲系，位于低丘下坡，成土母质为侏罗系沙溪庙组紫色泥岩、砂岩风化残坡积物，表层土壤质地为壤土类；云龙系，所处地形部位相似，成土母质类型相同，剖面构型为 Ap1-Ap2-Br，土体厚度 100 cm 以上，表层土壤质地为壤土类。

利用性能综述　该土系土体稍深，耕层质地偏黏，耕性一般；耕层土壤有机质、全氮含量高，全磷含量较低，全钾含量较高。在改良利用上，注意排水系统建设，适当深翻和实行秸秆还田等，改善土壤理化性状，扩大复种；根据作物养分需求和土壤供肥性能，合理施肥。

参比土种　黄潮砂田。

代表性单个土体　位于重庆市南川区水江镇劳动村 6 组，29°12′47.4″N，107°17′40.1″E，海拔 559 m，河流一级阶地，成土母质为第四系全新统冲积物，水田，单季水稻或水稻-油菜/蔬菜轮作，50 cm 深度土温 19.0 ℃。野外调查时间为 2016 年 1 月 9 日，编号 50-081。

Ap1：0～12 cm，灰橄榄（5Y 6/2，干），灰橄榄（5Y 4/2，润）；黏壤土，中等发育小块状结构，疏松；少量中根和细根；少量动物穴；结构面上有少量铁锰斑纹，土体中有 2%岩石碎屑；无石灰反应；向下层平滑渐变过渡。

Ap2：12～20 cm，灰橄榄（5Y 6/2，干），灰橄榄（5Y 4/2，润）；粉壤土，中等发育大块状结构，稍坚实；很少量细根；结构面上有中量铁锰斑纹，土体中有 2%岩石碎屑；无石灰反应；向下层平滑清晰过渡。

Br1：20～33 cm，浊黄（2.5Y 6/3，干），橄榄棕（2.5Y 4/3，润）；粉壤土，弱发育大块状结构，稍坚实；很少量细根；结构面上有多量铁锰斑纹，可见灰色胶膜，土体中有 4%岩石碎屑；无石灰反应；向下层平滑渐变过渡。

Br2：33～50 cm，浊黄（2.5Y 6/3，干），橄榄棕（2.5Y 4/3，润）；壤土，弱发育大块状结构，坚实；很少量细根；结构面上有多量铁锰斑纹，可见灰色胶膜，土体中有 6%岩石碎屑；无石灰反应；向下层平滑清晰过渡。

水江系代表性单个土体剖面

Br3：50～75 cm，灰黄（2.5Y 6/2，干），暗灰黄（2.5Y 4/2，润）；粉壤土，弱发育很大块状结构，稍坚实；结构面上有多量铁锰斑纹，可见灰色胶膜，土体中有 8%岩石碎屑；轻度石灰反应；向下层平滑清晰过渡。

Cr：75～90 cm，砾石层，岩石碎屑表面可见少量铁锰斑纹，细粒部分有强石灰反应。

水江系代表性单个土体物理性质

土层	深度/cm	砾石（>2 mm, 体积分数)/%	细土颗粒组成 (粒径：mm)/(g/kg)			质地	容重/(g/cm³)
			砂粒 2～0.05	粉粒 0.05～0.002	黏粒 <0.002		
Ap1	0～12	2	267	459	274	黏壤土	0.91
Ap2	12～20	2	212	543	245	粉壤土	1.12
Br1	20～33	4	228	531	241	粉壤土	1.40
Br2	33～50	6	441	379	180	壤土	1.60
Br3	50～75	8	201	547	252	粉壤土	1.53

水江系代表性单个土体化学性质

深度/cm	pH(H₂O)	有机碳/(g/kg)	全氮(N)/(g/kg)	全磷(P)/(g/kg)	全钾(K)/(g/kg)	CEC/[cmol(+)/kg]	游离铁/(g/kg)
0～12	7.3	25.0	2.42	0.53	22.3	19.1	14.9
12～20	7.3	21.2	1.82	0.49	23.1	21.6	15.4
20～33	7.1	12.5	0.98	0.43	23.7	17.1	17.4
33～50	7.2	8.5	0.85	0.37	21.0	14.2	20.0
50～75	7.6	9.3	1.03	0.39	20.7	14.5	19.0

4.7.9　云龙系（Yunlong Series）

土　族：黏壤质硅质混合型非酸性热性-普通简育水耕人为土
拟定者：慈　恩，连茂山，李　松

分布与环境条件　主要分布在梁平、垫江等区（县）境内龙溪河沿岸低阶地上，海拔一般在350～450 m，成土母质为第四系全新统冲积物；水田，单季水稻或水稻-油菜/蔬菜轮作。亚热带湿润季风气候，年日照时数1200～1300 h，年平均气温17.0～17.5℃，年降水量1200～1300 mm，无霜期275～285 d。

云龙系典型景观

土系特征与变幅　诊断层包括水耕表层、水耕氧化还原层；诊断特性包括人为滞水土壤水分状况、氧化还原特征、热性土壤温度状况等。剖面构型为 Ap1-Ap2-Br，土体厚度100 cm 以上，层次质地构型为粉壤土-壤土-粉质黏壤土-黏壤土-壤土，无石灰反应，pH 5.1～6.6，土体色调为10YR，结构面上有少量至中量的铁锰斑纹。

对比土系　同一土族的土系中，继冲系，位于低丘下坡，成土母质为侏罗系沙溪庙组紫色泥岩、砂岩风化残坡积物，层次质地构型为壤土-砂质壤土；水江系，所处地形部位相似，成土母质类型相同，剖面构型为 Ap1-Ap2-Br-Cr，土体厚度多在 70～80 cm，表层土壤质地为黏壤土类。

利用性能综述　该土系土体深厚，耕层质地适中，耕性好，保水保肥能力较强；耕层土壤有机质、全氮、全钾含量中等，全磷含量较低。在改良利用上，应重视区域排灌系统建设，施用有机肥，实行秸秆还田和种植豆科绿肥等，培肥地力，扩大复种；根据作物养分需求和土壤供肥性能，合理施肥。

参比土种　紫潮砂泥田。

代表性单个土体　位于重庆市梁平区云龙镇三清村 5 组，30°30′01.9″N，107°37′53.7″E，海拔 411 m，低阶地，成土母质为第四系全新统冲积物，水田，单季水稻或水稻-油菜/蔬菜轮作，50 cm 深度土温 18.1℃。野外调查时间为 2016 年 1 月 2 日，编号 50-077。

Ap1：0～14 cm，灰黄棕（10YR 6/2，干），灰黄棕（10YR 5/2，润）；粉壤土，强发育中块状结构，稍坚实；很少量中根和细根；少量动物穴；结构面上有中量铁锰斑纹；无石灰反应；向下层平滑渐变过渡。

Ap2：14～21 cm，灰黄棕（10YR 6/2，干），灰黄棕（10YR 5/2，润）；壤土，强发育大块状结构，稍坚实；很少量细根；结构面上有中量铁锰斑纹；无石灰反应；向下层平滑渐变过渡。

Br1：21～35 cm，灰黄棕（10YR 6/2，干），灰黄棕（10YR 5/2，润）；粉质黏壤土，中等发育大棱块状结构，坚实；很少量细根；结构面上有少量铁锰斑纹；无石灰反应；向下层平滑渐变过渡。

Br2：35～52 cm，灰黄棕（10YR 6/2，干），灰黄棕（10YR 5/2，润）；粉质黏壤土，中等发育大棱柱状结构，坚实；很少量细根；结构面上有中量铁锰斑纹，可见灰色胶膜；无石灰反应；向下层平滑渐变过渡。

云龙系代表性单个土体剖面

Br3：52～78 cm，浊黄橙（10YR 7/2，干），灰黄棕（10YR 6/2，润）；黏壤土，中等发育大棱柱状结构，坚实；很少量细根；结构面上有中量铁锰斑纹，可见灰色胶膜；无石灰反应；向下层平滑清晰过渡。

Br4：78～92 cm，浊黄橙（10YR 6/3，干），浊黄棕（10YR 5/3，润）；壤土，弱发育大棱块状结构，坚实；结构面上有少量铁锰斑纹，可见灰色胶膜；无石灰反应；向下层平滑清晰过渡。

Br5：92～140 cm，浊黄橙（10YR 7/3，干），浊黄橙（10YR 6/3，润）；壤土，弱发育大块状结构，坚实；结构面上有中量铁锰斑纹；无石灰反应。

云龙系代表性单个土体物理性质

土层	深度/cm	砾石（>2 mm，体积分数)/%	细土颗粒组成（粒径：mm)/(g/kg)			质地	容重/(g/cm³)
			砂粒 2～0.05	粉粒 0.05～0.002	黏粒 <0.002		
Ap1	0～14	0	201	538	261	粉壤土	1.19
Ap2	14～21	0	264	492	244	壤土	1.31
Br1	21～35	0	189	516	295	粉质黏壤土	1.52
Br2	35～52	0	189	462	349	粉质黏壤土	1.55
Br3	52～78	0	272	453	275	黏壤土	1.55
Br4	78～92	0	367	441	192	壤土	1.60
Br5	92～140	0	396	390	214	壤土	1.64

云龙系代表性单个土体化学性质

深度 /cm	pH (H₂O)	有机碳 /(g/kg)	全氮(N) /(g/kg)	全磷(P) /(g/kg)	全钾(K) /(g/kg)	CEC /[cmol(+)/kg]	游离铁 /(g/kg)
0～14	5.1	12.2	1.10	0.40	19.0	24.9	11.1
14～21	5.6	9.9	0.94	0.39	18.8	23.9	11.7
21～35	6.1	8.0	0.82	0.38	19.3	25.5	12.4
35～52	6.1	7.4	0.67	0.32	19.2	30.1	12.7
52～78	6.4	6.2	0.56	0.27	18.2	31.0	13.6
78～92	6.5	3.7	0.47	0.19	17.3	15.5	9.2
92～140	6.6	2.7	0.60	0.16	18.1	13.4	16.6

4.7.10　柏梓系（Baizi Series）

土　族：壤质硅质混合型石灰性热性-普通简育水耕人为土
拟定者：慈　恩，连茂山，李　松

分布与环境条件　主要分布在潼南、荣昌等地，位于溪河沿岸的低阶地，海拔一般在 200～300 m，成土母质为第四系全新统冲积物；水田，水稻-油菜/蔬菜轮作。亚热带湿润季风气候，年日照时数 1100～1200 h，年平均气温 17.5～18.0℃，年降水量 900～1000 mm，无霜期310～320 d。

柏梓系典型景观

土系特征与变幅　诊断层包括水耕表层、水耕氧化还原层；诊断特性包括人为滞水土壤水分状况、氧化还原特征、热性土壤温度状况等。剖面构型为 Ap1-Ap2-Br，土体厚度100 cm 以上，层次质地构型为壤土-砂质壤土-壤土-砂质壤土-壤土，0～100 cm 范围内各土层均有石灰反应，pH 7.5～8.4，土体色调为 7.5YR，游离铁含量<10 g/kg，0～50 cm 范围内 $CaCO_3$ 相当物含量 8～21 g/kg。30～40 cm 深度以下氧化锰淀积明显，土体中有中量至很多量的锰质凝团，结构面上有少量至多量的锰斑纹。

对比土系　同一土族的土系中，龙水系、庙宇系和三幢系，有铁质特性；龙水系，位于低丘坡麓，成土母质为侏罗系遂宁组红棕紫色泥岩风化坡积物，层次质地构型为粉壤土-粉质黏壤土-粉壤土；庙宇系，所处地形部位相似，成土母质类型相同，层次质地构型为粉壤土-壤土，土体色调为 2.5YR；三幢系，位于低丘冲沟上部及两塝，成土母质为侏罗系遂宁组红棕紫色泥岩风化残坡积物，剖面构型为 Ap1-Ap2-Br-R，有准石质接触面，层次质地构型为通体粉壤土。

利用性能综述　该土系土体深厚，耕层质地适中，耕性好，保水保肥能力一般；耕层土壤有机质、全氮、全钾含量较低，全磷含量低。在改良利用上，应增施有机肥，实行秸秆还田，改善土壤理化性状，提高土壤肥力；根据作物养分需求和土壤供肥性能，合理施肥。

参比土种　紫潮砂田。

代表性单个土体　位于重庆市潼南区柏梓镇山边村 5 组，30°05′21.5″N，105°42′34.9″E，海拔 259 m，低阶地，成土母质为第四系全新统冲积物，水田，水稻-油菜/蔬菜轮作，50 cm 深度土温 18.5℃。野外调查时间为 2015 年 10 月 22 日，编号 50-059。

柏梓系代表性单个土体剖面

Ap1：0～18 cm，浊棕（7.5YR 5/3，干），棕（7.5YR 4/3，润）；壤土，中等发育小块状结构，疏松；很少量细根；中量蚯蚓孔道，内有球形蚯蚓粪便；结构面上有很少量铁锰斑纹；中度石灰反应；向下层平滑渐变过渡。

Ap2：18～24 cm，浊棕（7.5YR 5/3，干），棕（7.5YR 4/3，润）；砂质壤土，中等发育中块状结构，稍坚实；很少量细根；结构面上有很少量铁锰斑纹；中度石灰反应；向下层平滑清晰过渡。

Br1：24～33 cm，浊橙（7.5YR 6/4，干），浊棕（7.5YR 5/4，润）；壤土，中等发育中块状结构，稍坚实；很少量细根；结构面上有很少量铁锰斑纹，土体中有 1%球形锰质结核，少量砖瓦碎屑；中度石灰反应；向下层平滑渐变过渡。

Br2：33～70 cm，橙（7.5YR 6/6，干），亮棕（7.5YR 5/6，润）；壤土，中等发育中块状结构，稍坚实；很少量细根；结构面上有少量锰斑，可见灰色胶膜，土体中有 4%球形锰质结核，中量不规则锰质凝团；轻度石灰反应；向下层平滑渐变过渡。

Br3：70～100 cm，橙（7.5YR 6/6，干），亮棕（7.5YR 5/6，润）；砂质壤土，中等发育中块状结构，稍坚实；结构面上有中量锰斑，土体中有多量不规则锰质凝团；轻度石灰反应；向下层平滑渐变过渡。

Br4：100～140 cm，橙（7.5YR 6/6，干），亮棕（7.5YR 5/6，润）；壤土，中等发育中块状结构，稍坚实；结构面上有多量锰斑，土体中有很多量不规则锰质凝团；无石灰反应。

柏梓系代表性单个土体物理性质

| 土层 | 深度/cm | 砾石（>2 mm，体积分数)/% | 细土颗粒组成（粒径：mm)/(g/kg) | | | 质地 | 容重/(g/cm³) |
			砂粒 2～0.05	粉粒 0.05～0.002	黏粒 <0.002		
Ap1	0～18	0	421	413	166	壤土	1.30
Ap2	18～24	0	536	334	130	砂质壤土	1.47
Br1	24～33	1	486	383	131	壤土	1.67
Br2	33～70	4	500	328	172	壤土	1.61
Br3	70～100	0	560	312	128	砂质壤土	1.63
Br4	100～140	0	518	346	136	壤土	1.63

柏梓系代表性单个土体化学性质

深度 /cm	pH (H₂O)	有机碳 /(g/kg)	全氮(N) /(g/kg)	全磷(P) /(g/kg)	全钾(K) /(g/kg)	CEC /[cmol(+)/kg]	游离铁 /(g/kg)
0~18	8.3	7.4	0.91	0.36	10.7	15.0	6.1
18~24	8.3	8.2	1.04	0.38	11.5	15.2	5.5
24~33	8.4	2.4	0.47	0.21	10.4	11.9	6.1
33~70	7.9	1.2	0.38	0.13	11.0	13.1	5.4
70~100	7.7	0.6	0.31	0.18	10.4	11.8	6.1
100~140	7.5	0.5	0.32	0.12	10.6	8.7	5.9

4.7.11　龙水系（Longshui Series）

土　　族：壤质硅质混合型石灰性热性-普通简育水耕人为土
拟定者：慈　恩，连茂山，李　松

龙水系典型景观

分布与环境条件　主要分布在大足、铜梁和潼南等地，多位于侏罗系遂宁组地层出露的低丘坡麓，坡度分级为缓坡，梯田，海拔一般在 300～400 m，成土母质为侏罗系遂宁组红棕紫色泥岩风化坡积物；水田，单季水稻或水稻-油菜轮作。亚热带湿润季风气候，年日照时数 1100～1200 h，年平均气温 17.0～17.5 ℃，年降水量 1000～1100 mm，无霜期 320～330 d。

土系特征与变幅　诊断层包括水耕表层、水耕氧化还原层；诊断特性包括人为滞水土壤水分状况、氧化还原特征、热性土壤温度状况、铁质特性、石灰性等。剖面构型为 Ap1-Ap2-Br，土体厚度 100 cm 以上，层次质地构型为粉壤土-粉质黏壤土-粉壤土，通体有石灰反应，pH 8.0～8.3，$CaCO_3$ 相当物含量 50～70 g/kg，土体色调为 5YR，游离铁含量≥14 g/kg，结构面上有很少量的铁锰斑纹。

对比土系　同一土族的土系中，柏梓系，位于低阶地，成土母质为第四系全新统冲积物，无铁质特性，层次质地构型为壤土-砂质壤土-壤土-砂质壤土-壤土；庙宇系，位于河谷平原或低阶地，成土母质为第四系全新统冲积物，层次质地构型为粉壤土-壤土；三幢系，位于低丘冲沟上部及两塝，成土母质相似，剖面构型为 Ap1-Ap2-Br-R，有准石质接触面，层次质地构型为通体粉壤土。曹回系和响水系，同一亚类不同土族，颗粒大小级别为黏壤质。

利用性能综述　该土系土体深厚，耕层质地适中，保肥能力强；耕层土壤有机质含量中等，全氮、全磷、全钾含量较高。在改良利用上，注意完善灌排设施，保证水源供给和排水通畅，扩大复种；翻耕炕田，施用有机肥和实现秸秆还田等，改善土壤结构，培肥地力；根据作物养分需求和土壤供肥性能，合理施肥。

参比土种　棕紫夹砂泥田。

代表性单个土体　位于重庆市大足区龙水镇大围村 4 组，29°35′43.0″N，105°43′24.7″E，海拔 362 m，低丘坡麓，坡度分级为缓坡，梯田，成土母质为侏罗系遂宁组红棕紫色泥岩风化坡积物，水田，单季水稻或水稻-油菜轮作，50 cm 深度土温 18.8℃。野外调查时间为 2015 年 10 月 24 日，编号 50-061。

Ap1：0～17 cm，浊红棕（5YR 5/3，干），浊红棕（5YR 4/3，
　　润）；粉壤土，中等发育中块状结构，疏松；很少量细
　　根；少量动物穴；结构面上有很少量铁锰斑纹；中度石
　　灰反应；向下层平滑渐变过渡。

Ap2：17～24 cm，浊红棕（5YR 5/3，干），浊红棕（5YR 4/3，
　　润）；粉质黏壤土，中等发育大块状结构，疏松；很少
　　量细根；结构面上有很少量铁锰斑纹；强石灰反应；向
　　下层平滑渐变过渡。

Br1：24～60 cm，浊红棕（5YR 5/3，干），浊红棕（5YR 4/3，
　　润）；粉壤土，中等发育很大棱柱状结构，稍坚实；很
　　少量细根；结构面上有很少量铁锰斑纹，可见灰色胶膜；
　　强石灰反应；向下层平滑渐变过渡。

Br2：60～81 cm，浊红棕（5YR 5/4，干），浊红棕（5YR 4/4，
　　润）；粉壤土，弱发育很大棱块状结构，稍坚实；很少
　　量细根；结构面上有很少量铁锰斑纹，可见灰色胶膜；
　　中度石灰反应；向下层平滑渐变过渡。

龙水系代表性单个土体剖面

Br3：81～130 cm，浊红棕（5YR 5/4，干），浊红棕（5YR 4/4，润）；粉壤土，弱发育大棱块状结构，
　　坚实；结构面上有很少量铁锰斑纹，可见灰色胶膜；强石灰反应。

龙水系代表性单个土体物理性质

土层	深度/cm	砾石（>2 mm，体积分数）/%	细土颗粒组成（粒径：mm）/(g/kg)			质地	容重/(g/cm³)
			砂粒 2～0.05	粉粒 0.05～0.002	黏粒 <0.002		
Ap1	0～17	0	131	622	247	粉壤土	1.17
Ap2	17～24	0	157	564	279	粉质黏壤土	1.33
Br1	24～60	0	265	535	200	粉壤土	1.47
Br2	60～81	0	176	703	121	粉壤土	1.54
Br3	81～130	0	311	559	130	粉壤土	1.66

龙水系代表性单个土体化学性质

深度/cm	pH (H₂O)	有机碳/(g/kg)	全氮(N)/(g/kg)	全磷(P)/(g/kg)	全钾(K)/(g/kg)	CEC/[cmol(+)/kg]	游离铁/(g/kg)
0～17	8.1	15.4	1.57	0.88	20.6	40.0	15.0
17～24	8.0	12.6	1.43	0.65	20.3	39.0	14.5
24～60	8.1	8.0	0.99	0.55	20.2	36.6	15.0
60～81	8.2	3.5	0.57	0.45	20.4	34.6	18.2
81～130	8.2	2.3	0.49	0.42	18.5	29.2	15.1

4.7.12　庙宇系（Miaoyu Series）

土　　族：壤质硅质混合型石灰性热性-普通简育水耕人为土
拟定者：慈　恩，连茂山，李　松

分布与环境条件　主要分布在巫山等地，多位于钙质紫色岩出露区域的河谷平原或低阶地，海拔一般在 700～800 m，成土母质为第四系全新统冲积物；水田，单季水稻。亚热带湿润季风气候，年日照时数 1500～1600 h，年平均气温 15.0～16.0 ℃，年降水量 1100～1150 mm，无霜期 270～290 d。

庙宇系典型景观

土系特征与变幅　诊断层包括水耕表层、水耕氧化还原层；诊断特性包括人为滞水土壤水分状况、氧化还原特征、热性土壤温度状况、铁质特性、石灰性等。剖面构型为 Ap1-Ap2-Br，土体厚度 100 cm 以上，层次质地构型为粉壤土-壤土，通体有石灰反应，pH 8.0～8.3，$CaCO_3$ 相当物含量 60～100 g/kg，土体色调为 2.5YR，游离铁含量≥14 g/kg，结构面上有很少量至少量的铁锰斑纹。

对比土系　同一土族的土系中，龙水系，位于低丘坡麓，成土母质为侏罗系遂宁组红棕紫色泥岩风化坡积物，层次质地构型为粉壤土-粉质黏壤土-粉壤土；柏梓系，所处地形部位相似，成土母质类型相同，无铁质特性，层次质地构型为壤土-砂质壤土-壤土-砂质壤土-壤土，土体色调为 7.5YR，土体下部有明显的氧化锰淀积；三幢系，位于低丘冲沟上部及两塝，成土母质为侏罗系遂宁组红棕紫色泥岩风化残坡积物，剖面构型为 Ap1-Ap2-Br-R，有准石质接触面，层次质地构型为通体粉壤土。

利用性能综述　该土系土体深厚，质地适中，保水保肥能力较强；耕层土壤有机质、全氮、全钾含量中等，全磷含量很低。在改良利用上，注意开沟排水，降低地下水位，扩大复种；施用有机肥，实行秸秆还田，合理种植绿肥，改善土壤结构，培肥地力；根据作物养分需求和土壤供肥性能，合理施肥。

参比土种　紫潮砂泥田。

代表性单个土体　位于重庆市巫山县庙宇镇长梁村 4 组，30°53′07.7″N，109°38′49.7″E，海拔 777 m，河谷平原，成土母质为第四系全新统冲积物，水田，单季水稻，50 cm 深度土温 17.6℃。野外调查时间为 2016 年 1 月 17 日，编号 50-086。

Ap1：0～15 cm，浊橙（2.5YR 6/3，干），浊红棕（2.5YR 5/3，润）；粉壤土，中等发育中块状结构，疏松；中量细根；结构面上有很少量铁锰斑纹；中度石灰反应；向下层波状渐变过渡。

Ap2：15～22 cm，浊橙（2.5YR 6/3，干），浊红棕（2.5YR 5/3，润）；粉壤土，中等发育大块状结构，稍坚实；很少量细根；结构面上有很少量铁锰斑纹；中度石灰反应；向下层波状渐变过渡。

Br1：22～52 cm，浊橙（2.5YR 6/4，干），浊红棕（2.5YR 5/4，润）；粉壤土，弱发育大块状结构，稍坚实；很少量细根；结构面上有很少量铁锰斑纹，可见灰色胶膜；中度石灰反应；向下层波状模糊过渡。

Br2：52～76 cm，浊橙（2.5YR 6/3，干），浊红棕（2.5YR 5/3，润）；粉壤土，弱发育大块状结构，稍坚实；结构面上有很少量铁锰斑纹，可见灰色胶膜；中度石灰反应；向下层波状模糊过渡。

庙宇系代表性单个土体剖面

Br3：76～105 cm，浊橙（2.5YR 6/3，干），浊红棕（2.5YR 5/3，润）；粉壤土，弱发育很大块状结构，坚实；结构面上有少量铁锰斑纹，可见灰色胶膜；中度石灰反应；向下层波状渐变过渡。

Br4：105～140 cm，灰红（2.5YR 6/2，干），灰红（2.5YR 5/2，润）；壤土，弱发育很大块状结构，稍坚实；结构面上有少量铁锰斑纹，可见灰色胶膜；中度亚铁反应，中度石灰反应。

庙宇系代表性单个土体物理性质

土层	深度/cm	砾石(>2 mm,体积分数)/%	细土颗粒组成（粒径：mm）/(g/kg)			质地	容重/(g/cm³)
			砂粒 2～0.05	粉粒 0.05～0.002	黏粒 <0.002		
Ap1	0～15	0	34	725	241	粉壤土	1.06
Ap2	15～22	0	61	757	182	粉壤土	1.44
Br1	22～52	0	137	705	158	粉壤土	1.53
Br2	52～76	0	85	742	173	粉壤土	1.54
Br3	76～105	0	159	696	145	粉壤土	1.52
Br4	105～140	0	314	452	234	壤土	1.44

庙宇系代表性单个土体化学性质

深度 /cm	pH (H₂O)	有机碳 /(g/kg)	全氮(N) /(g/kg)	全磷(P) /(g/kg)	全钾(K) /(g/kg)	CEC /[cmol(+)/kg]	游离铁 /(g/kg)
0～15	8.1	16.1	1.34	0.19	15.3	22.3	15.1
15～22	8.1	10.0	0.86	0.38	20.5	29.5	16.6
22～52	8.1	8.5	0.66	0.22	16.4	32.8	16.9
52～76	8.1	8.0	0.72	0.46	21.2	21.9	17.1
76～105	8.2	6.8	0.66	0.37	20.6	12.0	16.3
105～140	8.2	6.5	0.68	0.31	22.3	20.1	17.2

4.7.13 三幢系（Sanzhuang Series）

土 族：壤质硅质混合型石灰性热性-普通简育水耕人为土

拟定者：慈 恩，连茂山，李 松

分布与环境条件 主要分布在潼南、大足等地，多位于侏罗系遂宁组地层出露的低丘冲沟上部及两塝，坡度分级为中缓坡，梯田，海拔一般在 230～380 m，成土母质为侏罗系遂宁组红棕紫色泥岩风化残坡积物；水田，单季水稻。亚热带湿润季风气候，年日照时数 1100～1200 h，年平均气温 17.0～18.0℃，年降水量 900～1000 mm，无霜期310～320 d。

三幢系典型景观

土系特征与变幅 诊断层包括水耕表层、水耕氧化还原层；诊断特性包括准石质接触面、人为滞水土壤水分状况、氧化还原特征、热性土壤温度状况、铁质特性、石灰性等。剖面构型为 Ap1-Ap2-Br-R，土体厚度 100 cm 以上，层次质地构型为通体粉壤土，通体有石灰性反应，pH 8.2～8.5，CaCO$_3$ 相当物含量 80～110 g/kg，土体色调为 5YR，B 层游离铁含量≥14 g/kg，结构面上有很少量的铁锰斑纹，准石质接触面的出现深度多在120 cm 左右。

对比土系 同一土族的土系中，柏梓系、龙水系和庙宇系，剖面构型均为 Ap1-Ap2-Br，无准石质接触面；柏梓系，位于低阶地，成土母质为第四系全新统冲积物，无铁质特性，层次质地构型为壤土-砂质壤土-壤土-砂质壤土-壤土；龙水系，位于低丘坡麓，成土母质相似，层次质地构型为粉壤土-粉质黏壤土-粉壤土；庙宇系，位于河谷平原或低阶地，成土母质为第四系全新统冲积物，层次质地构型为粉壤土-壤土。曹回系和响水系，同一亚类不同土族，颗粒大小级别为黏壤质。

利用性能综述 该土系土体深厚，质地适中，耕性较好；耕层土壤有机质含量较低，全氮、全磷、全钾含量中等。在改良利用上，注意完善灌排设施，增施有机肥，实行秸秆还田，合理种植绿肥，改善土壤理化性状，扩大复种；根据作物养分需求和土壤供肥性能，合理施肥。

参比土种 棕紫夹砂泥田。

代表性单个土体 位于重庆市潼南区太安镇三幢村 2 组，30°06′12.2″N，105°49′16.8″E，海拔 260 m，低丘冲沟上部，坡度分级为中缓坡，梯田，成土母质为侏罗系遂宁组红棕紫色泥岩风化残坡积物，水田，单季水稻，50 cm 深度土温 18.5℃。野外调查时间为 2015 年 10 月 22 日，编号 50-058。

三幢系代表性单个土体剖面

Ap1：0～18 cm，浊橙（5YR 6/3，干），浊红棕（5YR 5/3，润）；粉壤土，中等发育中块状结构，疏松；很少量细根；结构面上有很少量铁锰斑纹；强石灰反应；向下层平滑渐变过渡。

Ap2：18～26 cm，浊橙（5YR 6/3，干），浊红棕（5YR 5/3，润）；粉壤土，弱发育大块状结构，稍坚实；很少量细根；结构面上有很少量铁锰斑纹；强石灰反应；向下层平滑渐变过渡。

Br1：26～60 cm，浊橙（5YR 6/3，干），浊红棕（5YR 5/3，润）；粉壤土，弱发育大棱柱状结构，坚实；很少量细根；结构面上有很少量铁锰斑纹，可见灰色胶膜；强石灰反应；向下层平滑渐变过渡。

Br2：60～97 cm，浊橙（5YR 6/3，干），浊红棕（5YR 5/3，润）；粉壤土，弱发育大棱块状结构，坚实；很少量细根；结构面上有很少量铁锰斑纹，可见灰色胶膜；强石灰反应；向下层平滑渐变过渡。

Br3：97～120 cm，浊橙（5YR 6/4，干），浊红棕（5YR 5/4，润）；粉壤土，弱发育中块状结构，坚实；结构面上有很少量铁锰斑纹，可见灰色胶膜，土体中有 5%泥岩碎屑；强石灰反应；向下层波状清晰过渡。

R：120～136 cm，泥岩半风化体，强石灰反应。

三幢系代表性单个土体物理性质

土层	深度 /cm	砾石 (>2 mm, 体积分数)/%	细土颗粒组成 (粒径: mm)/(g/kg)			质地	容重 /(g/cm³)
			砂粒 2～0.05	粉粒 0.05～0.002	黏粒 <0.002		
Ap1	0～18	0	162	652	186	粉壤土	1.34
Ap2	18～26	0	184	634	182	粉壤土	1.52
Br1	26～60	0	170	679	151	粉壤土	1.60
Br2	60～97	0	234	626	140	粉壤土	1.62
Br3	97～120	5	301	555	144	粉壤土	1.65

三幢系代表性单个土体化学性质

深度 /cm	pH (H₂O)	有机碳 /(g/kg)	全氮(N) /(g/kg)	全磷(P) /(g/kg)	全钾(K) /(g/kg)	CEC /[cmol(+)/kg]	游离铁 /(g/kg)
0～18	8.2	9.9	1.21	0.65	18.1	10.5	12.5
18～26	8.3	6.1	0.85	0.56	18.7	31.0	13.3
26～60	8.3	4.5	0.68	0.53	19.1	29.9	15.4
60～97	8.3	4.4	0.68	0.52	19.5	28.7	16.6
97～120	8.5	5.0	0.74	0.48	19.9	32.6	16.4

4.7.14 大南系（Da'nan Series）

土　　族：壤质硅质混合型非酸性热性-普通简育水耕人为土
拟定者：慈　恩，连茂山，李　松

分布与环境条件　主要分布在永川、铜梁、璧山等地，位于河流沿岸低阶地，海拔一般在 250～350 m，成土母质为第四系全新统冲积物；水田，水稻-油菜/蔬菜轮作。亚热带湿润季风气候，年日照时数 1200～1300 h，年平均气温 17.5～18.5 ℃，年降水量 1000～1100 mm，无霜期 320～340 d。

大南系典型景观

土系特征与变幅　诊断层包括水耕表层、水耕氧化还原层；诊断特性包括人为滞水土壤水分状况、氧化还原特征、热性土壤温度状况、铁质特性等。剖面构型为 Ap1-Ap2-Br，土体厚度 100 cm 以上，层次质地构型为壤土-粉壤土，无石灰反应，pH 5.0～6.4，土体色调为 5YR，结构面上有少量至很多量的铁锰斑纹。

对比土系　马路桥系，同一土族，所处地形部位相同，成土母质相似，无铁质特性，表层土壤质地为黏壤土类。

利用性能综述　该土系土体深厚，质地适中，易耕种，保肥能力强；耕层土壤有机质、全氮、全钾含量中等，全磷含量低。在改良利用上，应多施有机肥，实行秸秆还田，及时补充地力消耗，培肥土壤；根据作物养分需求和土壤供肥性能，合理施肥。

参比土种　紫潮砂泥田。

代表性单个土体　位于重庆市永川区南大街街道大南村 1 组，29°19′51.6″N，105°52′56.7″E，海拔 291 m，低阶地，成土母质为第四系全新统冲积物，水田，水稻-油菜/蔬菜轮作，50 cm 深度土温 19.1℃。野外调查时间为 2015 年 10 月 30 日，编号 50-063。

Ap1：0～19 cm，灰棕（5YR 6/2，干），灰棕（5YR 5/2，润）；壤土，强发育小块状结构，疏松；很少量细根和中根；少量动物穴；结构面上有中量铁锰斑纹；无石灰反应；向下层平滑渐变过渡。

Ap2：19～26 cm，灰棕（5YR 6/2，干），灰棕（5YR 5/2，润）；壤土，强发育中块状结构，稍坚实；很少量细根；结构面上有中量铁锰斑纹；无石灰反应；向下层平滑渐变过渡。

Br1：26～62 cm，浊橙（5YR 6/3，干），浊红棕（5YR 5/3，润）；壤土，中等发育很大棱柱状结构，很坚实；很少量细根；结构面上有多量铁锰斑纹，可见灰色胶膜；无石灰反应；向下层平滑渐变过渡。

Br2：62～82 cm，浊橙（5YR 6/3，干），浊红棕（5YR 5/3，润）；壤土，中等发育大棱柱状结构，坚实；很少量细根；结构面上有很多量铁锰斑纹，可见灰色胶膜；无石灰反应；向下层平滑渐变过渡。

大南系代表性单个土体剖面

Br3：82～117 cm，浊橙（5YR 6/3，干），浊红棕（5YR 5/3，润）；壤土，弱发育大块状结构，坚实；很少量细根；结构面上有中量铁锰斑纹，可见灰色胶膜；无石灰反应；向下层平滑模糊过渡。

Br4：117～150 cm，浊橙（5YR 6/3，干），浊红棕（5YR 5/3，润）；粉壤土，弱发育大块状结构，坚实；很少量细根；结构面上有少量铁锰斑纹，可见灰色胶膜；无石灰反应。

大南系代表性单个土体物理性质

| 土层 | 深度/cm | 砾石（>2 mm，体积分数）/% | 细土颗粒组成（粒径：mm）/(g/kg) | | | 质地 | 容重/(g/cm³) |
			砂粒 2～0.05	粉粒 0.05～0.002	黏粒 <0.002		
Ap1	0～19	0	267	473	260	壤土	1.17
Ap2	19～26	0	319	470	211	壤土	1.49
Br1	26～62	0	365	429	206	壤土	1.63
Br2	62～82	0	347	475	178	壤土	1.68
Br3	82～117	0	412	449	139	壤土	1.69
Br4	117～150	0	169	639	192	粉壤土	1.58

大南系代表性单个土体化学性质

深度/cm	pH(H₂O)	有机碳/(g/kg)	全氮(N)/(g/kg)	全磷(P)/(g/kg)	全钾(K)/(g/kg)	CEC/[cmol(+)/kg]	游离铁/(g/kg)
0～19	5.0	12.3	1.33	0.25	15.0	33.4	11.9
19～26	5.3	10.3	1.16	0.17	14.9	32.9	13.9
26～62	5.7	6.4	0.85	0.18	14.9	29.7	14.3
62～82	5.7	4.4	0.64	0.20	14.3	23.6	15.6
82～117	6.1	3.3	0.60	0.11	13.0	17.3	13.3
117～150	6.4	4.7	0.68	0.21	12.9	21.3	11.4

4.7.15　马路桥系（Maluqiao Series）

土　族：壤质硅质混合型非酸性热性-普通简育水耕人为土
拟定者：慈　恩，连茂山，李　松

分布与环境条件　主要分布在江津、永川、大足等地，位于溪河沿岸低阶地，海拔一般在 200～300 m，成土母质为第四系全新统冲积物；水田，水稻、油菜、高粱等不定期轮作。亚热带湿润季风气候，年日照时数 1100～1200 h，年平均气温 18.0～18.5℃，年降水量 1000～1100 mm，无霜期 340～350 d。

马路桥系典型景观

土系特征与变幅　诊断层包括水耕表层、水耕氧化还原层；诊断特性包括人为滞水土壤水分状况、氧化还原特征、热性土壤温度状况等。剖面构型为 Ap1-Ap2-Br，土体厚度 100 cm 以上，层次质地构型为黏壤土-粉壤土，无石灰反应，pH 4.6～6.2，土体色调为 7.5YR，B 层游离铁含量<14 g/kg，结构面上有很少量至多量的铁锰斑纹。

对比土系　大南系，同一土族，所处地形部位相同，成土母质相似，有铁质特性，表层土壤质地为壤土类。

利用性能综述　该土系土体深厚，耕层质地偏黏，耕性一般，保水保肥能力强；耕层土壤有机质、全磷、全钾含量较低，全氮含量中等，pH 低。在改良利用上，应增施有机肥，实行秸秆还田和种植豆科绿肥等，改善土壤结构，培肥地力；可适量施用石灰或其他土壤改良剂，合理选用碱性肥料，调节耕层土壤酸度。

参比土种　紫潮泥田。

代表性单个土体　位于重庆市江津区永兴镇黄庄村 8 组，29°03′41.3″N，106°11′49.3″E，海拔 265 m，河流一级阶地，成土母质为第四系全新统冲积物，水田，水稻、油菜、高粱等不定期轮作，50 cm 深度土温 19.3℃。野外调查时间为 2015 年 9 月 15 日，编号 50-046。

Ap1：0～18 cm，灰棕（7.5YR 6/2，干），灰棕（7.5YR 5/2，润）；黏壤土，强发育小块状结构，疏松；很少量细根；少量动物穴；结构面上有少量铁锰斑纹；无石灰反应；向下层平滑渐变过渡。

Ap2：18～26 cm，灰棕（7.5YR 6/2，干），浊棕（7.5YR 5/3，润）；黏壤土，强发育中块状结构，稍坚实；很少量细根；少量动物穴；结构面上有中量铁锰斑纹；无石灰反应；向下层平滑渐变过渡。

Br1：26～50 cm，灰棕（7.5YR 6/2，干），浊棕（7.5YR 5/3，润）；粉壤土，中等发育大块状结构，很坚实；很少量细根；结构面上有多量铁锰斑纹，可见灰色胶膜；无石灰反应；向下层平滑清晰过渡。

Br2：50～90 cm，浊棕（7.5YR 6/3，干），浊棕（7.5YR 5/4，润）；粉壤土，弱发育小块状结构，很坚实；很少量细根；结构面上有很少量铁锰斑纹，可见灰色胶膜；无石灰反应；向下层平滑模糊过渡。

马路桥系代表性单个土体剖面

Br3：90～130 cm，浊棕（7.5YR 6/3，干），浊棕（7.5YR 5/4，润）；粉壤土，弱发育小块状结构，很坚实；很少量细根；结构面上有很少量铁锰斑纹，可见灰色胶膜；无石灰反应。

马路桥系代表性单个土体物理性质

土层	深度 /cm	砾石 (>2 mm，体积分数)/%	细土颗粒组成（粒径：mm)/(g/kg)			质地	容重 /(g/cm³)
			砂粒 2～0.05	粉粒 0.05～0.002	黏粒 <0.002		
Ap1	0～18	0	260	419	321	黏壤土	1.41
Ap2	18～26	0	220	506	274	黏壤土	1.64
Br1	26～50	0	264	538	198	粉壤土	1.79
Br2	50～90	0	300	544	156	粉壤土	1.72
Br3	90～130	0	300	550	150	粉壤土	1.74

马路桥系代表性单个土体化学性质

深度 /cm	pH (H₂O)	有机碳 /(g/kg)	全氮(N) /(g/kg)	全磷(P) /(g/kg)	全钾(K) /(g/kg)	CEC /[cmol(+)/kg]	游离铁 /(g/kg)
0～18	4.6	10.4	1.16	0.43	14.3	29.7	14.1
18～26	5.0	8.8	0.73	0.26	14.0	29.5	9.3
26～50	5.6	3.4	0.42	0.23	12.2	27.7	11.3
50～90	6.0	2.8	0.37	0.16	10.1	22.0	8.0
90～130	6.2	2.0	0.35	0.17	10.3	23.9	8.2

4.8　酸性肥熟旱耕人为土

4.8.1　金龙系（Jinlong Series）

土　族：粗骨壤质云母混合型热性-酸性肥熟旱耕人为土
拟定者：慈　恩，唐　江，李　松

金龙系典型景观

分布与环境条件　零星分布在重庆市境内侏罗系沙溪庙组地层出露的低丘下坡，坡度分级为中缓坡，海拔一般在 200～350 m，成土母质为侏罗系沙溪庙组紫色泥岩风化残坡积物；旱地，种植蔬菜、红薯等。亚热带湿润季风气候，年日照时数 1200～1300 h，年平均气温 18.0～18.5℃，年降水量 1000～1100 mm，无霜期 320～330 d。

土系特征与变幅　诊断层包括肥熟表层、雏形层和磷质耕作淀积层；诊断特性包括紫色砂、页岩岩性特征、准石质接触面、湿润土壤水分状况、热性土壤温度状况、铁质特性等。剖面构型为 Ap-Bp-Bw-R，土体厚度 60～80 cm，层次质地构型为通体壤土，无石灰反应，pH 5.3～6.0，土体色调为 10RP。在磷质耕作淀积层中，0.5 mol/L NaHCO$_3$ 浸提有效磷（P）含量 140 mg/kg 左右，明显高于下垫土层。耕作层有多量蚯蚓粪和少量砖瓦碎屑等人为侵入体，不同深度层次中有 30%～45%泥岩碎屑。

对比土系　虎峰系和马鞍系，分布区域相近，不同土纲，均无肥熟表层和磷质耕作淀积层，前者有黏化层发育，为淋溶土；后者有雏形层发育，为雏形土。

利用性能综述　该土系土体稍深，细土质地适中，砾石含量高，通透性好，易耕作；耕层土壤有机质含量较低，全氮含量中等，全磷含量较高，全钾含量高，有效磷含量极丰富。在改良利用上，应多施有机肥，实行秸秆还田，增加有机质含量，改善土壤结构，培肥土壤；根据作物养分需求和土壤供肥性能，合理施肥。

参比土种　酸紫砂泥土。

代表性单个土体　位于重庆市璧山区广普镇金龙村 5 组，29°18′55.7″N，106°09′50.1″E，海拔 263 m，低丘下坡，坡度分级为中缓坡，成土母质为侏罗系沙溪庙组紫色泥岩风化

残坡积物，旱地，种植红薯、蔬菜等，50 cm 深度土温 19.1℃。野外调查时间为 2015 年
10 月 6 日，编号 50-056。

Ap:　0～25 cm，灰红紫（10RP 6/2，干），灰红紫（10RP 5/3，润）；壤土，弱发育小块状结构，疏松；少量中根和很少量细根；多量蚯蚓孔道，内有球形蚯蚓粪便；土体中有 30% 泥岩碎屑，少量砖瓦碎屑；无石灰反应；向下层平滑模糊过渡。

Bp:　25～45 cm，灰红紫（10RP 6/2，干），灰红紫（10RP 5/3，润）；壤土，弱发育中块状结构，稍坚实；很少量细根；少量蚯蚓孔道，内有球形蚯蚓粪便；土体中有 40% 泥岩碎屑；无石灰反应；向下层平滑模糊过渡。

Bw:　45～62 cm，灰红紫（10RP 6/2，干），灰红紫（10RP 5/3，润）；壤土，弱发育小块状结构，坚实；很少量细根；少量蚯蚓孔道，内有球形蚯蚓粪便；土体中有 45% 泥岩碎屑；无石灰反应；向下层波状突变过渡。

R:　62～95 cm，泥岩半风化体。

金龙系代表性单个土体剖面

金龙系代表性单个土体物理性质

| 土层 | 深度 /cm | 砾石 (>2 mm，体积分数)/% | 细土颗粒组成（粒径：mm)/(g/kg) | | | 质地 | 容重 /(g/cm³) |
			砂粒 2～0.05	粉粒 0.05～0.002	黏粒 <0.002		
Ap	0～25	30	405	457	138	壤土	1.38
Bp	25～45	40	460	412	128	壤土	1.52
Bw	45～62	45	502	379	119	壤土	1.53

金龙系代表性单个土体化学性质

深度 /cm	pH (H₂O)	有机碳 /(g/kg)	全氮(N) /(g/kg)	全磷(P) /(g/kg)	全钾(K) /(g/kg)	有效磷(P) /(mg/kg)	CEC /[cmol(+)/kg]	游离铁 /(g/kg)
0～25	6.0	8.4	1.07	0.85	28.1	132.5	22.1	16.0
25～45	5.4	4.7	0.64	0.65	27.9	149.5	23.4	16.4
45～62	5.3	5.2	0.70	0.61	26.5	73.4	22.3	16.0

第5章 潜 育 土

5.1 石灰简育正常潜育土

5.1.1 盘龙系（Panlong Series）

土　族：黏壤质硅质混合型热性-石灰简育正常潜育土
拟定者：慈　恩，连茂山，李　松

盘龙系典型景观

分布与环境条件　主要分布在荣昌、大足等地，多位于侏罗系遂宁组地层出露的低丘坡麓或沟谷低洼处，坡度分级为平地，海拔一般在 300～400 m，成土母质为侏罗系遂宁组泥岩、粉砂岩风化坡积物；水田，单季水稻。亚热带湿润季风气候，年日照时数 1000～1100 h，年平均气温 17.0～18.0℃，年降水量 1000～1100 mm，无霜期 320～330 d。

土系特征与变幅　诊断层包括水耕表层；诊断特性包括人为滞水土壤水分状况、潜育特征、氧化还原特征、热性土壤温度状况、石灰性等。剖面构型为 Ap1-Ap2-Bg，土体厚度 100 cm 以上，层次质地构型为粉壤土-粉质黏壤土-粉壤土-壤土，通体有石灰反应，pH 7.8～8.1，$CaCO_3$ 相当物含量 45～55 g/kg，土体色调为 7.5YR，无水耕氧化还原层发育。仅耕作层结构面上有少量的铁锰斑纹，25 cm 深度以下各土层均有潜育特征，但无结构发育，呈糊泥状。

对比土系　清流系和吴家系，分布区域相近，不同土纲，有水耕氧化还原层发育，均为人为土。

利用性能综述　该土系土体深厚，耕层质地适中，但泥脚深烂，易陷人畜，耕作困难；耕层土壤有机质、全氮含量丰富，全钾含量中等，全磷含量较低。在改良利用上，应完善排水系统，截断岩层水，降低地下水位，扩大复种；可实行半旱式栽培，浅水灌溉，适时晒田，提高水温和土温，促进养分分解；根据作物养分需求和土壤供肥性能，合理施肥。

参比土种　钙质鸭屎紫泥田。

代表性单个土体　位于重庆市荣昌区盘龙镇骑龙村 4 组，29°35′02.5″N，105°22′48.9″E，海拔 353 m，低丘坡麓低洼处，坡度分级为平地，成土母质为侏罗系遂宁组泥岩、粉砂岩风化坡积物，水田，单季水稻，50 cm 深度土温 18.8℃。野外调查时间为 2015 年 11 月 20 日，编号 50-069。

Ap1：0～17 cm，浊棕（7.5YR 5/3，干），暗棕（7.5YR 3/3，润）；粉壤土，中等发育小块状结构，稍坚实；很少量细根；结构面上有少量铁锰斑纹；轻度亚铁反应，轻度石灰反应；向下层平滑渐变过渡。

Ap2：17～25 cm，浊棕（7.5YR 5/3，干），暗棕（7.5YR 3/3，润）；粉质黏壤土，糊泥状，无结构，稍坚实；很少量细根；轻度亚铁反应，轻度石灰反应；向下层平滑渐变过渡。

Bg1：25～40 cm，浊棕（7.5YR 5/3，干），灰棕（7.5YR 4/2，润）；粉壤土，糊泥状，无结构，稍坚实；很少量细根；土体中有 2%岩石碎屑；轻度亚铁反应，轻度石灰反应；向下层平滑模糊过渡。

Bg2：40～80 cm，浊棕（7.5YR 5/3，干），灰棕（7.5YR 4/2，润）；粉壤土，糊泥状，无结构；土体中有 2%岩石碎屑；轻度亚铁反应，轻度石灰反应；向下层平滑模糊过渡。

盘龙系代表性单个土体剖面

Bg3：80～128 cm，浊棕（7.5YR 5/3，干），灰棕（7.5YR 4/2，润）；壤土，糊泥状，无结构；中度亚铁反应，轻度石灰反应。

盘龙系代表性单个土体物理性质

土层	深度/cm	砾石(>2 mm，体积分数)/%	砂粒 2～0.05	粉粒 0.05～0.002	黏粒 <0.002	质地	容重/(g/cm³)
Ap1	0～17	0	218	535	247	粉壤土	0.79
Ap2	17～25	0	166	560	274	粉质黏壤土	0.97
Bg1	25～40	2	252	537	211	粉壤土	1.08
Bg2	40～80	2	254	536	210	粉壤土	1.32
Bg3	80～128	0	316	475	209	壤土	1.34

盘龙系代表性单个土体化学性质

深度 /cm	pH (H₂O)	有机碳 /(g/kg)	全氮(N) /(g/kg)	全磷(P) /(g/kg)	全钾(K) /(g/kg)	CEC /[cmol(+)/kg]	游离铁 /(g/kg)
0～17	7.8	21.5	2.11	0.55	19.0	34.5	16.4
17～25	7.8	16.3	1.66	0.33	13.7	33.5	14.3
25～40	7.8	14.2	1.42	0.41	19.6	39.0	17.1
40～80	8.0	12.3	1.30	0.36	19.4	48.7	15.6
80～128	8.1	12.6	1.36	0.35	19.7	38.5	14.2

第6章 淋 溶 土

6.1 腐殖钙质常湿淋溶土

6.1.1 仙白系（**Xianbai Series**）

土　族：极黏质盖黏壤质伊利石型盖混合型非酸性热性-腐殖钙质常湿淋溶土
拟定者：慈　恩，陈　林，李　松

分布与环境条件　主要分布在
武隆、彭水、黔江等地，多位于
石灰岩地区的中山中坡，坡度分
级为中缓坡，海拔一般在 900～
1000 m，成土母质为三叠系石灰
岩风化残坡积物；林地，植被为
马尾松、杉木、灌木等，植被覆
盖度≥80%。亚热带湿润季风气
候，年日照时数 1000～1100 h，
年平均气温 13.0～14.0℃，年降
水量 1100～1200 mm，无霜期
250～270 d。

仙白系典型景观

土系特征与变幅　诊断层包括黏化层、钙磐；诊断特性包括碳酸盐岩岩性特征、常湿润
土壤水分状况、热性土壤温度状况、腐殖质特性等；诊断现象包括钙积现象。剖面构型
为 Ah-AB-Bt-Bk-Bkm，土体厚度在 100 cm 以上，层次质地构型为粉质黏土-黏土-壤土，
部分层次有石灰反应，pH 6.9～8.3。30～40 cm 深度以下有黏化层发育，结构面上可见
黏粒胶膜和腐殖质淀积胶膜。黏化层以下土体有钙积现象，钙磐的出现深度为 120 cm 左
右。不同深度层次中有 2%～10%石灰岩碎屑，Bk 层有 4%～8%碳酸钙结核。

对比土系　思源系，同一亚类不同土族，成土母质相似，颗粒大小级别为黏壤质，矿物
学类型为硅质混合型，土壤温度等级为温性。

利用性能综述　该土系土体深厚，表层质地黏，保水保肥能力强；表层土壤有机质、全
氮含量较高，全磷含量较低，全钾含量中等。适宜柏树、油桐、乌桕、香樟、漆树等多
种林木生长。利用时应避免林木被破坏，防止水土流失。

参比土种　厚层石灰黄泥土。

代表性单个土体　　位于重庆市武隆区仙女山镇白果村双岭组，29°23′33.9″N，107°46′29.3″E，海拔 938 m，中山中坡，坡度分级为中缓坡，成土母质为三叠系石灰岩风化残坡积物，林地，植被为马尾松、杉木、灌木等，植被覆盖度≥80%，50 cm 深度土温 18.6℃。野外调查时间为 2016 年 3 月 29 日，编号 50-115。

仙白系代表性单个土体剖面

+6～0 cm，枯枝落叶。

Ah：0～13 cm，浊黄橙（10YR 6/3，干），浊黄棕（10YR 5/3，润）；粉质黏土，中等发育大粒状结构，疏松；马尾松、蕨类根系，中量细根和中根，很少量粗根；中量动物穴；土体中有 2%石灰岩碎屑；无石灰反应；向下层平滑渐变过渡。

AB：13～36 cm，浊黄橙（10YR 6/4，干），浊黄棕（10YR 5/4，润）；粉质黏土，中等发育小块状结构，稍坚实；马尾松、蕨类根系，很少量中根和粗根；少量动物穴；结构面上可见中量腐殖质淀积胶膜，土体中有 4%石灰岩碎屑；无石灰反应；向下层平滑渐变过渡。

Bt：36～69 cm，浊黄棕（10YR 5/4，干），棕（10YR 4/4，润）；黏土，中等发育小块状结构，稍坚实；马尾松根系，很少量中根；结构面上可见黏粒胶膜和少量腐殖质淀积胶膜，土体中有 10%石灰岩碎屑；轻度石灰反应；向下层平滑模糊过渡。

Bk1：69～94 cm，浊黄棕（10YR 5/4，干），棕（10YR 4/4，润）；壤土，弱发育中块状结构，坚实；马尾松根系，很少量中根；土体中有 10%石灰岩碎屑，4%不规则的黄白色稍硬碳酸钙结核；强石灰反应；向下层平滑模糊过渡。

Bk2：94～120 cm，浊黄棕（10YR 5/4，干），棕（10YR 4/4，润）；壤土，弱发育中块状结构，坚实；土体中有 10%石灰岩碎屑，8%不规则的黄白色稍硬碳酸钙结核；强石灰反应；向下层平滑突变过渡。

Bkm：120～140 cm，淡黄橙（10YR 8/4，干），黄橙（10YR 8/6，润）；钙磐。

仙白系代表性单个土体物理性质

土层	深度/cm	砾石（>2 mm，体积分数)/%	细土颗粒组成（粒径：mm)/(g/kg)			质地	容重/(g/cm³)
			砂粒 2～0.05	粉粒 0.05～0.002	黏粒 <0.002		
Ah	0～13	2	99	428	473	粉质黏土	1.21
AB	13～36	4	93	492	415	粉质黏土	1.35
Bt	36～69	10	74	202	724	黏土	1.31
Bk1	69～94	14	386	372	242	壤土	1.25
Bk2	94～120	18	466	324	210	壤土	1.30
Bkm	120～140	—	—	—	—	—	—

仙白系代表性单个土体化学性质

深度 /cm	pH (H₂O)	有机碳 /(g/kg)	全氮(N) /(g/kg)	全磷(P) /(g/kg)	全钾(K) /(g/kg)	CEC /[cmol(+)/kg]	CaCO₃相当物 /(g/kg)
0～13	6.9	20.3	2.53	0.45	15.6	33.8	13.3
13～36	6.9	11.6	1.33	0.25	15.1	41.6	14.5
36～69	7.6	9.3	1.09	0.35	14.8	24.8	26.5
69～94	8.2	6.3	0.76	0.28	11.6	41.0	131.2
94～120	8.2	4.7	0.70	0.25	11.8	36.7	107.9
120～140	8.3	—	—	—	—	—	590.0

6.1.2　思源系（Siyuan Series）

土　　族：黏壤质硅质混合型非酸性温性-腐殖钙质常湿淋溶土
拟定者：慈　恩，陈　林，李　松

思源系典型景观

分布与环境条件　主要分布在巫溪、城口等地，多位于石灰岩出露的中山中上部坡地，坡度分级为中坡，海拔一般在 1500～1700 m，成土母质为三叠系石灰岩风化残坡积物；林地，植被为华山松、油松、灌木、蕨类等，植被覆盖度≥80%。亚热带湿润季风气候，年日照时数 1400～1500 h，年平均气温 9.5～11.0 ℃，年降水量 1300～1400 mm，无霜期 180～200 d。

土系特征与变幅　诊断层包括黏化层；诊断特性包括碳酸盐岩岩性特征、常湿润土壤水分状况、温性土壤温度状况、腐殖质特性、盐基饱和度等。剖面构型为 Ah-Bt，土体厚度 100 cm 以上，层次质地构型为粉壤土-粉质黏壤土-粉壤土-粉质黏壤土，无石灰反应，pH 5.9～6.2，盐基饱和度>50%。腐殖质表层（Ah）以下有黏化层发育，结构面上可见黏粒胶膜。土表至 125 cm 深度范围内部分层次有 2%～10%石灰岩碎屑。

对比土系　仙白系，同一亚类不同土族，成土母质相似，颗粒大小级别为极黏质盖黏壤质，矿物学类型为伊利石型盖混合型，土壤温度等级为热性。

利用性能综述　该土系土体深厚，表层质地适中，保水保肥能力较强；表层土壤有机质含量较高，全氮含量高，全磷含量低，全钾含量中等。土壤结构发育较好，水热状况协调，宜发展华山松、油松等多种林木。注意合理采种，防止林木被破坏，以免造成水土流失和生态环境恶化；在种植林木上，可根据实际需求，适量施肥。

参比土种　厚层黄棕泡土。

代表性单个土体　位于重庆市巫溪县文峰镇思源村 2 组，31°25′43.2″N，109°11′20.6″E，海拔 1556 m，中山中坡，坡度分级为中坡，成土母质为三叠系石灰岩风化残坡积物，林地，植被为华山松、油松、灌木、蕨类等，植被覆盖度≥80%，50 cm 深度土温 14.5℃。野外调查时间为 2015 年 8 月 31 日，编号 50-035。

+7～0 cm，枯枝落叶。

Ah：　0～28 cm，黄灰（2.5Y 6/1，干），黄灰（2.5Y 4/1，润）；
　　　粉壤土，强发育小块状结构，疏松；松树、蕨类根系，
　　　少量细根和中根；中量动物穴；土体中有 2%石灰岩碎屑；
　　　无石灰反应；向下层波状清晰过渡。

Bt1：　28～43 cm，淡黄（2.5Y 7/3，干），浊黄（2.5Y 6/3，润）；
　　　粉质黏壤土，强发育小块状结构，稍坚实；松树、蕨类
　　　根系，很少量细根和中根；少量动物穴；结构面上可见
　　　黏粒胶膜和中量腐殖质淀积胶膜，裂隙壁填充有含腐殖
　　　质土体；无石灰反应；向下层平滑模糊过渡。

Bt2：　43～69 cm，淡黄（2.5Y 7/3，干），浊黄（2.5Y 6/3，润）；
　　　粉质黏壤土，强发育小块状结构，稍坚实；松树根系，
　　　很少量细根和中根；很少量动物穴；结构面上可见黏粒
　　　胶膜和少量腐殖质淀积胶膜，裂隙壁填充有含腐殖质土
　　　体；无石灰反应；向下层平滑模糊过渡。

思源系代表性单个土体剖面

Bt3：　69～94 cm，淡黄（2.5Y 7/3，干），浊黄（2.5Y 6/3，润）；粉壤土，强发育中块状结构，稍坚
　　　实；松树根系，很少量细根；结构面上可见黏粒胶膜和很少量腐殖质淀积胶膜，裂隙壁填充有含
　　　腐殖质土体；无石灰反应；向下层平滑渐变过渡。

Bt4：　94～128 cm，浊黄橙（10YR 7/4，干），浊黄橙（10YR 6/4，润）；粉质黏壤土，中等发育中块
　　　状结构，很坚实；松树根系，很少量细根和中根；结构面上可见黏粒胶膜，裂隙壁填充有含腐殖
　　　质土体，土体中有 10%石灰岩碎屑；无石灰反应。

思源系代表性单个土体物理性质

土层	深度 /cm	砾石 (>2 mm，体积分数)/%	细土颗粒组成（粒径：mm）/(g/kg)			质地	容重 /(g/cm³)
			砂粒 2～0.05	粉粒 0.05～0.002	黏粒 <0.002		
Ah	0～28	2	57	751	192	粉壤土	1.14
Bt1	28～43	0	133	566	301	粉质黏壤土	1.40
Bt2	43～69	0	32	667	301	粉质黏壤土	1.47
Bt3	69～94	0	56	709	235	粉壤土	1.46
Bt4	94～128	10	51	593	356	粉质黏壤土	1.44

思源系代表性单个土体化学性质

深度 /cm	pH (H₂O)	有机碳 /(g/kg)	全氮(N) /(g/kg)	全磷(P) /(g/kg)	全钾(K) /(g/kg)	CEC /[cmol(+)/kg]	盐基饱和度 /%
0～28	6.2	20.1	2.09	0.24	17.9	21.2	62.2
28～43	6.1	8.6	1.03	0.17	17.1	14.1	60.2
43～69	5.9	8.2	0.98	0.16	17.6	19.0	63.1
69～94	5.9	4.7	0.61	0.10	17.7	18.8	62.0
94～128	6.1	3.7	0.67	0.15	18.4	27.2	58.5

6.2　普通钙质常湿淋溶土

6.2.1　春晓村系（Chunxiaocun Series）

土　　族：黏质伊利石型非酸性温性-普通钙质常湿淋溶土

拟定者：慈　恩，翁昊璐，李　松

春晓村系典型景观

分布与环境条件　主要分布在巫山、奉节等地，多位于石灰岩出露的中山上坡，坡度分级为中缓坡，海拔 1300～1500 m，成土母质为三叠系石灰岩风化残坡积物；林地，植被为马尾松、华山松、灌木、茅草、蕨类等，植被覆盖度≥80%。亚热带湿润季风气候，年日照时数 1500～1600 h，年平均气温 11.0～12.5 ℃，年降水量 1200～1300 mm，无霜期215～235 d。

土系特征与变幅　诊断层包括黏化层；诊断特性包括碳酸盐岩岩性特征、常湿润土壤水分状况、氧化还原特征、温性土壤温度状况、盐基饱和度等。剖面构型为 Ah-AB-Bt-Btr，土体厚度 100 cm 以上，层次质地构型为粉壤土-壤土-粉质黏壤土-粉质黏土，无石灰反应，pH 6.0～6.9，盐基饱和度>50%。黏化层出现深度为 40～50 cm，黏粒含量一般为 300～500 g/kg，结构面上可见黏粒胶膜。55～60 cm 深度以下土体结构面上有铁锰斑纹，土表至 50 cm 深度范围内有少量石灰岩碎屑。

对比土系　同一亚类不同土族的土系中，中伙系，土壤温度等级为热性；文峰系，土壤温度等级为热性；上磺系，矿物学类型为伊利石混合型，石灰性和酸碱反应类别为石灰性，土壤温度等级为热性；红池坝系，颗粒大小级别为黏壤质，矿物学类型为硅质混合型。

利用性能综述　该土系土体深厚，表层质地适中，保水保肥能力较强；表层土壤有机质、全氮含量中等，全磷含量很低，全钾含量较低。宜发展多种用材林和经济林，是较好的林地土壤资源；要做到采种并举，防止林木被破坏，以免造成水土流失和生态环境恶化。

参比土种　矿子黄泥土。

代表性单个土体　位于重庆市巫山县建坪乡春晓村 3 组，31°02′20.8″N，109°54′16.1″E，海拔 1466 m，中山上坡，坡度分级为中缓坡，成土母质为三叠系石灰岩风化残坡积物，林地，植被为马尾松、华山松、灌木、茅草、蕨类等，植被覆盖度≥80%，50 cm 深度土温 15.0℃。野外调查时间为 2017 年 8 月 1 日，编号 50-144。

+3～0 cm，枯枝落叶。

Ah：　0～18 cm，浊黄橙（10YR 7/2，干），灰黄棕（10YR 5/2，润）；粉壤土，强发育小块状结构，稍坚实；松树、蕨类根系，少量粗根和中量细根；少量动物穴；土体中有 2%石灰岩碎屑；无石灰反应；向下层平滑渐变过渡。

AB：　18～47 cm，浊黄橙（10YR 7/3，干），浊黄棕（10YR 5/4，润）；壤土，强发育大块状结构，坚实；松树、蕨类根系，很少量粗根和中量细根；很少量动物穴；土体中有 2%石灰岩碎屑；无石灰反应；向下层平滑模糊过渡。

Bt：　47～57 cm，浊黄橙（10YR 7/4，干），浊黄棕（10YR 5/4，润）；粉质黏壤土，中等发育小块状结构，坚实；松树根系，很少量细根；结构面上可见黏粒胶膜；无石灰反应；向下层平滑渐变过渡。

春晓村系代表性单个土体剖面

Btr1：57～106 cm，亮棕（7.5YR 5/6，干），棕（7.5YR 4/6，润）；粉质黏土，弱发育小块状结构，坚实；结构面上可见黏粒胶膜，少量铁锰斑纹；无石灰反应；向下层平滑模糊过渡。

Btr2：106～132 cm，亮棕（7.5YR 5/6，干），棕（7.5YR 4/6，润）；粉质黏土，弱发育小块状结构，坚实；结构面上可见黏粒胶膜，少量铁锰斑纹；无石灰反应。

春晓村系代表性单个土体物理性质

| 土层 | 深度/cm | 砾石(>2 mm，体积分数)/% | 细土颗粒组成（粒径：mm)/(g/kg) | | | 质地 | 容重/(g/cm³) |
			砂粒 2～0.05	粉粒 0.05～0.002	黏粒 <0.002		
Ah	0～18	2	77	710	213	粉壤土	1.35
AB	18～47	2	340	414	246	壤土	1.75
Bt	47～57	0	50	645	305	粉质黏壤土	1.78
Btr1	57～106	0	42	456	502	粉质黏土	1.73
Btr2	106～132	0	36	511	453	粉质黏土	1.72

春晓村系代表性单个土体化学性质

深度/cm	pH(H₂O)	有机碳/(g/kg)	全氮(N)/(g/kg)	全磷(P)/(g/kg)	全钾(K)/(g/kg)	CEC/[cmol(+)/kg]	游离铁/(g/kg)
0～18	6.0	13.7	1.03	0.13	13.4	21.2	6.8
18～47	6.3	4.6	0.36	0.11	14.6	21.2	9.0
47～57	6.7	4.1	0.39	0.14	16.5	31.1	13.3
57～106	6.8	4.6	0.47	0.11	17.4	52.6	10.7
106～132	6.9	4.2	0.39	0.08	16.2	55.0	9.2

6.2.2 中伙系（Zhonghuo Series）

土　　族：黏质伊利石型非酸性热性-普通钙质常湿淋溶土
拟定者：慈　恩，陈　林，李　松

中伙系典型景观

分布与环境条件　主要分布在巫山、奉节等地，多位于石灰岩地区的中山中坡，坡度分级为中坡，海拔一般在 1000～1200 m，成土母质为三叠系石灰岩风化残坡积物；旱地，种植马铃薯、玉米、蔬菜等。亚热带湿润季风气候，年日照时数 1500～1600 h，年平均气温 12.5～14.0 ℃，年降水量 1000～1100 mm，无霜期 240～260 d。

土系特征与变幅　诊断层包括淡薄表层、黏化层；诊断特性包括碳酸盐岩岩性特征、常湿润土壤水分状况、氧化还原特征、热性土壤温度状况、盐基饱和度等。剖面构型为Ap-Bt-Btr，土体厚度 100 cm 以上，质地构型为粉壤土-粉质黏土-黏土，部分层次有石灰反应，pH 6.0～7.7，盐基饱和度>50%。耕作层以下有黏化层发育，结构面上可见黏粒胶膜。土体中部分层次有 5%～8%石灰岩碎屑，90 cm 左右深度以下土体结构面上有铁锰斑纹。

对比土系　文峰系，同一土族，所处地形部位相邻，成土母质相似，剖面构型为Ap-AB-Bt-Bw，黏化层出现深度≥50 cm，无氧化还原特征，表层土壤质地类型为黏壤土类。同一亚类不同土族的土系中，春晓村系，土壤温度等级为温性；上磺系，矿物学类型为伊利石混合型，石灰性和酸碱反应类别为石灰性；红池坝系，颗粒大小级别为黏壤质，矿物学类型为硅质混合型，土壤温度等级为温性。

利用性能综述　该土系土体深厚，耕层质地适中，有中量砾石，保水保肥能力较强；耕层土壤有机质含量较低，全氮、全钾含量中等，全磷含量低。在改良利用上，应整治坡面水系，改坡为梯，结合相关耕作措施，减少水土流失；增施有机肥，实行秸秆还田和合理轮作，改善土壤理化性状，培肥地力；拣出耕层较大砾石，提高耕作质量；根据作物养分需求和土壤供肥性能，合理施肥。

参比土种　石灰黄泥土。

代表性单个土体　位于重庆市巫山县建坪乡中伙村 5 组，31°00′32.2″N，109°53′09.6″E，海拔 1103 m，中山中坡，坡度分级为中坡，成土母质为三叠系石灰岩风化残坡积物，旱地，种植马铃薯、玉米、蔬菜（如卷心菜）等，50 cm 深度土温 16.2℃。野外调查时间为 2016 年 1 月 16 日，编号 50-084。

中伙系代表性单个土体剖面

Ap：0～20 cm，浊黄橙（10YR 6/4，干），浊黄棕（10YR 5/4，润）；粉壤土，中等发育小块状结构，疏松；很少量细根；少量动物穴；土体中有 6%石灰岩碎屑；无石灰反应；向下层平滑渐变过渡。

Bt1：20～35 cm，浊黄橙（10YR 6/4，干），浊黄棕（10YR 5/4，润）；粉质黏土，中等发育中块状结构，稍坚实；很少量细根；结构面上可见黏粒胶膜，土体中有 5%石灰岩碎屑；无石灰反应；向下层平滑模糊过渡。

Bt2：35～67 cm，浊黄橙（10YR 6/3，干），浊黄棕（10YR 5/3，润）；粉质黏土，中等发育中块状结构，很坚实；很少量细根；结构面上可见黏粒胶膜，土体中有 8%石灰岩碎屑；轻度石灰反应；向下层平滑模糊过渡。

Bt3：67～91 cm，浊黄橙（10YR 6/3，干），浊黄棕（10YR 5/3，润）；粉质黏土，中等发育中块状结构，很坚实；很少量细根；结构面上可见黏粒胶膜，土体中有 5%石灰岩碎屑；轻度石灰反应；向下层平滑渐变过渡。

Btr：91～145 cm，亮黄棕（10YR 6/6，干），黄棕（10YR 5/6，润）；黏土，中等发育中块状结构，很坚实；结构面上可见黏粒胶膜，中量铁锰斑纹；无石灰反应。

中伙系代表性单个土体物理性质

土层	深度 /cm	砾石 (>2 mm，体积分数)/%	细土颗粒组成 (粒径：mm)/(g/kg)			质地	容重 /(g/cm³)
			砂粒 2～0.05	粉粒 0.05～0.002	黏粒 <0.002		
Ap	0～20	6	112	703	185	粉壤土	1.35
Bt1	20～35	5	37	546	417	粉质黏土	1.42
Bt2	35～67	8	99	484	417	粉质黏土	1.49
Bt3	67～91	5	43	492	465	粉质黏土	1.47
Btr	91～145	0	208	374	418	黏土	1.31

中伙系代表性单个土体化学性质

深度 /cm	pH (H₂O)	有机碳 /(g/kg)	全氮(N) /(g/kg)	全磷(P) /(g/kg)	全钾(K) /(g/kg)	CEC /[cmol(+)/kg]	游离铁 /(g/kg)
0～20	6.0	10.1	1.19	0.38	18.9	25.4	21.1
20～35	7.0	8.6	0.98	0.28	22.5	34.8	20.8
35～67	7.6	6.3	0.97	0.26	20.3	40.0	19.7
67～91	7.7	4.6	0.72	0.18	14.9	39.3	21.3
91～145	7.5	2.2	0.38	0.19	20.7	42.7	23.8

6.2.3　文峰系（Wenfeng Series）

土　族：黏质伊利石型非酸性热性-普通钙质常湿淋溶土
拟定者：慈　恩，连茂山，翁昊璐

文峰系典型景观

分布与环境条件　主要分布在巫溪、巫山等地，多位于石灰岩、白云岩出露的中山下坡，坡度分级为中坡，海拔一般在 800～1000 m，成土母质为三叠系石灰岩、白云岩风化残坡积物；旱地，玉米、红薯套作。亚热带湿润季风气候，年日照时数 1400～1500 h，年平均气温 14.0～15.5 ℃，年降水量 1100～1200 mm，无霜期 250～270 d。

土系特征与变幅　诊断层包括淡薄表层、雏形层、黏化层；诊断特性包括碳酸盐岩岩性特征、常湿润土壤水分状况、热性土壤温度状况、盐基饱和度等。剖面构型为 Ap-AB-Bt-Bw，土体厚度 100 cm 以上，层次质地构型为粉质黏壤土-黏壤土-粉质黏土，部分层次有石灰反应，pH 7.0～7.7，盐基饱和度>50%。50 cm 深度以下有黏化层发育，厚度 50～60 cm，结构面上可见黏粒胶膜。土体中部分层次有少量碳酸盐岩碎屑。

对比土系　中伙系，同一土族，所处地形部位相邻，成土母质相似，剖面构型为 Ap-Bt-Btr，黏化层出现深度在 20 cm 左右，下部土体有氧化还原特征，表层土壤质地类型为壤土类。同一亚类不同土族的土系中，春晓村系，土壤温度等级为温性；上磺系，矿物学类型为伊利石混合型，石灰性和酸碱反应类别为石灰性；红池坝系，颗粒大小级别为黏壤质，矿物学类型为硅质混合型，土壤温度等级为温性。西流溪系，分布区域相近，不同亚类，成土母质相似，为腐殖简育常湿淋溶土。

利用性能综述　该土系土体深厚，质地偏黏，耕性一般；耕层土壤有机质含量较低，全氮含量中等，全磷含量低，全钾含量较高。在改良利用上，应整治坡面水系，实行坡改梯，增加地表覆盖，减少水土流失；深耕炕土，多施有机肥，实行秸秆还田和合理轮作，改善土壤结构和通透性，培肥地力；根据作物养分需求和土壤供肥性能，合理施肥。

参比土种　石灰黄泥土。

代表性单个土体　位于重庆市巫溪县文峰镇文峰村 4 组，31°24′33.0″N，109°11′36.9″E，海拔 861 m，中山下坡，坡度分级为中坡，成土母质为三叠系石灰岩、白云岩风化残坡积物，旱地，玉米、红薯套作，50 cm 深度土温 17.1℃。野外调查时间为 2015 年 8 月 30

日，编号 50-034。

Ap: 0～20 cm，浊黄橙（10YR 6/4，干），棕（10YR 4/4，润）；粉质黏壤土，强发育中块状结构，稍坚实；很少量细根；中量动物穴；无石灰反应；向下层平滑模糊过渡。

AB: 20～50 cm，浊黄橙（10YR 6/4，干），棕（10YR 4/4，润）；黏壤土，中等发育中块状结构，坚实；很少量细根；少量动物穴；土体中有 2% 岩石碎屑；无石灰反应；向下层平滑模糊过渡。

Bt1: 50～75 cm，浊黄橙（10YR 6/4，干），棕（10YR 4/4，润）；粉质黏土，中等发育大块状结构，坚实；很少量细根；少量动物穴；结构面上可见黏粒胶膜，土体中有 2% 岩石碎屑；轻度石灰反应；向下层平滑模糊过渡。

Bt2: 75～105 cm，浊黄橙（10YR 6/4，干），棕（10YR 4/4，润）；粉质黏土，弱发育大块状结构，坚实；很少量细根；少量动物穴；结构面上可见黏粒胶膜，土体中有 2% 岩石碎屑；轻度石灰反应；向下层平滑模糊过渡。

文峰系代表性单个土体剖面

Bw: 105～138 cm，浊黄橙（10YR 6/4，干），棕（10YR 4/4，润）；粉质黏土，弱发育大块状结构，很坚实；很少量细根；少量动物穴；土体中有 2% 岩石碎屑；轻度石灰反应。

文峰系代表性单个土体物理性质

| 土层 | 深度/cm | 砾石（>2 mm，体积分数)/% | 细土颗粒组成（粒径：mm)/(g/kg) | | | 质地 | 容重/(g/cm³) |
			砂粒 2～0.05	粉粒 0.05～0.002	黏粒 <0.002		
Ap	0～20	0	56	556	388	粉质黏壤土	1.40
AB	20～50	2	274	372	354	黏壤土	1.51
Bt1	50～75	2	54	415	531	粉质黏土	1.59
Bt2	75～105	2	42	491	467	粉质黏土	1.52
Bw	105～138	2	71	528	401	粉质黏土	1.57

文峰系代表性单个土体化学性质

深度/cm	pH(H₂O)	有机碳/(g/kg)	全氮(N)/(g/kg)	全磷(P)/(g/kg)	全钾(K)/(g/kg)	CEC/[cmol(+)/kg]	游离铁/(g/kg)
0～20	7.0	10.3	1.16	0.38	22.8	17.4	22.2
20～50	7.4	8.9	1.14	0.28	22.7	17.1	21.1
50～75	7.6	7.4	0.97	0.25	21.9	23.7	20.0
75～105	7.6	7.2	0.94	0.24	21.6	34.9	19.8
105～138	7.7	6.8	1.00	0.21	22.4	28.2	21.5

6.2.4　上磺系（Shanghuang Series）

土　族：黏质伊利石混合型石灰性热性-普通钙质常湿淋溶土
拟定者：慈　恩，陈　林，李　松

分布与环境条件　主要分布在巫溪、巫山、奉节等地，多位于石灰岩地区的中山上部坡地，坡度分级为中缓坡，海拔一般在900～1200 m，成土母质为三叠系石灰岩风化残坡积物；旱地，种植玉米、马铃薯和红薯等。亚热带湿润季风气候，年日照时数1500～1600 h，年平均气温12.5～14.5℃，年降水量1100～1200 mm，无霜期230～250 d。

上磺系典型景观

土系特征与变幅　诊断层包括黏化层；诊断特性包括碳酸盐岩岩性特征、石质接触面、常湿润土壤水分状况、热性土壤温度状况、石灰性等。剖面构型为Ap-AB-Bt-R，土体厚度70～90 cm，层次质地构型为粉质黏壤土-粉质黏土，通体有石灰反应，pH 7.6～8.1，CaCO$_3$相当物含量20～100 g/kg。40 cm深度以下有黏化层发育，结构面上可见黏粒胶膜。土体中部分层次有少量石灰岩碎屑。

对比土系　同一亚类不同土族的土系中，春晓村系，矿物学类型为伊利石型，石灰性和酸碱反应类别为非酸性，土壤温度等级为温性；中伙系，矿物学类型为伊利石型，石灰性和酸碱反应类别为非酸性；文峰系，矿物学类型为伊利石型，石灰性和酸碱反应类别为非酸性；红池坝系，颗粒大小级别为黏壤质，矿物学类型为硅质混合型，石灰性和酸碱反应类别为非酸性，土壤温度等级为温性。楼房村系，分布区域相近，不同土纲，为雏形土。

利用性能综述　该土系土体稍深，质地偏黏，耕性一般，保水保肥能力较强；耕层土壤有机质、全钾含量中等，全氮含量较高，全磷含量较低。在改良利用上，应施用有机肥，实行秸秆还田，合理种植绿肥，改善土壤结构，培肥地力；根据作物养分需求和土壤供肥性能，合理施肥。

参比土种　中层石灰黑泥土。

代表性单个土体　位于重庆市巫溪县上磺镇严家村3组，31°20′21.0″N，109°30′30.5″E，海拔 985 m，中山上部坡地，坡度分级为中缓坡，成土母质为三叠系石灰岩风化残坡积物，旱地，单季玉米或马铃薯-红薯轮作，50 cm 深度土温 17.1℃。野外调查时间为 2015 年 8 月 29 日，编号 50-032。

Ap： 0～22 cm，浊棕（7.5YR 6/3，干），浊棕（7.5YR 5/3，润）；粉质黏壤土，强发育小块状结构，疏松；少量细根；中量动物穴；土体中有 5%石灰岩碎屑；中度石灰反应；向下层平滑渐变过渡。

AB： 22～40 cm，浊棕（7.5YR 6/3，干），浊棕（7.5YR 5/3，润）；粉质黏壤土，强发育小块状结构，稍坚实；很少量细根；中量动物穴；土体中有 2%石灰岩碎屑；中度石灰反应；向下层平滑渐变过渡。

Bt1：40～62 cm，浊橙（7.5YR 6/4，干），棕（7.5YR 4/4，润）；粉质黏土，中等发育中块状结构，稍坚实；很少量细根和中根；少量动物穴；结构面上可见黏粒胶膜；轻度石灰反应；向下层平滑模糊过渡。

上磺系代表性单个土体剖面

Bt2：62～85 cm，浊橙（7.5YR 6/4，干），棕（7.5YR 4/4，润）；粉质黏土，中等发育小块状结构，很坚实；很少量细根和中根；很少量动物穴；结构面上可见黏粒胶膜，土体中有 5%石灰岩碎屑；轻度石灰反应；向下层波状突变过渡。

R： 85～120 cm，石灰岩。

上磺系代表性单个土体物理性质

土层	深度 /cm	砾石 (>2 mm，体积分数)/%	细土颗粒组成 (粒径：mm)/(g/kg)			质地	容重 /(g/cm³)
			砂粒 2～0.05	粉粒 0.05～0.002	黏粒 <0.002		
Ap	0～22	5	171	498	331	粉质黏壤土	1.31
AB	22～40	2	103	553	344	粉质黏壤土	1.43
Bt1	40～62	0	28	510	462	粉质黏土	1.54
Bt2	62～85	5	122	454	424	粉质黏土	1.45

上磺系代表性单个土体化学性质

深度 /cm	pH (H₂O)	有机碳 /(g/kg)	全氮(N) /(g/kg)	全磷(P) /(g/kg)	全钾(K) /(g/kg)	CEC /[cmol(+)/kg]	游离铁 /(g/kg)
0～22	8.1	12.3	1.64	0.44	18.4	27.2	15.5
22～40	8.0	6.9	1.04	0.18	18.7	21.8	17.5
40～62	7.7	6.2	1.00	0.21	19.5	21.4	15.8
62～85	7.6	7.0	1.11	0.18	12.4	18.0	15.5

6.2.5　红池坝系（Hongchiba Series）

土　　族：黏壤质硅质混合型非酸性温性-普通钙质常湿淋溶土
拟定者：慈　恩，陈　林，李　松

红池坝系典型景观

分布与环境条件　主要分布在巫溪、城口等地，多位于石灰岩出露的中山上部坡地，坡度分级为中缓坡，海拔一般在 2300～2500 m，成土母质为三叠系石灰岩风化残坡积物；林地，植被有华山松、匍匐栒子、蕨类等，植被覆盖度≥80%。亚热带湿润季风气候，年日照时数 1400～1500 h，年平均气温 5.0～6.5℃，年降水量 1500～1600 mm，无霜期 110～130 d。

土系特征与变幅　诊断层包括黏化层；诊断特性包括碳酸盐岩岩性特征、石质接触面、常湿润土壤水分状况、温性土壤温度状况、盐基饱和度等。剖面构型为 Ah-AB-BA-Bt-R，土体厚度 100 cm 以上，层次质地构型为通体粉质黏壤土，无石灰反应，pH 6.5～6.7，盐基饱和度>50%。70 cm 深度以下有黏化层发育，结构面上可见黏粒胶膜。土体中部分层次有少量石灰岩碎屑，石质接触面的出现深度在 100～150 cm。

对比土系　同一亚类不同土族的土系中，春晓村系，颗粒大小级别为黏质，矿物学类型为伊利石型；中伙系，颗粒大小级别为黏质，矿物学类型为伊利石型，土壤温度等级为热性；文峰系，颗粒大小级别为黏质，矿物学类型为伊利石型，土壤温度等级为热性；上磺系，颗粒大小级别为黏质，矿物学类型为伊利石混合型，石灰性和酸碱反应类别为石灰性，土壤温度等级为热性。

利用性能综述　该土系土体深厚，质地偏黏，保水保肥能力较强；表层土壤有机质含量中等，全氮、全钾含量高，全磷含量较低。适宜华山松、云杉、冷杉等多种林木生长；在抚育林木幼苗时，可根据实际需求，适量施肥。

参比土种　厚层酸棕泡砂泥土。

代表性单个土体　位于重庆市巫溪县文峰镇红池坝国家森林公园，31°34′20.4″N，109°00′24.4″E，海拔 2322 m，中山上部坡地，坡度分级为中缓坡，成土母质为三叠系石灰岩风化残坡积物，林地，植被有华山松、匍匐栒子、蕨类等，植被覆盖度≥80%，50 cm 深度土温 12.0℃。野外调查时间为 2015 年 9 月 1 日，编号 50-037。

+4～0 cm，枯枝落叶。

Ah：　0～12 cm，浊黄橙（10YR 7/3，干），浊黄棕（10YR 5/3，
　　　润）；粉质黏壤土，强发育小块状结构，疏松；华山松
　　　和灌木根系，中量细根和中根；中量动物穴；土体中有
　　　2%石灰岩碎屑；无石灰反应；向下层波状渐变过渡。

AB：　12～36 cm，浊黄橙（1 0YR 7/4，干），浊黄棕（10YR 5/4，
　　　润）；粉质黏壤土，强发育中块状结构，稍坚实；华
　　　山松和灌木根系，少量细根和中根；少量动物穴；裂
　　　隙壁填充有含腐殖质土体；无石灰反应；向下层平滑
　　　模糊过渡。

BA：　36～70 cm，浊黄橙（10YR 7/4，干），浊黄棕（10YR 5/4，
　　　润）；粉质黏壤土，中等发育大块状结构，稍坚实；华
　　　山松和灌木根系，很少量细根；少量动物穴；结构面上
　　　可见中量腐殖质淀积胶膜，裂隙壁填充有含腐殖质土体；
　　　无石灰反应；向下层平滑模糊过渡。

红池坝系代表性单个土体剖面

Bt1：70～103 cm，浊黄橙（10YR 7/4，干），浊黄棕（10YR 5/4，润）；粉质黏壤土，中等发育大块
　　　状结构，稍坚实；华山松和灌木根系，很少量细根；结构面上可见黏粒胶膜，土体中有 2%石灰
　　　岩碎屑；无石灰反应；向下层平滑模糊过渡。

Bt2：103～141 cm，浊黄橙（10YR 7/4，干），浊黄棕（10YR 5/4，润）；粉质黏壤土，弱发育大块状
　　　结构，稍坚实；结构面上可见黏粒胶膜，土体中有 3%石灰岩碎屑；无石灰反应；向下层波状突
　　　变过渡。

R：　　141 cm～，石灰岩。

红池坝系代表性单个土体物理性质

土层	深度 /cm	砾石 (>2 mm，体积分数)/%	细土颗粒组成（粒径：mm）/(g/kg)			质地	容重 /(g/cm³)
			砂粒 2～0.05	粉粒 0.05～0.002	黏粒 <0.002		
Ah	0～12	2	59	659	282	粉质黏壤土	0.98
AB	12～36	0	76	621	303	粉质黏壤土	1.09
BA	36～70	0	74	621	305	粉质黏壤土	1.06
Bt1	70～103	2	76	545	379	粉质黏壤土	1.26
Bt2	103～141	3	48	600	352	粉质黏壤土	1.09

红池坝系代表性单个土体化学性质

深度 /cm	pH (H₂O)	有机碳 /(g/kg)	全氮(N) /(g/kg)	全磷(P) /(g/kg)	全钾(K) /(g/kg)	CEC /[cmol(+)/kg]	游离铁 /(g/kg)
0～12	6.6	16.7	2.21	0.46	26.8	23.8	21.9
12～36	6.7	9.4	1.54	0.49	27.3	20.8	16.9
36～70	6.5	9.0	1.04	0.45	28.3	18.7	15.6
70～103	6.5	5.7	0.78	0.40	31.0	24.6	17.3
103～141	6.5	7.6	1.04	0.46	29.5	24.6	21.9

6.3 腐殖简育常湿淋溶土

6.3.1 西流溪系（Xiliuxi Series）

土　族：黏壤质硅质混合型酸性温性-腐殖简育常湿淋溶土
拟定者：慈　恩，陈　林，李　松

分布与环境条件　主要分布在巫溪、城口等地，多位于中山区的山间小平坝或内山坡麓平缓地带，坡度分级为微坡，海拔一般在 2000～2400 m，成土母质为三叠系石灰岩风化坡积物；草地，植被类型为草甸，生长有薹草、红车轴草、香青等，植被覆盖度≥80%。亚热带湿润季风气候，年日照时数 1400～1500 h，年平均气温 5.5～8.0℃，年降水量 1400～1600 mm，无霜期120～150 d。

西流溪系典型景观

土系特征与变幅　诊断层包括淡薄表层、黏化层；诊断特性包括常湿润土壤水分状况、温性土壤温度状况、腐殖质特性等。剖面构型为 Ah-AB-Bt，土体厚度 100 m 以上，层次质地构型为粉壤土-壤土-黏壤土，无石灰反应，pH 4.5～4.8。腐殖质表层以下土体结构面上可见腐殖质淀积胶膜。50 cm 深度以下有黏化层发育，结构面上可见黏粒胶膜，有轻度亚铁反应。土体中部分层次有很少量至少量的岩石碎屑。

对比土系　文峰系，分布区域相近，不同亚类，成土母质相似，有碳酸盐岩岩性特征，无腐殖质特性，为普通钙质常湿淋溶土。银厂坪系，分布区域相近，不同土纲，无黏化层和腐殖质特性，有碳酸盐岩岩性特征，为普通钙质常湿雏形土。

利用性能综述　该土系土体深厚，表层质地适中，保肥能力较强；表层土壤有机质、全氮含量高，全磷含量较高，全钾含量中等，pH 低。主要生长的草类有红车轴草、薹草、香青等，是较好的牧业用地。应防止过度放牧和开荒垦殖，积极引种优良牧草，保持牧养平衡。

参比土种　厚层山地草甸土。

代表性单个土体　位于重庆市巫溪县文峰镇红池坝国家森林公园西流溪景区，

31°37′36.0″N，108°58′31.7″E，海拔 2049 m，中山区内山坡麓平缓地带，坡度分级为微坡，成土母质为三叠系石灰岩风化坡积物，草地，植被类型为草甸，生长有红车轴草、薹草、香青等，植被覆盖度≥80%，50 cm 深度土温 12.9℃。野外调查时间为 2017 年 8 月 2 日，编号 50-145。

西流溪系代表性单个土体剖面

Ah：0～21 cm，浊黄橙（10YR 6/4，干），棕（10YR 4/4，润）；粉壤土，强发育小块状夹团粒状结构，稍坚实；草灌根系，中量细根和中根；中量动物穴；土体中有 2% 石灰岩碎屑；无石灰反应；向下层平滑渐变过渡。

AB：21～50 cm，浊黄橙（10YR 7/4，干），黄棕（10YR 5/6，润）；壤土，强发育小块状结构，稍坚实；草灌根系，很少量细根；少量动物穴；结构面上可见少量腐殖质淀积胶膜；轻度亚铁反应，无石灰反应；向下层平滑模糊过渡。

Bt1：50～90 cm，浊黄橙（10YR 7/4，干），黄棕（10YR 5/6，润）；黏壤土，强发育小块状结构，稍坚实；结构面上可见黏粒胶膜和很少量腐殖质淀积胶膜，土体中有 1% 石灰岩碎屑；轻度亚铁反应，无石灰反应；向下层平滑模糊过渡。

Bt2：90～133 cm，浊黄橙（10YR 7/4，干），黄棕（10YR 5/6，润）；黏壤土，强发育小块状结构，稍坚实；结构面上可见黏粒胶膜；轻度亚铁反应，无石灰反应。

西流溪系代表性单个土体物理性质

土层	深度 /cm	砾石 (>2 mm，体积分数)/%	细土颗粒组成（粒径：mm)/(g/kg)			质地	容重 /(g/cm³)
			砂粒 2～0.05	粉粒 0.05～0.002	黏粒 <0.002		
Ah	0～21	2	157	640	203	粉壤土	1.17
AB	21～50	0	341	469	190	壤土	1.33
Bt1	50～90	1	389	312	299	黏壤土	1.55
Bt2	90～133	0	327	362	311	黏壤土	1.53

西流溪系代表性单个土体化学性质

深度 /cm	pH (H₂O)	有机碳 /(g/kg)	全氮(N) /(g/kg)	全磷(P) /(g/kg)	全钾(K) /(g/kg)	CEC /[cmol(+)/kg]	游离铁 /(g/kg)
0～21	4.5	28.2	2.86	0.93	19.5	32.0	9.8
21～50	4.7	16.3	1.84	0.88	19.9	26.2	8.4
50～90	4.8	7.5	1.10	0.73	20.9	29.7	8.2
90～133	4.8	5.4	0.82	0.57	21.8	46.4	10.7

6.4 铝质简育常湿淋溶土

6.4.1 黄水系（Huangshui Series）

土　族：砂质硅质混合型非酸性温性-铝质简育常湿淋溶土
拟定者：慈　恩，陈　林，李　松

分布与环境条件　主要分布在石柱、彭水、武隆等地，多位于厚层砂岩出露的中山上部坡地，坡度分级为缓坡，海拔一般在1500～1700 m，成土母质为侏罗系沙溪庙组黄色砂岩风化残坡积物；林地，植被为柳杉等，植被覆盖度≥80%。亚热带湿润季风气候，年日照时数 1200～1300 h，年平均气温 10.0～11.0 ℃，年降水量 1300～1400 mm，无霜期200～215 d。

黄水系典型景观

土系特征与变幅　诊断层包括淡薄表层、雏形层、黏化层；诊断特性包括常湿润土壤水分状况、温性土壤温度状况等；诊断现象包括铝质现象。剖面构型为 Ah-Bt-Bw，土体厚度 100 cm 以上，层次质地构型为砂质壤土-黏壤土-砂质黏壤土-砂质壤土，无石灰反应，pH 5.2～5.9，部分 B 层有铝质现象。20 cm 深度以下有黏化层发育，厚度 30～40 cm，结构面上可见黏粒胶膜。

对比土系　沙子系，同一亚类不同土族，成土母质为三叠系须家河组石英砂岩风化残坡积物，颗粒大小级别为黏壤质，石灰性和酸碱反应类别为酸性，土壤温度等级为热性。马鹿系，分布区域相近，不同土纲，成土母质相似，无黏化层发育，为雏形土。

利用性能综述　该土系土体深厚，表层质地偏砂，通透性较好，下部土层黏粒淀积明显，有一定的保水保肥能力；表层土壤有机质、全磷含量低，全氮含量很低，全钾含量较低。在发展林木时，须做到采种并举，防止林木被破坏，以免造成水土流失和生态环境恶化；对于种植林木，可根据实际需求，适量施肥。

参比土种　黄棕泡土。

代表性单个土体　位于重庆市石柱土家族自治县黄水镇黄水社区青杠组，30°13′28.1″N，108°24′33.6″E，海拔 1576 m，中山上部坡地，坡度分级为缓坡，成土母质为侏罗系沙溪庙组黄色砂岩风化残坡积物，林地，植被为柳杉等，植被覆盖度≥80%，50 cm 深度土温 15.2℃。野外调查时间为 2016 年 3 月 21 日，编号 50-107。

Ah：0～20 cm，浊橙（7.5YR 7/4，干），橙（7.5YR 6/6，润）；砂质壤土，弱发育中粒状结构，疏松；马尾松、蕨类根系，少量细根和很少量中根；中量动物穴；无石灰反应；向下层平滑清晰过渡。

Bt1：20～39 cm，浊橙（7.5YR 7/4，干），橙（7.5YR 6/6，润）；黏壤土，弱发育小块状结构，稍坚实；马尾松、蕨类根系，很少量细根和中根；少量动物穴；结构面上可见黏粒胶膜；无石灰反应；向下层平滑渐变过渡。

Bt2：39～55 cm，橙（7.5YR 6/6，干），亮棕（7.5YR 5/6，润）；砂质黏壤土，弱发育小块状结构，稍坚实；马尾松根系，很少量细根和中根；结构面上可见黏粒胶膜；无石灰反应；向下层平滑模糊过渡。

Bw1：55～90 cm，橙（7.5YR 6/6，干），亮棕（7.5YR 5/6，润）；砂质壤土，弱发育中块状结构，坚实；马尾松根系，很少量细根；无石灰反应；向下层平滑模糊过渡。

黄水系代表性单个土体剖面

Bw2：90～145 cm，橙（7.5YR 6/6，干），亮棕（7.5YR 5/6，润）；砂质壤土，弱发育中块状结构，很坚实；马尾松根系，很少量细根；无石灰反应。

黄水系代表性单个土体物理性质

| 土层 | 深度 /cm | 砾石 (>2 mm，体积分数)/% | 细土颗粒组成（粒径：mm)/(g/kg) | | | 质地 | 容重 /(g/cm³) |
			砂粒 2～0.05	粉粒 0.05～0.002	黏粒 <0.002		
Ah	0～20	0	623	184	193	砂质壤土	1.25
Bt1	20～39	0	416	303	281	黏壤土	1.49
Bt2	39～55	0	469	267	264	砂质黏壤土	1.43
Bw1	55～90	0	719	171	110	砂质壤土	1.32
Bw2	90～145	0	694	201	105	砂质壤土	1.28

黄水系代表性单个土体化学性质

| 深度 /cm | pH | | 有机碳 /(g/kg) | 全氮(N) /(g/kg) | 全磷(P) /(g/kg) | 全钾(K) /(g/kg) | CEC /[cmol(+)/kg] | Al$_{KCl}$ /[cmol(+)/kg，黏粒] | 游离铁 /(g/kg) |
	H₂O	KCl							
0～20	5.9	4.2	5.1	0.44	0.25	14.9	17.4	1.5	24.4
20～39	5.8	4.1	3.0	0.33	0.35	14.2	25.4	4.9	24.6
39～55	5.3	3.9	2.2	0.27	0.36	14.3	24.6	15.7	39.3
55～90	5.3	4.0	1.9	0.17	0.50	17.3	10.4	34.2	29.5
90～145	5.2	4.0	1.6	0.16	0.32	22.7	10.2	35.0	23.3

6.4.2 沙子系（Shazi Series）

土　族：黏壤质硅质混合型酸性热性-铝质简育常湿淋溶土
拟定者：慈　恩，翁昊璐，李　松

分布与环境条件　主要分布在石柱、武隆等地，多位于三叠系须家河组地层出露的中山上部坡地，坡度分级为中缓坡，海拔1100～1400 m，成土母质为三叠系须家河组石英砂岩风化残坡积物；林地，植被为杉木、马尾松、蕨类等，植被覆盖度≥80%。亚热带湿润季风气候，年日照时数 1100～1200 h，年平均气温11.5～13.5℃，年降水量 1100～1200 mm，无霜期 220～245 d。

沙子系典型景观

土系特征与变幅　诊断层包括淡薄表层、黏化层；诊断特性包括准石质接触面、常湿润土壤水分状况、氧化还原特征、热性土壤温度状况等；诊断现象包括铝质现象。由三叠系须家河组石英砂岩风化残坡积物发育而成，剖面构型为 Ah-Bt-Btr-R，土体厚度 100 cm以上，层次质地构型为壤土-黏壤土，无石灰反应，pH 4.7～5.2，部分 B 层有铝质现象。腐殖质表层以下有黏化层发育，黏粒含量为 260～320 g/kg，结构面上可见黏粒胶膜。土体中部分层次有 2%～6%砂岩碎屑，50～60 cm 深度以下土体结构面上有铁锰斑纹。

对比土系　黄水系，同一亚类不同土族，成土母质为侏罗系沙溪庙组黄色砂岩风化残坡积物，颗粒大小级别为砂质，石灰性和酸碱反应类别为非酸性，土壤温度等级为温性。虎峰系，成土母质相似，不同亚纲，土壤水分状况为湿润土壤水分状况，为湿润淋溶土。

利用性能综述　该土系土体深厚，表层质地适中，保肥能力一般；表层土壤有机质、全氮和全钾含量较低，全磷含量很低，pH 低。应加强护林工作，增加林木蓄积量；地势较平坦区域，可辟为茶园或发展油茶、竹类等经济林木。

参比土种　厚层冷砂黄泥土。

代表性单个土体　位于重庆市石柱土家族自治县沙子镇沙子村两扇岩组，30°00′36.1″N，108°23′45.9″E，海拔 1291 m，中山上部坡地，坡度分级为中缓坡，成土母质为三叠系须家河组石英砂岩风化残坡积物，林地，植被为杉木、马尾松、蕨类等，植被覆盖度≥80%，50 cm 深度土温 16.3℃。野外调查时间为 2016 年 3 月 21 日，编号 50-105。

沙子系代表性单个土体剖面

+6～0 cm，枯枝落叶。

Ah：0～19 cm，淡黄橙（10YR 8/3，干），浊黄橙（10YR 6/4，润）；壤土，强发育小块状结构，疏松；蕨类、乔木根系，中量细根和很少量粗根；中量动物穴；土体中有 2%砂岩碎屑；无石灰反应；向下层波状渐变过渡。

Bt：19～54 cm，淡黄橙（10YR 8/3，干），浊黄橙（10YR 6/4，润）；壤土，中等发育小块状结构，稍坚实；蕨类、乔木根系，很少量细根；少量动物穴；结构面上可见黏粒胶膜，土体中有 2%砂岩碎屑；无石灰反应；向下层平滑渐变过渡。

Btr1：54～82 cm，浊黄橙（10YR 7/4，干），亮黄棕（10YR 6/6，润）；黏壤土，弱发育小块状结构，稍坚实；乔木根系，很少量细根；结构面上可见黏粒胶膜，很少量铁锰斑纹；无石灰反应；向下层波状渐变过渡。

Btr2：82～104 cm，橙（7.5YR 6/6，干），亮棕（7.5YR 5/6，润）；黏壤土，块状结构，稍坚实；乔木根系，很少量细根；结构面上可见黏粒胶膜，少量铁锰斑纹，土体中有 6%砂岩碎屑；无石灰反应；向下层波状突变过渡。

R：104～125 cm，砂岩半风化体。

沙子系代表性单个土体物理性质

| 土层 | 深度/cm | 砾石(>2 mm, 体积分数)/% | 细土颗粒组成（粒径：mm）/(g/kg) | | | 质地 | 容重/(g/cm³) |
			砂粒 2～0.05	粉粒 0.05～0.002	黏粒 <0.002		
Ah	0～19	2	303	487	210	壤土	1.28
Bt	19～54	2	237	498	265	壤土	1.52
Btr1	54～82	0	264	438	298	黏壤土	1.56
Btr2	82～104	6	292	389	319	黏壤土	1.52

沙子系代表性单个土体化学性质

深度/cm	pH H₂O	pH KCl	有机碳/(g/kg)	全氮(N)/(g/kg)	全磷(P)/(g/kg)	全钾(K)/(g/kg)	CEC/[cmol(+)/kg]	Al_KCl/[cmol(+)/kg, 黏粒]	游离铁/(g/kg)
0～19	4.8	4.2	11.4	0.79	0.16	10.5	15.2	9.0	13.1
19～54	4.7	4.2	4.3	0.41	0.13	9.0	12.7	11.0	13.0
54～82	5.2	4.1	2.5	0.29	0.08	9.2	12.9	10.4	17.0
82～104	5.2	4.0	2.2	0.36	0.13	9.7	22.0	12.2	21.8

6.5 普通简育常湿淋溶土

6.5.1 四面山系（Simianshan Series）

土　族：壤质硅质混合型非酸性热性-普通简育常湿淋溶土
拟定者：慈　恩，唐　江，李　松

分布与环境条件　主要分布在
江津、綦江等地的丹霞地貌区，
多位于白垩系夹关组地层出露
的中山中上部，坡度分级为陡
坡，海拔一般在 900～1100 m，
成土母质为白垩系夹关组砖红
色砂岩风化残坡积物；利用方式
为林地、旱地等，其中林地植被
为松树、杉木、栲树、香樟、竹
子等，植被覆盖度≥80%，旱地
主要种植蔬菜等。亚热带湿润季
风气候，年日照时数 1000～

四面山系典型景观

1100 h，年平均气温 13.5～15.0℃，年降水量 1100～1200 mm，无霜期 280～300 d。

土系特征与变幅　诊断层包括雏形层、黏化层；诊断特性包括常湿润土壤水分状况、热
性土壤温度状况等。剖面构型为 Ap-AB-Bt-Bw，土体厚度 100 cm 以上，层次质地构型
为砂质壤土-壤土，无石灰反应，pH 5.6～6.0，土体色调为 10R。40～50 cm 深度以下有
黏化层发育，厚度 40～50 cm，结构面上可见黏粒胶膜。部分土层有 2%～10%砂岩碎屑。

对比土系　三角系，分布区域相近，不同亚纲，多位于中山中坡低洼处，海拔一般在 600～
800 m，湿润土壤水分状况，为湿润淋溶土。狮子山系，分布区域相近，不同土纲，无
黏化层发育，为雏形土。

利用性能综述　该土系土体深厚，耕层质地偏砂，易耕作，保水保肥能力弱；耕层土壤
有机质、全钾含量较低，全氮含量中等，全磷含量很低。若种植农作物，应多施有机肥，
实行秸秆还田，改良土壤结构，培肥地力；整治坡面水系，实行坡改梯，增加地表覆盖，
减少水土流失；根据作物养分需求和土壤供肥性能，合理施肥。所处区域多为陡坡地，
建议退耕还林，以免造成生态环境恶化。

参比土种　厚层红紫砂土。

代表性单个土体　位于重庆市江津区四面山镇龙潭湖社区文峰路居民小组，

28°38′55.5″N，106°24′54.6″E，海拔 1027 m，中山上坡，坡度分级为陡坡，成土母质为白垩系夹关组砖红色砂岩风化残坡积物，旱地，开荒种植前为林地，植被覆盖度≥80%，原植被有杉木、松树、栲树、香樟等，现种植蔬菜（如南瓜、小白菜等），50 cm 深度土温 18.0℃。野外调查时间为 2015 年 8 月 14 日，编号 50-026。

Ap：0~20 cm，红棕（10R 5/3，干），红棕（10R 4/3，润）；砂质壤土，中等发育大粒状结构，疏松；少量中根和细根；少量动物穴；土体中有 2%砂岩碎屑；无石灰反应；向下层平滑渐变过渡。

AB：20~45 cm，红（10R 5/6，干），红（10R 4/6，润）；砂质壤土，中等发育中块状结构，稍坚实；很少量细根；很少量动物穴；土体中有 10%砂岩碎屑；无石灰反应；向下层平滑模糊过渡。

Bt：45~90 cm，红（10R 5/6，干），红（10R 4/6，润）；壤土，中等发育中块状结构，坚实；很少量细根；结构面上有 5%黏粒胶膜；无石灰反应；向下层平滑模糊过渡。

Bw：90~140 cm，红（10R 5/6，干），红（10R 4/6，润）；壤土，中等发育中块状结构，坚实；无石灰反应。

四面山系代表性单个土体剖面

四面山系代表性单个土体物理性质

土层	深度/cm	砾石(>2 mm，体积分数)/%	细土颗粒组成（粒径：mm）/(g/kg)			质地	容重/(g/cm³)
			砂粒 2~0.05	粉粒 0.05~0.002	黏粒 <0.002		
Ap	0~20	2	622	248	130	砂质壤土	1.52
AB	20~45	10	614	258	128	砂质壤土	1.71
Bt	45~90	0	376	455	169	壤土	1.69
Bw	90~140	0	483	395	122	壤土	1.69

四面山系代表性单个土体化学性质

深度/cm	pH(H₂O)	有机碳/(g/kg)	全氮(N)/(g/kg)	全磷(P)/(g/kg)	全钾(K)/(g/kg)	CEC/[cmol(+)/kg]	游离铁/(g/kg)
0~20	5.6	9.4	1.11	0.14	12.9	9.9	6.5
20~45	5.9	2.7	0.32	0.07	13.4	9.9	6.5
45~90	6.0	2.3	0.35	0.04	16.9	11.9	7.8
90~140	6.0	0.8	0.21	0.03	15.7	9.9	7.3

6.6　普通钙质湿润淋溶土

6.6.1　荔枝坪系（Lizhiping Series）

土　族：黏质蛭石混合型非酸性热性-普通钙质湿润淋溶土
拟定者：慈　恩，陈　林，李　松

分布与环境条件　主要分布在秀山、酉阳等地，多位于石灰岩地区的低山下坡，坡度分级为中坡，海拔一般在 400～500 m，成土母质为寒武系白云岩、石灰岩风化残坡积物；旱地，种植玉米等。亚热带湿润季风气候，年日照时数 1100～1200 h，年平均气温 16.0～16.5℃，年降水量 1300～1400 mm，无霜期 290～300 d。

荔枝坪系典型景观

土系特征与变幅　诊断层包括淡薄表层、黏化层；诊断特性包括碳酸盐岩岩性特征、石质接触面、湿润土壤水分状况、热性土壤温度状况等。剖面构型为 Ap-Bt-R，土体厚度 70～100 cm，层次质地构型为粉质黏壤土-粉质黏土-黏土，部分层次有石灰反应，pH 7.5～7.8。15 cm 深度以下有黏化层发育，结构面上可见黏粒胶膜。部分层次有 5%～10% 岩石碎屑，土表至 100 cm 深度范围内有沿水平方向起伏的碳酸盐岩石质接触面。

对比土系　屏锦系，同一亚类不同土族，颗粒大小级别为极黏质，矿物学类型为伊利石型，石灰性和酸碱反应类别为石灰性。

利用性能综述　该土系土体稍深，质地偏黏，耕性一般，通透性较差；耕层土壤全氮含量中等，有机质、全钾含量较低，全磷含量很低。在改良利用上，应整治坡面水系，改坡为梯，结合相关耕作措施，减少水土流失；深耕炕土，增施有机肥，实行秸秆还田和种植豆科养地作物，改善土壤理化性状，提高土壤肥力；根据作物养分需求和土壤供肥性能，合理施肥；对于部分坡度大、地表岩石露头度高、地块零碎的区域，可逐步退耕，因地制宜发展经果林等。

参比土种　石灰黄泥土。

代表性单个土体　位于重庆市秀山县里仁镇板栗村荔枝坪组，28°41′13.3″N，

109°08′40.1″E，海拔 420 m，低山下坡，坡度分级为中坡，成土母质为寒武系白云岩、石灰岩风化残坡积物，旱地，单季玉米，50 cm 深度土温 19.4℃。野外调查时间为 2016 年 4 月 12 日，编号 50-122。

荔枝坪系代表性单个土体剖面

Ap：0～15 cm，浊橙（7.5YR 6/4，干），浊棕（7.5YR 5/4，润）；粉质黏壤土，中等发育小块状结构，疏松；很少量细根；少量动物穴；土体中有 10%岩石碎屑；无石灰反应；向下层平滑渐变过渡。

Bt1：15～32 cm，亮棕（7.5YR 5/6，干），棕（7.5YR 4/6，润）；粉质黏土，中等发育小块状结构，稍坚实；很少量细根；少量动物穴；结构面上可见黏粒胶膜，土体中有 5%岩石碎屑；无石灰反应；向下层平滑模糊过渡。

Bt2：32～60 cm，亮棕（7.5YR 5/6，干），棕（7.5YR 4/6，润）；粉质黏土，强发育小块状结构，很坚实；结构面上可见黏粒胶膜，土体中有 5%岩石碎屑；无石灰反应；向下层平滑模糊过渡。

Bt3：60～88 cm，亮棕（7.5YR 5/6，干），棕（7.5YR 4/6，润）；黏土，强发育小块状结构，很坚实；结构面上可见黏粒胶膜；轻度石灰反应；向下层波状突变过渡。

R：88 cm～，石灰岩。

荔枝坪系代表性单个土体物理性质

土层	深度 /cm	砾石 (>2 mm，体积分数)/%	细土颗粒组成 (粒径：mm)/(g/kg)			质地	容重 /(g/cm³)
			砂粒 2～0.05	粉粒 0.05～0.002	黏粒 <0.002		
Ap	0～15	10	178	461	361	粉质黏壤土	1.52
Bt1	15～32	5	117	448	435	粉质黏土	1.38
Bt2	32～60	5	112	412	476	粉质黏土	1.46
Bt3	60～88	0	74	316	610	黏土	1.38

荔枝坪系代表性单个土体化学性质

深度 /cm	pH (H₂O)	有机碳 /(g/kg)	全氮(N) /(g/kg)	全磷(P) /(g/kg)	全钾(K) /(g/kg)	CEC /[cmol(+)/kg]	游离铁 /(g/kg)
0～15	7.5	9.6	1.03	0.28	12.0	17.8	27.9
15～32	7.5	5.7	0.77	0.21	12.9	23.1	32.3
32～60	7.5	5.5	0.65	0.26	13.6	34.0	31.7
60～88	7.8	4.6	0.69	0.25	13.4	36.7	33.8

6.6.2　屏锦系（Pingjin Series）

土　族：极黏质伊利石型石灰性热性-普通钙质湿润淋溶土
拟定者：慈　恩，陈　林，李　松

分布与环境条件　主要分布在梁平、垫江等地，多位于背斜低、中山石灰岩出露区域的坡地下部，坡度分级为中缓坡，海拔一般在 600～700 m，成土母质为三叠系石灰岩风化残坡积物；旱地，种植蚕豆、玉米等。亚热带湿润季风气候，年日照时数 1200～1300 h，年平均气温 15.5～16.0℃，年降水量 1200～1300 mm，无霜期 260～270 d。

屏锦系典型景观

土系特征与变幅　诊断层包括黏化层；诊断特性包括碳酸盐岩岩性特征、湿润土壤水分状况、热性土壤温度状况、石灰性等。剖面构型为 Ap-Bt，土体厚度 100 cm 以上，层次质地构型为粉质黏壤土-粉质黏土-黏土，通体有石灰反应，pH 7.6～8.1，$CaCO_3$ 相当物含量 10～75 g/kg。20～30 cm 深度以下有黏化层发育，结构面上可见黏粒胶膜。土体中部分层次有 5%～10%石灰岩碎屑。

对比土系　荔枝坪系，同一亚类不同土族，颗粒大小级别为黏质，矿物学类型为蛭石混合型，石灰性和酸碱反应类别为非酸性。

利用性能综述　该土系土体深厚，耕层细土质地偏黏，含中量砾石，耕性较差，保水保肥能力较强；耕层土壤有机质、全磷、全钾含量中等，全氮含量较高。在改良利用上，注意整治坡面水系，实行坡改梯或横坡耕作等，减少水土流失；拣出土壤中较大砾石，改善耕性；施用有机肥，实行秸秆还田和合理轮作等，改善土壤结构和通透性，培肥地力；根据作物养分需求和土壤供肥性能，合理施肥。

参比土种　石灰黄泥土。

代表性单个土体　位于重庆市梁平区屏锦镇竹海村 1 组，30°38′45.8″N，107°32′13.8″E，海拔 608 m，背斜低山的内山下坡，坡度分级为中缓坡，成土母质为三叠系石灰岩风化残坡积物，旱地，种植蚕豆、玉米等，50 cm 深度土温 17.9℃。野外调查时间为 2016 年 4 月 29 日，编号 50-137。

Ap1：0～16 cm，浊黄棕（10YR 5/4，干），暗棕（10YR 3/4，润）；粉质黏壤土，中等发育小块状夹粒状结构，疏松；很少量细根；中量动物穴；土体中有 10%石灰岩碎屑；强石灰反应；向下层平滑模糊过渡。

Ap2：16～26 cm，浊黄棕（10YR 5/4，干），暗棕（10YR 3/4，润）；粉质黏土，中等发育小块状夹粒状结构，疏松；很少量细根；中量动物穴；土体中有 10%石灰岩碎屑；强石灰反应；向下层平滑清晰过渡。

Bt1：26～54 cm，浊黄橙（10YR 6/4，干），棕（10YR 4/4，润）；黏土，中等发育小块状结构，稍坚实；少量动物穴；结构面上可见黏粒胶膜，土体中有 5%石灰岩碎屑；轻度石灰反应；向下层平滑渐变过渡。

Bt2：54～101 cm，亮黄棕（10YR 6/6，干），棕（10YR 4/6，润）；黏土，强发育小块状结构，很坚实；结构面上可见黏粒胶膜；轻度石灰反应；向下层平滑模糊过渡。

屏锦系代表性单个土体剖面

Bt3：101～126 cm，亮黄棕（10YR 6/6，干），棕（10YR 4/6，润）；黏土，强发育小块状结构，很坚实；结构面上可见黏粒胶膜；轻度石灰反应。

屏锦系代表性单个土体物理性质

土层	深度/cm	砾石（>2 mm，体积分数)/%	细土颗粒组成 (粒径：mm)/(g/kg)			质地	容重/(g/cm³)
			砂粒 2～0.05	粉粒 0.05～0.002	黏粒 <0.002		
Ap1	0～16	10	107	592	301	粉质黏壤土	1.35
Ap2	16～26	10	93	455	452	粉质黏土	1.36
Bt1	26～54	5	43	342	615	黏土	1.45
Bt2	54～101	0	56	193	751	黏土	1.28
Bt3	101～126	0	31	331	638	黏土	1.27

屏锦系代表性单个土体化学性质

深度/cm	pH(H₂O)	有机碳/(g/kg)	全氮(N)/(g/kg)	全磷(P)/(g/kg)	全钾(K)/(g/kg)	CEC/[cmol(+)/kg]	游离铁/(g/kg)
0～16	8.1	13.9	1.56	0.71	15.7	38.6	31.2
16～26	8.1	12.0	1.34	0.52	15.8	27.4	29.6
26～54	7.7	6.2	0.85	0.16	16.6	30.5	25.8
54～101	7.7	7.4	0.95	0.26	18.0	39.8	38.9
101～126	7.6	6.5	0.76	0.29	16.2	37.7	33.8

6.7 黄色铝质湿润淋溶土

6.7.1 虎峰系（Hufeng Series）

土　族：砂质硅质型酸性热性-黄色铝质湿润淋溶土
拟定者：慈　恩，翁昊璐，李　松

分布与环境条件　主要分布在铜梁、璧山、北碚、大足等地，多位于三叠系须家河组地层出露的背斜低山坡地，坡度分级为中缓坡，海拔一般在 350～500 m，成土母质为三叠系须家河组石英砂岩风化残坡积物；旱地，油菜-花生/红薯轮作。亚热带湿润季风气候，年日照时数 1100～1200 h，年平均气温 16.5～18.0℃，年降水量 1000～1100 mm，无霜期 310～330 d。

虎峰系典型景观

土系特征与变幅　诊断层包括淡薄表层、黏化层；诊断特性包括湿润土壤水分状况、热性土壤温度状况、铁质特性等；诊断现象包括铝质现象。所处区域多云雾，土壤水分状况为偏向常湿润的湿润土壤水分状况。由三叠系须家河组石英砂岩风化残坡积物发育而成，剖面构型为 Ap-Bt-BC-C，土体厚度 100 cm 以上，层次质地构型为砂质黏壤土-砂质壤土-壤质砂土，无石灰反应，pH 4.3～4.7，土体色调为 7.5YR～10YR，B 层游离铁含量≥14 g/kg，通体有铝质现象。20 cm 深度以下有黏化层发育，结构面上可见黏粒胶膜。55～60 cm 深度以下有呈单粒状的砂岩风化物出现。

对比土系　金龙系，分布区域相近，不同土纲，有肥熟表层和磷质耕作淀积层发育，为人为土。沙子系，成土母质相似，不同亚纲，土壤水分状况为常湿润土壤水分状况，为常湿淋溶土。

利用性能综述　该土系土体深厚，砂性较重，疏松好耕，保肥能力一般；耕层土壤有机质、全氮含量中等，全磷含量较低，全钾含量低，酸度高。在改良利用上，应整治坡面水系，实行坡改梯或横坡耕作等，减少水土流失；可适量施用石灰、草木灰或其他土壤改良剂，调节土壤酸度，增施有机肥和实行秸秆还田等，改善土壤结构和肥力状况；根据作物养分需求和土壤供肥性能，合理施肥。

参比土种　冷砂土。

代表性单个土体　位于重庆市铜梁区虎峰镇西泉村 5 组，29°41′20.5″N，106°08′11.7″E，海拔 389 m，背斜低山下坡，坡度分级为中缓坡，成土母质为三叠系须家河组石英砂岩风化残坡积物，旱地，油菜-花生/红薯轮作，50 cm 深度土温 18.7℃。野外调查时间为 2015 年 6 月 27 日，编号 50-013。

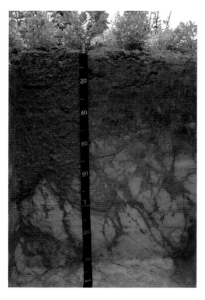

虎峰系代表性单个土体剖面

Ap：0～20 cm，浊黄橙（10YR 6/4，干），浊黄棕（10YR 5/4，润）；砂质黏壤土，中等发育小块状结构，疏松；很少量细根；多量动物穴；土体中有 2% 岩石碎屑；无石灰反应；向下层平滑模糊过渡。

Bt1：20～37 cm，浊黄橙（10YR 6/4，干），浊黄棕（10YR 5/4，润）；砂质黏壤土，中等发育小块状结构，稍坚实；中量动物穴；结构面上可见黏粒胶膜，土体中有 2% 岩石碎屑；无石灰反应；向下层波状渐变过渡。

Bt2：37～57 cm，橙（7.5YR 7/6，干），橙（7.5YR 6/8，润）；砂质黏壤土，弱发育很小块状结构，稍坚实；少量动物穴；结构面上可见黏粒胶膜，土体中有 2% 岩石碎屑；无石灰反应；向下层波状渐变过渡。

BC：57～108 cm，60%橙、40%橙白（60% 7.5YR 7/6、40% 7.5YR 8/1，干），60%橙、40%橙白（60% 7.5YR 6/8、40% 7.5YR 8/2，润）；砂质壤土，部分为弱发育小块状结构，部分为单粒状，无结构，疏松；土体中有 2% 岩石碎屑；无石灰反应；向下层平滑模糊过渡。

C：108～141 cm，20%橙、80%橙白（20% 7.5YR 7/6、80% 7.5YR 8/1，干），20%橙、80%橙白（20% 7.5YR 6/8、80% 7.5YR 8/2，润）；壤质砂土，单粒状，无结构，疏松；无石灰反应。

虎峰系代表性单个土体物理性质

土层	深度 /cm	砾石 (>2 mm，体积分数)/%	细土颗粒组成（粒径：mm)/(g/kg)			质地	容重 /(g/cm³)
			砂粒 2～0.05	粉粒 0.05～0.002	黏粒 <0.002		
Ap	0～20	2	613	181	206	砂质黏壤土	1.27
Bt1	20～37	2	571	176	253	砂质黏壤土	1.37
Bt2	37～57	2	512	187	301	砂质黏壤土	1.32
BC	57～108	2	705	142	153	砂质壤土	1.55
C	108～141	0	765	177	58	壤质砂土	1.62

虎峰系代表性单个土体化学性质

深度 /cm	pH		有机碳 /(g/kg)	全氮(N) /(g/kg)	全磷(P) /(g/kg)	全钾(K) /(g/kg)	CEC /[cmol(+)/kg]	Al_{KCl} /[cmol(+)/kg, 黏粒]	游离铁 /(g/kg)
	H_2O	KCl							
0~20	4.6	3.6	17.0	1.15	0.57	8.9	16.0	35.0	19.1
20~37	4.3	3.4	10.4	0.69	0.48	7.6	18.3	37.3	16.0
37~57	4.3	3.5	8.3	0.60	0.18	9.2	18.5	35.4	20.7
57~108	4.3	3.6	3.2	0.27	0.15	11.7	12.1	51.4	16.2
108~141	4.7	4.1	2.5	0.29	0.08	13.9	5.9	51.8	3.2

6.8　红色铁质湿润淋溶土

6.8.1　凤岩系（Fengyan Series）

土　族：黏质盖粗骨壤质蒙脱石混合型盖硅质混合型非酸性热性-红色铁质湿润淋溶土
拟定者：慈　恩，唐　江，李　松

分布与环境条件　主要分布在江津、綦江、巴南、涪陵、忠县等地，多位于侏罗系蓬莱镇组地层出露的低山中部较平缓地段，坡度分级为缓坡，海拔一般在 500～700 m，成土母质为侏罗系蓬莱镇组紫色泥岩风化残坡积物；旱地，单季玉米或玉米、红薯套作等。亚热带湿润季风气候，年日照时数 1000～1100 h，年平均气温 15.5～17.0℃，年降水量 1100～1200 mm，无霜期 310～330 d。

凤岩系典型景观

土系特征与变幅　诊断层包括黏化层；诊断特性包括准石质接触面、湿润土壤水分状况、热性土壤温度状况、铁质特性等。由侏罗系蓬莱镇组紫色泥岩风化残坡积物发育而成，剖面构型为 Ap-Bt-C-R，土体厚度 55～75 cm，层次质地构型为粉质黏壤土-黏土-壤土，部分层次有石灰反应，pH 5.6～8.3，土体色调为 2.5YR。耕作层以下有黏化层发育，厚度 35～45 cm，结构面上可见黏粒胶膜。耕作层和母质层分别有 5%左右和 60%左右泥岩碎屑。

对比土系　新齐系，同一亚类不同土族，成土母质为第四系红色黏土，颗粒大小级别为极黏质，矿物学类型为伊利石混合型，石灰性和酸碱反应类别为酸性。华盖山系，分布区域相近，不同土纲，无黏化层发育，为雏形土。

利用性能综述　该土系土体稍深，耕层质地偏黏，通透性较差，耕性一般；耕层土壤有机质、全氮含量较低，全磷含量低，全钾含量高。在改良利用上，注意翻耕炕土，增施有机肥，实行秸秆还田，合理选种豆科养地作物，改善土壤结构和通透性，加速土壤熟化，培肥地力；根据作物养分需求和土壤供肥性能，合理施肥。

参比土种　棕紫泥土。

代表性单个土体 位于重庆市江津区柏林镇凤岩村 3 组，28°44′17.6″N，106°27′04.7″E，海拔 613 m，低山中坡，坡度分级为缓坡，成土母质为侏罗系蓬莱镇组紫色泥岩风化残坡积物，旱地，玉米、红薯套作，50 cm 深度土温 19.3℃。野外调查时间为 2015 年 8 月 14 日，编号 50-027。

Ap：0～20 cm，灰红（2.5YR 5/2，干），灰红（2.5YR 4/2，润）；粉质黏壤土，弱发育小块状结构，疏松；很少量细根；中量动物穴；土体中有 5%泥岩碎屑；无石灰反应；向下层平滑渐变过渡。

Bt：20～58 cm，灰红（2.5YR 5/2，干），灰红（2.5YR 4/2，润）；黏土，中等发育大块状结构，坚实；很少量细根；很少量动物穴；结构面上可见黏粒胶膜；无石灰反应；向下层平滑渐变过渡。

C：58～68 cm，灰红（2.5YR 4/2，干），暗红棕（2.5YR 3/2，润）；壤土，中等发育中块状结构，坚实；土体中有 60%泥岩碎屑；中度石灰反应；向下层平滑清晰过渡。

R：68～120 cm，泥岩半风化体，中度石灰反应。

凤岩系代表性单个土体剖面

凤岩系代表性单个土体物理性质

土层	深度/cm	砾石(>2 mm, 体积分数)/%	细土颗粒组成 (粒径：mm)/(g/kg)			质地	容重/(g/cm³)
			砂粒 2～0.05	粉粒 0.05～0.002	黏粒 <0.002		
Ap	0～20	5	178	464	358	粉质黏壤土	1.45
Bt	20～58	0	111	395	494	黏土	1.62
C	58～68	60	503	289	208	壤土	1.70

凤岩系代表性单个土体化学性质

深度/cm	pH(H₂O)	有机碳/(g/kg)	全氮(N)/(g/kg)	全磷(P)/(g/kg)	全钾(K)/(g/kg)	CEC/[cmol(+)/kg]	游离铁/(g/kg)
0～20	5.6	8.7	0.93	0.21	24.7	25.9	8.9
20～58	7.3	5.1	0.66	0.18	24.4	30.4	9.2
58～68	8.3	2.9	0.41	0.24	24.8	38.4	7.4

6.8.2　新齐系（Xinqi Series）

土　族：极黏质伊利石混合型酸性热性-红色铁质湿润淋溶土
拟定者：慈　恩，胡　瑾，李　松

新齐系典型景观

分布与环境条件　主要分布在秀山平原地势略高的缓坡地段，海拔一般在 360～390 m，成土母质为第四系红色黏土；旱地，种植马铃薯、玉米、红薯、油菜等。亚热带湿润季风气候，年日照时数 1100～1200 h，年平均气温 16.5～17.0℃，年降水量 1300～1400 mm，无霜期为 300～305 d。

土系特征与变幅　诊断层包括淡薄表层、黏化层；诊断特性包括湿润土壤水分状况、热性土壤温度状况、铁质特性、盐基饱和度等。由第四系红色黏土发育而成，剖面构型为 Ap-Bt，土体厚度 100 cm 以上，质地构型为通体黏土，无石灰反应，pH 4.7～5.3，土体色调为 5YR，游离铁含量 35～55 g/kg，部分 B 层盐基饱和度≥50%。耕作层以下有黏化层发育，结构面上可见黏粒胶膜。

对比土系　凤岩系，同一亚类不同土族，成土母质为侏罗系蓬莱镇组紫色泥岩风化残坡积物，颗粒大小级别为黏质盖粗骨壤质，矿物学类型为蒙脱石混合型盖硅质混合型，石灰性和酸碱反应类别为非酸性。

利用性能综述　该土系土体深厚，质地黏重，通透性、耕性差；耕层土壤有机质、全氮、全钾含量中等，全磷含量低，pH 低。在改良利用上，注意完善排灌设施，深耕炕土，客土掺砂，多施有机肥，实行秸秆还田和合理轮作，改善土壤结构和通透性，协调水、肥、气、热关系；可适量施用石灰或其他土壤改良剂，调节土壤酸度；根据作物养分需求和土壤供肥性能，合理施肥。

参比土种　黄红泥土。

代表性单个土体　位于重庆市秀山土家族苗族自治县中和街道新齐村石桥组，28°28′22.0″N，109°00′22.5″E，海拔 376 m，平原，成土母质为第四系红色黏土，旱地，种植马铃薯、玉米、红薯、油菜等，50 cm 深度土温 19.6℃。野外调查时间为 2016 年 4 月 12 日，编号 50-121。

Ap： 0~16 cm，橙（5YR 7/6，干），亮红棕（5YR 5/6，润）；
　　 黏土，中等发育小块状结构，疏松；中量中根和少量细
　　 根；少量动物穴；无石灰反应；向下层平滑渐变过渡。

Bt1： 16~45 cm，橙（5YR 6/6，干），红棕（5YR 4/6，润）；
　　 黏土，弱发育小块状结构，稍坚实；很少量中根和细根；
　　 很少量动物穴；结构面上可见黏粒胶膜；无石灰反应；
　　 向下层平滑模糊过渡。

Bt2： 45~80 cm，橙（5YR 6/6，干），红棕（5YR 4/6，润）；
　　 黏土，弱发育小块状结构，坚实；很少量细根；结构面
　　 上可见黏粒胶膜；无石灰反应；向下层平滑模糊过渡。

Bt3： 80~140 cm，橙（5YR 6/6，干），红棕（5YR 4/6，润）；
　　 黏土，弱发育小块状结构，坚实；很少量细根；结构面
　　 上可见黏粒胶膜；无石灰反应。

新齐系代表性单个土体剖面

新齐系代表性单个土体物理性质

土层	深度 /cm	砾石 (>2 mm，体积分数)/%	细土颗粒组成（粒径：mm）/(g/kg)			质地	容重 /(g/cm³)
			砂粒 2~0.05	粉粒 0.05~0.002	黏粒 <0.002		
Ap	0~16	0	95	325	580	黏土	1.28
Bt1	16~45	0	81	256	663	黏土	1.36
Bt2	45~80	0	49	211	740	黏土	1.30
Bt3	80~140	0	68	200	732	黏土	1.31

新齐系代表性单个土体化学性质

深度 /cm	pH (H₂O)	有机碳 /(g/kg)	全氮(N) /(g/kg)	全磷(P) /(g/kg)	全钾(K) /(g/kg)	CEC /[cmol(+)/kg]	游离铁 /(g/kg)
0~16	4.7	14.0	1.17	0.37	17.2	18.2	41.3
16~45	4.8	7.3	0.84	0.40	19.0	24.7	46.7
45~80	5.1	4.4	0.73	0.46	20.6	24.6	48.0
80~140	5.3	3.5	0.60	0.37	18.2	30.9	48.5

6.9　斑纹铁质湿润淋溶土

6.9.1　鹿角系（Lujiao Series）

土　　族：粗骨黏质伊利石型非酸性热性-斑纹铁质湿润淋溶土
拟定者：慈　恩，翁昊璐，李　松

鹿角系典型景观

分布与环境条件　主要分布在彭水、酉阳、武隆等地，多位于燧石灰岩出露的低山中坡，坡度分级为中坡，海拔一般在 400～600 m，成土母质为寒武系燧石灰岩风化残坡积物；旱地，种植玉米、花生、黄豆等。亚热带湿润季风气候，年日照时数 900～1000 h，年平均气温 16.0～17.0 ℃，年降水量 1200～1300 mm，无霜期 290～310 d。

土系特征与变幅　诊断层包括黏化层；诊断特性包括湿润土壤水分状况、氧化还原特征、热性土壤温度状况、铁质特性、盐基饱和度等。由燧石灰岩风化残坡积物发育而成，剖面构型为 Ap-AB-BA-Btr，土体厚度通常在 100 cm 以上，层次质地构型为黏壤土-粉质黏壤土-黏土，无石灰反应，pH 5.6～5.8，土体色调为 10YR，游离铁含量 25～45 g/kg，盐基饱和度 45%～60%，有盐基不饱和层次。70 cm 深度以下有黏化层发育，结构面上可见黏粒胶膜和少量铁锰斑纹。不同深度层次中有 5%～40%岩石碎屑。

对比土系　三角系，同一亚类不同土族，成土母质为白垩系夹关组砂岩、砾岩风化残坡积物，颗粒大小级别为黏壤质盖粗骨壤质，矿物学类型为硅质混合型。

利用性能综述　该土系土体深厚，砾石含量高，细土质地偏黏，耕作困难，不抗旱；耕层土壤有机质、全氮、全钾含量中等，全磷含量较低。在改良利用上，应整治坡面水系，改坡为梯，结合相关耕作措施，减少水土流失；改善农田水利条件，增强抗旱减灾能力；拣出耕层较大砾石，改善耕性；深耕炕土，施用腐熟的有机肥，促进养分分解转化，提高供肥能力；对于部分立地条件差、不宜农耕的地块，可因地制宜发展经济林木等。

参比土种　火石子黄泥土。

代表性单个土体　位于重庆市彭水苗族土家族自治县鹿角镇周家村 1 组，29°08′16.5″N，108°19′44.7″E，海拔 454 m，低山中坡，坡度分级为中坡，成土母质为寒武系燧石灰岩风化残坡积物，旱地，种植玉米、花生、黄豆等，50 cm 深度土温 19.1℃。野外调查时间为 2016 年 4 月 14 日，编号 50-126。

Ap: 0～15 cm，浊黄橙（10YR 6/3，干），浊黄棕（10YR 5/3，润）；黏壤土，强发育小块状结构，稍坚实；很少量中根和少量细根；少量动物穴；土体中有 20%岩石碎屑；无石灰反应；向下层平滑模糊过渡。

AB: 15～30 cm，浊黄橙（10YR 6/3，干），浊黄棕（10YR 5/3，润）；粉质黏壤土，中等发育中块状结构，坚实；很少量细根；少量动物穴；土体中有 30%岩石碎屑；无石灰反应；向下层波状渐变过渡。

BA: 30～67 cm，浊黄橙（10YR 6/4，干），浊黄棕（10YR 5/4，润）；粉质黏壤土，弱发育小块状结构；坚实；很少量细根；很少量动物穴；土体中有 40%岩石碎屑；无石灰反应；向下层波状渐变过渡。

Btr1: 67～110 cm，亮黄棕（10YR 6/6，干），黄棕（10YR 5/6，润）；黏土，弱发育小块状结构，坚实；很少量细根；结构面上可见黏粒胶膜和少量铁锰斑纹，土体中有 40%岩石碎屑；无石灰反应；向下层平滑模糊过渡。

鹿角系代表性单个土体剖面

Btr2: 110～130 cm，亮黄棕（10YR 6/6，干），黄棕（10YR 5/6，润）；黏土，弱发育小块状结构，坚实；很少量细根；结构面上可见黏粒胶膜和少量铁锰斑纹，土体中有 5%岩石碎屑；无石灰反应。

鹿角系代表性单个土体物理性质

| 土层 | 深度/cm | 砾石(>2 mm，体积分数)/% | 细土颗粒组成（粒径：mm)/(g/kg) | | | 质地 | 容重/(g/cm³) |
			砂粒 2～0.05	粉粒 0.05～0.002	黏粒 <0.002		
Ap	0～15	20	390	263	347	黏壤土	1.31
AB	15～30	30	196	470	334	粉质黏壤土	1.40
BA	30～67	40	188	488	324	粉质黏壤土	1.51
Btr1	67～110	40	93	395	512	黏土	1.45
Btr2	110～130	5	126	391	483	黏土	1.38

鹿角系代表性单个土体化学性质

深度/cm	pH(H₂O)	有机碳/(g/kg)	全氮(N)/(g/kg)	全磷(P)/(g/kg)	全钾(K)/(g/kg)	CEC/[cmol(+)/kg]	游离铁/(g/kg)
0～15	5.6	12.1	1.41	0.48	15.7	24.8	31.1
15～30	5.6	12.3	1.41	0.50	16.0	27.6	29.5
30～67	5.7	7.0	0.87	0.40	17.5	32.5	31.2
67～110	5.8	3.8	0.67	0.44	18.4	27.2	34.5
110～130	5.8	3.5	0.61	0.66	21.1	31.3	39.4

6.9.2　三角系（Sanjiao Series）

土　族：黏壤质盖粗骨壤质硅质混合型非酸性热性-斑纹铁质湿润淋溶土
拟定者：慈　恩，唐　江，李　松

分布与环境条件　主要分布在綦江、江津等区（县）境内的丹霞地貌区，多位于白垩系夹关组砂岩、砾岩出露的中山中坡低洼处，坡度分级为中缓坡，海拔一般在 600~800 m，成土母质为白垩系夹关组砂岩、砾岩风化残坡积物；旱地，种植玉米、红薯、黄豆等。亚热带湿润季风气候，年日照时数 1000~1100 h，年平均气温 15.5~17.0℃，年降水量 1100~1200 mm，无霜期 300~320 d。

三角系典型景观

土系特征与变幅　诊断层为淡薄表层、黏化层；诊断特性包括准石质接触面、湿润土壤水分状况、氧化还原特征、热性土壤温度状况、铁质特性等。由白垩系夹关组砂岩、砾岩风化残坡积物发育而成，剖面构型为 Ap-Btr-Cr-R，土体厚度 70~100 cm，层次质地构型为砂质壤土-砂质黏壤土-壤土，无石灰反应，pH 5.1~6.1，土体色调为 7.5YR，B 层游离铁含量≥14 g/kg。耕作层以下有黏化层发育，厚度 20 cm 左右，结构面上可见黏粒胶膜。不同深度层次中有 5%~60%岩石碎屑，20 cm 深度以下土体结构面上有少量铁锰斑纹。

对比土系　鹿角系，同一亚类不同土族，由燧石灰岩风化发育而成，颗粒大小级别为粗骨黏质，矿物学类型为伊利石型。四面山系，分布区域相近，不同亚纲，多位于中山中上部，海拔一般在 900~1100 m，有常湿润土壤水分状况，为常湿淋溶土。

利用性能综述　该土系土体稍深，耕层细土质地偏砂，有中量砾石，通透性较好，保水保肥能力较弱；耕层土壤有机质、全氮、全钾含量较低，全磷含量中等，pH 较低。在改良利用上，应整治坡面水系，实行坡改梯或横坡耕作等，减少水土流失；多施有机肥，实行秸秆还田和合理轮作等，增加有机质含量，改善土壤结构，提升保水保肥性能；可适量施用石灰或其他土壤改良剂，调节土壤酸度；拣出耕层较大砾石，改善耕性；根据作物养分需求和土壤供肥性能，合理施肥。

参比土种　黄砂土。

代表性单个土体　位于重庆市綦江区三角镇红岩村 3 社，29°01′57.2″N，106°46′07.2″E，海拔 688 m，中山中坡，坡度分级为中缓坡，成土母质为白垩系夹关组砂岩、砾岩风化残坡积物，旱地，种植玉米、红薯、黄豆等，50 cm 深度土温 19.0℃。野外调查时间为 2015 年 8 月 11 日，编号 50-020。

Ap： 0～20 cm，浊橙（7.5YR 6/4，干），棕（7.5YR 4/4，润）；砂质壤土，弱发育大粒状结构，疏松；很少量细根；中量动物穴；土体中有 5%岩石碎屑；无石灰反应；向下层平滑渐变过渡。

Btr： 20～40 cm，橙（7.5YR 6/6，干），棕（7.5YR 4/6，润）；砂质黏壤土，中等发育中块状结构，稍坚实；很少量细根；中量动物穴；结构面上可见黏粒胶膜和少量铁锰斑纹，土体中有 7%岩石碎屑；无石灰反应；向下层平滑渐变过渡。

Cr： 40～95 cm，橙（7.5YR 6/6，干），棕（7.5YR 4/6，润）；壤土，弱发育中块状结构，坚实；很少量细根；少量动物穴；结构面上有少量铁锰斑纹，土体中有 60%岩石碎屑；向下层波状突变过渡。

R： 95～120 cm，砂岩。

三角系代表性单个土体剖面

三角系代表性单个土体物理性质

土层	深度/cm	砾石(>2 mm，体积分数)/%	细土颗粒组成（粒径：mm)/(g/kg)			质地	容重/(g/cm³)
			砂粒 2～0.05	粉粒 0.05～0.002	黏粒 <0.002		
Ap	0～20	5	565	249	186	砂质壤土	1.52
Btr	20～40	7	471	271	258	砂质黏壤土	1.63
Cr	40～95	60	479	306	215	壤土	1.49

三角系代表性单个土体化学性质

深度/cm	pH(H₂O)	有机碳/(g/kg)	全氮(N)/(g/kg)	全磷(P)/(g/kg)	全钾(K)/(g/kg)	CEC/[cmol(+)/kg]	游离铁/(g/kg)
0～20	5.1	6.8	0.82	0.68	13.8	12.3	10.1
20～40	5.7	5.2	0.82	0.39	14.7	14.0	15.3
40～95	6.1	4.4	0.80	0.25	12.7	14.2	16.3

6.10　漂白铁质湿润淋溶土

6.10.1　三溪系（Sanxi Series）

土　族：黏质伊利石型非酸性热性-漂白铁质湿润淋溶土
拟定者：慈　恩，唐　江，李　松

三溪系典型景观

分布与环境条件　零星分布在重庆市中部的平行岭谷区，多位于背斜低山中下坡平缓地段，坡度分级为缓坡，海拔一般在280～400 m，成土母质为侏罗系自流井组泥（页）岩、砂岩风化残坡积物；林地，植被有马尾松、黄桷树、黄荆、金银花和艾草等，植被覆盖度40%～80%。亚热带湿润季风气候，年日照时数1100～1200 h，年平均气温17.0～18.0℃，年降水量1100～1200 mm，无霜期320～340 d。

土系特征与变幅　诊断层包括舌状层、黏化层；诊断特性包括滞水土壤水分状况、氧化还原特征、热性土壤温度状况、铁质特性等。由侏罗系自流井组泥（页）岩、砂岩风化残坡积物发育而成，剖面构型为 Ah-AB-Br/E-Btr，土体厚度 100 cm 以上，层次质地构型为粉质黏壤土-黏土-粉质黏壤土，无石灰反应，pH 5.0～5.8，土体色调为 7.5YR，游离铁含量>14 g/kg。50～60 cm 深度以下有黏化层发育，结构面上可见黏粒胶膜。40 cm左右深度以下土体结构面上有少量铁锰斑纹。

对比土系　龙车寺系和中梁山系，分布区域相近，不同土纲，前者无黏化层，但有雏形层发育，为雏形土，后者土体浅薄，无 B 层发育，为新成土。

利用性能综述　该土系土体深厚，质地偏黏，保水性能较好；表层土壤有机质、全氮、全钾含量较低，全磷含量很低。适宜马尾松、黄桷树等多种林木生长。若发展旱作种植，应改善排灌条件，除湿防涝；深耕炕土，多施有机肥，种植豆科绿肥，改善土壤结构和通透性，培肥土壤；根据作物养分需求和土壤供肥性能，合理施肥。

参比土种　酸紫黄泥土。

代表性单个土体　位于重庆市北碚区蔡家岗镇三溪村山林口社，29°45′51.8″N，

106°27′25.3″E，海拔 296 m，低山中下坡平缓地段，坡度分级为缓坡，成土母质为侏罗系自流井组泥（页）岩、砂岩风化残坡积物，林地，植被有马尾松、黄桷树、黄荆、金银花和艾草等，植被覆盖度 70%，50 cm 深度土温 18.7℃。野外调查时间为 2016 年 4 月 21 日，编号 50-130。

Ah：　0～20 cm，浊棕（7.5YR 5/3，干），棕（7.5YR 4/3，润）；粉质黏壤土，中等发育中块状结构，稍坚实；黄桷树根系，很少量中根和很少量细根；中量动物穴；土体中有 2%岩石碎屑；无石灰反应；向下层平滑渐变过渡。

AB：　20～38 cm，浊橙（7.5YR 6/4，干），浊棕（7.5YR 5/4，润）；粉质黏壤土，中等发育中块状结构，坚实；黄桷树根系，很少量细根；少量动物穴；土体中有 2%岩石碎屑；无石灰反应；向下层平滑渐变过渡。

Br/E：38～58 cm，50%浊橙、50%橙白（50% 7.5YR 6/4、50% 7.5YR 8/2，干），50%浊棕、50%淡棕灰（50% 7.5YR 5/4、50% 7.5YR 7/2，润）；粉质黏壤土，中等发育大块状结构，坚实；黄桷树根系，很少量细根；少量动物穴；结构面上有少量铁锰斑纹；无石灰反应；向下层波状清晰过渡。

三溪系代表性单个土体剖面

Btr1：58～78 cm，橙（7.5YR 6/6，干），亮棕（7.5YR 5/6，润）；黏土，中等发育大块状结构，很坚实；黄桷树根系，很少量细根；少量动物穴；结构面上可见黏粒胶膜和少量铁锰斑纹；无石灰反应；向下层波状渐变过渡。

Btr2：78～97 cm，橙（7.5YR 6/6，干），亮棕（7.5YR 5/6，润）；黏土，中等发育中块状结构，坚实；黄桷树根系，很少量细根；1～2 条宽度 1 mm 的裂隙，少量动物穴；结构面上可见黏粒胶膜和少量铁锰斑纹，土体中有 1%球形铁锰结核；无石灰反应；向下层平滑渐变过渡。

Btr3：97～133 cm，橙（7.5YR 6/6，干），亮棕（7.5YR 5/6，润）；粉质黏壤土，中等发育中块状结构，坚实；黄桷树根系，很少量细根；少量动物穴；结构面上可见黏粒胶膜和少量铁锰斑纹，土体中有 1%球形铁锰结核；无石灰反应。

三溪系代表性单个土体物理性质

土层	深度 /cm	砾石 (>2 mm, 体积分数)/%	细土颗粒组成（粒径：mm)/(g/kg)			质地	容重 /(g/cm³)
			砂粒 2～0.05	粉粒 0.05～0.002	黏粒 <0.002		
Ah	0～20	2	181	494	325	粉质黏壤土	1.54
AB	20～38	2	187	538	275	粉质黏壤土	1.65
Br/E	38～58	0	78	613	309	粉质黏壤土	1.69
Btr1	58～78	0	187	307	506	黏土	1.71
Btr2	78～97	1	216	376	408	黏土	1.69
Btr3	97～133	1	160	455	385	粉质黏壤土	1.64

三溪系代表性单个土体化学性质

深度 /cm	pH (H$_2$O)	有机碳 /(g/kg)	全氮(N) /(g/kg)	全磷(P) /(g/kg)	全钾(K) /(g/kg)	CEC /[cmol(+)/kg]	游离铁 /(g/kg)
0～20	5.8	7.8	0.78	0.16	12.2	20.7	26.6
20～38	5.5	5.1	0.54	0.14	12.9	17.7	27.2
38～58	5.6	3.2	0.54	0.13	11.6	25.8	24.2
58～78	5.7	2.9	0.42	0.11	10.0	30.9	26.6
78～97	5.2	4.5	0.44	0.10	9.1	29.7	20.2
97～133	5.0	3.7	0.45	0.15	11.1	43.8	22.2

第7章 雏 形 土

7.1 石灰淡色潮湿雏形土

7.1.1 黎咀系（Lizui Series）

土　　族：砂质硅质混合型热性-石灰淡色潮湿雏形土
拟定者：慈　恩，胡　瑾，唐　江

分布与环境条件　主要分布在潼南、铜梁等地，多位于琼江沿岸的低阶地，海拔一般在 235～265 m，成土母质为第四系全新统冲积物；旱地，种植玉米、花生等。亚热带湿润季风气候，年日照时数 1100～1200 h，年平均气温 17.5～18.0℃，年降水量 900～1000 mm，无霜期 310～320 d。

黎咀系典型景观

土系特征与变幅　诊断层包括雏形层；诊断特性包括潮湿土壤水分状况、氧化还原特征、热性土壤温度状况、石灰性等。成土母质为近代河流冲积物，根据冲积物的物源差异，其续分类型为紫色冲积物。剖面构型为 Ap-Br，土体厚度 100 cm 以上，层次质地构型为通体砂质壤土，通体有石灰反应，pH 7.9～8.8，土体色调为 7.5YR，$CaCO_3$ 相当物含量 10～40 g/kg，耕作层之下土体结构面上有很少量的铁锰斑纹。

对比土系　同一亚类不同土族的土系中，东渡系、涪江系、上和系、宜居系和朱沱系，土壤颗粒大小级别均为壤质。

利用性能综述　该土系土体深厚，质地偏砂，易耕作，通透性好；耕层土壤有机质、全氮、全钾含量较低，全磷含量低，有效磷含量丰富。在改良利用上，注意改善排水条件，防止土壤渍水；增施有机肥，实行秸秆还田，合理轮作，改善土壤理化性状，培肥土壤；根据作物养分需求和土壤供肥性能，合理施肥。

参比土种　紫潮砂泥土。

代表性单个土体　　位于重庆市潼南区柏梓镇黎咀村 1 组，30°06′07.8″N，105°41′52.6″E，海拔 242 m，低阶地，成土母质为第四系全新统紫色冲积物，旱地，种植玉米、花生等，50 cm 深度土温 18.5℃。野外调查时间为 2015 年 6 月 18 日，编号 50-010。

黎咀系代表性单个土体剖面

Ap: 0～20 cm，棕（7.5YR 4/3，干），灰棕（7.5YR 4/2，润）；中等发育中块状结构，砂质壤土，疏松；很少量细根；中量蚯蚓孔道，内有球形蚯蚓粪便；土体中有少量草木炭碎屑；轻度石灰反应；向下层平滑模糊过渡。

Br1: 20～41 cm，棕（7.5YR 4/3，干），灰棕（7.5YR 4/2，润）；砂质壤土，中等发育中块状结构，稍坚实；很少量细根；少量蚯蚓孔道，内有球形蚯蚓粪便；结构面上有很少量铁锰斑纹，土体中有少量草木炭碎屑；轻度石灰反应；向下层平滑渐变过渡。

Br2: 41～67 cm，亮棕（7.5YR 5/6，干），浊棕（7.5YR 5/4，润）；砂质壤土，弱发育中块状结构，稍坚实；很少量细根；少量蚯蚓孔道，内有球形蚯蚓粪便；结构面上有很少量铁锰斑纹；极强石灰反应；向下层平滑模糊过渡。

Br3: 67～104 cm，亮棕（7.5YR 5/6，干），浊棕（7.5YR 5/4，润）；砂质壤土，弱发育中块状结构，稍坚实；很少量细根；少量蚯蚓孔道，内有球形蚯蚓粪便；结构面上有很少量铁锰斑纹；极强石灰反应；向下层平滑模糊过渡。

Br4: 104～135 cm，棕（7.5YR 4/6，干），棕（7.5YR 4/4，润）；砂质壤土，弱发育中块状结构，稍坚实；很少量细根；少量蚯蚓孔道，内有球形蚯蚓粪便；结构面上有很少量铁锰斑纹；极强石灰反应；向下层平滑模糊过渡。

Br5: 135～155 cm，亮棕（7.5YR 5/6，干），浊棕（7.5YR 5/4，润）；砂质壤土，弱发育中块状结构，稍坚实；很少量细根；很少量蚯蚓孔道，内有球形蚯蚓粪便；结构面上有很少量铁锰斑纹；极强石灰反应。

黎咀系代表性单个土体物理性质

土层	深度/cm	砾石（>2 mm，体积分数)/%	细土颗粒组成（粒径：mm)/(g/kg)			质地	容重/(g/cm³)
			砂粒 2～0.05	粉粒 0.05～0.002	黏粒 <0.002		
Ap	0～20	0	538	295	167	砂质壤土	1.56
Br1	20～41	0	607	220	173	砂质壤土	1.70
Br2	41～67	0	652	247	101	砂质壤土	1.71
Br3	67～104	0	654	242	104	砂质壤土	1.58
Br4	104～135	0	683	220	97	砂质壤土	1.56
Br5	135～155	0	620	307	73	砂质壤土	1.47

黎咀系代表性单个土体化学性质

深度 /cm	pH (H$_2$O)	有机碳 /(g/kg)	全氮(N) /(g/kg)	全磷(P) /(g/kg)	全钾(K) /(g/kg)	CEC /[cmol(+)/kg]	游离铁 /(g/kg)
0～20	8.0	6.5	0.77	0.26	12.2	26.7	4.4
20～41	7.9	4.8	0.65	0.54	11.2	21.8	5.3
41～67	8.5	2.6	0.26	0.49	11.5	10.8	3.8
67～104	8.8	2.2	0.28	0.30	12.2	10.8	4.6
104～135	8.6	2.4	0.39	0.36	13.1	10.8	4.5
135～155	8.5	1.9	0.30	0.26	12.3	18.1	5.6

7.1.2　东渡系（Dongdu Series）

土　族：壤质硅质混合型热性-石灰淡色潮湿雏形土
拟定者：慈　恩，胡　瑾，唐　江

分布与环境条件　主要分布在重庆市境内嘉陵江干流沿岸的低阶地上，海拔一般在 200～215 m，成土母质为第四系全新统冲积物；旱地，种植玉米、红薯和蔬菜等。亚热带湿润季风气候，年日照时数 1200～1300 h，年平均气温 18.0～18.5℃，年降水量 1100～1200 mm，无霜期 330～340 d。

东渡系典型景观

土系特征与变幅　诊断层包括淡薄表层、雏形层；诊断特性包括潮湿土壤水分状况、氧化还原特征、热性土壤温度状况、石灰性等。成土母质为近代河流冲积物，根据冲积物的物源差异，其续分类型为灰棕冲积物。剖面构型为 Ap-Br，土体厚度在 100 cm 以上，层次质地构型为粉壤土-砂质壤土-壤土-砂质壤土-粉壤土，通体有石灰反应，pH 8.3～8.8，土体色调为 5YR～10YR，CaCO₃ 相当物含量 30～80 g/kg，耕作层之下土体结构面上有很少量至少量的铁锰斑纹。

对比土系　同一土族的土系中，涪江系，由灰棕冲积物和紫色冲积物共同发育而成，有冲积物岩性特征；上和系，冲积母质的续分类型为紫色冲积物，层次质地构型为砂质壤土-壤土，土体色调为 10R；宜居系，冲积母质的续分类型为黄色冲积物，55 cm 深度以下部分土层有潜育特征；朱沱系，分布于河漫滩，表土质地为砂土类，有埋藏耕作层和冲积物岩性特征。黎咀系，同一亚类不同土族，颗粒大小级别为砂质。佛耳系，分布区域相近，不同土纲，分布于河漫滩，土表至 50 cm 深度范围内未发育出雏形层，为新成土。

利用性能综述　该土系土体深厚，耕层质地适中，耕性好；耕层土壤有机质、全钾含量较低，全氮、全磷含量低。在改良利用上，注意改善排水条件，防止土壤渍水；增施有机肥，实行秸秆还田和种植豆科养地作物等，增加有机质含量，培肥土壤；根据作物养分需求和土壤供肥性能，合理施肥。

参比土种　钙质灰棕潮砂泥土。

代表性单个土体　位于重庆市合川区钓鱼城街道佛耳村 8 组东渡老街附近，30°00′17.1″N，106°17′02.2″E，海拔 208 m，低阶地，成土母质为第四系全新统灰棕冲积物，旱地，种植玉米、红薯和蔬菜等，50 cm 深度土温 18.6℃。野外调查时间为 2015 年 3 月 19 日，编号 50-002。

Ap:　0～20 cm，浊棕（7.5YR 6/3，干），棕（7.5YR 4/3，润）；粉壤土，中等发育中块状结构，疏松；很少量细根；多量蚯蚓孔道，内有球形蚯蚓粪便；土体中有少量砖块碎屑；中度石灰反应；向下层平滑渐变过渡。

Br1:　20～46 cm，浊棕（7.5YR 6/3，干），浊棕（7.5YR 5/3，润）；粉壤土，中等发育大块状结构，稍坚实；中量蚯蚓孔道，内有球形蚯蚓粪便；结构面上有很少量铁锰斑纹，土体中有少量砖块碎屑；中度石灰反应；向下层波状清晰过渡。

Br2:　46～53 cm，灰棕（7.5YR 6/2，干），灰棕（7.5YR 4/2，润）；砂质壤土，弱发育中块状结构，疏松；中量蚯蚓孔道，内有球形蚯蚓粪便；结构面上有很少量铁锰斑纹；强石灰反应；向下层平滑清晰过渡。

Br3:　53～61 cm，浊橙（7.5YR 6/4，干），棕（7.5YR 4/4，润）；壤土，弱发育大块状结构，稍坚实；少量蚯蚓孔道，内有球形蚯蚓粪便；结构面上有少量铁锰斑纹；强石灰反应；向下层平滑清晰过渡。

东渡系代表性单个土体剖面

Br4:　61～78 cm，灰棕（7.5YR 6/2，干），灰棕（7.5YR 4/2，润）；砂质壤土，弱发育中块状结构，疏松；少量蚯蚓孔道，内有球形蚯蚓粪便；结构面上有很少量铁锰斑纹；强石灰反应；向下层平滑渐变过渡。

Br5:　78～103 cm，浊黄橙（10YR 6/3，干），浊黄棕（10YR 4/3，润）；粉壤土，弱发育大块状结构，稍坚实；少量蚯蚓孔道，内有球形蚯蚓粪便；结构面上有少量铁锰斑纹；强石灰反应；向下层波状清晰过渡。

Br6:　103～135 cm，浊橙（5YR 6/4，干），浊红棕（5YR 4/4，润）；粉壤土，弱发育大块状结构，坚实；结构面上有少量铁锰斑纹；中度石灰反应。

东渡系代表性单个土体物理性质

土层	深度/cm	砾石(>2 mm，体积分数)/%	细土颗粒组成 (粒径：mm)/(g/kg)			质地	容重/(g/cm³)
			砂粒2~0.05	粉粒0.05~0.002	黏粒<0.002		
Ap	0~20	0	314	500	186	粉壤土	1.32
Br1	20~46	0	323	500	177	粉壤土	1.52
Br2	46~53	0	563	331	106	砂质壤土	1.36
Br3	53~61	0	391	487	122	壤土	1.39
Br4	61~78	0	697	222	81	砂质壤土	1.30
Br5	78~103	0	384	515	101	粉壤土	1.40
Br6	103~135	0	199	556	245	粉壤土	1.54

东渡系代表性单个土体化学性质

深度/cm	pH(H₂O)	有机碳/(g/kg)	全氮(N)/(g/kg)	全磷(P)/(g/kg)	全钾(K)/(g/kg)	CEC/[cmol(+)/kg]	游离铁/(g/kg)
0~20	8.4	5.9	0.70	0.28	14.4	21.2	9.8
20~46	8.4	4.4	0.54	0.61	14.6	12.4	9.0
46~53	8.6	3.2	0.50	0.46	14.2	9.1	8.2
53~61	8.5	4.3	0.44	0.48	14.7	20.0	8.8
61~78	8.8	3.4	0.26	0.52	13.7	6.9	7.8
78~103	8.5	4.1	0.44	0.46	14.7	24.5	8.7
103~135	8.3	2.8	0.46	0.49	16.2	38.3	12.8

7.1.3 涪江系（Fujiang Series）

土　族：壤质硅质混合型热性-石灰淡色潮湿雏形土
拟定者：慈　恩，胡　瑾，唐　江

分布与环境条件　主要分布在潼南等地，多位于涪江与其支流交汇处沿岸的低阶地，海拔一般在 220～250 m，成土母质为第四系全新统冲积物；旱地，主要种植蔬菜。亚热带湿润季风气候，年日照时数 1100～1200 h，年平均气温 17.5～18.0℃，年降水量 1000～1100 mm，无霜期 310～320 d。

涪江系典型景观

土系特征与变幅　诊断层包括雏形层；诊断特性包括冲积物岩性特征、潮湿土壤水分状况、氧化还原特征、热性土壤温度状况、石灰性等。成土母质为近代河流冲积物，由涪江干流的灰棕冲积物和涪江支流的紫色冲积物交替或混合堆积而成。剖面构型为 Ap-Br-Cr，土体厚度 100 cm 以上，层次质地构型为粉壤土-壤土-粉壤土-壤土，通体有石灰反应，pH 8.4～8.7，$CaCO_3$ 相当物含量 25～85 g/kg，耕作层以下各层次中可见很少量至少量的铁锰斑纹。

对比土系　同一土族的土系中，上和系、宜居系和东渡系，无冲积物岩性特征；上和系，冲积母质的续分类型为紫色冲积物；东渡系，冲积母质的续分类型为灰棕冲积物；朱沱系，分布于河漫滩，冲积母质的续分类型为灰棕冲积物，表层质地为砂土类，有埋藏耕作层；宜居系，冲积母质的续分类型为黄色冲积物，55 cm 深度以下部分土层有潜育特征。黎咀系，同一亚类不同土族，颗粒大小级别为砂质。

利用性能综述　该土系土体深厚，质地适中，耕性好；耕层土壤有机质、全氮、全磷含量较低，全钾含量中等。在改良利用上，注意改善排水条件，防止土壤渍水；要用养结合，多施有机肥，合理轮作，培肥地力；根据作物养分需求和土壤供肥性能，合理施肥。

参比土种　钙质灰棕潮砂泥土。

代表性单个土体　位于重庆市潼南区上和镇倒塘村 2 组，30°09′53.4″N，105°55′54.0″E，海拔 231 m，低阶地，成土母质为第四系全新统冲积物，由灰棕冲积物和紫色冲积物交替或混合堆积而成，旱地，主要种植蔬菜，50 cm 深度土温 18.5℃。野外调查时间为 2015

年 4 月 11 日，编号 50-008。

涪江系代表性单个土体剖面

Ap：　0~18 cm，浊黄（2.5Y 6/3，干），黄棕（2.5Y 5/3，润）；粉壤土，中等发育小块状结构，疏松；少量细根；多量蚯蚓孔道，内有球形蚯蚓粪便；强石灰反应；向下层波状清晰过渡。

Br：　18~42 cm，70%浊黄、30%浊红棕（70% 2.5Y 6/3、30% 5YR 4/3，干），70%黄棕、30%暗红棕（70% 2.5Y 5/3、30% 5YR 3/3，润）；壤土，弱发育中块状结构，稍坚实；很少量细根；多量蚯蚓孔道，内有球形蚯蚓粪便；结构面上有很少量铁锰斑纹；强石灰反应；向下层不规则渐变过渡。

Cr1：42~91 cm，黄棕（2.5Y 5/3，干），橄榄棕（2.5Y 4/3，润）；壤土，冲积层理明显，稍坚实；很少量细根；中量蚯蚓孔道，内有球形蚯蚓粪便；可见少量铁锰斑纹，强石灰反应；向下层平滑渐变过渡。

Cr2：91~103 cm，黄棕（2.5Y 5/4，干），橄榄棕（2.5Y 4/4，润）；粉壤土，冲积层理明显，稍坚实；很少量细根；中量蚯蚓孔道，内有球形蚯蚓粪便；可见少量铁锰斑纹；中度石灰反应；向下层平滑突变过渡。

Cr3：103~145 cm，浊红棕（5YR 4/3，干），暗红棕（5YR 3/3，润）；壤土，冲积层理明显，坚实；很少量细根；中量蚯蚓孔道，内有球形蚯蚓粪便；可见很少量铁锰斑纹；极强石灰反应。

涪江系代表性单个土体物理性质

| 土层 | 深度 /cm | 砾石 (>2 mm，体积分数)/% | 细土颗粒组成（粒径：mm）/(g/kg) | | | 质地 | 容重 /(g/cm³) |
			砂粒 2~0.05	粉粒 0.05~0.002	黏粒 <0.002		
Ap	0~18	0	329	549	122	粉壤土	1.39
Br	18~42	0	500	405	95	壤土	1.58
Cr1	42~91	0	498	405	97	壤土	1.45
Cr2	91~103	0	99	783	118	粉壤土	1.31
Cr3	103~145	0	338	499	163	壤土	1.50

涪江系代表性单个土体化学性质

深度 /cm	pH (H₂O)	有机碳 /(g/kg)	全氮(N) /(g/kg)	全磷(P) /(g/kg)	全钾(K) /(g/kg)	CEC /[cmol(+)/kg]	游离铁 /(g/kg)
0~18	8.4	8.3	0.92	0.47	17.9	20.9	8.0
18~42	8.7	6.0	0.48	0.59	16.4	14.6	6.7
42~91	8.6	7.1	0.58	0.52	15.8	17.8	8.4
91~103	8.4	5.7	0.72	0.47	17.1	21.2	11.6
103~145	8.7	3.1	0.41	0.56	18.9	25.5	8.6

7.1.4 上和系（Shanghe Series）

土　族：壤质硅质混合型热性-石灰淡色潮湿雏形土
拟定者：慈　恩，胡　瑾，唐　江

分布与环境条件　主要分布在潼南、大足、荣昌等地，多位于钙质紫色岩出露的低丘区小溪河冲积坝，海拔一般在 230～280 m，成土母质为第四系全新统冲积物；旱地，主要种植蔬菜。亚热带湿润季风气候，年日照时数 1100～1200 h，年平均气温 17.5～18.0℃，年降水量 1000～1100 mm，无霜期 310～320 d。

上和系典型景观

土系特征与变幅　诊断层包括雏形层；诊断特性包括潮湿土壤水分状况、氧化还原特征、热性土壤温度状况、铁质特性、石灰性等。成土母质为近代河流冲积物，根据冲积物的物源差异，其续分类型为紫色冲积物。剖面构型为 Ap-Br，土体厚度 100 cm 以上，层次质地构型为砂质壤土-壤土，通体有石灰反应，pH 7.9～8.7，土体色调为 10R，$CaCO_3$ 相当物含量 10～25 g/kg，耕作层之下土体结构面上有很少量铁锰斑纹。

对比土系　同一土族的土系中，涪江系，由灰棕冲积物和紫色冲积物共同发育而成，有冲积物岩性特征；朱沱系，分布于河漫滩，表土质地为砂土类，有埋藏耕作层和冲积物岩性特征；宜居系，冲积母质的续分类型为黄色冲积物，55 cm 深度以下部分土层有潜育特征；东渡系，冲积母质的续分类型为灰棕冲积物，层次质地构型为粉壤土-砂质壤土-壤土-砂质壤土-粉壤土，土体色调为 5YR～10YR。黎咀系，同一亚类不同土族，颗粒大小级别为砂质。

利用性能综述　该土系土体深厚，耕层质地偏砂，通透性较好，易耕作；耕层土壤有机质、全氮含量较低，全磷、全钾含量中等。在改良利用上，注意改善排水条件，防止土壤渍水；增施有机肥，合理轮作，改善土壤理化性状，培肥地力；根据作物养分需求和土壤供肥性能，合理施肥。

参比土种　紫潮砂泥土。

代表性单个土体　位于重庆市潼南区上和镇倒塘村 1 组，30°10′21.2″N，105°55′54.6″E，海拔 239 m，低丘区溪河冲积坝，成土母质为第四系全新统紫色冲积物，坡度分级为平地，旱地，主要种植蔬菜，50 cm 深度土温 18.5℃。野外调查时间为 2015 年 4 月 12 日，编号 50-009。

上和系代表性单个土体剖面

Ap：0～20 cm，红棕（10R 5/4，干），红棕（10R 4/4，润）；砂质壤土，中等发育小块状结构，疏松；很少量细根；中量蚯蚓孔道，内有球形蚯蚓粪便；土体中有少量贝壳；轻度石灰反应；向下层波状渐变过渡。

Br1：20～38 cm，红棕（10R 5/4，干），红棕（10R 4/4，润）；砂质壤土，中等发育中块状结构，稍坚实；很少量细根；少量蚯蚓孔道，内有球形蚯蚓粪便；结构面上有很少量铁锰斑纹；强石灰反应；向下层平滑模糊过渡。

Br2：38～50 cm，红棕（10R 5/4，干），红棕（10R 4/4，润）；砂质壤土，弱发育中块状结构，坚实；很少量细根；结构面上有很少量铁锰斑纹；强石灰反应；向下层平滑模糊过渡。

Br3：50～70 cm，红棕（10R 5/4，干），红棕（10R 4/4，润）；壤土，弱发育中块状结构，坚实；很少量细根；结构面上有很少量铁锰斑纹；强石灰反应；向下层平滑模糊过渡。

Br4：70～92 cm，红棕（10R 5/4，干），红棕（10R 4/4，润）；壤土，弱发育大块状结构，坚实；很少量细根；结构面上有很少量铁锰斑纹；中度石灰反应；向下层平滑模糊过渡。

Br5：92～105 cm，红棕（10R 5/4，干），红棕（10R 4/4，润）；壤土，弱发育大块状结构，坚实；很少量细根；结构面上有很少量铁锰斑纹；轻度石灰反应，向下层平滑模糊过渡。

Br6：105～142 cm，浊红橙（10R 6/4，干），红棕（10R 5/4，润）；壤土，弱发育中块状结构，坚实；结构面上有很少量铁锰斑纹；轻度石灰反应。

上和系代表性单个土体物理性质

土层	深度 /cm	砾石 (>2 mm，体积分数)/%	细土颗粒组成（粒径：mm）/(g/kg)			质地	容重 /(g/cm³)
			砂粒 2～0.05	粉粒 0.05～0.002	黏粒 <0.002		
Ap	0～20	0	548	272	180	砂质壤土	1.38
Br1	20～38	0	556	282	162	砂质壤土	1.60
Br2	38～50	0	562	290	148	砂质壤土	1.68
Br3	50～70	0	401	389	210	壤土	1.73
Br4	70～92	0	413	365	222	壤土	1.80
Br5	92～105	0	378	370	252	壤土	1.72
Br6	105～142	0	387	440	173	壤土	1.72

上和系代表性单个土体化学性质

深度 /cm	pH (H₂O)	有机碳 /(g/kg)	全氮(N) /(g/kg)	全磷(P) /(g/kg)	全钾(K) /(g/kg)	CEC /[cmol(+)/kg]	游离铁 /(g/kg)
0~20	7.9	6.4	0.80	0.74	17.2	22.9	7.8
20~38	8.1	5.0	0.57	0.49	16.6	14.6	5.5
38~50	8.7	2.6	0.34	0.48	17.0	12.4	5.4
50~70	8.6	3.9	0.51	0.58	17.8	22.4	5.9
70~92	8.6	3.6	0.40	0.40	17.4	29.8	6.7
92~105	8.4	4.0	0.53	0.51	17.1	22.9	5.3
105~142	8.1	1.9	0.34	0.31	16.3	21.4	7.4

7.1.5　宜居系（Yiju Series）

土　　族：壤质硅质混合型热性-石灰淡色潮湿雏形土
拟定者：慈　恩，胡　瑾，唐　江

分布与环境条件　主要分布在酉阳、彭水等地，多位于低、中山区溪河沿岸的低阶地，海拔一般在 450～550 m，成土母质为第四系全新统冲积物；旱地，种植马铃薯、萝卜、油菜等。亚热带湿润季风气候，年日照时数 1000～1100 h，年平均气温 15.5～16.5℃，年降水量 1300～1400 mm，无霜期 280～295 d。

宜居系典型景观

土系特征与变幅　诊断层包括雏形层；诊断特性包括潮湿土壤水分状况、潜育特征、氧化还原特征、热性土壤温度状况、铁质特性、石灰性等。成土母质为近代河流冲积物，根据冲积物的物源差异，其续分类型为黄色冲积物。剖面构型为 Ap-Br-Bg-Cg-Cr-Cg，土体厚度 100 cm 以上，层次质地构型为粉壤土-壤土-砂质壤土-粉壤土，通体有石灰反应，pH 7.7～8.1，土体色调为 2.5Y，游离铁含量≥14 g/kg，$CaCO_3$ 相当物含量 10～20 g/kg，耕作层以下各层次中可见很少量至中量的铁锰斑纹。

对比土系　同一土族的土系中，上和系、涪江系、朱沱系和东渡系，土体内无潜育特征；上和系，冲积母质的续分类型为紫色冲积物；涪江系，由灰棕冲积物和紫色冲积物共同发育而成，有冲积物岩性特征；朱沱系，分布于河漫滩，冲积母质的续分类型为灰棕冲积物，表层质地为砂土类，有冲积物岩性特征；东渡系，冲积母质的续分类型为灰棕冲积物。黎咀系，同一亚类不同土族，颗粒大小级别为砂质。

利用性能综述　该土系土体深厚，耕层质地适中，耕性较好；耕层土壤有机质、全氮含量中等，全磷含量较低，全钾含量高。在改良利用上，注意改善排水条件，调节土壤水分状况，消除渍害；深耕炕土，施用有机肥，实行秸秆还田和合理轮作，改善土壤供肥性能；根据作物养分需求和土壤供肥性能，合理施肥。

参比土种　黄潮砂泥土。

代表性单个土体　位于重庆市酉阳土家族苗族自治县宜居乡董河村 1 组，28°48′13.6″N，108°35′17.6″E，海拔 498 m，低阶地，成土母质为第四系全新统黄色冲积物，旱地，种植马铃薯、萝卜、油菜等，50 cm 深度土温 19.3℃。野外调查时间为 2016 年 4 月 13 日，编号 50-124。

Ap: 0～16 cm，灰黄（2.5Y 6/2，干），暗灰黄（2.5Y 5/2，润）；粉壤土，中等发育小块状结构，疏松；中量细根；多量动物穴，内有细土填充物；轻度石灰反应；向下层平滑清晰过渡。

Br1: 16～32 cm，暗灰黄（2.5Y 5/2，干），暗灰黄（2.5Y 4/2，润）；粉壤土，弱发育大块状结构，稍坚实；很少量细根；中量动物穴，内有细土填充物；结构面上有很少量铁锰斑纹；轻度石灰反应；向下层平滑模糊过渡。

Br2: 32～55 cm，暗灰黄（2.5Y 5/2，干），暗灰黄（2.5Y 4/2，润）；粉壤土，弱发育中块状结构，稍坚实；很少量细根；中量动物穴，内有细土填充物；结构面上有很少量铁锰斑纹；轻度石灰反应；向下层平滑渐变过渡。

宜居系代表性单个土体剖面

Bg: 55～70 cm，暗灰黄（2.5Y 5/2，干），暗灰黄（2.5Y 4/2，润）；粉壤土，弱发育中块状结构，坚实；很少量细根；少量动物穴，内有细土填充物；结构面上有少量铁锰斑纹；轻度石灰反应，轻度亚铁反应；向下层平滑清晰过渡。

Cg1: 70～89 cm，暗灰黄（2.5Y 5/2，干），暗灰黄（2.5Y 4/2，润）；壤土，冲积层理明显，坚实；很少量中根和细根；可见很少量铁锰斑纹；轻度石灰反应，中度亚铁反应；向下层平滑清晰过渡。

Cr: 89～132 cm，暗灰黄（2.5Y 4/2，干），黑棕（2.5Y 3/2，润）；砂质壤土，冲积层理明显，坚实；很少量细根；可见很少量铁锰斑纹；轻度石灰反应，中度亚铁反应；向下层平滑突变过渡。

Cg2: 132～148 cm，暗灰黄（2.5Y 5/2，干），暗灰黄（2.5Y 4/2，润）；粉壤土，冲积层理明显，坚实；很少量细根；可见中量铁锰斑纹；轻度石灰反应，中度亚铁反应。

宜居系代表性单个土体物理性质

土层	深度/cm	砾石（>2 mm，体积分数)/%	细土颗粒组成（粒径：mm)/(g/kg)			质地	容重/(g/cm³)
			砂粒 2～0.05	粉粒 0.05～0.002	黏粒 <0.002		
Ap	0～16	0	148	606	246	粉壤土	1.15
Br1	16～32	0	171	624	205	粉壤土	1.38
Br2	32～55	0	259	530	211	粉壤土	1.45
Bg	55～70	0	250	576	174	粉壤土	1.46
Cg1	70～89	0	514	352	134	壤土	1.41
Cr	89～132	0	768	145	87	砂质壤土	1.37
Cg2	132～148	0	77	654	269	粉壤土	1.43

宜居系代表性单个土体化学性质

深度 /cm	pH (H₂O)	有机碳 /(g/kg)	全氮(N) /(g/kg)	全磷(P) /(g/kg)	全钾(K) /(g/kg)	CEC /[cmol(+)/kg]	游离铁 /(g/kg)
0～16	7.8	15.4	1.29	0.47	25.7	15.9	17.1
16～32	7.7	10.8	1.24	0.48	26.6	22.6	16.4
32～55	8.1	7.3	0.96	0.11	24.8	20.8	17.1
55～70	8.0	6.2	0.78	0.37	25.9	17.9	17.2
70～89	7.8	4.7	0.62	0.38	28.1	13.7	17.5
89～132	7.9	4.8	0.68	0.36	31.4	13.0	19.4
132～148	7.8	8.3	1.01	0.37	26.6	22.8	16.3

7.1.6 朱沱系（Zhutuo Series）

土　族：壤质硅质混合型热性-石灰淡色潮湿雏形土

拟定者：慈　恩，胡　瑾，唐　江

分布与环境条件　主要分布在重庆市境内长江干流沿岸的河漫滩上，海拔一般在 190～210 m，成土母质为第四系全新统冲积物；旱地，种植蔬菜、玉米等。亚热带湿润季风气候，年日照时数 1100～1200 h，年平均气温 18.0～18.5℃，年降水量 1000～1100 mm，无霜期 330～340 d。

朱沱系典型景观

土系特征与变幅　诊断层包括淡薄表层、雏形层；诊断特性包括冲积物岩性特征、潮湿土壤水分状况、氧化还原特征、热性土壤温度状况、石灰性等。成土母质为近代河流冲积物，根据冲积物的物源差异，其续分类型为灰棕冲积物。剖面构型为 Ap-Cr-Apb-Br，土体厚度 100 cm 以上，层次质地构型为壤质砂土-砂质壤土-粉壤土，通体有石灰反应，pH 8.2～8.4，土体色调为 2.5YR，$CaCO_3$ 相当物含量 90～100 g/kg，耕作层以下各层次中可见很少量的铁锰斑纹，25～30 cm 深度以下有埋藏耕作层。

对比土系　同一土族的土系中，上和系、涪江系、东渡系、宜居系分布于河流低阶地，表土质地为壤土类，土体内无砂土类层次和埋藏层；上和系、宜居系和东渡系，无冲积物岩性特征；上和系，冲积母质的续分类型为紫色冲积物；涪江系，成土母质由灰棕冲积物和紫色冲积物共同堆积而成；宜居系，冲积母质的续分类型为黄色冲积物，55 cm 深度以下部分土层有潜育特征。黎咀系，同一亚类不同土族，颗粒大小级别为砂质。

利用性能综述　该土系土体深厚，耕层质地砂，易耕作，通透性好，保肥能力弱；耕层土壤有机质、全氮、全磷含量低，全钾含量较低。该土系位于长江干流河漫滩，施用化肥和农药易进入重要水体，不宜发展种植业。

参比土种　新积钙质灰棕砂土。

代表性单个土体　位于重庆市永川区朱沱镇汉东村 6 组，29°00′16.7″N，105°51′10.4″E，海拔 203 m，河漫滩，成土母质为第四系全新统灰棕冲积物，旱地，种植蔬菜、玉米等，50 cm 深度土温 19.4℃。野外调查时间为 2015 年 7 月 28 日，编号 50-019。

朱沱系代表性单个土体剖面

Ap：0～18 cm，灰红（2.5YR 6/2，干），浊红棕（2.5YR 5/3，润）；壤质砂土，单粒状，无结构，松散；很少量细根；中量蚯蚓孔道，内有球形蚯蚓粪便；极强石灰反应，向下层平滑模糊过渡。

Cr：18～27 cm，灰红（2.5YR 6/2，干），浊红棕（2.5YR 5/3，润）；砂质壤土，单粒状，无结构，松散；很少量细根；多量蚯蚓孔道，内有球形蚯蚓粪便；可见很少量铁锰斑纹；极强石灰反应；向下层平滑清晰过渡。

Apb：27～49 cm，浊橙（2.5YR 6/4，干），浊红棕（2.5YR 5/4，润）；粉壤土，中等发育小块状结构，疏松；很少量细根；多量蚯蚓孔道，内有球形蚯蚓粪便；结构面上有很少量铁锰斑纹；极强石灰反应；向下层平滑清晰过渡。

Br1：49～63 cm，灰红（2.5YR 6/2，干），浊红棕（2.5YR 5/3，润）；粉壤土，弱发育小块状结构，疏松；很少量细根；中量蚯蚓孔道，内有球形蚯蚓粪便；结构面上有很少量铁锰斑纹；强石灰反应；向下层平滑清晰过渡。

Br2：63～140 cm，浊红棕（2.5YR 5/4，干），浊红棕（2.5YR 4/4，润）；粉壤土，弱发育中块状结构，稍坚实；很少量细根；中量蚯蚓孔道，内有球形蚯蚓粪便；结构面上有很少量铁锰斑纹，土体中有1%次圆状砾石；强石灰反应；向下层平滑渐变过渡。

Br3：140～150 cm，浊橙（2.5YR 6/3，干），浊红棕（2.5YR 5/4，润）；粉壤土，弱发育中块状结构，稍坚实；很少量细根；少量蚯蚓孔道，内有球形蚯蚓粪便；结构面上有很少量铁锰斑纹，土体中有少量砖瓦碎屑；强石灰反应。

朱沱系代表性单个土体物理性质

| 土层 | 深度/cm | 砾石(>2 mm，体积分数)/% | 细土颗粒组成（粒径：mm)/(g/kg) | | | 质地 | 容重/(g/cm³) |
			砂粒2～0.05	粉粒0.05～0.002	黏粒<0.002		
Ap	0～18	0	782	194	24	壤质砂土	1.23
Cr	18～27	0	730	233	37	砂质壤土	1.23
Apb	27～49	0	283	613	104	粉壤土	1.30
Br1	49～63	0	262	673	65	粉壤土	1.36
Br2	63～140	1	198	592	210	粉壤土	1.39
Br3	140～150	0	294	556	150	粉壤土	1.33

朱沱系代表性单个土体化学性质

深度 /cm	pH (H₂O)	有机碳 /(g/kg)	全氮(N) /(g/kg)	全磷(P) /(g/kg)	全钾(K) /(g/kg)	CEC /[cmol(+)/kg]	游离铁 /(g/kg)
0～18	8.3	4.5	0.47	0.38	13.8	5.7	6.8
18～27	8.3	4.4	0.46	0.38	13.5	5.8	6.8
27～49	8.2	10.5	0.79	0.86	16.2	14.8	9.6
49～63	8.4	6.9	0.64	0.96	15.8	9.2	7.7
63～140	8.4	7.0	0.69	0.87	16.1	16.5	7.4
140～150	8.3	6.8	0.48	0.90	15.6	12.7	10.0

7.2　普通淡色潮湿雏形土

7.2.1　渠口系（Qukou Series）

土　族：壤质硅质混合型非酸性热性-普通淡色潮湿雏形土
拟定者：慈　恩，胡　瑾，唐　江

分布与环境条件　主要分布在开州、云阳等地，位于小江及其支流沿岸的消落带，海拔一般在 160～170 m，成土母质为第四系全新统冲积物；内陆滩涂，生长有狗牙根、苍耳等。亚热带湿润季风气候，年日照时数 1300～1400 h，年平均气温 18.0～18.5 ℃，年降水量 1200～1300 mm，无霜期 300～310 d。

渠口系典型景观

土系特征与变幅　诊断层包括雏形层；诊断特性包括潮湿土壤水分状况、氧化还原特征、热性土壤温度状况等。剖面构型为 Ah-Br-Cr，土层厚度 80～100 cm，层次质地构型为壤土-黏壤土，无石灰反应，pH 5.1～6.8，土体色调为 10YR，结构面上有少量的铁锰斑纹。土体底部为砾石层，含 85%次圆状岩石碎屑。

对比土系　滴水系，分布区域相近，不同土纲，所处地形部位相同，但 0～60 cm 深度范围内无明显的土壤结构发育，未形成雏形层，为新成土。

利用性能综述　该土系土体稍深，质地适中，通透性较好，保肥能力较弱；耕层土壤有机质、全钾含量较低，全氮含量低，全磷含量很低。受河流水位影响呈季节性出露，对水体安全影响大，不宜开垦种植。

参比土种　紫潮砂泥土。

代表性单个土体　位于重庆市开州区渠口镇铺溪村 4 组，31°07′51.1″N，108°29′31.6″E，海拔 169 m，河漫滩，成土母质为第四系全新统冲积物，内陆滩涂，生长有狗牙根、苍耳等，50 cm 深度土温 17.8℃。野外调查时间为 2016 年 4 月 27 日，编号 50-133。

Ah： 0～19 cm，浊黄橙（10YR 6/3，干），浊黄棕（10YR 4/3，润）；壤土，中等发育小块状结构；稍坚实；少量细根；多量动物穴；结构面上有少量铁锰斑纹，土体中有 5%次圆状岩石碎屑和少量砖瓦碎屑；无石灰反应；向下层平滑渐变过渡。

Br1： 19～44 cm，浊黄橙（10YR 6/3，干），浊黄棕（10YR 4/3，润）；壤土，弱发育小块状结构，坚实；很少量细根；中量动物穴；结构面上有少量铁锰斑纹，土体中有 5%次圆状岩石碎屑和少量砖瓦碎屑；无石灰反应；向下层平滑模糊过渡。

Br2： 44～90 cm，浊黄橙（10YR 6/3，干），浊黄棕（10YR 4/3，润）；壤土，弱发育中块状结构；坚实；很少量细根；少量动物穴；结构面上有少量铁锰斑纹，土体中有 5%次圆状岩石碎屑；无石灰反应；向下层平滑清晰过渡。

渠口系代表性单个土体剖面

Cr： 90～100 cm，砾石层。浊黄橙（10YR 6/4，干），棕（10YR 4/4，润）；黏壤土，弱发育小块状结构，疏松；结构面上有少量铁锰斑纹，层内有 85%次圆状岩石碎屑；无石灰反应。

渠口系代表性单个土体物理性质

土层	深度 /cm	砾石 (>2 mm，体积分数)/%	细土颗粒组成 (粒径：mm)/(g/kg)			质地	容重 /(g/cm³)
			砂粒 2～0.05	粉粒 0.05～0.002	黏粒 <0.002		
Ah	0～19	5	519	306	175	壤土	1.50
Br1	19～44	5	511	327	162	壤土	1.74
Br2	44～90	5	462	354	184	壤土	1.77
Cr	90～100	85	357	343	300	黏壤土	—

渠口系代表性单个土体化学性质

深度 /cm	pH (H₂O)	有机碳 /(g/kg)	全氮(N) /(g/kg)	全磷(P) /(g/kg)	全钾(K) /(g/kg)	CEC /[cmol(+)/kg]	游离铁 /(g/kg)
0～19	5.1	6.0	0.59	0.17	11.8	12.8	9.0
19～44	6.2	4.1	0.37	0.17	12.0	11.5	9.7
44～90	6.5	3.2	0.34	0.15	12.1	12.1	9.3
90～100	6.8	3.7	0.48	0.26	13.8	28.2	19.1

7.3　普通滞水常湿雏形土

7.3.1　马鹿系（Malu Series）

土　族：砂质硅质混合型酸性热性-普通滞水常湿雏形土
拟定者：慈　恩，翁昊璐，唐　江

马鹿系典型景观

分布与环境条件　主要分布在石柱、忠县、丰都等地，多位于侏罗系沙溪庙组黄色砂岩出露的中山坡地平缓地段或低洼处，坡度分级为缓坡，海拔 800～1000 m，成土母质为侏罗系沙溪庙组黄色砂岩风化残坡积物；旱地，种植马铃薯、蚕豆、玉米、萝卜等。亚热带湿润季风气候，年日照时数 1200～1300 h，年平均气温 14.0～15.5℃，年降水量 1100～1200 mm，无霜期 250～270 d。

土系特征与变幅　诊断层包括淡薄表层、雏形层；诊断特性包括准石质接触面、常湿润土壤水分状况、滞水土壤水分状况、氧化还原特征、热性土壤温度状况、铁质特性等；诊断现象包括铝质现象。剖面构型为 Ap-Br-R，土体厚度为 30～40 cm，层次质地构型为通体砂质壤土，无石灰反应，pH 4.6～4.8，土体颜色为 10YR，游离铁含量≥14 g/kg，通体有铝质现象，结构面上可见少量铁锰斑纹。

对比土系　黄水系，分布区域相近，不同土纲，海拔 1500～1600 m，成土母质相似，有黏化层发育，为淋溶土。

利用性能综述　该土系土体浅，质地偏砂，疏松好耕，保肥能力较弱；耕层土壤有机质、全氮、全磷含量低，全钾含量较低，酸度高。在改良利用上，注意改善排灌条件，调节土壤水分状况，消除土壤滞水的负面影响；深耕炕土，多施有机肥和实行秸秆还田等，改善土壤理化性状，提高土壤肥力；适量施用石灰或其他土壤改良剂，调节土壤酸度；根据作物养分需求和土壤供肥性能，合理施肥。

参比土种　黄砂土。

代表性单个土体　位于重庆市石柱土家族自治县桥头镇马鹿村 1 组，30°06′21.8″N，

108°14′57.2″E，海拔 817 m，中山上坡低洼处，坡度分级为缓坡，成土母质为侏罗系沙溪庙组黄色砂岩风化残坡积物，旱地，种植马铃薯、蚕豆、玉米、萝卜等，50 cm 深度土温 18.1℃。野外调查时间为 2016 年 3 月 20 日，编号 50-104。

Ap：0～20 cm，浊黄橙（10YR 7/3，干），浊黄棕（10YR 5/3，润）；砂质壤土，弱发育小块状结构，疏松；少量细根；很少量动物穴；结构面上有少量铁锰斑纹，土体中有 5% 砂岩碎屑；无石灰反应；向下层平滑模糊过渡。

Br：20～34 cm，浊黄橙（10YR 7/3，干），浊黄棕（10YR 5/3，润）；砂质壤土，弱发育中块状结构，疏松；很少量细根；很少量动物穴；结构面上有少量铁锰斑纹；无石灰反应；向下层波状清晰过渡。

R： 34～100 cm，砂岩半风化体。

马鹿系代表性单个土体剖面

马鹿系代表性单个土体物理性质

土层	深度 /cm	砾石 (>2 mm，体积分数)/%	细土颗粒组成（粒径：mm)/(g/kg)			质地	容重 /(g/cm³)
			砂粒 2～0.05	粉粒 0.05～0.002	黏粒 <0.002		
Ap	0～20	5	595	267	138	砂质壤土	1.32
Br	20～34	0	603	222	175	砂质壤土	1.36

马鹿系代表性单个土体化学性质

深度 /cm	pH		有机碳 /(g/kg)	全氮(N) /(g/kg)	全磷(P) /(g/kg)	全钾(K) /(g/kg)	CEC /[cmol(+)/kg]	Al$_{KCl}$ /[cmol(+)/kg，黏粒]	游离铁 /(g/kg)
	H$_2$O	KCl							
0～20	4.7	3.3	5.8	0.61	0.32	12.1	13.6	38.1	15.6
20～34	4.7	3.3	4.6	0.50	0.20	11.4	12.2	30.9	15.7

7.4　腐殖钙质常湿雏形土

7.4.1　北屏系（Beiping Series）

土　族：粗骨壤质硅质混合型非酸性温性-腐殖钙质常湿雏形土
拟定者：慈　恩，陈　林，唐　江

北屏系典型景观

分布与环境条件　主要分布在城口等地，多位于中山中上部坡地，坡度分级为陡坡，海拔一般在 1500～1800 m，成土母质为寒武系石灰岩、白云岩、页岩等风化残坡积混合物；林地，植被有马尾松、华山松、漆树、斑茅等，植被覆盖度≥80%。北亚热带山地气候，年日照时数 1300～1400 h，年平均气温 8.0～10.0℃，年降水量 1300～1400 mm，无霜期 160～190 d。

土系特征与变幅　诊断层包括雏形层；诊断特性包括碳酸盐岩岩性特征、常湿润土壤水分状况、温性土壤温度状况、腐殖质特性、盐基饱和度等。剖面构型为 Ah-AB-Bw-C，土体厚度 100 cm 以上，层次质地构型为壤土-粉壤土-壤土，部分层次有石灰反应，pH 6.8～7.8，土体色调为 10YR，盐基饱和度>50%。B 层结构面和孔隙壁上可见腐殖质淀积胶膜，裂隙壁填充有含腐殖质土体。不同深度层次中有 5%～57%岩石碎屑，包含少量的碳酸盐岩碎屑。

对比土系　清水系，同一亚类不同土族，分布海拔一般在 1100～1200 m，颗粒大小级别为黏壤质，土壤温度等级为热性，60 cm 深度以下土体有氧化还原特征。黄安坝系，分布区域相近，不同土纲，无 B 层发育，为新成土。

利用性能综述　该土系土体深厚，表层质地适中，保肥能力较好；表层土壤有机质、全氮含量较高，全磷含量较低，全钾含量中等。适宜柏树、油桐、乌桕、香樟、漆树、女贞等多种林木生长，发展林业生产有一定优势；注意合理采种，防止林木被破坏，以免造成水土流失和生态环境恶化。

参比土种　石灰棕泥土。

代表性单个土体　位于重庆市城口县北屏乡安乐村 3 组，32°00′08.6″N，108°49′09.3″E，海拔 1642 m，中山上部坡地，坡度分级为陡坡，成土母质为寒武系石灰岩、白云岩、页岩等风化残坡积混合物，林地，植被有马尾松、华山松、漆树、斑茅等，植被覆盖度≥80%，50 cm 深度土温 13.9℃。野外调查时间为 2015 年 9 月 3 日，编号 50-042。

+5～0 cm，枯枝落叶。

Ah：0～16 cm，浊黄橙（10YR 6/3，干），浊黄棕（10YR 5/3，润）；壤土，中等发育小块状结构，疏松；马尾松、蕨类根系，中量细根；中量动物穴；土体中有 5%岩石碎屑；轻度石灰反应；向下层平滑模糊过渡。

AB：16～35 cm，浊黄橙（10YR 6/3，干），浊黄棕（10YR 5/3，润）；壤土，中等发育小块状结构，稍坚实；马尾松、蕨类根系，中量细根；中量动物穴；裂隙壁填充有含腐殖质土体；土体中有 10%岩石碎屑；无石灰反应；向下层平滑模糊过渡。

Bw：35～55 cm，浊黄橙（10YR 6/4，干），浊黄棕（10YR 5/4，润）；粉壤土，弱发育中块状结构，稍坚实；马尾松根系，中量细根和中根；少量动物穴；结构面和孔隙壁上可见中量腐殖质淀积胶膜，裂隙壁填充有含腐殖质土体；土体中有 15%岩石碎屑；无石灰反应；向下层波状清晰过渡。

北屏系代表性单个土体剖面

C1：55～95 cm，浊黄橙（10YR 7/4，干），浊黄橙（10YR 7/3，润）；粉壤土，很弱发育中块状结构，很坚实；马尾松根系，很少量细根和中根；很少量动物穴；土体中有 55%岩石碎屑；无石灰反应；向下层平滑渐变过渡。

C2：95～135 cm，浊黄橙（10YR 7/4，干），浊黄橙（10YR 7/3，润）；壤土，很弱发育中块状结构，很坚实；土体中有 57%岩石碎屑；无石灰反应。

北屏系代表性单个土体物理性质

土层	深度/cm	砾石(>2 mm，体积分数)/%	细土颗粒组成（粒径：mm)/(g/kg)			质地	容重/(g/cm³)
			砂粒 2～0.05	粉粒 0.05～0.002	黏粒 <0.002		
Ah	0～16	5	396	429	175	壤土	1.21
AB	16～35	10	424	389	187	壤土	1.23
Bw	35～55	15	270	527	203	粉壤土	1.37
C1	55～95	55	302	515	183	粉壤土	1.46
C2	95～135	57	447	433	120	壤土	1.60

北屏系代表性单个土体化学性质

深度 /cm	pH (H_2O)	有机碳 /(g/kg)	全氮(N) /(g/kg)	全磷(P) /(g/kg)	全钾(K) /(g/kg)	CEC /[cmol(+)/kg]	游离铁 /(g/kg)
0～16	7.8	22.5	1.61	0.51	17.9	22.9	10.6
16～35	7.4	14.1	1.11	0.55	18.5	18.1	12.4
35～55	7.0	13.3	1.20	0.51	17.7	20.4	15.4
55～95	6.8	3.9	0.47	0.21	20.2	15.0	10.7
95～135	6.8	3.3	0.40	0.19	20.4	15.8	14.8

7.4.2 清水系（Qingshui Series）

土　族：黏壤质硅质混合型非酸性热性–腐殖钙质常湿雏形土
拟定者：慈　恩，陈　林，唐　江

分布与环境条件　主要分布在云阳、奉节等地，多位于石灰岩地区的中山下坡，坡度分级为中缓坡，海拔一般在1100～1200 m，成土母质为异源母质，上部为第四系全新统洪积物，下部为三叠系石灰岩风化残坡积物；旱地，种植玉米、马铃薯、红薯、蔬菜等。亚热带湿润季风气候，年日照时数1300～1400 h，年平均气温13.0～14.0℃，年降水量1100～1200 mm，无霜期230～250 d。

清水系典型景观

土系特征与变幅　诊断层包括淡薄表层、雏形层；诊断特性包括碳酸盐岩岩性特征、常湿润土壤水分状况、氧化还原特征、热性土壤温度状况、腐殖质特性、盐基饱和度等。剖面构型为Ap-Bw-2Br，土体厚度100 cm以上，层次质地构型为粉质黏壤土-粉质黏土-粉质黏壤土，无石灰反应，pH 7.1～7.5，土体色调为10YR，盐基饱和度>50%。B层结构面和孔隙壁上可见腐殖质淀积胶膜，土表至60 cm深度范围内不同层次有5%～22%石灰岩碎屑，60 cm深度以下土体结构面上有少量至中量的铁锰斑纹。

对比土系　北屏系，同一亚类不同土族，分布海拔一般在1500～1800 m，颗粒大小级别为粗骨壤质，土壤温度等级为温性，通体无氧化还原特征。

利用性能综述　该土系土体深厚，耕层细土质地偏黏，含少量砾石，保水保肥能力较强；耕层土壤有机质、全氮、全磷含量中等，全钾含量高。在改良利用上，应整治坡面水系，改坡为梯，增加地表覆盖，减少水土流失；拣出较大砾石，提高耕作质量；注意种养结合，实行秸秆还田和合理轮作等，改善土壤结构，培肥地力；根据作物养分需求和土壤供肥性能，合理施肥。

参比土种　洪积黄泥土。

代表性单个土体　位于重庆市云阳县清水土家族自治乡龙洞村5组，30°38′51.3″N，108°59′05.1″E，海拔1129 m，中山下坡，坡度分级为中缓坡，成土母质为异源母质，上部为第四系全新统洪积物，下部为三叠系石灰岩风化残坡积物，旱地，玉米/马铃薯/红薯-蔬菜（萝卜、白菜等）轮作，50 cm深度土温16.3℃。野外调查时间为2016年1月

19 日，编号 50-091。

Ap：0～20 cm，浊黄橙（10YR 6/4，干），浊黄棕（10YR 5/4，润）；粉质黏壤土，中等发育中块状结构，稍坚实；很少量细根和中根；多量动物穴；土体中有 5%石灰岩碎屑；无石灰反应；向下层平滑模糊过渡。

Bw：20～60 cm，浊黄橙（10YR 6/4，干），浊黄棕（10YR 5/4，润）；粉质黏壤土，中等发育大块状结构，稍坚实；很少量细根和中根；中量动物穴；结构面和孔隙壁上有多量腐殖质淀积胶膜；土体中有 22%石灰岩碎屑；无石灰反应；向下层平滑清晰过渡。

2Br1：60～85 cm，亮黄棕（10YR 6/6，干），黄棕（10YR 5/6，润）；粉质黏土，强发育大块状结构，稍坚实；很少量动物穴；结构面上有少量铁锰斑纹，中量腐殖质淀积胶膜；无石灰反应；向下层平滑模糊过渡。

清水系代表性单个土体剖面

2Br2：85～115 cm，亮黄棕（10YR 6/6，干），黄棕（10YR 5/6，润）；粉质黏壤土，中等发育大块状结构，很坚实；结构面上有中量铁锰斑纹，少量腐殖质淀积胶膜；无石灰反应；向下层平滑模糊过渡。

2Br3：115～130 cm，亮黄棕（10YR 6/6，干），黄棕（10YR 5/6，润）；粉质黏壤土，中等发育大块状结构，很坚实；结构面上有少量铁锰斑纹，少量腐殖质淀积胶膜；无石灰反应。

清水系代表性单个土体物理性质

| 土层 | 深度 /cm | 砾石 (>2 mm，体积分数)/% | 细土颗粒组成 (粒径：mm)/(g/kg) | | | 质地 | 容重 /(g/cm³) |
			砂粒 2~0.05	粉粒 0.05~0.002	黏粒 <0.002		
Ap	0~20	5	52	626	322	粉质黏壤土	1.37
Bw	20~60	22	54	620	326	粉质黏壤土	1.41
2Br1	60~85	0	48	545	407	粉质黏土	1.38
2Br2	85~115	0	36	679	285	粉质黏壤土	1.41
2Br3	115~130	0	22	643	335	粉质黏壤土	1.34

清水系代表性单个土体化学性质

深度 /cm	pH (H₂O)	有机碳 /(g/kg)	全氮(N) /(g/kg)	全磷(P) /(g/kg)	全钾(K) /(g/kg)	CEC /[cmol(+)/kg]	游离铁 /(g/kg)
0~20	7.2	15.8	1.48	0.60	30.0	22.8	22.0
20~60	7.5	15.2	1.41	0.37	30.4	30.7	21.1
60~85	7.2	7.0	0.49	0.29	32.4	29.9	29.2
85~115	7.1	5.0	0.43	0.20	29.9	21.8	25.2
115~130	7.5	5.3	0.52	0.22	33.2	19.8	29.3

7.5 普通钙质常湿雏形土

7.5.1 平安系（Ping'an Series）

土　族：粗骨壤质硅质混合型非酸性温性–普通钙质常湿雏形土
拟定者：慈　恩，连茂山，翁昊璐

分布与环境条件　主要分布在巫溪、城口等地，多位于寒武系地层出露的中山中上部坡地，坡度分级为中坡，海拔一般在1300～1500 m，成土母质为寒武系砂页岩、硅质岩、白云岩等风化坡积混合物；旱地，种植蔬菜、红薯、玉米等。亚热带湿润季风气候，年日照时数 1400～1500 h，年平均气温 10.5～12.0 ℃，年降水量 1300～1400 mm，无霜期 200～220 d。

平安系典型景观

土系特征与变幅　诊断层包括淡薄表层、雏形层；诊断特性包括碳酸盐岩岩性特征、常湿润土壤水分状况、温性土壤温度状况，盐基饱和度等。剖面构型为 Ap-Bw-C，土体厚度 100 cm 以上，层次质地构型为粉壤土-壤土-粉壤土-壤土，无石灰反应，pH 7.1～7.3，土体色调为 10YR，盐基饱和度>50%，70 cm 左右深度以下为母质层。不同深度层次中有 30%～70%岩石碎屑，包含少量的碳酸盐岩碎屑。

对比土系　银厂坪系，同一土族，多位于中山区山间平坝四周的坡地中部，海拔一般在2300～2500 m，层次质地构型为粉壤土-粉质黏壤土，无淡薄表层，0～150 cm 深度范围内无母质层出现。同一亚类不同土族的土系中，清泉系，由异源母质发育而成，颗粒大小级别为黏壤质，矿物学类型为混合型，石灰性和酸碱反应类别为石灰性，土壤温度等级为热性；大坪村系，颗粒大小级别为壤质。

利用性能综述　该土系土体深厚，细土质地适中，砾石含量高，耕性较差；耕层土壤有机质、全氮含量中等，全磷含量高，全钾含量较高，有效磷含量丰富。在改良利用上，应整治坡面水系，实行坡改梯，增加地表覆盖，减少水土流失；改善农田水利条件，增强抗旱减灾能力；拣出耕层较大砾石，提高耕作质量；适时炕土，施用腐熟的有机肥，合理轮作，改善土壤肥力状况；在水土流失较严重的区域，宜发展经济林木和中药材等。

参比土种　石灰黄石渣土。

代表性单个土体　位于重庆市巫溪县土城乡平安村 2 组，31°41′14.2″N，109°10′17.3″E，海拔 1395 m，中山上部坡地，坡度分级为中坡，成土母质为寒武系砂页岩、硅质岩、白云岩等风化坡积混合物，旱地，种植蔬菜、红薯、玉米等，50 cm 深度土温 14.8℃。野外调查时间为 2015 年 9 月 1 日，编号 50-038。

平安系代表性单个土体剖面

Ap：0～18 cm，浊黄橙（10YR 6/3，干），棕（10YR 4/4，润）；粉壤土，中等发育小块状结构，疏松；很少量细根；少量动物穴；土体中有 30%岩石碎屑；无石灰反应；向下层波状模糊过渡。

Bw1：18～40 cm，浊黄橙（10YR 7/3，干），浊黄棕（10YR 5/4，润）；壤土，中等发育小块状结构，稍坚实；很少量细根；少量动物穴；土体中有 40%岩石碎屑；无石灰反应；向下层波状模糊过渡。

Bw2：40～70 cm，浊黄橙（10YR 7/3，干），浊黄棕（10YR 5/4，润）；壤土，弱发育很小块状结构，稍坚实；很少量细根；土体中有 40%岩石碎屑；无石灰反应；向下层波状模糊过渡。

C1：70～90 cm，灰黄棕（10YR 6/2，干），灰黄棕（10YR 4/2，润）；粉壤土，弱发育小块状结构，坚实；土体中有 55%岩石碎屑；无石灰反应；向下层波状模糊过渡。

C2：90～140 cm，浊黄橙（10YR 6/4，干），棕（10YR 4/4，润）；壤土，弱发育小块状结构，很坚实；土体中有 70%岩石碎屑；无石灰反应。

平安系代表性单个土体物理性质

土层	深度 /cm	砾石 (>2 mm, 体积分数)/%	细土颗粒组成（粒径：mm)/(g/kg)			质地	容重 /(g/cm³)
			砂粒 2～0.05	粉粒 0.05～0.002	黏粒 <0.002		
Ap	0～18	30	305	510	185	粉壤土	0.82
Bw1	18～40	40	358	434	208	壤土	1.04
Bw2	40～70	40	329	484	187	壤土	1.30
C1	70～90	55	275	509	216	粉壤土	1.36
C2	90～140	70	361	477	162	壤土	1.32

平安系代表性单个土体化学性质

深度 /cm	pH (H$_2$O)	有机碳 /(g/kg)	全氮(N) /(g/kg)	全磷(P) /(g/kg)	全钾(K) /(g/kg)	CEC /[cmol(+)/kg]	游离铁 /(g/kg)
0～18	7.3	13.3	1.34	1.65	20.9	18.2	17.0
18～40	7.2	9.0	0.89	1.75	23.3	16.1	17.4
40～70	7.2	9.9	1.02	1.75	21.8	16.1	16.5
70～90	7.1	15.2	1.47	1.54	20.4	18.2	17.1
90～140	7.1	8.7	0.85	1.29	21.8	14.6	17.7

7.5.2　银厂坪系（Yinchangping Series）

土　　族：粗骨壤质硅质混合型非酸性温性-普通钙质常湿雏形土
拟定者：慈　恩，陈　林，唐　江

银厂坪系典型景观

分布与环境条件　主要分布在巫溪、城口等地，多位于中山区山间平坝四周的坡地中部，坡度分级为中缓坡，海拔一般在2300～2500 m，成土母质为二叠系石灰岩、白云岩、硅质岩等风化坡积混合物；草地，植被类型为灌丛草甸，主要生长有早熟禾、薹草、羊胡子草、杜鹃等，植被覆盖度≥80%。亚热带湿润季风气候，年日照时数 1400～1500 h，年平均气温 5.0～6.5℃，年降水量 1500～1600 mm，无霜期 110～130 d。

土系特征与变幅　诊断层包括雏形层；诊断特性包括碳酸盐岩岩性特征、常湿润土壤水分状况、温性土壤温度状况、盐基饱和度等。剖面构型为 Ah-AB-Bw，土体厚度在 100 cm以上，层次质地构型为粉壤土-粉质黏壤土，无石灰反应，pH 5.5～5.8，土体色调为 7.5YR，盐基饱和度>50%。不同深度层次中有 5%～35%岩石碎屑，包含少量的碳酸盐岩碎屑。

对比土系　平安系，同一土族，多位于中山中上部坡地，海拔一般在 1300～1500 cm，层次质地构型为粉壤土-壤土-粉壤土-壤土，有淡薄表层，母质层的出现深度在 70 cm 左右。同一亚类不同土族的土系中，清泉系，由异源母质发育而成，颗粒大小级别为黏壤质，矿物学类型为混合型，石灰性和酸碱反应类别为石灰性，土壤温度等级为热性；大坪村系，颗粒大小级别为壤质。西流溪系，分布区域相近，不同土纲，土地利用类型同为天然牧草地，但其在 50 cm 深度以下有黏化层发育，为淋溶土。

利用性能综述　该土系土体深厚，砾石含量较高，细土质地适中，通透性较好；表层土壤有机质、全氮含量高，全磷含量中等，全钾含量较高。生长有多种草甸植物和少量灌木丛，是良好的牧业土壤资源。应防止过度放牧和开荒，积极引种优良牧草，保持牧养平衡；以生态环境保护为主，适度、科学地发展生态旅游，协调观赏与牧养关系。

参比土种　厚层山地灌丛草甸土。

代表性单个土体　位于重庆市巫溪县文峰镇红池坝国家森林公园银厂坪景区，31°35′31.7″N，109°00′03.0″E，海拔 2445 m，中山区山间平坝四周的坡地中部，坡度分级为中缓坡，成土母质为二叠系石灰岩、白云岩、硅质岩等风化坡积混合物，草地，植被为灌丛草甸，主要生长有早熟禾、薹草、羊胡子草、杜鹃等，植被覆盖度≥80%，50 cm深度土温 11.6℃。野外调查时间为 2015 年 8 月 31 日，编号 50-036。

Ah: 0～10 cm，浊橙（7.5YR 6/4，干），浊棕（7.5YR 5/3，润）；粉壤土，中等发育团粒状结构，疏松；牧草根系盘结，多量细根和中根；中量动物穴；土体中有 5%岩石碎屑；无石灰反应；向下层平滑渐变过渡。

AB: 10～30 cm，浊橙（7.5YR 6/4，干），浊棕（7.5YR 5/3，润）；粉壤土，中等发育小块状结构，疏松；牧草根系，中量细根和中根；中量动物穴；土体中有 15%岩石碎屑；无石灰反应；向下层平滑渐变过渡。

Bw1：30～50 cm，浊橙（7.5YR 7/4，干），浊棕（7.5YR 5/4，润）；粉壤土，弱发育中块状结构，稍坚实；牧草根系，少量细根和中根；少量动物穴；土体中有 30%岩石碎屑；无石灰反应；向下层平滑模糊过渡。

Bw2：50～95 cm，浊橙（7.5YR 7/4，干），浊棕（7.5YR 5/4，润）；粉壤土，弱发育中块状结构，坚实；牧草根系，很少量细根；少量动物穴；土体中有 35%岩石碎屑；无石灰反应；向下层波状模糊过渡。

银厂坪系代表性单个土体剖面

Bw3：95～144 cm，浊橙（7.5YR 6/4，干），浊棕（7.5YR 5/3，润）；粉质黏壤土，弱发育中块状结构，坚实；牧草根系，很少量细根；土体中有 25%岩石碎屑；无石灰反应。

银厂坪系代表性单个土体物理性质

| 土层 | 深度/cm | 砾石(>2 mm, 体积分数)/% | 细土颗粒组成（粒径：mm）/(g/kg) | | | 质地 | 容重/(g/cm³) |
			砂粒 2～0.05	粉粒 0.05～0.002	黏粒 <0.002		
Ah	0～10	5	179	598	223	粉壤土	0.82
AB	10～30	15	106	648	246	粉壤土	0.88
Bw1	30～50	30	158	578	264	粉壤土	1.20
Bw2	50～95	35	226	531	243	粉壤土	1.24
Bw3	95～144	25	157	559	284	粉质黏壤土	1.36

银厂坪系代表性单个土体化学性质

深度/cm	pH(H₂O)	有机碳/(g/kg)	全氮(N)/(g/kg)	全磷(P)/(g/kg)	全钾(K)/(g/kg)	CEC/[cmol(+)/kg]	盐基饱和度/%
0～10	5.5	35.5	3.35	0.78	22.3	19.8	52.2
10～30	5.5	16.9	2.10	0.64	22.6	22.2	59.0
30～50	5.7	9.1	1.04	0.56	22.0	19.5	55.6
50～95	5.8	4.0	0.68	0.44	18.9	11.9	55.9
95～144	5.7	3.0	0.63	0.41	19.3	19.3	58.2

7.5.3　清泉系（Qingquan Series）

土　族：黏壤质混合型石灰性热性-普通钙质常湿雏形土
拟定者：慈　恩，胡　瑾，唐　江

分布与环境条件　主要分布在酉阳、黔江等地，多位于石灰岩地区的中山坡麓老河床上，坡度分级为平地，海拔一般在 800～900 m，成土母质为异源母质，上部土体的母质为寒武系石灰岩风化坡积物，下部砾石层为第四系全新统冲积物；旱地，种植马铃薯、玉米、红薯等。亚热带湿润季风气候，年日照时数 1000～1100 h，年平均气温 13.5～14.5℃，年降水量 1300～1400 mm，无霜期 250～270 d。

清泉系典型景观

土系特征与变幅　诊断层包括雏形层；诊断特性包括碳酸盐岩岩性特征、常湿润土壤水分状况、热性土壤温度状况、石灰性等。由石灰岩风化坡积物在干涸的河床砾石层上堆积、发育而来，剖面构型为 Ap-Bw-2C，土层厚度 60～80 cm，层次质地构型为黏壤土-粉质黏壤土，通体有石灰反应，pH 7.9～8.2，土体色调为 10YR，$CaCO_3$ 相当物含量 90～100 g/kg。土体底部为砾石层，主要由次圆状岩石碎屑组成。砾石层以上不同深度层次中有 5%～10%石灰岩碎屑。

对比土系　同一亚类不同土族的土系中，平安系和银厂坪系，颗粒大小级别为粗骨壤质，矿物学类型为硅质混合型，石灰性和酸碱反应类别为非酸性，土壤温度等级为温性；大坪村系，颗粒大小级别为壤质，矿物学类型为硅质混合型，石灰性和酸碱反应类别为非酸性，土壤温度等级为温性。

利用性能综述　该土系土体稍深，质地偏黏，通透性较差，耕性一般；耕层土壤有机质、全氮含量中等，全磷、全钾含量较低。在改良利用上，应施用有机肥，实行秸秆还田和合理轮作，改善土壤结构和通透性，培肥地力；根据作物养分需求和土壤供肥性能，合理施肥。

参比土种　石灰黄泥土。

代表性单个土体　位于重庆市酉阳土家族苗族自治县清泉乡茶溪村 1 组，28°45′10.4″N，108°25′41.4″E，海拔 813 m，中山坡麓，坡度分级为平地，成土母质为异源母质，上部土体由寒武系石灰岩风化坡积物发育而成，下部砾石层为第四系全新统冲积物，旱地，种植马铃薯、玉米、红薯等，50 cm 深度土温 19.1℃。野外调查时间为 2016 年 4 月 13 日，编号 50-125。

Ap: 0～12 cm，灰黄棕（10YR 5/2，干），灰黄棕（10YR 4/2，润）；黏壤土，中等发育中块状结构，疏松；少量细根；中量动物穴；土体中有 5%石灰岩碎屑；轻度石灰反应；向下层平滑渐变过渡。

Bw1: 12～30 cm，灰黄棕（10YR 5/2，干），灰黄棕（10YR 4/2，润）；粉质黏壤土，中等发育中块状结构，稍坚实；很少量细根；少量动物穴；土体中有 10%石灰岩碎屑；轻度石灰反应；向下层平滑渐变过渡。

Bw2: 30～64 cm，浊黄棕（10YR 5/3，干），浊黄棕（10YR 4/3，润）；粉质黏壤土，弱发育中块状结构，稍坚实；很少量细根；土体中有 5%石灰岩碎屑；轻度石灰反应；向下层不规则清晰过渡。

2C: 64～80 cm，砾石层，细粒部分有轻度石灰反应。

清泉系代表性单个土体剖面

清泉系代表性单个土体物理性质

土层	深度/cm	砾石（>2 mm，体积分数)/%	细土颗粒组成（粒径：mm)/(g/kg)			质地	容重/(g/cm³)
			砂粒 2～0.05	粉粒 0.05～0.002	黏粒 <0.002		
Ap	0～12	5	246	468	286	黏壤土	1.34
Bw1	12～30	10	185	510	305	粉质黏壤土	1.60
Bw2	30～64	5	92	599	309	粉质黏壤土	1.63

清泉系代表性单个土体化学性质

深度/cm	pH（H₂O)	有机碳/(g/kg)	全氮(N)/(g/kg)	全磷(P)/(g/kg)	全钾(K)/(g/kg)	CEC/[cmol(+)/kg]	游离铁/(g/kg)
0～12	8.0	14.1	1.42	0.55	13.5	24.0	17.9
12～30	8.0	10.1	0.99	0.36	13.9	21.5	18.7
30～64	8.1	7.8	0.86	0.28	14.3	19.6	18.7

7.5.4　大坪村系（Dapingcun Series）

土　　族：壤质硅质混合型非酸性温性-普通钙质常湿雏形土
拟定者：慈　恩，连茂山，翁昊璐

大坪村系典型景观

分布与环境条件　主要分布在巫山、奉节等地，多位于石灰岩地区的中山上部内山坡麓平缓地段，坡度分级为微坡，海拔一般在 1500～1800 m，成土母质为三叠系石灰岩风化坡积-洪积物；旱地，种植玉米、马铃薯、红薯、萝卜、党参等。亚热带湿润季风气候，年日照时数 1500～1600 h，年平均气温 9.0～11.0℃，年降水量 1300～1400 mm，无霜期 180～210 d。

土系特征与变幅　诊断层包括雏形层；诊断特性包括碳酸盐岩岩性特征、常湿润土壤水分状况、温性土壤温度状况、盐基饱和度等。剖面构型为 Ap-Bw-Ab-Bw，土体厚度 100 cm 以上，层次质地构型为粉质黏壤土-粉壤土-壤土-粉壤土，无石灰反应，pH 5.8～6.9，土体色调为 2.5Y，盐基饱和度>50%。土体中有很少量的石灰岩碎屑，100 cm 左右深度以下有埋藏表层。

对比土系　同一亚类不同土族的土系中，平安系和银厂坪系，颗粒大小级别为粗骨壤质；清泉系，由异源母质发育而成，颗粒大小级别为黏壤质，矿物学类型为混合型，石灰性和酸碱反应类别为石灰性，土壤温度等级为热性。

利用性能综述　该土系土体深厚，耕层土壤质地偏黏，局部低洼地段，因排水不良，易发生湿害；耕层土壤有机质、全氮、全磷和全钾含量中等，有效磷含量丰富。在改良利用上，应搞好区域排水，改善土壤水分状况，消除湿害；深耕炕土，施用腐熟的有机肥，改善土壤理化性状，培肥土壤；根据作物养分需求和土壤供肥性能，合理施肥。

参比土种　黄棕泥土。

代表性单个土体　位于重庆市巫山县红椿乡大坪村 5 社，30°50′12.8″N，109°41′56.3″E，海拔 1561 m，中山上部内山坡麓平缓地段，坡度分级为微坡，成土母质为三叠系石灰岩风化坡积-洪积物，旱地，种植玉米、马铃薯、红薯、萝卜、党参等，50 cm 深度土温 14.9℃。野外调查时间为 2016 年 1 月 17 日，编号 50-087。

Ap: 0～18 cm，灰黄（2.5Y 6/2，干），暗灰黄（2.5Y 5/2，润）；粉质黏壤土，强发育小块状结构，稍坚实；很少量细根和中根；中量动物穴；土体中有1%石灰岩碎屑，少量草木炭；无石灰反应；向下层平滑渐变过渡。

Bw1：18～45 cm，浊黄（2.5Y 6/3，干），黄棕（2.5Y 5/3，润）；粉壤土，强发育中块状结构，稍坚实；很少量细根；中量动物穴；土体中有 1%石灰岩碎屑，少量草木炭；无石灰反应；向下层平滑模糊过渡。

Bw2：45～75 cm，灰黄（2.5Y 6/2，干），暗灰黄（2.5Y 5/2，润）；粉壤土，中等发育中块状结构，坚实；很少量细根；少量动物穴；土体中有 1%石灰岩碎屑，很少量草木炭；无石灰反应；向下层平滑模糊过渡。

大坪村系代表性单个土体剖面

Bw3：75～100 cm，浊黄（2.5Y 6/3，干），黄棕（2.5Y 5/3，润）；壤土，中等发育中块状结构，坚实；少量动物穴；土体中有很少量砖瓦碎屑，很少量草木炭；无石灰反应；向下层平滑清晰过渡。

Ab： 100～123 cm，黄灰（2.5Y 6/1，干），黄灰（2.5Y 5/1，润）；粉壤土，中等发育中块状结构，坚实；少量动物穴；土体中有很少量砖瓦碎屑，很少量草木炭；有机质含量明显高于上覆土层；无石灰反应；向下层平滑清晰过渡。

Bw4：123～140 cm，灰黄（2.5Y 6/2，干），暗灰黄（2.5Y 5/2，润）；粉壤土，弱发育中块状结构，坚实；很少量动物穴；土体中有1%石灰岩碎屑；无石灰反应。

大坪村系代表性单个土体物理性质

土层	深度/cm	砾石（>2 mm，体积分数)/%	细土颗粒组成（粒径：mm)/(g/kg)			质地	容重/(g/cm³)
			砂粒 2～0.05	粉粒 0.05～0.002	黏粒 <0.002		
Ap	0～18	1	64	652	284	粉质黏壤土	1.20
Bw1	18～45	1	66	747	187	粉壤土	1.42
Bw2	45～75	1	72	747	181	粉壤土	1.44
Bw3	75～100	0	379	491	130	壤土	1.39
Ab	100～123	0	57	797	146	粉壤土	1.27
Bw4	123～140	1	45	807	148	粉壤土	1.30

大坪村系代表性单个土体化学性质

深度 /cm	pH (H$_2$O)	有机碳 /(g/kg)	全氮(N) /(g/kg)	全磷(P) /(g/kg)	全钾(K) /(g/kg)	CEC /[cmol(+)/kg]	盐基饱和度 /%
0～18	5.8	14.6	1.34	0.59	19.1	15.6	58.2
18～45	6.4	11.6	0.95	0.34	21.3	17.9	62.8
45～75	6.7	12.3	0.93	0.30	22.1	16.8	66.6
75～100	6.8	11.9	0.99	0.37	22.1	18.5	71.7
100～123	6.8	20.2	1.36	0.43	21.8	22.9	61.1
123～140	6.9	14.5	1.10	0.41	20.5	15.5	70.1

7.6 腐殖酸性常湿雏形土

7.6.1 石梁子系（Shiliangzi Series）

土　族：粗骨壤质云母混合型热性-腐殖酸性常湿雏形土
拟定者：慈　恩，陈　林，唐　江

分布与环境条件　主要分布在武隆、丰都等地，多位于中山下坡，坡度分级为中缓坡，海拔一般在 1400～1500 m，成土母质为二叠系砂页岩、硅质岩、石灰岩等风化坡积混合物；林地，植被有杉木、灌木等。亚热带湿润季风气候，年日照时数 1000～1100 h，年平均气温 10.0～11.0℃，年降水量 1300～1350 mm，无霜期210～220 d。

石梁子系典型景观

土系特征与变幅　诊断层包括雏形层；诊断特性包括常湿润土壤水分状况、热性土壤温度状况、腐殖质特性、铁质特性等。剖面构型为 Ah-AB-Bw，土体厚度在 100 cm 以上，层次质地构型为粉壤土-黏壤土-粉质黏壤土，无石灰反应，pH 4.3～5.2，土体色调为10YR，游离铁含量 14～35 g/kg。不同深度层次有 15%～30%岩石碎屑，腐殖质表层以下部分土体结构面和孔隙壁上可见腐殖质淀积胶膜。

对比土系　仙女山系，分布区域相近，不同亚类，成土母质相似，无腐殖质特性，为铁质酸性常湿雏形土。黄柏渡系，分布区域相近，不同土纲，土体很浅，无雏形层发育，为新成土。

利用性能综述　该土系土体深厚，砾石含量高，表层细土质地适中，保肥能力较强；表层土壤有机质、全氮含量高，全磷含量中等，全钾含量较低。宜发展多种用材林和经济林。在发展林木上，须做到采种并举，防止林木被破坏，以免造成水土流失和生态环境恶化。

参比土种　石渣黄棕泡土。

代表性单个土体　位于重庆市武隆区仙女山镇石梁子村 6 组，29°25′44.7″N，107°44′06.1″E，海拔 1423 m，中山下坡，坡度分级为中缓坡，成土母质为二叠系砂页岩、硅质岩、石灰岩等风化坡积混合物，林地，植被有杉木、灌木等，50 cm 深度土温 16.2℃。
野外调查时间为 2016 年 3 月 29 日，编号 50-117。

石梁子系代表性单个土体剖面

+4～0 cm，枯枝落叶。

Ah：0～16 cm，灰黄棕（10YR 6/2，干），灰黄棕（10YR 4/2，润）；粉壤土，中等发育中块状夹粒状结构，疏松；马尾松、蕨类根系，少量细根和中根，很少量粗根；中量动物穴；土体中有 15%岩石碎屑；无石灰反应；向下层平滑模糊过渡。

AB：16～39 cm，灰黄棕（10YR 6/2，干），灰黄棕（10YR 4/2，润）；黏壤土，中等发育小块状夹粒状结构，疏松；很少量细根；中量动物穴；土体中有 25%岩石碎屑；无石灰反应；向下层平滑模糊过渡。

Bw1：39～71 cm，灰黄棕（10YR 6/2，干），灰黄棕（10YR 4/2，润）；粉质黏壤土，中等发育小块状结构，稍坚实；很少量细根；中量动物穴；结构面和孔隙壁上有很多量腐殖质淀积胶膜；土体中有 30%岩石碎屑；无石灰反应；向下层平滑清晰过渡。

Bw2：71～136 cm，浊黄橙（10YR 7/4，干），浊黄棕（10YR 5/4，润）；粉质黏壤土，弱发育中块状结构，坚实；少量动物穴；土体中有 20%岩石碎屑；无石灰反应。

石梁子系代表性单个土体物理性质

| 土层 | 深度 /cm | 砾石 (>2 mm，体积分数)/% | 细土颗粒组成（粒径：mm）/(g/kg) | | | 质地 | 容重 /(g/cm³) |
			砂粒 2～0.05	粉粒 0.05～0.002	黏粒 <0.002		
Ah	0～16	15	234	508	258	粉壤土	1.04
AB	16～39	25	203	511	286	黏壤土	0.95
Bw1	39～71	30	170	528	302	粉质黏壤土	0.91
Bw2	71～136	20	127	536	337	粉质黏壤土	1.07

石梁子系代表性单个土体化学性质

深度 /cm	pH (H₂O)	有机碳 /(g/kg)	全氮(N) /(g/kg)	全磷(P) /(g/kg)	全钾(K) /(g/kg)	CEC /[cmol(+)/kg]	游离铁 /(g/kg)
0～16	4.5	35.7	3.14	0.67	12.6	32.4	29.0
16～39	4.3	37.4	3.23	0.70	13.9	29.4	31.5
39～71	4.4	33.5	3.42	0.74	14.0	31.7	27.7
71～136	5.2	9.6	1.38	0.59	17.1	22.8	18.0

7.7　铁质酸性常湿雏形土

7.7.1　东安系（Dong'an Series）

土　　族：粗骨壤质硅质混合型温性-铁质酸性常湿雏形土
拟定者：慈　恩，翁昊璐，唐　江

分布与环境条件　主要分布在
城口等地，多位于板岩出露的中
山中坡，坡度分级为中坡，海拔
一般在 1000～1300 m，成土母
质为青白口系板岩风化残坡积
物；旱地，种植红薯、玉米、马
铃薯等。北亚热带山地气候，年
日照时数 1400～1500 h，年平均
气温 11.5～13.5℃，年降水量
1100～1200 mm，无霜期 200～
230 d。

东安系典型景观

土系特征与变幅　诊断层包括雏形层；诊断特性包括准石质接触面、常湿润土壤水分状
况、温性土壤温度状况、铁质特性等。剖面构型为 Ap-Bw-R，土体厚度 40 cm 左右，层
次质地构型为通体粉壤土，无石灰反应，pH 5.1～5.4，土体色调为 2.5Y，游离铁含量≥
14 g/kg。不同深度层次中有 10%～40%岩石碎屑。

对比土系　仙女山系，同一亚类不同土族，由志留系砂页岩、硅质岩、灰岩等风化坡积
混合物发育而成，颗粒大小级别为黏质，矿物学类型为伊利石混合型，无准石质接触面。

利用性能综述　该土系土体浅，有中量至多量砾石，耕性较差，漏水漏肥，不抗旱；耕
层土壤有机质、全氮含量中等，全磷含量较高，全钾含量较低，pH 较低。在改良利用上，
应整治坡面水系，改坡为梯，结合相关耕作措施，减少水土流失；改善农田水利条件，
增强抗旱减灾能力；拣出耕层较大砾石，提高耕作质量；可实行聚土垄作，增厚土层；
酌情施用石灰或其他土壤改良剂，调节土壤酸度，多施腐熟的有机肥，培肥土壤，提升
土壤保水保肥能力；根据作物养分需求和土壤供肥性能，合理施肥。

参比土种　扁石黄砂土。

代表性单个土体　位于重庆市城口县东安镇鲜花村 4 组，31°46′54.7″N，109°05′05.9″E，
海拔 1090 m，中山中坡，坡度分级为中坡，成土母质为青白口系板岩风化残坡积物，旱

地，种植红薯、玉米、马铃薯等，50 cm 深度土温 15.7℃。野外调查时间为 2015 年 9 月 2 日，编号 50-039。

Ap：0～18 cm，浊黄（2.5Y 6/3，干），黄棕（2.5Y 5/3，润）；粉壤土，中等发育小块状结构，疏松；少量细根；多量动物穴；土体中有 10%板岩碎屑；无石灰反应；向下层平滑模糊过渡。

Bw：18～40 cm，浊黄（2.5Y 6/4，干），黄棕（2.5Y 5/4，润）；粉壤土，弱发育小块状结构，稍坚实；很少量细根；中量动物穴；土体中有 40%板岩碎屑；无石灰反应；向下层波状清晰过渡。

R：　40～135 cm，板岩半风化体。

东安系代表性单个土体剖面

东安系代表性单个土体物理性质

土层	深度/cm	砾石(>2 mm,体积分数)/%	细土颗粒组成（粒径：mm)/(g/kg)			质地	容重/(g/cm³)
			砂粒2～0.05	粉粒0.05～0.002	黏粒<0.002		
Ap	0～18	10	200	674	126	粉壤土	1.27
Bw	18～40	40	251	640	109	粉壤土	1.20

东安系代表性单个土体化学性质

深度/cm	pH(H₂O)	有机碳/(g/kg)	全氮(N)/(g/kg)	全磷(P)/(g/kg)	全钾(K)/(g/kg)	CEC/[cmol(+)/kg]	游离铁/(g/kg)
0～18	5.1	15.3	1.47	0.92	14.4	16.7	14.4
18～40	5.4	14.7	1.13	0.55	14.8	16.4	14.1

7.7.2　仙女山系（Xiannüshan Series）

土　族：黏质伊利石混合型温性-铁质酸性常湿雏形土
拟定者：慈　恩，陈　林，唐　江

分布与环境条件　主要分布在武隆、丰都、石柱等地，多位于中山上部坡地，坡度分级为中坡，海拔一般在 1600～1700 m，成土母质为志留系砂页岩、硅质岩、灰岩等风化坡积混合物；林地，植被有簕竹、柳杉等，植被覆盖度≥80%。亚热带湿润季风气候，年日照时数 1000～1100 h，年平均气温 9.0～10.0 ℃，年降水量 1000～1100 mm，无霜期 200～210 d。

仙女山系典型景观

土系特征与变幅　诊断层包括雏形层；诊断特性包括常湿润土壤水分状况、温性土壤温度状况、铁质特性等。剖面构型为 Ah-Bw，土层厚度在 100 cm 以上，层次质地构型为粉质黏壤土-黏壤土-粉质黏壤土，无石灰反应，pH 5.1～5.4，土体色调为 2.5Y，游离铁含量≥14 g/kg。不同深度层次中有 5%～15%岩石碎屑。

对比土系　东安系，同一亚类不同土族，由青白口系板岩风化残坡积物发育而成，颗粒大小级别为粗骨壤质，矿物学类型为硅质混合型，0～50 cm 深度范围内有准石质接触面。石梁子系，分布区域相近，不同亚类，成土母质相似，但具有腐殖质特性，为腐殖酸性常湿雏形土。黄柏渡系，分布区域相近，不同土纲，土体很浅，无雏形层发育，为新成土。

利用性能综述　该土系土体深厚，质地偏黏，保水保肥性能较好；表层土壤有机质、全氮含量高，全磷、全钾含量较低。宜发展多种用材林和经济林。在发展林木上，须做到采种并举，防止林木被破坏，以免造成水土流失和生态环境恶化。

参比土种　厚层黄棕泡土。

代表性单个土体　位于重庆市武隆区仙女山镇石梁子村仙女山国家森林公园西门附近，29°27′12.3″N，107°44′07.6″E，海拔 1628 m，中山上部坡地，坡度分级为中坡，成土母质为志留系砂页岩、硅质岩、灰岩等风化坡积混合物，林地，植被有簕竹、柳杉等，植被覆盖度≥80%，50 cm 深度土温 15.6℃。野外调查时间为 2016 年 3 月 29 日，编号 50-116。

仙女山系代表性单个土体剖面

+3～0 cm，枯枝落叶。

Ah：0～14 cm，黄灰（2.5Y 5/1，干），黄灰（2.5Y 4/1，润）；粉质黏壤土，中等发育小块状结构，疏松；马尾松、蕨类根系，中量细根和粗根；中量动物穴；土体中有 5%岩石碎屑；无石灰反应；向下层平滑清晰过渡。

Bw1：14～57 cm，暗灰黄（2.5Y 5/2，干），暗灰黄（2.5Y 4/2，润）；粉质黏壤土，弱发育中块状结构，稍坚实；马尾松、蕨类根系，很少量细根和中根；少量动物穴；土体中有 5%岩石碎屑；无石灰反应；向下层平滑模糊过渡。

Bw2：57～92 cm，黄棕（2.5Y 5/3，干），橄榄棕（2.5Y 4/3，润）；黏壤土，弱发育中块状结构，稍坚实；马尾松根系，很少量细根；土体中有 5%岩石碎屑；无石灰反应；向下层平滑模糊过渡。

Bw3：92～125 cm，黄棕（2.5Y 5/3，干），橄榄棕（2.5Y 4/3，润）；粉质黏壤土，弱发育中块状结构，稍坚实；马尾松根系，很少量细根；土体中有 15%岩石碎屑；无石灰反应。

仙女山系代表性单个土体物理性质

土层	深度 /cm	砾石 (>2 mm，体积分数)/%	细土颗粒组成（粒径：mm)/(g/kg)			质地	容重 /(g/cm³)
			砂粒 2～0.05	粉粒 0.05～0.002	黏粒 <0.002		
Ah	0～14	5	143	525	332	粉质黏壤土	1.09
Bw1	14～57	5	133	484	383	粉质黏壤土	1.14
Bw2	57～92	5	201	427	372	黏壤土	1.29
Bw3	92～125	15	156	474	370	粉质黏壤土	1.28

仙女山系代表性单个土体化学性质

深度 /cm	pH (H₂O)	有机碳 /(g/kg)	全氮(N) /(g/kg)	全磷(P) /(g/kg)	全钾(K) /(g/kg)	CEC /[cmol(+)/kg]	游离铁 /(g/kg)
0～14	5.1	23.7	2.70	0.56	12.1	22.2	14.2
14～57	5.1	9.6	1.20	0.41	11.9	19.7	15.1
57～92	5.3	5.6	0.93	0.32	13.8	28.6	18.5
92～125	5.4	6.8	0.84	0.31	13.5	28.1	18.5

7.8　铁质简育常湿雏形土

7.8.1　官渡系（Guandu Series）

土　族：粗骨壤质云母混合型非酸性热性-铁质简育常湿雏形土
拟定者：慈　恩，唐　江，李　松

分布与环境条件　主要分布在
巫山、奉节、云阳等地，多位于
三叠系巴东组紫色粉砂岩、泥岩
出露的中山下坡，坡度分级为中
坡，海拔一般在 800～1000 m，
成土母质为三叠系巴东组紫色
粉砂岩、泥岩风化残坡积物；旱
地，种植玉米、红薯、油菜等。
亚热带湿润季风气候，年日照时
数 1500～1600 h，年平均气温
14.0～15.5℃，年降水量 1000～
1100 mm，无霜期 260～280 d。

官渡系典型景观

土系特征与变幅　诊断层包括雏形层；诊断特性包括准石质接触面、常湿润土壤水分状
况、热性土壤温度状况、铁质特性等。由三叠系巴东组紫色粉砂岩、泥岩风化残坡积物
发育而成，剖面构型为 Ap-Bw-C-R，土体厚度 90～100 cm，层次质地构型为粉壤土-壤
土-粉壤土-黏壤土，无石灰反应，pH 5.9～6.5，土体色调为 10R，游离铁含量>14 g/kg。
不同深度层次中有 20%～55%岩石碎屑。

对比土系　同一亚类不同土族的土系中，狮子山系，由白垩系夹关组砂岩、含砾砂岩等
风化残坡积物发育而成，颗粒大小级别为砂质，矿物学类别为硅质混合型；桃花源系，
由第四系全新统冲积物发育而成，颗粒大小级别为黏壤质，矿物学类别为硅质混合型，
石灰性和酸碱反应类别为石灰性。

利用性能综述　该土系土体稍深，砾石含量高，细土质地适中，通透性好，保水保肥能
力较弱；耕层土壤有机质、全氮含量较低，全磷含量低，全钾含量中等。在改良利用上，
注意整治坡面水系，改坡为梯，结合相关耕作措施，减少水土流失；增施有机肥，实行
秸秆还田和合理轮作等，培肥土壤，提升土壤保肥供肥性能；根据作物养分需求和土壤
供肥性能，合理施肥。

参比土种　红砂土。

代表性单个土体　位于重庆市巫山县官渡镇水库村 5 组，30°58′44.9″N，109°48′24.9″E，海拔 874 m，中山下坡，坡度分级为中坡，成土母质为三叠系巴东组紫色粉砂岩、泥岩风化残坡积物，旱地，玉米（套红薯）-油菜或玉米-油菜轮作，50 cm 深度土温 17.4℃。野外调查时间为 2016 年 1 月 16 日，编号 50-085。

官渡系代表性单个土体剖面

Ap：　0～20 cm，红棕（10R 5/3，干），红棕（10R 4/3，润）；粉壤土，弱发育小块状结构，疏松，很少量极细根；少量动物穴；土体中有 20%岩石碎屑；无石灰反应；向下层平滑模糊过渡。

Bw1：20～45 cm，红棕（10R 5/3，干），红棕（10R 4/3，润）；壤土，弱发育小块状结构，稍坚实；很少量极细根；很少量动物穴；土体中有 20%岩石碎屑；无石灰反应；向下层平滑模糊过渡。

Bw2：45～70 cm，红棕（10R 5/3，干），红棕（10R 4/3，润）；粉壤土，弱发育小块状结构，稍坚实；土体中有 40%岩石碎屑；无石灰反应；向下层平滑渐变过渡。

C：　70～90 cm，红棕（10R 5/3，干），红棕（10R 4/3，润）；黏壤土，很弱发育小块状结构，坚实；土体中有 55%岩石碎屑；无石灰反应；向下层波状突变过渡。

R：90～115 cm，泥岩。

官渡系代表性单个土体物理性质

| 土层 | 深度/cm | 砾石(>2 mm, 体积分数)/% | 细土颗粒组成 (粒径：mm)/(g/kg) | | | 质地 | 容重/(g/cm³) |
			砂粒 2～0.05	粉粒 0.05～0.002	黏粒 <0.002		
Ap	0～20	20	301	526	173	粉壤土	1.50
Bw1	20～45	20	360	485	155	壤土	1.55
Bw2	45～70	40	325	518	157	粉壤土	1.60
C	70～90	55	202	521	277	黏壤土	1.65

官渡系代表性单个土体化学性质

深度/cm	pH(H₂O)	有机碳/(g/kg)	全氮(N)/(g/kg)	全磷(P)/(g/kg)	全钾(K)/(g/kg)	CEC/[cmol(+)/kg]	游离铁/(g/kg)
0～20	5.9	8.0	0.72	0.21	20.9	11.8	19.9
20～45	6.1	5.1	0.54	0.15	18.5	11.7	20.4
45～70	6.4	4.0	0.53	0.17	21.1	11.2	20.8
70～90	6.5	4.7	0.54	0.19	19.5	17.0	24.5

7.8.2 狮子山系（Shizishan Series）

土　族：砂质硅质混合型非酸性热性-铁质简育常湿雏形土
拟定者：慈　恩，唐　江，李　松

分布与环境条件　主要分布在綦江、江津等地，多位于白垩系夹关组砂岩、含砾砂岩出露的中山中坡，坡度分级为中坡，海拔一般在 800～1000 m，成土母质为白垩系夹关组砂岩、含砾砂岩等风化残坡积物；旱地，种植红薯、蔬菜等。亚热带湿润季风气候，年日照时数 1000～1100 h，年平均气温 14.0～15.5℃，年降水量 1000～1100 mm，无霜期285～305 d。

狮子山系典型景观

土系特征与变幅　诊断层包括雏形层；诊断特性包括准石质接触面、常湿润土壤水分状况、氧化还原特征、热性土壤温度状况、铁质特性等。由白垩系夹关组砂岩、含砾砂岩等风化残坡积物发育而成，剖面构型为 Ap-Bw-Br-R，土体厚度 80～100 cm，层次质地构型为通体砂质壤土，无石灰反应，pH 5.3～6.7，土体色调为 5YR。65 cm 左右深度以下土体结构面上可见少量至中量的铁锰斑纹，不同深度层次中有 5%～15%次圆状岩石碎屑。

对比土系　同一亚类不同土族的土系中，官渡系，由三叠系巴东组紫色粉砂岩、泥岩风化残坡积物发育而成，颗粒大小级别为粗骨壤质，矿物学类别为云母混合型；桃花源系，由第四系全新统冲积物发育而成，颗粒大小级别为黏壤质，石灰性和酸碱反应类别为石灰性。四面山系，分布区域相近，不同土纲，有黏化层发育，为淋溶土。

利用性能综述　该土系土体稍深，质地偏砂，通透性好，易耕作，保水保肥能力弱；耕层土壤有机质、全氮含量较低，全磷、全钾含量低。在改良利用上，应整治坡面水系，改坡为梯，结合相关耕作措施，减少水土流失；增施有机肥，掺泥改砂，实行秸秆还田和合理轮作，改善土壤理化性状，提升土壤保水保肥性能；根据作物养分需求和土壤供肥性能，合理施肥。

参比土种　红紫砂土。

代表性单个土体　位于重庆市綦江区郭扶镇龙台村 7 组，28°49′45.6″N，106°31′20.7″E，海拔 874 m，中山中坡，坡度分级为中坡，成土母质为白垩系夹关组砂岩、含砾砂岩等风化残坡积物，旱地，种植红薯、蔬菜等，50 cm 深度土温 19.0℃。野外调查时间为 2015

年 11 月 22 日，编号 50-071。

狮子山系代表性单个土体剖面

Ap: 0～19 cm，浊橙（5YR 6/3，干），浊红棕（5YR 5/3，润）；砂质壤土，中等发育小块状结构，疏松；很少量极细根；中量动物穴；土体中有 5%次圆状岩石碎屑；无石灰反应；向下层平滑模糊过渡。

Bw1: 19～30 cm，浊橙（5YR 6/4，干），浊红棕（5YR 5/4，润）；砂质壤土，弱发育中块状结构，稍坚实；很少量极细根；少量动物穴；土体中有 5%次圆状岩石碎屑；无石灰反应；向下层平滑渐变过渡。

Bw2: 30～45 cm，浊橙（5YR 6/4，干），浊红棕（5YR 5/4，润）；砂质壤土，弱发育中块状夹中粒状结构，稍坚实；很少量极细根；少量动物穴；土体中有15%次圆状岩石碎屑；无石灰反应；向下层平滑清晰过渡。

Bw3: 45～65 cm，浊橙（5YR 6/3，干），浊红棕（5YR 5/3，润）；砂质壤土，弱发育中块状结构，稍坚实；中量动物穴；土体中有 5%次圆状岩石碎屑；无石灰反应；向下层平滑渐变过渡。

Br1: 65～76 cm，浊橙（5YR 6/4，干），浊红棕（5YR 5/4，润）；砂质壤土，弱发育中块状夹中粒状结构，稍坚实；很少量动物穴；结构面上有少量铁锰斑纹，土体中有 15%次圆状岩石碎屑；无石灰反应；向下层平滑清晰过渡。

Br2: 76～90 cm，浊橙（5YR 6/4，干），浊红棕（5YR 5/4，润）；砂质壤土，弱发育中块状结构，稍坚实；结构面上有中量铁锰斑纹，土体中有 10%次圆状岩石碎屑；无石灰反应；向下层不规则突变过渡。

R: 90～100 cm，砂岩。

狮子山系代表性单个土体物理性质

| 土层 | 深度 /cm | 砾石 (>2 mm，体积分数)/% | 细土颗粒组成 (粒径：mm)/(g/kg) | | | 质地 | 容重 /(g/cm³) |
			砂粒 2～0.05	粉粒 0.05～0.002	黏粒 <0.002		
Ap	0～19	5	695	196	109	砂质壤土	1.46
Bw1	19～30	5	717	186	97	砂质壤土	1.49
Bw2	30～45	15	720	197	83	砂质壤土	1.55
Bw3	45～65	5	622	265	113	砂质壤土	1.46
Br1	65～76	15	755	166	79	砂质壤土	1.59
Br2	76～90	10	630	259	111	砂质壤土	1.55

狮子山系代表性单个土体化学性质

深度 /cm	pH (H$_2$O)	有机碳 /(g/kg)	全氮(N) /(g/kg)	全磷(P) /(g/kg)	全钾(K) /(g/kg)	CEC /[cmol(+)/kg]	游离铁 /(g/kg)
0～19	5.3	7.6	0.92	0.21	9.0	9.0	6.3
19～30	5.6	3.9	0.67	0.12	9.6	7.1	6.8
30～45	6.0	3.8	0.65	0.12	9.0	6.4	6.2
45～65	6.1	3.9	0.62	0.13	10.8	9.6	7.8
65～76	6.3	2.8	0.55	0.14	9.8	6.9	8.3
76～90	6.7	4.8	0.72	0.16	10.7	8.2	8.0

7.8.3　桃花源系（Taohuayuan Series）

土　族：黏壤质硅质混合型石灰性热性-铁质简育常湿雏形土
拟定者：慈　恩，胡　瑾，唐　江

分布与环境条件　主要分布在酉阳、黔江等地，多位于中山区溪河沿岸的低级阶地上，海拔一般在 800～900 m，成土母质为第四系全新统冲积物；旱地，种植玉米、蔬菜、草莓等。亚热带湿润季风气候，年日照时数 1000～1100 h，年平均气温 13.5～14.5℃，年降水量 1300～1400 mm，无霜期 250～270 d。

桃花源系典型景观

土系特征与变幅　诊断层包括雏形层、耕作淀积层；诊断特性包括常湿润土壤水分状况、热性土壤温度状况、石灰性等。由第四系全新统冲积物发育而成，现已脱离河流水位的影响。剖面构型为 Ap-Bp-Bw，土体厚度 100 cm 以上，层次质地构型为粉质黏壤土-粉壤土-壤土-粉壤土，通体有石灰反应，$CaCO_3$ 相当物含量为 95～105 g/kg，pH 7.8～8.3，土体色调为 2.5Y，部分 B 层游离铁含量<14 g/kg。耕作淀积层厚度 50 cm 左右，其结构面和孔隙壁上有 25%～85%腐殖质-粉砂-黏粒胶膜，0.5 mol/L $NaHCO_3$ 浸提有效磷（P）含量<10 mg/kg。

对比土系　同一亚类不同土族的土系中，狮子山系，由白垩系夹关组砂岩、含砾砂岩等风化残坡积物发育而成，土壤颗粒大小级别为砂质，石灰性与酸碱反应级别为非酸性；官渡系，由三叠系巴东组紫色粉砂岩、泥岩风化残坡积物发育而成，土壤颗粒大小级别为粗骨壤质，矿物学类型为云母混合型，石灰性与酸碱反应级别为非酸性。

利用性能综述　该土系土体深厚，耕层质地偏黏，耕性一般；耕层土壤有机质、全氮含量中等，全磷含量较高，全钾含量丰富。在改良利用上，注意改善排灌条件，深耕炕土，施用有机肥，实行秸秆还田和合理轮作，改善土壤结构和通透性，培肥地力；根据作物养分需求和土壤供肥性能，合理施肥。

参比土种　黄潮泥土。

代表性单个土体　位于重庆市酉阳县桃花源街道东流口村 4 组，28°51′13.8″N，108°43′38.4″E，海拔 849 m，低阶地，成土母质为第四系全新统黄色冲积物，旱地，种植玉米、蔬菜、草莓等，50 cm 深度土温 19.0℃。野外调查时间为 2016 年 4 月 12 日，编号 50-123。

Ap:　0～17 cm，黄灰（2.5Y 5/1，干），暗灰黄（2.5Y 4/2，润）；粉质黏壤土，中等发育小块状结构，疏松；很少量细根；多量蚯蚓孔道，内有球形蚯蚓粪便；轻度石灰反应；向下层平滑清晰过渡。

Bp1:　17～27 cm，黄灰（2.5Y 5/1，干），暗灰黄（2.5Y 4/2，润）；粉质黏壤土，中等发育中块状结构，疏松；很少量细根；中量蚯蚓孔道，内有球形蚯蚓粪便；结构面和孔隙壁上有 85%腐殖质-粉砂-黏粒胶膜；轻度石灰反应；向下层平滑渐变过渡。

Bp2:　27～65 cm，浊黄（2.5Y 6/3，干），黄棕（2.5Y 5/3，润）；粉质黏壤土，弱发育大块状结构，稍坚实；少量蚯蚓孔道，内有球形蚯蚓粪便；结构面和孔隙壁上有 25%腐殖质-粉砂-黏粒胶膜；轻度石灰反应；向下层平滑模糊过渡。

桃花源系代表性单个土体剖面

Bw1:　65～80 cm，浊黄（2.5Y 6/3，干），黄棕（2.5Y 5/3，润）；粉壤土，弱发育中块状结构，稍坚实；结构面和孔隙壁上有 4%腐殖质-粉砂-黏粒胶膜；轻度石灰反应；向下层平滑模糊过渡。

Bw2:　80～98 cm，浊黄（2.5Y 6/3，干），黄棕（2.5Y 5/3，润）；壤土，弱发育中块状结构，稍坚实；结构面和孔隙壁上有<2%腐殖质-粉砂-黏粒胶膜；中度石灰反应；向下层平滑渐变过渡。

Bw3:　98～115 cm，浊黄（2.5Y 6/3，干），黄棕（2.5Y 5/3，润）；粉壤土，弱发育中块状结构，稍坚实；结构面和孔隙壁上有<2%腐殖质-粉砂-黏粒胶膜；轻度石灰反应；向下层平滑渐变过渡。

Bw4:　115～138 cm，浊黄（2.5Y 6/4，干），黄棕（2.5Y 5/4，润）；粉壤土，弱发育中块状结构，稍坚实；中度石灰反应。

桃花源系代表性单个土体物理性质

土层	深度 /cm	砾石 (>2 mm，体积分数)/%	细土颗粒组成（粒径：mm)/(g/kg)			质地	容重 /(g/cm³)
			砂粒 2～0.05	粉粒 0.05～0.002	黏粒 <0.002		
Ap	0～17	0	27	638	335	粉质黏壤土	1.20
Bp1	17～27	0	54	647	299	粉质黏壤土	1.47
Bp2	27～65	0	81	628	291	粉质黏壤土	1.38
Bw1	65～80	0	188	614	198	粉壤土	1.55
Bw2	80～98	0	459	381	160	壤土	1.57
Bw3	98～115	0	174	584	242	粉壤土	1.46
Bw4	115～138	0	178	584	238	粉壤土	1.48

桃花源系代表性单个土体化学性质

深度 /cm	pH (H$_2$O)	有机碳 /(g/kg)	全氮(N) /(g/kg)	全磷(P) /(g/kg)	全钾(K) /(g/kg)	CEC /[cmol(+)/kg]	游离铁 /(g/kg)
0~17	7.8	15.3	1.47	0.87	30.6	27.3	18.9
17~27	8.0	12.2	1.03	0.66	29.7	21.1	18.6
27~65	8.0	9.2	1.06	0.56	25.6	27.7	19.3
65~80	8.1	4.4	0.57	0.36	22.0	10.6	14.0
80~98	8.0	4.0	0.49	0.30	20.5	6.7	13.5
98~115	8.3	7.7	0.95	0.53	25.1	14.0	18.4
115~138	8.2	5.9	0.62	0.49	21.4	12.3	15.7

7.9　棕色钙质湿润雏形土

7.9.1　苟家系（**Goujia Series**）

土　族：粗骨黏质蒙脱石混合型石灰性热性-棕色钙质湿润雏形土
拟定者：慈　恩，陈　林，李　松

分布与环境条件　主要分布在奉节、巫山等地，多位于石灰岩地区的中山下坡，坡度分级为中缓坡，海拔一般在 500～600 m，成土母质为异源母质，上部为第四系全新统洪积物，下部为三叠系石灰岩风化坡积物；旱地，种植油菜、玉米、黄豆等。亚热带湿润季风气候，年日照时数1400～1500 h，年平均气温14.5～15.5℃，年降水量 1100～1200 mm，无霜期 270～280 d。

苟家系典型景观

土系特征与变幅　诊断层包括淡薄表层、雏形层；诊断特性包括碳酸盐岩岩性特征、湿润土壤水分状况、热性土壤温度状况、石灰性等。剖面构型为 Ap-Bw-2Bw，土层厚度100 cm 以上，层次质地构型为通体黏土，通体有石灰反应，pH 7.9～8.2，土体色调为 2.5Y，$CaCO_3$ 相当物含量 35～100 g/kg。不同深度层次中有 20%～45%石灰岩碎屑。

对比土系　同一亚类不同土族的土系中，碧水系，颗粒大小级别为粗骨壤质，矿物学类型为碳酸盐型；灌水系和白帝系，颗粒大小级别为壤质，矿物学类型为混合型。

利用性能综述　该土系土体深厚，多砾石，细土质地黏重，耕性差；耕层土壤有机质含量中等，全氮含量较高，全磷含量较低，全钾含量较高。在改良利用上，注意整治坡面水系，实行坡改梯或横坡耕作等，减少水土流失；拣出耕层较大砾石，提高耕作质量；深耕炕土，施用有机肥，实行秸秆还田，改善土壤结构，培肥地力；根据作物养分需求和土壤供肥性能，合理施肥。

参比土种　洪积钙质黄泥土。

代表性单个土体　位于重庆市奉节县青龙镇苟家村 1 社，30°47′28.0″N，109°18′49.8″E，海拔 518 m，中山下坡，坡度分级为中缓坡，成土母质为异源母质，上部为第四系全新统洪积物，下部为三叠系石灰岩风化坡积物，旱地，油菜-玉米（套黄豆）或油菜-黄豆轮作，50 cm 深度土温 17.8℃。野外调查时间为 2015 年 8 月 28 日，编号 50-030。

苟家系代表性单个土体剖面

Ap: 0～20 cm，浊黄（2.5Y 6/4，干），橄榄棕（2.5Y 4/4，润）；黏土，中等发育中块状结构，稍坚实；很少量细根和中根；中量动物穴；土体中有 35% 石灰岩碎屑；极强石灰反应；向下层平滑模糊过渡。

Bw1: 20～50 cm，浊黄（2.5Y 6/4，干），橄榄棕（2.5Y 4/4，润）；黏土，中等发育小块状结构，很坚实；很少量细根和中根；少量动物穴；土体中有 45% 石灰岩碎屑；强石灰反应；向下层平滑模糊过渡。

2Bw2：50～74 cm，浊黄（2.5Y 6/4，干），橄榄棕（2.5Y 4/4，润）；黏土，中等发育中块状结构，很坚实；很少量细根和中根；很少量动物穴；土体中有 20% 石灰岩碎屑；轻度石灰反应；向下层平滑渐变过渡。

2Bw3：74～130 cm，淡黄（2.5Y 7/4，干），浊黄（2.5Y 6/4，润）；黏土，中等发育中块状结构，很坚实；很少量细根和中根；土体中有 35% 石灰岩碎屑；轻度石灰反应。

苟家系代表性单个土体物理性质

土层	深度 /cm	砾石 (>2 mm，体积分数)/%	细土颗粒组成 (粒径：mm)/(g/kg)			质地	容重 /(g/cm³)
			砂粒 2～0.05	粉粒 0.05～0.002	黏粒 <0.002		
Ap	0～20	35	357	169	474	黏土	1.27
Bw1	20～50	45	349	154	497	黏土	1.54
2Bw2	50～74	20	249	154	597	黏土	1.50
2Bw3	74～130	35	216	194	590	黏土	1.47

苟家系代表性单个土体化学性质

深度 /cm	pH (H₂O)	有机碳 /(g/kg)	全氮(N) /(g/kg)	全磷(P) /(g/kg)	全钾(K) /(g/kg)	CEC /[cmol(+)/kg]	游离铁 /(g/kg)
0～20	7.9	14.2	1.73	0.42	20.6	38.5	17.5
20～50	8.2	8.1	1.27	0.36	20.9	40.5	25.2
50～74	8.1	6.8	1.18	0.30	23.7	47.2	24.6
74～130	8.2	3.1	0.82	0.27	22.9	54.7	26.5

7.9.2 碧水系（Bishui Series）

土　族：粗骨壤质碳酸盐型石灰性热性-棕色钙质湿润雏形土
拟定者：慈　恩，陈　林，唐　江

分布与环境条件　主要分布在涪陵、武隆等地，多位于石灰岩、泥（页）岩出露的低山中坡，坡度分级为中坡，海拔一般在350～450 m，成土母质为三叠系石灰岩、泥（页）岩等风化残坡积混合物；旱地，种植蚕豆、红薯、蔬菜等。亚热带湿润季风气候，年日照时数 1100～1200 h，年平均气温 17.5～18.0℃，年降水量 1100～1200 mm，无霜期 305～315 d。

碧水系典型景观

土系特征与变幅　诊断层包括钙积层；诊断特性包括碳酸盐岩岩性特征、石质接触面、湿润土壤水分状况、热性土壤温度状况等。剖面构型为 Ap-Bk-C-R，土体厚度 30～50 cm，质地构型为通体粉壤土，通体有石灰反应，pH 8.4～8.8，土体色调为 2.5Y，矿物学类别控制层段 $CaCO_3$ 相当物含量>400 g/kg。耕作层之下有钙积层发育，厚度 20 cm 左右，石质接触面的出现深度在 80 cm 左右。不同深度层次中有 40%～85%石灰岩、泥（页）岩等岩石碎屑。

对比土系　同一亚类不同土族的土系中，建坪系，矿物学类型为硅质混合型，石灰性和酸碱反应类别为非酸性；群力系和楼房村系，矿物学类型为混合型；灌水系和白帝系，颗粒大小级别为壤质，矿物学类型为混合型；苟家系，颗粒大小级别为粗骨黏质，矿物学类型为蒙脱石混合型。

利用性能综述　该土系土体浅，细土质地适中，砾石含量高，耕性差；耕层土壤有机质、全氮、全钾含量中等，全磷含量较高。在改良利用上，应整治坡面水系，改坡为梯，增厚土层，保持水土；在坡改梯前，可采用横坡耕作、秸秆覆盖等措施，减少雨水冲刷；拣出耕层较大砾石，改善耕性；施用有机肥，实行秸秆还田和合理轮作，培肥土壤；根据作物养分需求和土壤供肥性能，合理施肥；对于部分砾石含量过高的地块，可逐步退耕，因地制宜发展经果林等。

参比土种　石灰黄石渣土。

代表性单个土体　位于重庆市涪陵区江北街道碧水村 3 组，29°46′06.8″N，107°21′07.2″E，海拔 405 m，低山中坡，坡度分级为中坡，成土母质为三叠系石灰岩、泥（页）岩等风化残坡积混合物，旱地，种植蚕豆、红薯、蔬菜等，50 cm 深度土温 18.7℃。野外调查时间为 2016 年 3 月 28 日，编号 50-112。

Ap：0～17 cm，暗灰黄（2.5Y 5/2，干），暗灰黄（2.5Y 4/2，润）；粉壤土，中等发育小块状夹粒状结构，稍坚实；很少量细根；中量动物穴；有 40%岩石碎屑；极强石灰反应；向下层波状渐变过渡。

Bk：17～36 cm，浊黄（2.5Y 6/3，干），黄棕（2.5Y 5/3，润）；粉壤土，弱发育中块状夹粒状结构，坚实；很少量细根；中量动物穴；有 45%岩石碎屑；极强石灰反应；向下层波状渐变过渡。

C：36～80 cm，浊黄（2.5Y 6/3，干），黄棕（2.5Y 5/3，润）；粉壤土，弱发育中块状夹粒状结构，很坚实；有 85%岩石碎屑；极强石灰反应；向下层波状突变过渡。

R：80 cm～，石灰岩。

碧水系代表性单个土体剖面

碧水系代表性单个土体物理性质

土层	深度 /cm	砾石 (>2 mm，体积分数)/%	细土颗粒组成 (粒径：mm)/(g/kg)			质地	容重 /(g/cm³)
			砂粒 2～0.05	粉粒 0.05～0.002	黏粒 <0.002		
Ap	0～17	40	286	545	169	粉壤土	1.62
Bk	17～36	45	326	518	156	粉壤土	1.68
C	36～80	85	335	520	145	粉壤土	—

碧水系代表性单个土体化学性质

深度 /cm	pH (H₂O)	有机碳 /(g/kg)	全氮(N) /(g/kg)	全磷(P) /(g/kg)	全钾(K) /(g/kg)	CEC /[cmol(+)/kg]	CaCO₃ 相当物 /(g/kg)
0～17	8.4	13.8	1.34	0.99	15.0	27.8	254.2
17～36	8.5	8.3	1.03	0.51	15.5	15.4	427.8
36～80	8.8	5.7	0.98	0.45	14.8	4.25	578.3

7.9.3 建坪系（Jianping Series）

土　族：粗骨壤质硅质混合型非酸性热性-棕色钙质湿润雏形土
拟定者：慈　恩，陈　林，唐　江

分布与环境条件　主要分布
在巫山、奉节等地，多位于中
山中坡，坡度分级为中坡，海
拔一般在 600～700 m，成土
母质为三叠系石灰岩、白云
岩、硅质岩等风化残坡积混合
物；旱地，种植蔬菜等。亚热
带湿润季风气候，年日照时数
1500～1600 h，年平均气温
15.5～16.5 ℃，年降水量
1000～1100 mm，无霜期
280～300 d。

建坪系典型景观

土系特征与变幅　诊断层包括淡薄表层、雏形层；诊断特性包括碳酸盐岩岩性特征、湿
润土壤水分状况、热性土壤温度状况、盐基饱和度等。剖面构型为 Ap-Bw，土体厚度
100 cm 以上，层次质地构型为粉壤土-粉质黏壤土-粉壤土，无石灰反应，pH 6.3～6.9，
土体色调为 10YR，盐基饱和度>50%。不同深度层次中有 15%～45%硅质岩、碳酸盐岩
等岩石碎屑。

对比土系　同一亚类不同土族的土系中，碧水系，矿物学类型为碳酸盐型，石灰性和酸
碱反应类别为石灰性；群力系和楼房村系，矿物学类型为混合型，石灰性和酸碱反应类
别为石灰性；长兴系，颗粒大小级别为黏壤质；泉沟系，颗粒大小级别为壤质盖黏质，
矿物学类型为硅质混合型盖伊利石型。

利用性能综述　该土系土体深厚，耕层细土质地适中，砾石含量较高，影响耕作；耕层
土壤有机质、全氮含量低，全磷含量很低，全钾含量中等。在改良利用上，注意整治坡
面水系，改坡为梯，结合相关耕作措施，减少水土流失；拣出耕层较大砾石，提高耕作
质量；多施有机肥，实行秸秆还田和种植豆科养地作物等，改善土壤理化性状，培肥地
力；根据作物养分需求情况和土壤供肥性能，合理施肥。

参比土种　矿子黄泥土。

代表性单个土体　位于重庆市巫山县建坪乡建坪村 2 组，31°02′40.9″N，109°55′20.2″E，
海拔 634 m，中山中坡，坡度分级为中坡，成土母质为三叠系石灰岩、白云岩、硅质岩
等风化残坡积混合物，旱地，抛荒前种植蔬菜（如卷心菜），抛荒后植被为杂草，50 cm

深度土温 17.5℃。野外调查时间为 2016 年 1 月 15 日，编号 50-083。

建坪系代表性单个土体剖面

Ap: 　0～18 cm，浊黄橙（10YR 7/4，干），浊黄棕（10YR 5/4，润）；粉壤土，中等发育中块状结构，稍坚实；杂草根系，少量细根和中根；少量动物穴；土体中有 15%岩石碎屑；无石灰反应；向下层平滑渐变过渡。

Bw1: 18～45 cm，浊黄橙（10YR 7/4，干），浊黄棕（10YR 5/4，润）；粉壤土，中等发育大块状结构，很坚实；杂草根系，很少量细根；少量动物穴；土体中有 15%岩石碎屑；无石灰反应；向下层平滑模糊过渡。

Bw2: 45～80 cm，浊黄橙（10YR 7/4，干），浊黄棕（10YR 5/4，润）；粉质黏壤土，弱发育中块状结构，很坚实；很少量细根；少量动物穴；土体中含 20%岩石碎屑；无石灰反应；向下层平滑模糊过渡。

Bw3: 80～124 cm，浊黄橙（10YR 7/4，干），浊黄棕（10YR 5/4，润）；粉壤土，弱发育中块状结构，很坚实；很少量细根系；少量动物穴；土体中含 45%岩石碎屑；无石灰反应；向下层平滑模糊过渡。

Bw4: 124～140 cm，浊黄橙（10YR 7/4，干），浊黄棕（10YR 5/4，润）；粉壤土，弱发育中块状结构，很坚实；少量动物穴；土体中含 40%岩石碎屑。

建坪系代表性单个土体物理性质

土层	深度 /cm	砾石 (>2 mm, 体积分数)/%	细土颗粒组成（粒径：mm)/(g/kg)			质地	容重 /(g/cm³)
			砂粒 2～0.05	粉粒 0.05～0.002	黏粒 <0.002		
Ap	0～18	15	111	672	217	粉壤土	1.44
Bw1	18～45	15	90	653	257	粉壤土	1.59
Bw2	45～80	20	96	629	275	粉质黏壤土	1.55
Bw3	80～124	45	169	613	218	粉壤土	1.53
Bw4	124～140	40	238	565	197	粉壤土	1.50

建坪系代表性单个土体化学性质

深度 /cm	pH (H₂O)	有机碳 /(g/kg)	全氮(N) /(g/kg)	全磷(P) /(g/kg)	全钾(K) /(g/kg)	CEC /[cmol(+)/kg]	游离铁 /(g/kg)
0～18	6.3	5.4	0.66	0.14	15.0	15.3	10.7
18～45	6.5	2.4	0.34	0.09	11.4	14.0	12.6
45～80	6.5	2.1	0.31	0.13	14.6	17.9	12.4
80～124	6.9	2.1	0.30	0.10	13.4	14.6	10.8
124～140	6.7	1.8	0.29	0.13	10.5	13.4	10.9

7.9.4 群力系（Qunli Series）

土　族：粗骨壤质混合型石灰性热性-棕色钙质湿润雏形土
拟定者：慈　恩，陈　林，唐　江

分布与环境条件　主要分布在垫江、梁平、万州等地，多位于侏罗系自流井组地层出露的低山中下部坡地，坡度分级为陡坡，海拔一般在 450～550 m，成土母质为侏罗系自流井组石灰岩、砂岩、页岩等风化残坡积混合物；林地，植被有椿树、桉树、苦蒿、斑茅等，植被覆盖度≥80%。亚热带湿润季风气候，年日照时数 1100～1200 h，年平均气温 16.5～17.0℃，年降水量 1100～1200 mm，无霜期 280～300 d。

群力系典型景观

土系特征与变幅　诊断层包括雏形层；诊断特性包括碳酸盐岩岩性特征、湿润土壤水分状况、热性土壤温度状况、石灰性等。剖面构型为 Ah-Bw-C，土体厚度 100 cm 以上，层次质地构型为壤土-砂质壤土-壤土-砂质壤土，通体有石灰性反应，pH 8.5～8.6，土体色调为 10YR，$CaCO_3$ 相当物含量 170～200 g/kg。雏形层厚度 20 cm 左右，35～40 cm 深度以下为母质层。不同深度层次中有 20%～60%砂岩、页岩、石灰岩等岩石碎屑。

对比土系　楼房村系，同一土族，所处地形部位为中、低山中坡，剖面构型为 Ap-Bw-R，表层土壤质地为黏壤土类，土层浅，准石质接触面的出现深度为 30～40 cm。同一亚类不同土族的土系中，碧水系，矿物学类型为碳酸盐型；建坪系，矿物学类型为硅质混合型，石灰性和酸碱反应类别为非酸性；灌水系和白帝系，颗粒大小级别为壤质。

利用性能综述　该土系土体深厚，砾石含量高，表层细土质地适中，保肥能力较强；表层土壤有机质含量较低，全氮、全磷、全钾含量中等。在发展林木上，须做到采种并举，防止林木被破坏，以免造成水土流失和生态环境恶化；在种植林木上，可根据实际需求，合理施肥。

参比土种　厚层石灰黄泥土。

代表性单个土体　位于重庆市垫江县太平镇群力村 5 组，30°15′03.7″N，107°16′17.4″E，海拔 476 m，低山中坡，坡度分级为陡坡，成土母质为侏罗系自流井组石灰岩、砂岩、页岩等风化残坡积混合物，林地，植被有椿树、桉树、灌木、苦蒿、斑茅等，植被覆盖度≥80%，50 cm 深度土温 18.2℃。野外调查时间为 2016 年 4 月 26 日，编号 50-131。

群力系代表性单个土体剖面

+3～0 cm，枯枝落叶。

Ah： 0～17 cm，浊黄橙（10YR 6/3，干），浊黄棕（10YR 5/3，润）；壤土，弱发育小块状结构，稍坚实；椿树和草灌根系，很少量细根；少量动物穴；土体中有 20%岩石碎屑；强石灰反应；向下层平滑渐变过渡。

Bw： 17～37 cm，浊黄橙（10YR 6/4，干），浊黄棕（10YR 5/4，润）；砂质壤土，弱发育中块状结构，稍坚实；椿树和草灌根系，很少量细根；少量动物穴；土体中有 25%岩石碎屑；强石灰反应；向下层平滑清晰过渡。

C1： 37～57 cm，浊黄橙（10YR 6/4，干），浊黄棕（10YR 5/4，润）；壤土，很弱发育中块状结构，很坚实；椿树和草灌根系，很少量细根；土体中有 55%岩石碎屑；强石灰反应；向下层平滑模糊过渡。

C2：57～77 cm，亮黄棕（10YR 6/6，干），黄棕（10YR 5/6，润）；砂质壤土，很弱发育中块状结构，很坚实；椿树根系，很少量细根；土体中有55%岩石碎屑；强石灰反应；向下层平滑模糊过渡。

C3：77～97 cm，浊黄棕（10YR 5/4，干），棕（10YR 4/4，润）；砂质壤土，很弱发育中块状结构，很坚实；椿树根系，很少量细根；土体中有60%岩石碎屑；强石灰反应；向下层平滑模糊过渡。

C4：97～127 cm，亮黄棕（10YR 6/6，干），黄棕（10YR 5/6，润）；砂质壤土，很弱发育中块状结构，很坚实；椿树根系，很少量细根；土体中有60%岩石碎屑；强石灰反应。

群力系代表性单个土体物理性质

土层	深度/cm	砾石（>2 mm, 体积分数）/%	细土颗粒组成（粒径：mm）/(g/kg)			质地	容重/(g/cm³)
			砂粒 2～0.05	粉粒 0.05～0.002	黏粒 <0.002		
Ah	0～17	20	426	392	182	壤土	1.56
Bw	17～37	25	564	304	132	砂质壤土	1.58
C1	37～57	55	482	338	180	壤土	1.55
C2	57～77	55	596	304	100	砂质壤土	1.63
C3	77～97	60	535	315	150	砂质壤土	1.62
C4	97～127	60	523	322	155	砂质壤土	1.60

群力系代表性单个土体化学性质

深度/cm	pH (H₂O)	有机碳/(g/kg)	全氮(N)/(g/kg)	全磷(P)/(g/kg)	全钾(K)/(g/kg)	CEC/[cmol(+)/kg]	游离铁/(g/kg)
0～17	8.5	8.2	1.04	0.64	17.1	31.6	18.4
17～37	8.6	5.1	0.85	0.84	18.1	27.1	20.0
37～57	8.6	5.7	0.81	0.68	16.8	28.4	18.3
57～77	8.5	3.6	0.65	0.68	15.1	25.4	19.3
77～97	8.5	5.5	0.78	0.70	16.9	36.2	18.9
97～127	8.6	3.3	0.63	1.21	17.4	32.3	22.7

7.9.5 楼房村系（Loufangcun Series）

土　族：粗骨壤质混合型石灰性热性-棕色钙质湿润雏形土
拟定者：慈　恩，陈　林，唐　江

分布与环境条件　主要分布在万州、云阳、奉节等地，多位于石灰岩、泥（页）岩出露的中、低山中坡，坡度分级为中坡，海拔一般在 650～800 m，成土母质为三叠系石灰岩、泥（页）岩等风化残坡积混合物；旱地，种植玉米、黄豆等。亚热带湿润季风气候，年日照时数 1200～1300 h，年平均气温 14.5～15.5 ℃，年降水量 1200～1300 mm，无霜期 280～300 d。

楼房村系典型景观

土系特征与变幅　诊断层包括雏形层；诊断特性包括碳酸盐岩岩性特征、准石质接触面、湿润土壤水分状况、热性土壤温度状况、石灰性等。剖面构型为 Ap-Bw-R，土体厚度 30～40 cm，层次质地构型为通体粉质黏壤土，通体有石灰反应，pH 8.1～8.5，土体色调为 10YR，CaCO₃ 相当物含量 100～110 g/kg。有雏形层发育，厚度 15 cm 左右。土体中有30%左右泥（页）岩、石灰岩等岩石碎屑。

对比土系　群力系，同一土族，所处地形部位为低山中下部坡地，剖面构型为 Ah-Bw-C，表层土壤质地为壤土类，35～40 cm 深度以下为母质层，无准石质接触面。同一亚类不同土族的土系中，碧水系，矿物学类型为碳酸盐型；建坪系，矿物学类型为硅质混合型，石灰性和酸碱反应类别为非酸性；濯水系和白帝系，颗粒大小级别为壤质。

利用性能综述　该土系土体浅，砾石含量高，细土质地偏黏，耕性较差；耕层土壤有机质、全磷含量较低，全氮含量中等，全钾含量较高。在改良利用上，应整治坡面水系，改坡为梯，增厚土层，减少水土流失；深耕炕土，多施有机肥，实行秸秆还田和合理轮作，改善土壤结构，加速土壤熟化，提高土壤肥力；拣出土壤中较大砾石，改善耕性；根据作物养分需求情况和土壤供肥性能，合理施肥。

参比土种　粗石子黄泥土。

代表性单个土体　位于重庆市万州区新田镇楼房村 5 组，30°40′16.9″N，108°29′16.6″E，海拔 761 m，中山中坡，坡度分级为中坡，成土母质为三叠系石灰岩、泥（页）岩等风化残坡积混合物，旱地，种植玉米、黄豆等，50 cm 深度土温 17.7℃。野外调查时间为

2016 年 4 月 28 日，编号 50-135。

楼房村系代表性单个土体剖面

Ap：0～20 cm，浊黄橙（10YR 6/3，干），浊黄棕（10YR 4/3，润）；粉质黏壤土，弱发育中块状结构，稍坚实；很少量细根和中根；少量动物穴；土体中有 30%岩石碎屑；强石灰反应；向下层平滑清晰过渡。

Bw：20～35 cm，亮黄棕（10YR 6/6，干），黄棕（10YR 5/6，润）；粉质黏壤土，弱发育中块状结构，坚实；很少量细根和中根；少量动物穴；土体中有 30%岩石碎屑；强石灰反应；向下层平滑突变过渡。

R：　35～45 cm，泥（页）岩，强石灰反应。

楼房村系代表性单个土体物理性质

| 土层 | 深度 /cm | 砾石 (>2 mm，体积分数)/% | 细土颗粒组成 (粒径：mm)/(g/kg) | | | 质地 | 容重 /(g/cm³) |
			砂粒 2～0.05	粉粒 0.05～0.002	黏粒 <0.002		
Ap	0～20	30	184	531	285	粉质黏壤土	1.37
Bw	20～35	30	134	566	300	粉质黏壤土	1.33

楼房村系代表性单个土体化学性质

深度 /cm	pH (H₂O)	有机碳 /(g/kg)	全氮(N) /(g/kg)	全磷(P) /(g/kg)	全钾(K) /(g/kg)	CEC /[cmol(+)/kg]	游离铁 /(g/kg)
0～20	8.5	10.8	1.22	0.51	23.9	30.5	21.2
20～35	8.1	6.2	0.84	0.30	26.7	28.6	32.2

7.9.6　长兴系（Changxing Series）

土　族：黏壤质硅质混合型非酸性热性-棕色钙质湿润雏形土
拟定者：慈　恩，连茂山，翁昊璐

分布与环境条件　主要分布在巫溪、云阳、开州等地，多位于石灰岩地区的中山坡麓平缓地段，坡度分级为微坡或缓坡，海拔一般在 600～800 m，成土母质为三叠系石灰岩、白云岩、页岩等风化坡积-洪积混合物；旱地，玉米、红薯套作。亚热带湿润季风气候，年日照时数1400～1500 h，年平均气温15.0～16.5℃，年降水量1100～1200 mm，无霜期270～290 d。

长兴系典型景观

土系特征与变幅　诊断层包括淡薄表层、雏形层；诊断特性包括碳酸盐岩岩性特征、滞水土壤水分状况、热性土壤温度状况、氧化还原特征、盐基饱和度等。剖面构型为 Ap-Br，土体厚度 100 cm 以上，层次质地构型为粉质黏土-粉质黏壤土-粉壤土-粉质黏土，无石灰反应，pH 6.3～7.2，土体色调为 10YR，盐基饱和度>50%。耕作层之下土体结构面上有很少量至少量的铁锰斑纹，0～125 cm 深度范围内有少量砖、瓦碎屑。部分层次中有少量碳酸盐岩、页岩等岩石碎屑。

对比土系　同一亚类不同土族中，建坪系，颗粒大小级别为粗骨壤质；泉沟系，颗粒大小级别为壤质盖黏质，矿物学类型为硅质混合型盖伊利石型。

利用性能综述　该土系土体深厚，耕层质地黏，耕性、通透性较差；耕层土壤有机质、全氮含量较低，全磷含量低，全钾含量中等。所处地形部位较低且坡度平缓，易排水不畅。在改良利用上，应改善排水条件，防止渍害；多施有机肥，实施秸秆还田和合理轮作，改善土壤结构和通透性，培肥土壤，提高土壤生产力；根据作物养分需求和土壤供肥性能，合理施肥。

参比土种　灰泡黄泥土。

代表性单个土体　位于重庆市巫溪县文峰镇长兴村 2 组，31°24′13.8″N，109°15′12.1″E，海拔 789 m，中山坡麓平缓地段，坡度分级为缓坡，成土母质为三叠系石灰岩、白云岩、页岩等风化坡积-洪积混合物，旱地，玉米、红薯套作，50 cm 深度土温 17.2℃。野外调查时间为 2015 年 8 月 30 日，编号 50-033。

长兴系代表性单个土体剖面

Ap： 0～20 cm，浊黄橙（10YR 7/4，干），浊黄棕（10YR 5/4，润）；粉质黏土，中等发育中块状结构，稍坚实；很少量细根；多量动物穴；土体中有很少量砖、瓦碎屑；无石灰反应；向下层波状渐变过渡。

Br1： 20～46 cm，亮黄棕（10YR 6/6，干），黄棕（10YR 5/6，润）；粉质黏壤土，中等发育大块状结构，稍坚实；很少量细根；中量动物穴；结构面上有很少量铁锰斑纹，土体中有很少量砖、瓦碎屑；土体中有2%岩石碎屑；无石灰反应；向下层波状渐变过渡。

Br2： 46～80 cm，亮黄棕（10YR 6/6，干），黄棕（10YR 5/6，润）；粉质黏壤土，弱发育大块状结构，坚实；很少量细根；少量动物穴；结构面上有很少量铁锰斑纹，土体中有很少量砖、瓦碎屑；土体中有2%岩石碎屑；无石灰反应；向下层波状渐变过渡。

Br3： 80～121 cm，浊黄橙（10YR 6/4，干），棕（10YR 4/4，润）；粉壤土，弱发育中块状结构，坚实；很少量细根；少量动物穴；结构面上有少量铁锰斑纹，土体中有很少量瓦块；土体中有 2%岩石碎屑；无石灰反应；向下层波状渐变过渡。

Br4： 121～140 cm，浊黄橙（10YR 7/4，干），浊黄棕（10YR 5/4，润）；粉质黏土，弱发育中块状结构，坚实；很少量动物穴；结构面上有很少量铁锰斑纹；无石灰反应。

长兴系代表性单个土体物理性质

土层	深度 /cm	砾石 (>2 mm，体积分数)/%	细土颗粒组成（粒径：mm)/(g/kg)			质地	容重 /(g/cm³)
			砂粒 2～0.05	粉粒 0.05～0.002	黏粒 <0.002		
Ap	0～20	0	91	486	423	粉质黏土	1.42
Br1	20～46	2	88	518	394	粉质黏壤土	1.56
Br2	46～80	2	127	554	319	粉质黏壤土	1.57
Br3	80～121	2	104	728	168	粉壤土	1.58
Br4	121～140	0	44	498	458	粉质黏土	1.57

长兴系代表性单个土体化学性质

深度 /cm	pH (H₂O)	有机碳 /(g/kg)	全氮(N) /(g/kg)	全磷(P) /(g/kg)	全钾(K) /(g/kg)	CEC /[cmol(+)/kg]	游离铁 /(g/kg)
0～20	6.3	9.5	0.98	0.32	18.5	23.4	15.0
20～46	7.2	6.8	0.83	0.26	17.2	14.6	21.7
46～80	7.1	6.0	0.71	0.29	18.3	14.7	26.1
80～121	7.1	6.4	0.70	0.27	18.5	15.3	23.5
121～140	6.6	3.4	0.50	0.16	16.6	13.9	15.0

7.9.7　濯水系（Zhuoshui Series）

土　族：壤质混合型石灰性热性-棕色钙质湿润雏形土
拟定者：慈　恩，陈　林，唐　江

分布与环境条件　主要分布在黔江、彭水等地，多位于石灰岩、泥（页）岩出露的低山中坡，坡度分级为中坡，海拔一般在 500～650 m，成土母质为三叠系石灰岩、泥（页）岩风化残坡积混合物；旱地，种植马铃薯、玉米、蔬菜等。亚热带湿润季风气候，年日照时数 1000～1100 h，年平均气温 15.5～16.5℃，年降水量 1200～1300 mm，无霜期 290～305 d。

濯水系典型景观

土系特征与变幅　诊断层包括雏形层、钙积层；诊断特性包括碳酸盐岩岩性特征、石质接触面、湿润土壤水分状况、热性土壤温度状况等。剖面构型为 Ap-Bw-Bk-R，土体厚度 50～70 cm，层次质地构型为粉壤土-粉质黏壤土-壤土，通体有石灰反应，pH 8.3～8.5，土体润态色调为 10YR～2.5Y，$CaCO_3$ 相当物含量 65～185 g/kg。土体下部有钙积层发育，厚度 25 cm 左右。不同深度层次中有 10%～20%石灰岩、泥（页）岩等岩石碎屑。

对比土系　白帝系，同一土族，多位于二级阶地，由第四系更新统黄色黏土和三叠系石灰岩风化物混合发育而成，剖面构型为 Ap-Bk，钙积层厚度>100 cm，无石质接触面，层次质地构型为粉壤土-壤土-粉壤土-壤土。同一亚类不同土族的土系中，碧水系，成土母质相似，颗粒大小级别为粗骨壤质，矿物学类型为碳酸盐型；群力系和楼房村系，颗粒大小级别为粗骨壤质；苟家系，颗粒大小级别为粗骨黏质，矿物学类型为蒙脱石混合型。

利用性能综述　该土系土体稍深，耕层细土质地适中，保肥性能好，但砾石含量较高，影响耕作；耕层土壤有机质、全氮含量中等，全磷含量较高，全钾含量较高。在改良利用上，应整治坡面水系，改坡为梯，结合相关耕作措施，减少水土流失；改善农田水利条件，增强抗旱减灾能力；拣出耕层较大砾石，改善耕性；施用有机肥，实行秸秆还田和合理轮作，培肥土壤；根据作物养分需求和土壤供肥性能，合理施肥。

参比土种　石灰黄泥土。

代表性单个土体　位于重庆市黔江区濯水镇易家村 12 组，29°15′46.2″N，108°45′08.6″E，海拔 568 m，低山中坡，坡度分级为中坡，成土母质为三叠系石灰岩、泥（页）岩风化残坡积混合物，旱地，种植马铃薯、玉米、蔬菜等，50 cm 深度土温 18.9℃。野外调查时间为 2016 年 4 月 11 日，编号 50-120。

濯水系代表性单个土体剖面

Ap：　0～19 cm，浊黄橙（10YR 6/3，干），浊黄棕（10YR 4/3，润）；粉壤土，弱发育小块状夹粒状结构，疏松；很少量细根和中根；中量动物穴；土体中有 10%岩石碎屑；强石灰反应；向下层平滑模糊过渡。

Bw：　19～34 cm，浊黄橙（10YR 6/3，干），浊黄棕（10YR 4/3，润）；粉质黏壤土，弱发育小块状夹粒状结构，稍坚实；很少量细根和中根；中量动物穴；土体中有 15%岩石碎屑；极强石灰反应；向下层波状清晰过渡。

Bk：　34～60 cm，25%亮黄棕、75%灰黄（25% 10YR 6/6、75% 2.5Y 7/2，干），25%棕、75%黄棕（25% 10YR 4/6、75% 2.5Y 5/3，润）；壤土，弱发育中块状结构，坚实；少量动物穴；土体中有 20%岩石碎屑，可见少量白色结晶质次生碳酸盐；极强石灰反应；向下层不规则突变过渡。

R：　　60～80 cm，石灰岩。

濯水系代表性单个土体物理性质

| 土层 | 深度/cm | 砾石(>2 mm，体积分数)/% | 细土颗粒组成（粒径：mm）/(g/kg) | | | 质地 | 容重/(g/cm³) |
			砂粒 2～0.05	粉粒 0.05～0.002	黏粒 <0.002		
Ap	0～19	10	179	585	236	粉壤土	1.39
Bw	19～34	15	92	569	339	粉质黏壤土	1.27
Bk	34～60	20	381	476	143	壤土	1.55

濯水系代表性单个土体化学性质

深度/cm	pH(H₂O)	有机碳/(g/kg)	全氮(N)/(g/kg)	全磷(P)/(g/kg)	全钾(K)/(g/kg)	CEC/[cmol(+)/kg]	CaCO₃相当物/(g/kg)
0～19	8.3	15.0	1.46	0.53	22.5	40.7	71.3
19～34	8.4	12.1	1.41	0.54	22.8	41.6	84.3
34～60	8.5	3.3	0.56	0.44	33.8	34.9	180.5

7.9.8 白帝系（Baidi Series）

土　族：壤质混合型石灰性热性-棕色钙质湿润雏形土
拟定者：慈　恩，连茂山，翁昊璐

分布与环境条件　主要分布在奉节、巫山等地，多位于长江沿岸的二级阶地，海拔一般在 180～200 m，成土母质为第四系更新统黄色黏土和三叠系石灰岩风化物的坡积混合物；旱地或果园，种植芝麻、柑橘等。亚热带湿润季风气候，年日照时数 1500～1600 h，年平均气温 16.5～17.0 ℃，年降水量 1100～1200 mm，无霜期 300～310 d。

白帝系典型景观

土系特征与变幅　诊断层为淡薄表层、钙积层；诊断特性包括碳酸盐岩岩性特征、湿润土壤水分状况、热性土壤温度状况等。剖面构型为 Ap-Bk，土体厚度 100 cm 以上，层次质地构型为粉壤土-壤土-粉壤土-壤土，通体有石灰反应，pH 8.3～8.5，土体色调为 10YR。耕作层之下有钙积层发育，厚度>100 cm，CaCO₃ 相当物含量 200～500 g/kg。不同深度层次中有 5%～10%石灰岩碎屑、2%～15%碳酸钙结核。

对比土系　灌水系，同一土族，多位于低山中坡，由三叠系石灰岩、泥（页）岩风化残坡积混合物发育而成，土体构型为 Ap-Bw-Bk-R，钙积层厚度 25 cm 左右，石质接触面的出现深度在 60 cm 左右，层次质地构型为粉壤土-粉质黏壤土-壤土。同一亚类不同土族的土系中，碧水系，颗粒大小级别为粗骨壤质，矿物学类型为碳酸盐型；群力系和楼房村系，颗粒大小级别为粗骨壤质；苟家系，颗粒大小级别为粗骨黏质，矿物学类型为蒙脱石混合型。

利用性能综述　该土系土层深厚，耕层有中量砾石，细土质地适中，保肥性能好；耕层土壤有机质、全氮含量中等，全磷含量较低，全钾含量较高。在改良利用上，应合理施用有机肥和种植豆科绿肥，改善土壤理化性状，培肥土壤；拣出土壤中较大的岩屑和碳酸钙结核，改善耕性；根据作物养分需求和土壤供肥性能，合理施肥。

参比土种　姜石黄泥土。

代表性单个土体　位于重庆市奉节县白帝镇八阵村 4 组，31°04′43.5″N，109°36′50.5″E，海拔 197 m，二级阶地，成土母质为第四系更新统黄色黏土和三叠系石灰岩风化物的坡积混合物，旱地，种植芝麻、柑橘等，50 cm 深度土温 17.8℃。野外调查时间为 2015 年 8 月 28 日，编号 50-029。

白帝系代表性单个土体剖面

Ap:　0～20 cm，浊黄橙（10YR 6/4，干），浊黄棕（10YR 5/4，润）；粉壤土，弱发育小块状结构，稍坚实；很少量细根；中量动物穴；土体中有 5%石灰岩碎屑，2%不规则的白色稍硬碳酸钙结核；极强石灰反应；向下层波状清晰过渡。

Bk1:　20～32 cm，浊黄橙（10YR 6/4，干），浊黄棕（10YR 5/4，润）；壤土，弱发育小块状结构，稍坚实；很少量细根；中量动物穴；土体中有 5%石灰岩碎屑，5%不规则的白色稍硬碳酸钙结核；极强石灰反应；向下层波状清晰过渡。

Bk2:　32～60 cm，亮黄棕（10YR 6/6，干），浊黄橙（10YR 6/4，润）；壤土，弱发育小块状结构，坚实；少量动物穴；土体中有 10%石灰岩碎屑，15%不规则的白色稍硬碳酸钙结核；极强石灰反应；向下层波状模糊过渡。

Bk3:　60～92 cm，亮黄棕（10YR 6/6，干），浊黄橙（10YR 6/4，润）；粉壤土，弱发育小块状结构，坚实；少量动物穴；土体中有10%石灰岩碎屑，15%不规则的白色稍硬碳酸钙结核；强石灰反应；向下层波状模糊过渡。

Bk4:　92～135 cm，亮黄棕（10YR 6/6，干），浊黄橙（10YR 6/4，润）；壤土，弱发育中块状结构，坚实；少量动物穴；土体中有 5%石灰岩碎屑，5%不规则的白色稍硬碳酸钙结核；极强石灰反应。

白帝系代表性单个土体物理性质

| 土层 | 深度/cm | 砾石(>2 mm，体积分数)/% | 细土颗粒组成（粒径：mm)/(g/kg) | | | 质地 | 容重/(g/cm³) |
			砂粒 2～0.05	粉粒 0.05～0.002	黏粒 <0.002		
Ap	0～20	7	210	522	268	粉壤土	1.35
Bk1	20～32	10	258	497	245	壤土	1.37
Bk2	32～60	25	396	437	167	壤土	1.57
Bk3	60～92	25	324	509	167	粉壤土	1.47
Bk4	92～135	10	438	427	135	壤土	1.50

白帝系代表性单个土体化学性质

深度/cm	pH(H₂O)	有机碳/(g/kg)	全氮(N)/(g/kg)	全磷(P)/(g/kg)	全钾(K)/(g/kg)	CEC/[cmol(+)/kg]	CaCO₃相当物/(g/kg)
0～20	8.3	11.8	1.44	0.58	20.3	34.2	102.2
20～32	8.3	9.2	1.20	0.52	17.7	31.1	219.2
32～60	8.5	5.9	0.75	0.21	16.1	26.0	256.2
60～92	8.5	3.8	0.69	0.17	14.9	24.1	390.7
92～135	8.4	2.5	0.47	0.11	11.2	19.9	498.7

7.9.9 泉沟系（**Quangou Series**）

土　族：壤质盖黏质硅质混合型盖伊利石型非酸性热性–棕色钙质湿润雏形土
拟定者：慈　恩，陈　林，唐　江

分布与环境条件　主要分布在彭水、黔江等地，多位于石灰岩地区的低山下坡，坡度分级为中坡，海拔一般在 400～600 m，成土母质为三叠系石灰岩风化残坡积物；旱地，种植马铃薯、豌豆、玉米等。亚热带湿润季风气候，年日照时数 900～1000 h，年平均气温 16.0～17.0℃，年降水量 1200～1300 mm，无霜期 290～310 d。

泉沟系典型景观

土系特征与变幅　诊断层包括雏形层；诊断特性包括碳酸盐岩岩性特征、石质接触面、湿润土壤水分状况、热性土壤温度状况、盐基饱和度等。剖面构型为 Ap-Bw-Ab-R，土层浅，厚度在 40～50 cm，层次质地构型为粉壤土–粉质黏土，无石灰反应，pH 7.4～7.5，土体色调为 10YR，盐基饱和度>50%。25～30 cm 深度以下有埋藏表层，有机质含量明显高于上覆土层。土体中有少量石灰岩碎屑。

对比土系　同一亚类不同土族，建坪系，颗粒大小级别为粗骨壤质，矿物学类型为硅质混合型；长兴系，颗粒大小级别为黏壤质，矿物学类型为硅质混合型。

利用性能综述　该土系土体浅，耕层质地适中，保肥能力较强，地块面积小，机械化耕种难；耕层土壤有机质、全氮含量较高，全钾含量中等，全磷含量较低。若种植农作物，应整治坡面水系，改坡为梯，增厚土层，减少水土流失；根据作物养分需求和土壤供肥性能，合理施肥。对于部分坡度大、地表岩石露头度高、地块零碎的区域，建议退耕还林、还草。

参比土种　黑泡泥土。

代表性单个土体　位于重庆市彭水县新田镇泉沟村 3 组，29°13′03.8″N，108°16′47.1″E，海拔 505 m，低山下坡，坡度分级为中坡，成土母质为三叠系石灰岩风化残坡积物，旱地，抛荒前种植马铃薯、豌豆、玉米等，抛荒后植被为狗牙根、马唐、车前草等杂草。50 cm 深度土温 19.0℃。野外调查时间为 2016 年 4 月 14 日，编号 50-127。

Ap：　0～15 cm，浊黄棕（10YR 5/3，干），浊黄棕（10YR 4/3，润）；粉壤土，中等发育中块状结构，疏松；少量细根；少量动物穴；土体中有 2%石灰岩碎屑；无石灰反应；向下层平滑渐变过渡。

Bw：　15～27 cm，浊黄棕（10YR 5/3，干），浊黄棕（10YR 4/3，润）；粉壤土，中等发育大块状结构，稍坚实；很少量细根；少量动物穴；土体中有 2%石灰岩碎屑；无石灰反应；向下层平滑模糊过渡。

Ab：　27～45 cm，灰黄棕（10YR 4/2，干），黑棕（10YR 3/2，润）；粉质黏土，中等发育大块状结构，稍坚实；很少量细根和中根；少量动物穴；土体中有 2%石灰岩碎屑；无石灰反应；向下层平滑突变过渡。

R：　45～80 cm，石灰岩。

泉沟系代表性单个土体剖面

泉沟系代表性单个土体物理性质

土层	深度 /cm	砾石 (>2 mm，体积分数)/%	细土颗粒组成（粒径：mm）/(g/kg)			质地	容重 /(g/cm³)
			砂粒 2～0.05	粉粒 0.05～0.002	黏粒 <0.002		
Ap	0～15	2	83	736	181	粉壤土	1.41
Bw	15～27	2	83	738	179	粉壤土	1.41
Ab	27～45	2	66	401	533	粉质黏土	1.30

泉沟系代表性单个土体化学性质

深度 /cm	pH (H₂O)	有机碳 /(g/kg)	全氮(N) /(g/kg)	全磷(P) /(g/kg)	全钾(K) /(g/kg)	CEC /[cmol(+)/kg]	游离铁 /(g/kg)
0～15	7.5	18.9	1.91	0.51	15.9	28.7	16.4
15～27	7.5	17.1	1.72	0.46	16.3	39.7	23.5
27～45	7.4	22.8	2.04	0.57	17.0	40.4	23.6

7.10 普通钙质湿润雏形土

7.10.1 龙车寺系（Longjusi Series）

土　　族：粗骨砂质云母混合型石灰性热性-普通钙质湿润雏形土
拟定者：慈　恩，唐　江，李　松

分布与环境条件　主要分布在北碚、沙坪坝、合川、铜梁、九龙坡等地，多位于三叠系飞仙关组地层出露的背斜低山内山坡麓较平缓地段，坡度分级为缓坡，海拔一般在 400～600 m，成土母质为三叠系飞仙关组暗紫色泥（页）岩、泥灰岩等风化坡积物；旱地，种植玉米、红薯、蚕豆等。亚热带湿润季风气候，年日照时数 1100～1200 h，年平均气温 16.0～17.3℃，年降水量 1100～1200 mm，无霜期 310～330 d。

龙车寺系典型景观

土系特征与变幅　诊断层包括雏形层；诊断特性包括碳酸盐岩岩性特征、湿润土壤水分状况、热性土壤温度状况、石灰性等。由三叠系飞仙关组暗紫色泥（页）岩、泥灰岩等风化坡积物发育而成，剖面构型为 Ap-Bw-C，土体厚度 100 cm 以上，层次质地构型为砂质壤土-砂质黏壤土，通体有石灰反应，pH 8.0～8.5，土体色调为 10R，$CaCO_3$ 相当物含量 30～50 g/kg。不同深度层次中有 35%～60% 岩石碎屑，包含少量碳酸盐岩碎屑。

对比土系　三溪系和中梁山系，分布区域相近，不同土纲，前者有黏化层发育，为淋溶土，后者土体浅，无雏形层发育，为新成土。

利用性能综述　该土系土体深厚，砾石含量高，耕层细土质地偏砂，通透性好，保水性能差；耕层土壤有机质、全氮、全钾含量中等，全磷含量丰富。在改良利用上，注意改善农田水利条件，增强抗旱减灾能力，提高土壤抗逆性能；注意用养结合，施用有机肥，合理轮作，改善土壤理化性状，培肥土壤；根据作物养分需求和土壤供肥性能，合理施肥。

参比土种　粗油砂土。

代表性单个土体　位于重庆市北碚区龙凤桥街道龙车村大土组，29°45′37.3″N，

106°25′54.5″E，海拔 515 m，背斜低山的内山坡麓，坡度分级为缓坡，成土母质为三叠系飞仙关组暗紫色泥（页）岩、泥灰岩等风化坡积物，旱地，种植玉米、红薯、蚕豆等，50 cm 深度土温 18.6℃。野外调查时间为 2016 年 4 月 21 日，编号 50-129。

龙车寺系代表性单个土体剖面

Ap： 0～18 cm，暗红灰（10R 4/1，干），暗红灰（10R 3/1，润）；砂质壤土，弱发育中粒状结构，疏松；很少量细根；少量动物穴；土体中有 35%岩石碎屑；轻度石灰反应；向下层平滑模糊过渡。

Bw： 18～60 cm，暗红灰（10R 4/1，干），暗红灰（10R 3/1，润）；砂质壤土，弱发育中粒状结构，稍坚实；很少量细根；很少量动物穴；土体中有 40%岩石碎屑；轻度石灰反应；向下层平滑模糊过渡。

C1： 60～100 cm，暗红灰（10R 4/1，干），暗红灰（10R 3/1，润）；砂质壤土，弱发育中粒状结构，稍坚实；土体中有 55%岩石碎屑；轻度石灰反应；向下层平滑模糊过渡。

C2： 100～140 cm，暗红灰（10R 4/1，干），暗红灰（10R 3/1，润）；砂质黏壤土，弱发育中粒状结构，稍坚实；土体中有 60%岩石碎屑；轻度石灰反应。

龙车寺系代表性单个土体物理性质

| 土层 | 深度 /cm | 砾石 (>2 mm，体积分数)/% | 细土颗粒组成（粒径：mm）/(g/kg) | | | 质地 | 容重 /(g/cm³) |
			砂粒 2～0.05	粉粒 0.05～0.002	黏粒 <0.002		
Ap	0～18	35	662	179	159	砂质壤土	1.42
Bw	18～60	40	661	179	160	砂质壤土	1.50
C1	60～100	55	653	185	162	砂质壤土	1.45
C2	100～140	60	526	236	238	砂质黏壤土	1.44

龙车寺系代表性单个土体化学性质

深度 /cm	pH (H₂O)	有机碳 /(g/kg)	全氮(N) /(g/kg)	全磷(P) /(g/kg)	全钾(K) /(g/kg)	CEC /[cmol(+)/kg]	游离铁 /(g/kg)
0～18	8.2	17.3	1.16	1.60	19.1	33.5	33.6
18～60	8.2	11.1	0.88	1.15	19.4	32.5	34.1
60～100	8.5	8.7	0.70	1.06	19.8	32.5	34.9
100～140	8.0	7.5	0.67	0.86	19.6	39.1	35.1

7.11 石灰紫色湿润雏形土

7.11.1 杜市系（Dushi Series）

土 族：黏壤质盖粗骨质云母混合型热性-石灰紫色湿润雏形土
拟定者：慈 恩，唐 江，李 松

分布与环境条件 主要分布在江津、永川、璧山、铜梁、巴南、涪陵、垫江等地，多位于侏罗系自流井组地层出露的背斜两翼低丘中坡，坡度分级为中坡，海拔一般在 200～400 m，成土母质为侏罗系自流井组紫色泥岩风化残坡积物；旱地，单季玉米或玉米、红薯套作等。亚热带湿润季风气候，年日照时数 1100～1200 h，年平均气温 17.5～18.5 ℃，年降水量 1000～1100 mm，无霜期 330～350 d。

杜市系典型景观

土系特征与变幅 诊断层包括雏形层；诊断特性包括紫色砂、页岩岩性特征、准石质接触面、湿润土壤水分状况、热性土壤温度状况、石灰性等。由侏罗系自流井组紫色泥岩风化残坡积物发育而成，剖面构型为 Ap-Bw-C-R，土体厚度 50～70 cm，层次质地构型为粉质黏壤土-黏壤土-壤土，通体有石灰反应，pH 8.4～8.6，土体色调为 10RP，$CaCO_3$ 相当物含量 75～110 g/kg。耕作层以下不同深度层次中有 10%～75%泥岩碎屑。

对比土系 同一土类不同亚类的土系中，慈云系、黄庄村系、树人系和赶场系均无石灰性；慈云系和黄庄村系，B 层 pH＜5.5，为酸性紫色湿润雏形土；树人系，50～70 cm 深度范围内有氧化还原特征，为斑纹紫色湿润雏形土；赶场系为普通紫色湿润雏形土。德感系，分布区域相近，不同土纲，成土母质相似，但无雏形层发育，为新成土。

利用性能综述 该土系土体稍深，质地偏黏，耕性一般，通透性较差，保肥能力强；耕层土壤有机质、全磷含量较低，全氮含量中等，全钾含量较高。在改良利用上，应整治坡面水系，改坡为梯，结合相关耕作措施，减少水土流失；增施有机肥，实行秸秆还田和合理轮作，改善土壤结构和通透性，培肥地力；根据作物养分需求和土壤供肥性能，合理施肥。

参比土种 暗紫泥土。

代表性单个土体　位于重庆市江津区杜市镇新化村 7 组，29°12′13.0″N，106°28′15.6″E，海拔 233 m，低丘中坡，坡度分级为中坡，成土母质为侏罗系自流井组紫色泥岩风化残坡积物，旱地，种植玉米、红薯等，50 cm 深度土温 19.2℃。野外调查时间为 2015 年 9 月 16 日，编号 50-049。

Ap：0～20 cm，灰红紫（10RP 5/3，干），灰红紫（10RP 4/3，润）；粉质黏壤土，中等发育中块状结构，稍坚实；少量中根和很少量细根；少量动物穴；土体中有 2%泥岩碎屑；轻度石灰反应；向下层平滑模糊过渡。

Bw：20～53 cm，灰红紫（10RP 5/3，干），灰红紫（10RP 4/3，润）；黏壤土，弱发育大块状结构，坚实；少量粗根；少量动物穴；土体中有 10%泥岩碎屑；中度石灰反应；向下层平滑清晰过渡。

C：53～65 cm，灰红紫（10RP 5/3，干），灰红紫（10RP 4/3，润）；壤土，很弱发育小块状结构，很坚实；很少量粗根；土体中有 75%泥岩碎屑；中度石灰反应；向下层平滑清晰过渡。

R：65～105 cm，泥岩半风化体，强石灰反应。

杜市系代表性单个土体剖面

杜市系代表性单个土体物理性质

土层	深度 /cm	砾石 (>2 mm，体积分数)/%	细土颗粒组成（粒径：mm）/(g/kg)			质地	容重 /(g/cm³)
			砂粒 2～0.05	粉粒 0.05～0.002	黏粒 <0.002		
Ap	0～20	2	162	495	343	粉质黏壤土	1.60
Bw	20～53	10	310	406	284	黏壤土	1.72
C	53～65	75	378	434	188	壤土	1.87

杜市系代表性单个土体化学性质

深度 /cm	pH (H₂O)	有机碳 /(g/kg)	全氮(N) /(g/kg)	全磷(P) /(g/kg)	全钾(K) /(g/kg)	CEC /[cmol(+)/kg]	游离铁 /(g/kg)
0～20	8.4	6.0	1.03	0.49	20.6	32.3	16.9
20～53	8.5	2.7	0.73	0.40	22.1	26.1	22.5
53～65	8.6	2.0	0.51	0.41	19.7	20.3	19.3

7.12 酸性紫色湿润雏形土

7.12.1 慈云系（Ciyun Series）

土　族：壤质云母混合型热性-酸性紫色湿润雏形土
拟定者：慈　恩，唐　江，李　松

分布与环境条件　主要分布在江津、永川、荣昌等地，多位于侏罗系沙溪庙组砂岩与泥岩互层出露的低丘上坡，坡度分级为中缓坡，海拔一般在 250～350 m，成土母质为侏罗系沙溪庙组紫色砂岩、泥岩风化残坡积物；旱地，单季玉米或玉米、红薯套作等。亚热带湿润季风气候，年日照时数 1100～1200 h，年平均气温 18.0～18.5℃，年降水量 1000～1100 mm，无霜期340～350 d。

慈云系典型景观

土系特征与变幅　诊断层包括雏形层；诊断特性包括紫色砂、页岩岩性特征、准石质接触面、湿润土壤水分状况、氧化还原特征、热性土壤温度状况等；诊断现象包括铝质现象。由侏罗系沙溪庙组紫色砂岩、泥岩风化残坡积物发育而成，剖面构型为Ap-Bw-Br-Cr-R，土体厚度 80～100 cm，层次质地构型为黏壤土-粉壤土-壤土-砂质壤土，无石灰反应，pH 4.5～5.1，土体色调为 10RP，通体有铝质现象。部分层次中有 2%～40%岩石碎屑，45 cm 左右深度以下土体结构面上有少量铁锰斑纹。

对比土系　黄庄村系，同一亚类不同土族，矿物学类别为硅质混合型，无氧化还原特征。同一土类不同亚类的土系中，杜市系有石灰性，为石灰紫色湿润雏形土；树人系，50～70 cm 深度范围内有氧化还原特征，为斑纹紫色湿润雏形土；赶场系为普通紫色湿润雏形土。团松林系，分布区域相近，不同土类，无紫色砂、页岩岩性特征，为铝质湿润雏形土。

利用性能综述　该土系土体稍深，耕层质地偏黏，耕性一般，保肥性能好；耕层土壤有机质、全氮含量较低，全磷含量低，全钾含量中等，pH 低。在改良利用上，可适量施用石灰或其他土壤改良剂，调节土壤酸度，改善作物生长环境；多施有机肥，实行秸秆还田和种植豆科养地作物等，改善土壤结构，培肥地力；整治坡面水系，实行横坡耕作，增加地表覆盖，保持水土；根据作物养分需求和土壤供肥性能，合理施肥。

参比土种　酸紫砂泥土。

代表性单个土体　位于重庆市江津区慈云镇凉河村 1 组，29°04′02.2″N，106°11′40.1″E，海拔 275 m，低丘上坡，坡度分级为中缓坡，成土母质为侏罗系沙溪庙组紫色砂岩、泥岩风化残坡积物，旱地，种植玉米、红薯等，50 cm 深度土温 19.3℃。野外调查时间为 2015 年 9 月 14 日，编号 50-043。

慈云系代表性单个土体剖面

Ap：　0～20 cm，灰紫红（10RP 6/3，干），灰红紫（10RP 5/3，润）；黏壤土，中等发育小块状结构，疏松；少量细根；少量动物穴；土体中有 2%岩石碎屑，很少量砖瓦碎屑；无石灰反应；向下层平滑渐变过渡。

Bw1：20～32 cm，灰红紫（10RP 5/3，干），灰红紫（10RP 4/3，润）；粉壤土，中等发育大块状结构，稍坚实；很少量细根和少量极细根；很少量动物穴；土体中有 5%岩石碎屑；无石灰反应；向下层平滑清晰过渡。

Bw2：32～45 cm，灰红紫（10RP 5/3，干），灰红紫（10RP 4/3，润）；粉壤土，弱发育中块状结构，稍坚实；少量极细根；土体中有 5%岩石碎屑；无石灰反应；向下层波状模糊过渡。

Br：　45～57 cm，灰红紫（10RP 5/3，干），灰红紫（10RP 4/3，润）；壤土，弱发育中块状结构，稍坚实；很少量极细根；结构面上有少量铁锰斑纹；土体中有 40%岩石碎屑；无石灰反应；向下层波状渐变过渡。

Cr：　57～90 cm，灰红紫（10RP 6/2，干），灰红紫（10RP 5/2，润）；砂质壤土，小部分为很弱发育中块状结构，大部分为非固结的砂岩风化物，无结构，稍坚实；很少量极细根；结构面上有少量铁锰斑纹；无石灰反应；向下层波状突变过渡。

R：　90～140 cm，泥岩半风化体。

慈云系代表性单个土体物理性质

| 土层 | 深度/cm | 砾石(>2 mm，体积分数)/% | 细土颗粒组成（粒径：mm）/(g/kg) | | | 质地 | 容重/(g/cm³) |
			砂粒2～0.05	粉粒0.05～0.002	黏粒<0.002		
Ap	0～20	2	233	457	310	黏壤土	1.36
Bw1	20～32	5	197	537	266	粉壤土	1.55
Bw2	32～45	5	226	555	219	粉壤土	1.50
Br	45～57	40	393	445	162	壤土	1.54
Cr	57～90	0	532	378	90	砂质壤土	1.45

慈云系代表性单个土体化学性质

深度 /cm	pH (H₂O)	有机碳 /(g/kg)	全氮(N) /(g/kg)	全磷(P) /(g/kg)	全钾(K) /(g/kg)	CEC /[cmol(+)/kg]	游离铁 /(g/kg)
0～20	4.5	8.5	0.89	0.37	18.4	32.9	14.6
20～32	4.9	4.0	0.52	0.25	20.2	40.0	16.9
32～45	5.0	2.9	0.43	0.18	21.6	43.8	17.9
45～57	5.1	2.3	0.36	0.12	20.8	41.7	12.0
57～90	5.1	1.8	0.18	0.09	16.9	39.5	8.6

7.12.2　黄庄村系（Huangzhuangcun Series）

土　族：壤质硅质混合型热性-酸性紫色湿润雏形土
拟定者：慈　恩，唐　江，李　松

分布与环境条件　主要分布在江津、永川、荣昌等地，多位于侏罗系沙溪庙组泥岩出露的低丘上坡，坡度分级为中缓坡，海拔一般在 250～350 m，成土母质为侏罗系沙溪庙组紫色泥岩风化残坡积物；旱地，主要种植玉米、高粱、红薯、蔬菜等。亚热带湿润季风气候，年日照时数 1100～1200 h，年平均气温 18.0～18.5℃，年降水量 1000～1100 mm，无霜期 340～350 d。

黄庄村系典型景观

土系特征与变幅　诊断层包括雏形层；诊断特性包括紫色砂、页岩岩性特征、准石质接触面、湿润土壤水分状况、热性土壤温度状况等；诊断现象包括铝质现象。由侏罗系沙溪庙组紫色泥岩风化残坡积物发育而成，剖面构型为 Ap-Bw-R，土体厚度 50～70 cm，层次质地构型为通体粉壤土，无石灰反应，pH 4.5～4.8，土体色调为 10RP，通体有铝质现象。不同深度层次中有 5%～15%泥岩碎屑。

对比土系　慈云系，同一亚类不同土族，矿物学类别为云母混合型，有氧化还原特征。同一土类不同亚类的土系中，杜市系，有石灰性，为石灰紫色湿润雏形土；树人系，50～70 cm 深度范围内有氧化还原特征，为斑纹紫色湿润雏形土；赶场系为普通紫色湿润雏形土。团松林系，分布区域相近，不同土类，无紫色砂、页岩岩性特征，为铝质湿润雏形土。

利用性能综述　该土系土体稍深，耕层细土质地适中，含少量泥岩碎屑，较易耕作，通透性较好；耕层土壤有机质、全氮含量较低，全磷含量低，全钾含量较高，pH 低。在改良利用上，注意整治坡面水系，实行坡改梯或横坡耕作等，减少水土流失；可适量施用石灰或其他土壤改良剂，调节土壤酸度，改善作物生长环境；多施有机肥，实行秸秆还田和合理轮作，加速土壤熟化，提高土壤肥力；根据作物养分需求和土壤供肥性能，合理施肥。

参比土种　酸紫泥土。

代表性单个土体　位于重庆市江津区永兴镇黄庄村 8 组，29°03′42.0″N，106°11′33.3″E，海拔 275 m，低丘上坡，坡度分级为中缓坡，成土母质为侏罗系沙溪庙组紫色泥岩风化残坡积物，旱地，种植高粱、蔬菜、金钱草等，50 cm 深度土温 19.3℃。野外调查时间为 2015 年 9 月 15 日，编号 50-045。

Ap：　0～20 cm，灰紫红（10RP 6/3，干），灰红紫（10RP 5/3，润）；粉壤土，弱发育小块状结构，疏松；很少量极细根；中量动物穴；土体中有 5%泥岩碎屑；无石灰反应；向下层平滑渐变过渡。

Bw1：20～32 cm，灰紫红（10RP 6/3，干），灰红紫（10RP 5/3，润）；粉壤土，弱发育小块状结构，疏松；很少量极细根；少量动物穴；土体中有 10%泥岩碎屑；无石灰反应；向下层平滑模糊过渡。

Bw2：32～52 cm，灰紫红（10RP 6/3，干），灰红紫（10RP 5/3，润）；粉壤土，弱发育小块状结构，坚实；少量动物穴；土体中有 15%泥岩碎屑；无石灰反应；向下层波状突变过渡。

R：　　52～140 cm，泥岩半风化体。

黄庄村系代表性单个土体剖面

黄庄村系代表性单个土体物理性质

土层	深度 /cm	砾石 (>2 mm，体积分数)/%	细土颗粒组成 (粒径：mm)/(g/kg)			质地	容重 /(g/cm³)
			砂粒 2～0.05	粉粒 0.05～0.002	黏粒 <0.002		
Ap	0～20	5	188	574	238	粉壤土	1.30
Bw1	20～32	10	195	562	243	粉壤土	1.37
Bw2	32～52	15	306	512	182	粉壤土	1.31

黄庄村系代表性单个土体化学性质

深度 /cm	pH (H₂O)	有机碳 /(g/kg)	全氮(N) /(g/kg)	全磷(P) /(g/kg)	全钾(K) /(g/kg)	CEC /[cmol(+)/kg]	游离铁 /(g/kg)
0～20	4.7	8.5	0.92	0.34	20.7	38.1	15.2
20～32	4.6	8.4	0.82	0.33	20.5	38.2	15.3
32～52	4.6	5.4	0.57	0.29	22.5	38.9	15.7

7.13　斑纹紫色湿润雏形土

7.13.1　树人系（Shuren Series）

土　族：壤质硅质混合型非酸性热性-斑纹紫色湿润雏形土
拟定者：慈　恩，唐　江，李　松

树人系典型景观

分布与环境条件　主要分布在丰都、忠县、涪陵等地，多位于侏罗系蓬莱镇组地层出露的低丘中坡，坡度分级为中坡，海拔一般在 300～400 m，成土母质为侏罗系蓬莱镇组紫色砂岩、泥岩风化残坡积物；旱地，种植马铃薯、玉米、蔬菜等。亚热带湿润季风气候，年日照时数 1200～1300 h，年平均气温 17.5～18.0℃，年降水量 1000～1100 mm，无霜期 310～320 d。

土系特征与变幅　诊断层包括雏形层；诊断特性包括紫色砂、页岩岩性特征、准石质接触面、湿润土壤水分状况、氧化还原特征、热性土壤温度状况等。由侏罗系蓬莱镇组紫色砂岩、泥岩风化残坡积物发育而成，剖面构型为 Ap-Br-R，土体厚度 60～80 cm，层次质地构型为通体壤土，部分层次有石灰反应，pH 7.3～8.2，土层主体色调为 10RP。耕作层有 35%左右岩石碎屑，15 cm 左右深度以下土体结构面上可见少量铁锰斑纹和结核。

对比土系　同一土类不同亚类的土系中，杜市系，有石灰性，为石灰紫色湿润雏形土；慈云系和黄庄村系，B 层 pH<5.5，为酸性紫色湿润雏形土；赶场系为普通紫色湿润雏形土。两汇口系，分布区域相近，不同土类，无紫色砂、页岩岩性特征，为铁质湿润雏形土。

利用性能综述　该土系土体稍深，耕层细土质地适中，砾石含量较高，通透性较好，易耕作；耕层土壤有机质、全氮、全磷含量较低，全钾含量中等。在改良利用上，应整治坡面水系，实行坡改梯，增加地表活体覆盖，减少水土流失；改善农田水利条件，增强抗旱减灾能力；增施有机肥，种植豆科养地作物，改善土壤理化性状，培肥地力；根据作物养分需求和土壤供肥性能，合理施肥。

参比土种　棕紫砂泥土。

代表性单个土体　位于重庆市丰都县树人镇大柏树社区 9 组，29°59′36.0″N，107°45′07.3″E，海拔 323 m，低丘中坡，坡度分级为中坡，成土母质为侏罗系蓬莱镇组紫色砂岩、泥岩风化残坡积物，旱地，种植马铃薯、玉米、蔬菜等，50 cm 深度土温 18.5℃。野外调查时间为 2016 年 3 月 22 日，编号 50-108。

Ap：　0～15 cm，灰紫红（10RP 6/3，干），灰红紫（10RP 5/3，润）；壤土，弱发育大粒状结构，疏松；很少量细根；很少量动物穴；土体中有 35%岩石碎屑；轻度石灰反应；向下层波状清晰过渡。

Br1：15～54 cm，60%灰红紫、40%浊橙（60% 10RP 6/2、40% 7.5YR 7/3，干），60%灰红紫、40%浊棕（60% 10RP 5/2、40% 7.5YR 6/3，润）；壤土，中等发育大块状结构，稍坚实；很少量细根和粗根；很少量动物穴；结构面上有少量铁锰斑纹，土体中有 2%球形铁锰结核；无石灰反应；向下层波状清晰过渡。

Br2：54～70 cm，灰红紫（10RP 5/3，干），灰红紫（10RP 4/3，润）；壤土，弱发育中块状结构，稍坚实；很少量中根；结构面上有少量铁锰斑纹；轻度石灰反应；向下层平滑突变过渡。

R：　　70～82 cm，泥岩，中度石灰反应。

树人系代表性单个土体剖面

树人系代表性单个土体物理性质

| 土层 | 深度/cm | 砾石(>2 mm, 体积分数)/% | 细土颗粒组成（粒径：mm）/(g/kg) | | | 质地 | 容重/(g/cm³) |
			砂粒 2～0.05	粉粒 0.05～0.002	黏粒 <0.002		
Ap	0～15	35	440	389	171	壤土	1.44
Br1	15～54	2	491	340	169	壤土	1.68
Br2	54～70	0	427	407	166	壤土	1.71

树人系代表性单个土体化学性质

深度/cm	pH(H₂O)	有机碳/(g/kg)	全氮(N)/(g/kg)	全磷(P)/(g/kg)	全钾(K)/(g/kg)	CEC/[cmol(+)/kg]	游离铁/(g/kg)
0～15	7.8	6.4	0.92	0.43	16.2	17.2	12.1
15～54	7.3	2.1	0.69	0.41	19.2	11.9	10.8
54～70	8.2	4.2	0.47	0.06	19.5	11.8	12.3

7.14　普通紫色湿润雏形土

7.14.1　赶场系（Ganchang Series）

土　族：壤质硅质混合型非酸性热性-普通紫色湿润雏形土
拟定者：慈　恩，唐　江，李　松

分布与环境条件　主要分布在万州、云阳等地，多位于侏罗系沙溪庙组地层出露的丘陵、低山下坡，坡度分级为中坡，海拔一般在 300～400 m，成土母质为侏罗系沙溪庙组紫色砂岩、泥岩风化残坡积物；旱地，马铃薯、玉米套作。亚热带湿润季风气候，年日照时数 1200～1300 h，年平均气温 17.0～18.0℃，年降水量 1100～1200 mm，无霜期 310～320 d。

赶场系典型景观

土系特征与变幅　诊断层包括淡薄表层、雏形层；诊断特性包括紫色砂、页岩岩性特征、准石质接触面、湿润土壤水分状况、热性土壤温度状况等。由侏罗系沙溪庙组紫色砂岩、泥岩风化残坡积物发育而成，剖面构型为 Ap-Bw-R，土体厚度 55～75 cm，层次质地构型为壤土-砂质壤土，无石灰反应，pH 7.2～7.5，土体色调为 10RP。土体中有少量岩石碎屑。

对比土系　同一土类不同亚类的土系中，杜市系，有石灰性，为石灰紫色湿润雏形土；慈云系和黄庄村系，B 层 pH<5.5，为酸性紫色湿润雏形土；树人系，50～70 cm 深度范围内有氧化还原特征，为斑纹紫色湿润雏形土。

利用性能综述　该土系土体稍深，耕层质地适中，通透性较好，疏松好耕；耕层土壤有机质、全氮含量低，全磷、全钾含量中等。在改良利用上，应整治坡面水系，改坡为梯，增加地表覆盖，减少水土流失；改善农田水利条件，增强抗旱减灾能力；增施有机肥，种植豆科养地作物，提高有机质含量，改善土壤肥力状况；根据作物养分需求和土壤供肥性能，合理施肥。

参比土种　灰棕紫砂泥土。

代表性单个土体　位于重庆市万州区龙驹镇赶场社区 1 组，30°39′25.1″N，108°35′53.6″E，海拔 326 m，低丘下坡，坡度分级为中坡，成土母质为侏罗系沙溪庙组紫色砂岩、泥岩风化残坡积物，旱地，马铃薯、玉米套作，50 cm 深度土温 18.0℃。野外调查时间为 2016 年 4 月 28 日，编号 50-136。

Ap: 0～17 cm，灰红紫（10RP 6/2，干），灰紫（10RP 4/2，润）；壤土，弱发育中粒状结构，疏松；很少量细根；少量动物穴；土体中有 2%岩石碎屑；无石灰反应；向下层平滑模糊过渡。

Bw1：17～37 cm，灰红紫（10RP 6/2，干），灰紫（10RP 4/2，润）；壤土，弱发育小块状结构，疏松；很少量细根；少量动物穴；土体中有 2%岩石碎屑；无石灰反应；向下层平滑模糊过渡。

Bw2：37～54 cm，灰红紫（10RP 6/2，干），灰紫（10RP 4/2，润）；砂质壤土，弱发育小块状结构，疏松；很少量细根；中量动物穴；土体中有 2%岩石碎屑；无石灰反应；向下层平滑模糊过渡。

Bw3：54～65 cm，灰红紫（10RP 6/2，干），灰紫（10RP 4/2，润）；砂质壤土，弱发育小块状结构，疏松；很少量细根；少量动物穴；土体中有 2%岩石碎屑；无石灰反应；向下层波状突变过渡。

R: 65～85 cm，砂岩和泥岩。

赶场系代表性单个土体剖面

赶场系代表性单个土体物理性质

土层	深度/cm	砾石(>2 mm，体积分数)/%	细土颗粒组成（粒径：mm)/(g/kg)			质地	容重/(g/cm³)
			砂粒 2～0.05	粉粒 0.05～0.002	黏粒 <0.002		
Ap	0～17	2	515	357	128	壤土	1.46
Bw1	17～37	2	496	355	149	壤土	1.47
Bw2	37～54	2	536	358	106	砂质壤土	1.52
Bw3	54～65	2	551	328	121	砂质壤土	1.55

赶场系代表性单个土体化学性质

深度/cm	pH(H₂O)	有机碳/(g/kg)	全氮(N)/(g/kg)	全磷(P)/(g/kg)	全钾(K)/(g/kg)	CEC/[cmol(+)/kg]	游离铁/(g/kg)
0～17	7.2	5.5	0.68	0.63	19.7	21.7	9.8
17～37	7.3	4.7	0.45	0.66	18.9	22.4	8.6
37～54	7.5	3.0	0.29	0.57	19.5	22.8	9.2
54～65	7.5	3.1	0.33	0.55	19.8	22.1	9.3

7.15　黄色铝质湿润雏形土

7.15.1　老瀛山系（Laoyingshan Series）

土　族：砂质硅质混合型酸性热性-黄色铝质湿润雏形土
拟定者：慈　恩，唐　江，李　松

老瀛山系典型景观

分布与环境条件　主要分布在綦江、江津等地的丹霞地貌区，多位于白垩系夹关组厚层砂岩出露的中山中坡，坡度分级为中缓坡，海拔一般在 600～800 m，成土母质为白垩系夹关组砂岩风化残坡积物；旱地，种植单季玉米等。亚热带湿润季风气候，年日照时数 1000～1100 h，年平均气温 15.5～17.0℃，年降水量 1100～1200 mm，无霜期 300～320 d。

土系特征与变幅　诊断层包括雏形层；诊断特性包括准石质接触面、湿润土壤水分状况、热性土壤温度状况等；诊断现象包括铝质现象。所处区域多云雾，土壤水分状况为偏向常湿润的湿润土壤水分状况。由白垩系夹关组砂岩风化残坡积物发育而成，剖面构型为 Ap-Bw-R，土体厚度在 30～50 cm，层次质地构型为通体砂质壤土，无石灰反应，pH 4.3～4.5，土体色调为 7.5YR，通体有铝质现象。土体中有少量砂岩碎屑。

对比土系　同一亚类不同土族的土系中，珞璜系，由侏罗系沙溪庙组黄色砂岩风化残积物发育而成，颗粒大小级别为黏壤质。南泉系，由侏罗系蓬莱镇组紫色砂岩、泥岩风化残积物发育而成，颗粒大小级别为黏壤质。红岩系，分布区域相近，不同土类，由相同岩石地层（夹关组）的砂岩发育而成，但 B 层无铝质特性或铝质现象，为普通酸性湿润雏形土。

利用性能综述　该土系土体浅，质地偏砂，通透性好，易耕作，保水保肥能力较弱；耕层土壤有机质、全磷、全钾含量较低，全氮含量中等，酸度高。在改良利用上，应整治坡面水系，改坡为梯，增加地表覆盖，护土防冲；实行聚土垄作，增厚土层；可适量施用石灰或其他土壤改良剂，调节土壤酸度；增施有机肥，掺泥改砂，种植豆科绿肥，改善土壤理化性状，培肥地力；根据作物养分需求和土壤供肥性能，合理施肥；对于水土流失较为严重、地表岩石露头度高的区域，可逐步退耕还林、还草。

参比土种 红紫砂土。

代表性单个土体 位于重庆市綦江区三角镇红岩村 3 社，29°01′07.7″N，106°45′57.6″E，海拔 688 m，中山中坡，坡度分级为中缓坡，成土母质为白垩系夹关组砂岩风化残坡积物，旱地，种植单季玉米，50 cm 深度土温 19.0℃。野外调查时间为 2015 年 8 月 12 日，编号 50-023。

Ap: 0～20 cm，灰棕（7.5YR 6/2，干），灰棕（7.5YR 4/2，润）；砂质壤土，中等发育小块状结构，疏松；少量细根；少量动物穴；土体中有 2%砂岩碎屑；无石灰反应；向下层波状模糊过渡。

Bw: 20～33 cm，灰棕（7.5YR 6/2，干），灰棕（7.5YR 4/2，润）；砂质壤土，中等发育小块状结构，疏松；很少量细根；很少量动物穴；土体中有 2%砂岩碎屑；无石灰反应；向下层波状突变过渡。

R: 33 cm～，砂岩。

老瀛山系代表性单个土体剖面

老瀛山系代表性单个土体物理性质

| 土层 | 深度 /cm | 砾石 (>2 mm，体积分数)/% | 细土颗粒组成 (粒径：mm)/(g/kg) | | | 质地 | 容重 /(g/cm³) |
			砂粒 2～0.05	粉粒 0.05～0.002	黏粒 <0.002		
Ap	0～20	2	626	257	117	砂质壤土	1.35
Bw	20～33	2	688	190	122	砂质壤土	1.37

老瀛山系代表性单个土体化学性质

深度 /cm	pH H₂O	pH KCl	有机碳 /(g/kg)	全氮(N) /(g/kg)	全磷(P) /(g/kg)	全钾(K) /(g/kg)	CEC /[cmol(+)/kg]	Al_KCl /[cmol(+)/kg, 黏粒]	游离铁 /(g/kg)
0～20	4.3	3.4	11.5	1.03	0.50	13.3	11.6	40.5	5.9
20～33	4.4	3.4	11.5	0.93	0.44	16.6	9.6	40.0	6.3

7.15.2　珞璜系（Luohuang Series）

土　　族：黏壤质硅质混合型酸性热性-黄色铝质湿润雏形土
拟定者：慈　恩，翁昊璐，唐　江

珞璜系典型景观

分布与环境条件　主要分布在江津、巴南等地，多位于侏罗系沙溪庙组黄色砂岩出露的低丘顶部，坡度分级为缓坡，海拔一般在 350～450 m，成土母质为侏罗系沙溪庙组黄色砂岩风化残积物；林地，植被有马尾松、青冈、杉木、油桐、蕨类等，植被覆盖度≥80%。亚热带湿润季风气候，年日照时数 1100～1200 h，年平均气温 17.0～18.0℃，年降水量 1000～1100 mm，无霜期 330～340 d。

土系特征与变幅　诊断层包括雏形层；诊断特性包括湿润土壤水分状况、热性土壤温度状况、铁质特性等；诊断现象包括铝质现象。所处区域多云雾，土壤水分状况为偏向常湿润的湿润土壤水分状况。由侏罗系沙溪庙组黄色砂岩风化残积物发育而成，剖面构型为 Ah-Bw，土体厚度 100 cm 以上，层次质地构型为通体砂质黏壤土，无石灰反应，pH 3.9～4.2，土体色调为 10YR，游离铁含量≥14 g/kg，通体有铝质现象，B 层结构面和孔隙壁上可见腐殖质淀积胶膜。

对比土系　南泉系，同一土族，多位于低山顶部，成土母质为侏罗系蓬莱镇组紫色砂岩、泥岩风化残积物，层次质地构型为通体黏壤土，有淡薄表层。同一亚类不同土族的土系中，老瀛山系，成土母质为白垩系夹关组砂岩风化残坡积物，颗粒大小级别为砂质。团松林系，分布区域相近，不同亚类，B 层色调为 10R，55～60 cm 深度以下有氧化还原特征，为斑纹铝质湿润雏形土。

利用性能综述　该土系土体深厚，砂黏比例适中，保水保肥性能较好，土壤水、肥、气、热较为协调；表层土壤有机质、氮含量丰富，磷含量低，钾含量中等，pH 低。宜发展松、杉、竹类、樟科、茶、油桐等多种用材林和经济林。在发展林木上，应加强管理，合理采种，防止林木被破坏，以免造成水土流失和生态环境恶化。

参比土种　黄砂土。

代表性单个土体　位于重庆市江津区珞璜镇真武村 4 组，29°14′41.6″N，106°29′26.4″E，海拔 378 m，低丘顶部，坡地分级为缓坡，成土母质为侏罗系沙溪庙组黄色砂岩风化残积物，林地，植被有马尾松、青冈、杉木、油桐、蕨类等，植被覆盖度≥80%，50 cm深度土温 19.1℃。野外调查时间为 2015 年 9 月 17 日，编号 50-050。

+1～0 cm，枯枝落叶。

Ah： 0～11 cm，棕灰（10YR 5/1，干），黑棕（10YR 3/2，润）；砂质黏壤土，强发育中粒状结构，疏松；杉木、蕨类根系，少量粗根和中量细根；中量动物穴；向下层波状渐变过渡。

Bw1：11～36 cm，亮黄棕（10YR 6/6，干），黄棕（10YR 5/6，润）；砂质黏壤土，中等发育小块状结构，稍坚实；杉木、蕨类根系，少量细根；中量动物穴；结构面和孔隙壁上有多量腐殖质淀积胶膜，裂隙壁填充有含腐殖质土体；向下层平滑模糊过渡。

Bw2：36～64 cm，亮黄棕（10YR 6/6，干），黄棕（10YR 5/6，润）；砂质黏壤土，中等发育小块状结构，稍坚实；杉木根系，少量细根和中根；少量动物穴；结构面和孔隙壁上有中量腐殖质淀积胶膜，裂隙壁填充有含腐殖质土体；向下层平滑渐变过渡。

珞璜系代表性单个土体剖面

Bw3：64～97 cm，亮黄棕（10YR 7/6，干），亮黄棕（10YR 6/6，润）；砂质黏壤土，弱发育小块状结构，坚实；杉木根系，少量粗根和细根；很少量动物穴；结构面和孔隙壁上有很少量腐殖质淀积胶膜；向下层平滑模糊过渡。

Bw4：97～141 cm，亮黄棕（10YR 7/6，干），亮黄棕（10YR 6/6，润）；砂质黏壤土，弱发育小块状结构，坚实；杉木根系，很少量粗根和细根；很少量动物穴。

珞璜系代表性单个土体物理性质

| 土层 | 深度/cm | 砾石（>2 mm，体积分数)/% | 细土颗粒组成（粒径：mm)/(g/kg) | | | 质地 | 容重/(g/cm³) |
			砂粒 2～0.05	粉粒 0.05～0.002	黏粒 <0.002		
Ah	0～11	0	496	215	289	砂质黏壤土	0.88
Bw1	11～36	0	460	204	336	砂质黏壤土	1.46
Bw2	36～64	0	487	201	312	砂质黏壤土	1.56
Bw3	64～97	0	511	197	292	砂质黏壤土	1.61
Bw4	97～141	0	530	180	290	砂质黏壤土	1.68

珞璜系代表性单个土体化学性质

深度 /cm	pH		有机碳 /(g/kg)	全氮(N) /(g/kg)	全磷(P) /(g/kg)	全钾(K) /(g/kg)	CEC /[cmol(+)/kg]	Al_KCl /[cmol(+)/kg, 黏粒]	游离铁 /(g/kg)
	H₂O	KCl							
0～11	3.9	3.2	40.9	2.86	0.29	15.4	22.6	27.8	18.3
11～36	4.0	3.4	8.1	0.56	0.12	12.8	18.0	23.4	20.4
36～64	4.1	3.5	4.0	0.46	0.12	14.4	25.0	31.6	17.3
64～97	4.0	3.4	4.0	0.44	0.07	14.9	29.5	33.3	21.6
97～141	4.2	3.4	1.2	0.37	0.08	14.4	34.4	23.5	18.4

7.15.3 南泉系（Nanquan Series）

土　族：黏壤质硅质混合型酸性热性-黄色铝质湿润雏形土
拟定者：慈　恩，翁昊璐，唐　江

分布与环境条件　主要分布在巴南、涪陵、南川等地，多位于侏罗系蓬莱镇组地层出露的低山顶部，坡度分级为缓坡，海拔一般在 500～700 m，成土母质为侏罗系蓬莱镇组紫色砂岩、泥岩风化残积物；林地，植被有马尾松、杉木、青冈、竹子、蕨类等，植被覆盖度≥80%。亚热带湿润季风气候，年日照时数 1100～1200 h，年平均气温 15.5～17.0℃，年降水量 1100～1200 mm，无霜期 300～320 d。

南泉系典型景观

土系特征与变幅　诊断层包括淡薄表层、雏形层；诊断特性包括热性土壤温度状况、湿润土壤水分状况、铁质特性等；诊断现象包括铝质现象。所处区域多云雾，土壤水分状况为偏向常湿润的湿润土壤水分状况。由侏罗系蓬莱镇组紫色砂岩、泥岩风化残积物发育而成，剖面构型为 Ah-Bw，土体厚度通常>100 cm，层次质地构型为通体黏壤土，无石灰反应，pH 4.3～4.8，土体色调为 7.5YR～10YR，游离铁含量≥14 g/kg，通体有铝质现象。表层有机质含量不高，颜色达到淡薄表层的要求。

对比土系　珞璜系，同一土族，多位于低丘顶部，成土母质为侏罗系沙溪庙组黄色砂岩风化残积物，土体质地构型为砂质黏壤土，无淡薄表层。同一亚类不同土族的土系中，老瀛山系，成土母质为白垩系夹关组砂岩风化残坡积物，颗粒大小级别为砂质。

利用性能综述　该土系土体深厚，质地偏黏，保水保肥能力强；表层土壤有机质含量中等，全氮、全磷含量很低，全钾含量低，酸度高。在发展林木上，应做到合理采种，防止林木被破坏，以免造成水土流失和生态环境恶化；在种植林木上，可根据实际需求，适量施肥。

参比土种　砂黄泥土。

代表性单个土体　位于重庆市巴南区南泉街道迎龙村迎龙湾社，29°27′01.5″N，106°39′50.9″E，海拔 602 m，低山顶部，坡度分级为缓坡，成土母质为侏罗系蓬莱镇组紫色砂岩、泥岩风化残积物，林地，植被有马尾松、杉木、青冈、竹子、蕨类等，植被覆盖度≥80%，50 cm 深度土温 18.7℃。野外调查时间为 2016 年 5 月 1 日，编号 50-141。

南泉系代表性单个土体剖面

+2～0 cm，枯枝落叶。

Ah: 0～14 cm，浊黄橙（10YR 7/4，干），黄棕（10YR 5/6，润）；黏壤土，强发育中块状结构，稍坚实；马尾松、蕨类根系，少量粗根和细根；中量动物穴；无石灰反应；向下层波状渐变过渡。

Bw1: 14～30 cm，淡黄橙（10YR 8/4，干），亮黄棕（10YR 6/6，润）；黏壤土，强发育中块状结构，坚实；马尾松、蕨类根系，很少量粗根和中量细根；少量动物穴；无石灰反应；向下层平滑模糊过渡。

Bw2: 30～55 cm，淡黄橙（10YR 8/4，干），亮黄棕（10YR 6/6，润）；黏壤土，强发育中块状结构，坚实；马尾松根系，很少量粗根和中根；很少量动物穴；无石灰反应；向下层平滑模糊过渡。

Bw3: 55～78 cm，淡黄橙（10YR 8/4，干），亮黄棕（10YR 6/6，润）；黏壤土，强发育中块状结构，坚实；马尾松根系，很少量粗根；无石灰反应；向下层平滑渐变过渡。

Bw4: 78～98 cm，黄橙（10YR 8/6，干），亮黄棕（10YR 6/8，润）；黏壤土，中等发育中块状结构，坚实；马尾松根系，少量粗根和很少量细根；无石灰反应；向下层平滑渐变过渡。

Bw5: 98～134 cm，橙（7.5YR 6/6，干），亮棕（7.5YR 5/8，润）；黏壤土，中等发育中块状结构，坚实；马尾松根系，少量粗根；无石灰反应。

南泉系代表性单个土体物理性质

土层	深度/cm	砾石（>2 mm，体积分数）/%	细土颗粒组成 (粒径：mm)/(g/kg)			质地	容重/(g/cm³)
			砂粒 2～0.05	粉粒 0.05～0.002	黏粒 <0.002		
Ah	0～14	0	272	389	339	黏壤土	1.49
Bw1	14～30	0	258	374	368	黏壤土	1.56
Bw2	30～55	0	241	399	360	黏壤土	1.58
Bw3	55～78	0	244	420	336	黏壤土	1.62
Bw4	78～98	0	336	346	318	黏壤土	1.64
Bw5	98～134	0	364	272	364	黏壤土	1.52

南泉系代表性单个土体化学性质

深度 /cm	pH		有机碳 /(g/kg)	全氮(N) /(g/kg)	全磷(P) /(g/kg)	全钾(K) /(g/kg)	CEC /[cmol(+)/kg]	Al_{KCl} /[cmol(+)/kg, 黏粒]	游离铁 /(g/kg)
	H_2O	KCl							
0~14	4.3	3.5	6.0	0.40	0.09	7.9	36.0	21.0	15.5
14~30	4.3	3.6	3.0	0.29	0.08	7.5	38.8	19.7	17.3
30~55	4.3	3.7	1.8	0.27	0.08	7.7	41.7	18.0	16.6
55~78	4.5	3.7	1.7	0.25	0.11	8.4	33.7	16.9	15.9
78~98	4.8	3.7	0.9	0.23	0.14	7.7	27.3	18.4	16.3
98~134	4.8	3.7	2.0	0.21	0.14	8.4	36.7	26.3	22.2

7.16　斑纹铝质湿润雏形土

7.16.1　团松林系（Tuansonglin Series）

土　族：黏壤质云母混合型酸性热性-斑纹铝质湿润雏形土
拟定者：慈　恩，唐　江，李　松

团松林系典型景观

分布与环境条件　主要分布在江津、永川、荣昌等地，多位于侏罗系沙溪庙组泥岩出露的低丘下坡，坡度分级为中缓坡，海拔一般在 250～350 m，成土母质为侏罗系沙溪庙组紫色泥岩风化残坡积物；林地，植被有马尾松、青冈、刺槐、竹子、香樟、蕨类等，植被覆盖度≥80%。亚热带湿润季风气候，年日照时数1100～1200 h，年平均气温18.0～18.5℃，年降水量 1000～1100 mm，无霜期 340～350 d。

土系特征与变幅　诊断层包括淡薄表层、雏形层；诊断特性包括准石质接触面、湿润土壤水分状况、氧化还原特征、热性土壤温度状况、铁质特性等；诊断现象包括铝质现象。由侏罗系沙溪庙组紫色泥岩风化残坡积物发育而成，剖面构型为 Ah-Bw-Br-R，土体厚度100 cm 以上，层次质地构型为粉质黏土-粉质黏壤土，无石灰反应，pH 4.5～4.7，土体色调为 10R，游离铁含量 14～25 g/kg，通体有铝质现象。55～60 cm 深度以下土体结构面上有很少量铁锰斑纹。

对比土系　珞璜系，分布区域相近，不同亚类，有偏向常湿润的湿润土壤水分状况，B层色调为 10YR，为黄色铝质湿润雏形土。慈云系和黄庄村系，分布区域相近，不同土类，有紫色砂、页岩岩性特征，为紫色湿润雏形土。

利用性能综述　该土系土体深厚，质地黏，通透性差，保水保肥性能好；耕层土壤有机质、全磷含量低，全氮含量很低，全钾含量较高，酸度高。宜发展松、杉、竹类、香樟、茶、桑等多种用材林和经济林；要做到采种并举，防止林木被破坏，以免造成水土流失和生态环境恶化。若发展农作物，可适量施用石灰或其他土壤改良剂，调节土壤酸度，多施有机肥，实行秸秆还田和种植豆科绿肥等，改善土壤结构和通透性，提升土壤肥力。

参比土种　酸紫泥土。

代表性单个土体 位于重庆市江津区永兴镇黄庄村 7 组，29°03′16.0″N，106°11′37.4″E，海拔 280 m，低丘下坡，坡度分级为中缓坡，成土母质为侏罗系沙溪庙组紫色泥岩风化残坡积物，林地，植被有马尾松、青冈、刺槐、竹子、香樟、蕨类等，植被覆盖度≥80%，50 cm 深度土温 19.3℃。野外调查时间为 2015 年 10 月 5 日，编号 50-055。

Ah: 0～18 cm，浊红橙（10R 6/4，干），红棕（10R 5/4，润）；粉质黏土，中等发育中块状结构，疏松；蕨类根系，很少量中根和少量细根；中量动物穴；无石灰反应；向下层平滑模糊过渡。

Bw1: 18～37 cm，浊红橙（10R 6/4，干），红棕（10R 5/4，润）；粉质黏土，中等发育中块状结构，稍坚实；蕨类根系，很少量细根；中量动物穴；无石灰反应；向下层平滑模糊过渡。

Bw2: 37～57 cm，浊红橙（10R 6/4，干），红棕（10R 5/4，润）；粉质黏壤土，中等发育中块状结构，坚实；蕨类根系，很少量细根；无石灰反应；向下层平滑模糊过渡。

Br1: 57～85 cm，浊红橙（10R 6/4，干），红棕（10R 5/4，润）；粉质黏壤土，中等发育中块状结构，坚实；蕨类根系，很少量细根；结构面上有很少量铁锰斑纹；无石灰反应；向下层平滑模糊过渡。

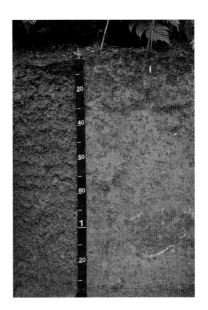

团松林系代表性单个土体剖面

Br2: 85～112 cm，浊红橙（10R 6/4，干），红棕（10R 5/4，润）；粉质黏壤土，弱发育中块状结构，坚实；蕨类根系，很少量细根；结构面上有很少量铁锰斑纹；向下层波状突变过渡。

R: 112～135 cm，泥岩半风化体。

团松林系代表性单个土体物理性质

土层	深度/cm	砾石(>2 mm, 体积分数)/%	细土颗粒组成（粒径：mm)/(g/kg)			质地	容重/(g/cm³)
			砂粒2～0.05	粉粒0.05～0.002	黏粒<0.002		
Ah	0～18	0	23	522	455	粉质黏土	1.27
Bw1	18～37	0	36	566	398	粉质黏土	1.36
Bw2	37～57	0	109	548	343	粉质黏壤土	1.39
Br1	57～85	0	178	530	292	粉质黏壤土	1.45
Br2	85～112	0	150	565	285	粉质黏壤土	1.41

团松林系代表性单个土体化学性质

深度 /cm	pH		有机碳 /(g/kg)	全氮(N) /(g/kg)	全磷(P) /(g/kg)	全钾(K) /(g/kg)	CEC /[cmol(+)/kg]	Al_{KCl} /[cmol(+)/kg, 黏粒]	游离铁 /(g/kg)
	H_2O	KCl							
0～18	4.5	3.5	5.5	0.33	0.21	20.5	33.2	49.0	22.8
18～37	4.6	3.6	3.0	0.32	0.24	20.7	31.5	51.9	20.8
37～57	4.6	3.6	1.8	0.37	0.12	21.1	31.9	55.3	20.1
57～85	4.6	3.5	1.5	0.32	0.29	20.3	32.0	62.9	18.3
85～112	4.6	3.5	1.6	0.39	0.11	21.8	34.0	58.5	18.7

7.17　普通铝质湿润雏形土

7.17.1　围龙系（Weilong Series）

土　族：砂质硅质混合型酸性热性–普通铝质湿润雏形土
拟定者：慈　恩，唐　江，李　松

分布与环境条件　主要分布在铜梁、永川等地，多位于侏罗系沙溪庙组厚砂薄泥岩或厚砂岩出露的低丘中上部，坡度分级为中缓坡，海拔一般在 300～450 m，成土母质为侏罗系沙溪庙组黄色砂岩夹少量紫色泥岩风化残坡积物；旱地，种植玉米、红薯、黄豆等。亚热带湿润季风气候，年日照时数 1100～1200 h，年平均气温 17.0～18.0 ℃，年降水量 1000～1100 mm，无霜期 320～340 d。

围龙系典型景观

土系特征与变幅　诊断层包括淡薄表层、雏形层；诊断特性包括准石质接触面、湿润土壤水分状况、氧化还原特征、热性土壤温度状况等；诊断现象包括铝质现象。由侏罗系沙溪庙组黄色砂岩夹少量紫色泥岩风化残坡积物发育而成，剖面构型为 Ap-Br-R，土体厚度在 40～50 cm，层次质地构型为通体砂质壤土，无石灰反应，pH 4.8～5.0，土体色调为 2.5Y，通体有铝质现象。结构面上有少量铁锰斑纹，土体中有少量岩石碎屑。

对比土系　华盖山系，同一亚类不同土族，由白垩系夹关组砖红色砂岩、泥岩风化坡积物发育而成，颗粒大小级别为黏质，矿物学类别为伊利石混合型，土层很深，150 cm 深度范围内无准石质接触面，有铁质特性。

利用性能综述　该土系土体浅，质地偏砂，通透性好，易耕作，保水保肥能力弱；耕层土壤有机质、全磷、全钾含量较低，全氮含量中等，酸度高。在改良利用上，加强坡面水系整治，实行坡改梯或横坡耕作等，减少水土流失；可采用聚土垄作等方法，增厚土层；酌情施用石灰或其他土壤改良剂，调节土壤酸度；增施有机肥，实行秸秆还田和合理轮作，改善土壤理化性状，培肥地力；根据作物养分需求和土壤供肥性能，合理施肥。

参比土种　酸紫砂土。

代表性单个土体　　位于重庆市铜梁区围龙镇合龙村 2 组，29°39′41.5″N，106°01′56.6″E，海拔 327 m，低丘中坡，坡度分级为中缓坡，成土母质为侏罗系沙溪庙组黄色砂岩夹少量紫色泥岩风化残坡积物，旱地，种植玉米、红薯、黄豆等，50 cm 深度土温 18.8℃。野外调查时间为 2015 年 6 月 27 日，编号 50-014。

围龙系代表性单个土体剖面

Ap：0～20 cm，淡黄（2.5Y 7/4，干），黄棕（2.5Y 5/4，润）；砂质壤土，弱发育小块状结构，疏松；很少量细根；中量动物穴；结构面上有少量铁锰斑纹，土体中有 2%岩石碎屑；无石灰反应；向下层平滑模糊过渡。

Br：20～42 cm，淡黄（2.5Y 7/4，干），黄棕（2.5Y 5/4，润）；砂质壤土，弱发育小块状结构，稍坚实；很少量细根；中量动物穴；结构面上有少量铁锰斑纹，土体中有 2%岩石碎屑；无石灰反应；向下层平滑突变过渡。

R：　42～53 cm，砂岩半风化体。

围龙系代表性单个土体物理性质

土层	深度/cm	砾石(>2 mm, 体积分数)/%	细土颗粒组成 (粒径：mm)/(g/kg)			质地	容重/(g/cm³)
			砂粒 2～0.05	粉粒 0.05～0.002	黏粒 <0.002		
Ap	0～20	2	631	237	132	砂质壤土	1.23
Br	20～42	2	666	191	143	砂质壤土	1.46

围龙系代表性单个土体化学性质

深度/cm	pH H₂O	pH KCl	有机碳/(g/kg)	全氮(N)/(g/kg)	全磷(P)/(g/kg)	全钾(K)/(g/kg)	CEC/[cmol(+)/kg]	Al_KCl/[cmol(+)/kg, 黏粒]	游离铁/(g/kg)
0～20	5.0	3.6	10.7	1.01	0.59	12.8	11.1	13.0	7.7
20～42	4.8	3.5	8.4	0.70	0.57	13.1	9.4	17.6	7.6

7.17.2 华盖山系（Huagaishan Series）

土　族：黏质伊利石混合型酸性热性-普通铝质湿润雏形土
拟定者：慈　恩，唐　江，李　松

分布与环境条件　主要分布在
江津、綦江等地的丹霞地貌区，
位于白垩系夹关组砖红色厚砂
岩夹薄泥岩出露的中、低山下
坡，坡度分级为中坡，海拔一般
在 500～700 m，成土母质为白
垩系夹关组砖红色砂岩、泥岩风
化坡积物；旱地，种植红薯、玉
米等。亚热带湿润季风气候，年
日照时数 1000～1100 h，年平均
气温 15.5～17.0℃，年降水量
1100～1200 mm，无霜期 310～
330 d。

华盖山系典型景观

土系特征与变幅　诊断层包括淡薄表层、雏形层；诊断特性包括湿润土壤水分状况、热
性土壤温度状况、铁质特性等；诊断现象包括铝质现象。由白垩系夹关组砖红色砂岩、
泥岩风化坡积物发育而成，剖面构型为 Ap-Bw，土体厚度 150 cm 以上，层次质地构型
为通体黏壤土，无石灰反应，pH 4.3～4.5，土体色调为 2.5YR，游离铁含量 20～30 g/kg，
通体有铝质现象。不同深度层次中有 2%～8%岩石碎屑。

对比土系　围龙系，同一亚类不同土族，由侏罗系沙溪庙组黄色砂岩夹少量紫色泥岩风
化残坡积物发育而成，颗粒大小级别为砂质，矿物学类别为硅质混合型，土层浅，50 cm
深度范围内有准石质接触面，无铁质特性，有氧化还原特征。凤岩系，分布区域相近，
不同土纲，有黏化层发育，为淋溶土。

利用性能综述　该土系土体很深，耕层细土质地偏黏，有中量砾石，耕性较差；耕层土
壤有机质、全氮、全钾含量较低，全磷含量低，酸度高。在改良利用上，注意整治坡面水
系，实行坡改梯，结合相关耕作措施，减少水土流失；可适量施用石灰或其他土壤改良剂，
调节土壤酸度；深耕炕土，增施有机肥，实行秸秆还田和种植豆科养地作物等，改善土壤
结构和肥力状况，促进土壤熟化；根据作物养分需求和土壤供肥性能，合理施肥。

参比土种　红紫砂泥土。

代表性单个土体　位于重庆市江津区柏林镇华盖村 15 组，28°44′17.5″N，106°27′13.8″E，
海拔 588 m，中山下坡，坡度分级为中坡，成土母质为白垩系夹关组砖红色砂岩、泥岩

风化坡积物，旱地，种植红薯，50 cm 深度土温 19.3℃。野外调查时间为 2015 年 8 月 13 日，编号 50-025。

华盖山系代表性单个土体剖面

Ap： 0～20 cm，橙（2.5YR 6/6，干），红棕（2.5YR 4/6，润）；黏壤土，中等发育小块状结构，疏松；少量中根；少量动物穴；土体中有 8%岩石碎屑；无石灰反应；向下层平滑模糊过渡。

Bw1：20～44 cm，橙（2.5YR 6/6，干），红棕（2.5YR 4/6，润）；黏壤土，中等发育中块状结构，稍坚实；很少量细根；很少量动物穴；土体中有 5%岩石碎屑；无石灰反应；向下层平滑模糊过渡。

Bw2：44～80 cm，亮红棕（2.5YR 5/6，干），红棕（2.5YR 4/6，润）；黏壤土，中等发育中块状结构，稍坚实；很少量细根；土体中有2%岩石碎屑；无石灰反应；向下层平滑模糊过渡。

Bw3： 80～116 cm，亮红棕（2.5YR 5/6，干），红棕（2.5YR 4/6，润）；黏壤土，中等发育中块状结构，稍坚实；很少量细根；土体中有2%岩石碎屑；无石灰反应；向下层平滑渐变过渡。

Bw4：116～152 cm，橙（2.5YR 6/6，干），红棕（2.5YR 4/6，润）；黏壤土，中等发育中块状结构，稍坚实；土体中有 2%岩石碎屑；无石灰反应。

华盖山系代表性单个土体物理性质

| 土层 | 深度 /cm | 砾石 (>2 mm，体积分数)/% | 细土颗粒组成 （粒径：mm）/(g/kg) | | | 质地 | 容重 /(g/cm³) |
			砂粒 2～0.05	粉粒 0.05～0.002	黏粒 <0.002		
Ap	0～20	8	415	245	340	黏壤土	1.30
Bw1	20～44	5	386	242	372	黏壤土	1.47
Bw2	44～80	2	393	243	364	黏壤土	1.50
Bw3	80～116	2	368	295	337	黏壤土	1.46
Bw4	116～152	2	339	280	381	黏壤土	1.43

华盖山系代表性单个土体化学性质

| 深度 /cm | pH | | 有机碳 /(g/kg) | 全氮(N) /(g/kg) | 全磷(P) /(g/kg) | 全钾(K) /(g/kg) | CEC /[cmol(+)/kg] | Al_KCl /[cmol(+)/kg，黏粒] | 游离铁 /(g/kg) |
	H₂O	KCl							
0～20	4.4	3.4	8.9	1.00	0.36	10.2	15.7	24.9	24.6
20～44	4.5	3.5	5.1	0.65	0.24	11.4	15.7	21.2	25.2
44～80	4.5	3.5	4.0	0.54	0.15	10.5	13.5	21.7	22.4
80～116	4.5	3.4	6.7	0.74	0.15	11.5	14.1	24.1	23.6
116～152	4.3	3.5	6.2	0.66	0.15	9.2	17.5	22.3	25.5

7.18　红色铁质湿润雏形土

7.18.1　朝音沟系（Chaoyin'gou Series）

土　族：砂质硅质混合型非酸性热性-红色铁质湿润雏形土
拟定者：慈　恩，唐　江，李　松

分布与环境条件　主要分布在綦江、江津等地的丹霞地貌区，多位于白垩系地层出露的中山谷坡下部，坡度分级为中缓坡，海拔一般在 600～700 m，成土母质为白垩系夹关组杂色砂岩风化坡积物；旱地，种植油菜、玉米、蔬菜、红薯、高粱等。亚热带湿润季风气候，年日照时数 1000～1100 h，年平均气温 16.0～17.0℃，年降水量 1100～1200 mm，无霜期 310～320 d。

朝音沟系典型景观

土系特征与变幅　诊断层包括淡薄表层、雏形层；诊断特性包括湿润土壤水分状况、氧化还原特征、热性土壤温度状况、铁质特性等。由白垩系夹关组杂色砂岩风化坡积物发育而成，剖面构型为 Ap-Br，土体厚度 100 cm 以上，层次质地构型为砂质壤土-壤土，无石灰反应，pH 4.9～6.4，土体色调为 2.5YR。不同深度层次中有 4%～20%砂岩碎屑，耕作层之下土体结构面上有很少量至少量的铁锰斑纹。

对比土系　同一亚类不同土族的土系中，八颗系和龙岗系，分别由侏罗系沙溪庙组紫色泥岩风化残坡积物和侏罗系蓬莱镇组紫色泥岩、粉砂岩风化残坡积物发育而成，颗粒大小级别为黏壤质，石灰性和酸碱反应类别为石灰性，无氧化还原特征；仁义系，由侏罗系沙溪庙组紫色泥岩风化残坡积物发育而成，颗粒大小级别为黏壤质，石灰性和酸碱反应类别为酸性。老瀛山系和红岩系，分布区域相近，不同土类，由相同岩石地层（夹关组）的砂岩发育而成，但老瀛山系 B 层均有铝质现象，为铝质湿润雏形土，而红岩系 B 层则无铁质特性且 pH<5.5，为酸性湿润雏形土。

利用性能综述　该土系土体深厚，耕层质地偏砂，通透性好，易耕作，保水保肥性能较差；耕层土壤有机质、全氮含量较低，全磷含量低，全钾含量中等，pH 低。在改良利用上，注意治理坡面水系，改坡为梯，控制水土流失；可适量施用石灰或其他土壤改良剂，调节土壤酸度；增施有机肥，实行秸秆还田和合理轮作，提高有机质含量，改善土壤结构和肥力状况；根据作物养分需求和土壤供肥性能，合理施肥。

参比土种　红紫砂土。

代表性单个土体　位于重庆市綦江区三角镇红岩村 3 社，29°01′06.0″N，106°45′56.6″E，海拔 643 m，中山谷坡下部，坡度分级为中缓坡；成土母质为白垩系夹关组砖红色、紫色、灰黄色等砂岩风化坡积物，旱地，油菜-蔬菜/红薯/高粱轮作，50 cm 深度土温 19.0℃。野外调查时间为 2015 年 8 月 12 日，编号 50-022。

朝音沟系代表性单个土体剖面

Ap：　0～20 cm，浊橙（2.5YR 6/4，干），浊红棕（2.5YR 5/4，润）；砂质壤土，强发育小块状结构，疏松；少量细根；少量动物穴；土体中有 4%砂岩碎屑；无石灰反应；向下层平滑渐变过渡。

Br1：20～39 cm，橙（2.5YR 6/6，干），亮红棕（2.5YR 5/6，润）；砂质壤土，中等发育中块状结构，坚实；很少量细根；很少量动物穴；结构面上有很少量铁锰斑纹，土体中有 4%砂岩碎屑；无石灰反应；向下层平滑渐变过渡。

Br2：39～62 cm，亮红棕（2.5YR 5/6，干），红棕（2.5YR 4/6，润）；砂质壤土，弱发育大块状结构，坚实；很少量细根；结构面上有少量铁锰斑纹，土体中有 20%砂岩碎屑；无石灰反应；向下层平滑渐变过渡。

Br3：62～136 cm，浊红棕（2.5YR 5/4，干），浊红棕（2.5YR 5/3，润）；壤土，弱发育大块状结构，很坚实；很少量细根；结构面上有很少量铁锰斑纹，土体中有 15%砂岩碎屑；无石灰反应。

朝音沟系代表性单个土体物理性质

土层	深度/cm	砾石（>2 mm，体积分数)/%	细土颗粒组成（粒径：mm)/(g/kg)			质地	容重/(g/cm³)
			砂粒 2～0.05	粉粒 0.05～0.002	黏粒 <0.002		
Ap	0～20	4	542	292	166	砂质壤土	1.39
Br1	20～39	4	605	248	147	砂质壤土	1.73
Br2	39～62	20	605	260	135	砂质壤土	1.83
Br3	62～136	15	503	338	159	壤土	1.69

朝音沟系代表性单个土体化学性质

深度 /cm	pH (H₂O)	有机碳 /(g/kg)	全氮(N) /(g/kg)	全磷(P) /(g/kg)	全钾(K) /(g/kg)	CEC /[cmol(+)/kg]	游离铁 /(g/kg)
0～20	4.9	10.2	0.85	0.26	16.1	11.7	6.0
20～39	5.6	5.5	0.63	0.28	16.5	10.9	6.6
39～62	6.4	2.9	0.34	0.17	19.3	13.9	7.4
62～136	6.4	2.7	0.41	0.11	18.3	19.2	14.3

7.18.2　八颗系（Bake Series）

土　族：黏壤质硅质混合型石灰性热性-红色铁质湿润雏形土
拟定者：慈　恩，唐　江，李　松

八颗系典型景观

分布与环境条件　主要分布在重庆市中部的平行岭谷区，多位于侏罗系沙溪庙组地层出露的低丘中坡，坡度分级为中缓坡，海拔一般在 250～400 m，成土母质为侏罗系沙溪庙组紫色泥岩风化残坡积物；旱地，种植玉米、红薯、蔬菜等。亚热带湿润季风气候，年日照时数 1100～1200 h，年平均气温 17.5～18.5 ℃，年降水量 1100～1200 mm，无霜期 340～350 d。

土系特征与变幅　诊断层包括雏形层；诊断特性包括准石质接触面、湿润土壤水分状况、热性土壤温度状况、铁质特性等。由侏罗系沙溪庙组紫色泥岩风化残坡积物发育而成，剖面构型为 Ap-Bw-R，土体厚度在 30～50 cm，层次质地构型为通体壤土，Bw 层有轻度石灰反应，pH 7.2～7.7，土体色调为 10R。不同深度土层中有 5%～8%泥岩碎屑。

对比土系　龙岗系，同一土族，由侏罗系蓬莱镇组紫色泥岩、粉砂岩风化残坡积物发育而成，表层土壤质地为黏壤土类，土体色调为 5YR，通体有石灰反应，准石质接触面出现在 50 cm 深度以下。同一亚类不同土族的土系中，朝音沟系，由白垩系夹关组杂色砂岩风化坡积物发育而成，颗粒大小级别为砂质，石灰性和酸碱反应类别为非酸性，有氧化还原特征；仁义系，由侏罗系沙溪庙组紫色泥岩风化残坡积物发育而成，石灰性和酸碱反应类别为酸性，有氧化还原特征。

利用性能综述　该土系土体浅，质地适中，耕性好，保肥能力一般；耕层土壤有机质含量较低，全氮、全钾含量中等，全磷含量较高。在改良利用上，注意整治坡面水系，实行坡改梯或横坡耕作等，减少水土流失；可实行聚土垄作，增厚活土层；增施有机肥，实行秸秆还田和合理轮作等，改善土壤理化性状，培肥地力；根据作物养分需求和土壤供肥性能，合理施肥。

参比土种　灰棕紫砂泥土。

代表性单个土体　位于重庆市长寿区八颗街道武华村 11 组，29°56′07.0″N，107°01′55.2″E，海拔 339 m，低丘中坡，坡度分级为中缓坡，成土母质为侏罗系沙溪庙组紫色泥岩风化残坡积物，旱地，种植玉米、红薯、蔬菜等，50 cm 深度土温 18.6℃。野外调查时间为 2016 年 3 月 27 日，编号 50-111。

Ap：0～18 cm，浊红橙（10R 6/3，干），红棕（10R 5/3，润）；壤土，中等发育小块状结构，稍坚实；很少量细根；少量动物穴；土体中有 5%泥岩碎屑；无石灰反应；向下层波状渐变过渡。

Bw：18～37 cm，浊红橙（10R 6/3，干），红棕（10R 5/3，润）；壤土，弱发育中块状结构，坚实；很少量细根；少量动物穴；土体中有 8%泥岩碎屑；轻度石灰反应；向下层波状突变过渡。

R：37～50 cm，泥岩，中度石灰反应。

八颗系代表性单个土体剖面

八颗系代表性单个土体物理性质

| 土层 | 深度 /cm | 砾石 (>2 mm，体积分数)/% | 细土颗粒组成 (粒径：mm)/(g/kg) | | | 质地 | 容重 /(g/cm³) |
			砂粒 2～0.05	粉粒 0.05～0.002	黏粒 <0.002		
Ap	0～18	5	340	446	214	壤土	1.46
Bw	18～37	8	366	369	265	壤土	1.64

八颗系代表性单个土体化学性质

深度 /cm	pH (H₂O)	有机碳 /(g/kg)	全氮(N) /(g/kg)	全磷(P) /(g/kg)	全钾(K) /(g/kg)	CEC /[cmol(+)/kg]	游离铁 /(g/kg)
0～18	7.2	8.7	1.02	0.90	18.3	11.6	14.4
18～37	7.7	4.7	0.66	0.63	18.4	12.4	13.0

7.18.3　龙岗系（Longgang Series）

土　　族：黏壤质硅质混合型石灰性热性-红色铁质湿润雏形土
拟定者：慈　恩，唐　江，李　松

龙岗系典型景观

分布与环境条件　主要分布在大足、江津、涪陵等地，多位于侏罗系蓬莱镇组地层出露的丘陵或低山坡脚台地，坡度分级为缓坡，海拔一般在 350～500 m，成土母质为侏罗系蓬莱镇组紫色泥岩、粉砂岩风化残坡积物；旱地，油菜-红薯轮作或单季油菜。亚热带湿润季风气候，年日照时数 1100～1200 h，年平均气温 16.5～17.5℃，年降水量 1000～1100 mm，无霜期 310～330 d。

土系特征与变幅　诊断层包括雏形层；诊断特性包括准石质接触面、湿润土壤水分状况、热性土壤温度状况、铁质特性、石灰性等。由侏罗系蓬莱镇组紫色泥岩、粉砂岩风化残坡积物发育而成，剖面构型为 Ap-Bw-R，土体厚度 50～70 cm，层次质地构型为粉质黏壤土-粉壤土，通体有石灰反应，pH 8.1～8.3，土体色调为 5YR，CaCO$_3$ 相当物含量 90～140 g/kg。土体中有少量岩石碎屑。

对比土系　八颗系，同一土族，由侏罗系沙溪庙组紫色泥岩风化残坡积物发育而成，表层土壤质地为壤土类，土体色调为 10R，表层无石灰反应，准石质接触面出现深度<50 cm。同一亚类不同土族的土系中，朝音沟系，由白垩系夹关组杂色砂岩风化坡积物发育而成，颗粒大小级别为砂质，石灰性和酸碱反应类别为非酸性，有氧化还原特征；仁义系，由侏罗系沙溪庙组紫色泥岩风化残坡积物发育而成，石灰性和酸碱反应类别为酸性，有氧化还原特征。

利用性能综述　该土系土体稍深，耕层质地偏黏，通透性较差，耕性一般，保肥能力强；耕层土壤有机质含量较低，全氮含量中等，全磷含量低，全钾含量较高。在改良利用上，注意完善区域排灌设施，深耕炕土，多施有机肥，实行秸秆还田和合理轮作等，改善土壤结构和通透性，培肥地力；根据作物养分需求和土壤供肥性能，合理施肥。

参比土种　棕紫泥土。

代表性单个土体　位于重庆市大足区龙岗街道龙岗村 20 组，29°43′52.1″N，

105°41′01.0″E，海拔 390 m，低丘坡麓，坡度分级为缓坡，成土母质为侏罗系蓬莱镇组紫色泥岩、粉砂岩风化残坡积物，旱地，油菜-红薯轮作或单季油菜，50 cm 深度土温 18.7℃。野外调查时间为 2015 年 6 月 28 日，编号 50-015。

Ap: 0～20 cm，浊红棕（5YR 5/4，干），浊红棕（5YR 4/4，润）；粉质黏壤土，中等发育中块状结构，稍坚实；很少量细根；中量动物穴；土体中有 2%岩石碎屑；强石灰反应；向下层平滑渐变过渡。

Bw1: 20～45 cm，浊红棕（5YR 5/4，干），浊红棕（5YR 4/4，润）；粉质黏壤土，中等发育大块状结构，坚实；很少量细根；少量动物穴；土体中有 2%岩石碎屑；强石灰反应；向下层平滑渐变过渡。

Bw2: 45～52 cm，浊红棕（5YR 5/4，干），浊红棕（5YR 4/4，润）；粉壤土，弱发育中块状结构，很坚实；很少量细根；很少量动物穴；土体中有 5%岩石碎屑；强石灰反应；向下层平滑突变过渡。

R: 52～72 cm，泥岩半风化体，极强石灰反应。

龙岗系代表性单个土体剖面

龙岗系代表性单个土体物理性质

土层	深度/cm	砾石(>2 mm，体积分数)/%	细土颗粒组成 (粒径：mm)/(g/kg)			质地	容重/(g/cm³)
			砂粒 2～0.05	粉粒 0.05～0.002	黏粒 <0.002		
Ap	0～20	2	169	482	349	粉质黏壤土	1.26
Bw1	20～45	2	147	513	340	粉质黏壤土	1.69
Bw2	45～52	5	189	566	245	粉壤土	1.70

龙岗系代表性单个土体化学性质

深度/cm	pH(H₂O)	有机碳/(g/kg)	全氮(N)/(g/kg)	全磷(P)/(g/kg)	全钾(K)/(g/kg)	CEC/[cmol(+)/kg]	游离铁/(g/kg)
0～20	8.2	10.5	1.24	0.39	21.6	31.6	7.7
20～45	8.3	5.7	0.76	0.90	21.4	31.9	5.1
45～52	8.3	3.0	0.51	0.69	20.4	20.6	7.4

7.18.4　仁义系（Renyi Series）

土　族：黏壤质硅质混合型酸性热性-红色铁质湿润雏形土
拟定者：慈　恩，唐　江，李　松

仁义系典型景观

分布与环境条件　主要分布在荣昌、永川、江津、璧山等地，多位于侏罗系沙溪庙组地层出露的丘陵和低山坡麓平缓地段，坡度分级为缓坡，海拔一般在300～450 m，成土母质为侏罗系沙溪庙组紫色泥岩风化残坡积物；旱地，种植玉米、红薯和蔬菜等。亚热带湿润季风气候，年日照时数 1000～1200 h，年平均气温 17.0～18.0℃，年降水量 1000～1100 mm，无霜期 310～330 d。

土系特征与变幅　诊断层包括淡薄表层、雏形层；诊断特性包括湿润土壤水分状况、氧化还原特征、热性土壤温度状况、铁质特性等。由侏罗系沙溪庙组紫色泥岩风化残坡积物发育而成，剖面构型为 Ap-Bw-Br-Cr，土体厚度 100 cm 以上，层次质地构型为粉质黏土-粉质黏壤土-粉壤土，无石灰反应，pH 4.4～5.4，土体色调为 2.5YR。不同深度层次中有 2%～75%泥岩碎屑，40～50 cm 深度以下土体结构面上有很少量铁锰斑纹。

对比土系　同一亚类不同土族的土系中，朝音沟系，由白垩系夹关组杂色砂岩风化坡积物发育而成，颗粒大小级别为砂质，石灰性和酸碱反应类别为非酸性；八颗系和龙岗系，分别由侏罗系沙溪庙组紫色泥岩风化残坡积物和侏罗系蓬莱镇组紫色泥岩、粉砂岩风化残坡积物发育而成，石灰性和酸碱反应类别为石灰性，无氧化还原特征。

利用性能综述　该土系土体深厚，质地黏，通透性、耕性差，土壤保水保肥能力强；耕层土壤有机质含量较低，全氮、全钾含量中等，全磷含量较高，pH 低。在改良利用上，应改善农田水利条件，增强排渍能力；可适量施用石灰、草木灰或其他土壤改良剂，调节土壤酸度；深耕炕土，多施有机肥，实行秸秆还田和合理轮作等，改善土壤结构和通透性，培肥地力；根据作物养分需求和土壤供肥性能，合理施肥。

参比土种　酸紫泥土。

代表性单个土体　位于重庆市荣昌区仁义镇红梅村 2 组，29°30′34.3″N，105°28′37.5″E，海拔 395 m，低丘坡麓，坡度分级为缓坡，成土母质为侏罗系沙溪庙组紫色泥岩风化残坡积物，旱地，玉米（套红薯）-蔬菜轮作，50 cm 深度土温 18.8℃。野外调查时间为 2015 年 7 月 27 日，编号 50-017。

Ap: 0～20 cm，浊橙（2.5YR 6/4，干），浊红棕（2.5YR 4/4，润）；粉质黏土，中等发育小块状结构，疏松；少量细根；中量动物穴；土体中有 2%泥岩碎屑；无石灰反应；向下层平滑模糊过渡。

Bw: 20～46 cm，浊橙（2.5YR 6/4，干），浊红棕（2.5YR 4/4，润）；粉质黏壤土，中等发育中块状结构，稍坚实；中量粗根和少量细根；中量动物穴；土体中有 2%泥岩碎屑；无石灰反应；向下层平滑清晰过渡。

Br1: 46～70 cm，浅淡红橙（2.5YR 7/4，干），浊红棕（2.5YR 5/4，润）；粉壤土，弱发育中块状结构，坚实；很少量细根；少量动物穴；结构面上有很少量铁锰斑纹，土体中有 2%泥岩碎屑；无石灰反应；向下层平滑模糊过渡。

Br2: 70～105 cm，浅淡红橙（2.5YR 7/4，干），浊红棕（2.5YR 5/4，润）；粉壤土，弱发育中块状结构，坚实；很少量细根；结构面上有很少量铁锰斑纹，土体中有 10%泥岩碎屑；无石灰反应；向下层平滑清晰过渡。

仁义系代表性单个土体剖面

Cr: 105～148 cm，浊红棕（2.5YR 5/4，干），浊红棕（2.5YR 4/4，润）；粉壤土，很弱发育中块状结构，很坚实；结构面上有很少量铁锰斑纹，土体中有 75%泥岩碎屑；无石灰反应。

仁义系代表性单个土体物理性质

| 土层 | 深度 /cm | 砾石 (>2 mm，体积分数)/% | 细土颗粒组成 (粒径：mm)/(g/kg) | | | 质地 | 容重 /(g/cm³) |
			砂粒 2～0.05	粉粒 0.05～0.002	黏粒 <0.002		
Ap	0～20	2	134	424	442	粉质黏土	1.14
Bw	20～46	2	123	501	376	粉质黏壤土	1.31
Br1	46～70	2	220	530	250	粉壤土	1.42
Br2	70～105	10	213	598	189	粉壤土	1.47
Cr	105～148	75	112	667	221	粉壤土	1.46

仁义系代表性单个土体化学性质

深度 /cm	pH (H₂O)	有机碳 /(g/kg)	全氮(N) /(g/kg)	全磷(P) /(g/kg)	全钾(K) /(g/kg)	CEC /[cmol(+)/kg]	游离铁 /(g/kg)
0～20	4.4	10.7	1.21	0.89	17.8	34.4	10.8
20～46	4.8	5.3	0.67	0.58	18.5	32.4	10.1
46～70	5.1	3.3	0.49	0.20	17.6	30.8	9.4
70～105	5.3	2.5	0.39	0.16	17.3	31.3	9.5
105～148	5.4	1.2	0.20	0.07	19.5	27.8	8.5

7.18.5　宝胜系（Baosheng Series）

土　族：黏壤质硅质混合型非酸性热性-红色铁质湿润雏形土
拟定者：慈　恩，唐　江，李　松

宝胜系典型景观

分布与环境条件　主要分布在忠县、垫江等地，多位于侏罗系蓬莱镇组地层出露的台地上，海拔一般在 400～550 m，成土母质为侏罗系蓬莱镇组紫色泥岩、灰白色砂岩风化残坡积物；旱地，玉米-油菜轮作。亚热带湿润季风气候，年日照时数 1200～1300 h，年平均气温 16.5～18.0℃，年降水量 1200～1300 mm，无霜期 320～340 d。

土系特征与变幅　诊断层包括雏形层；诊断特性包括准石质接触面、湿润土壤水分状况、热性土壤温度状况、铁质特性等。由侏罗系蓬莱镇组紫色泥岩、灰白色砂岩风化残坡积物发育而成，剖面构型为 Ap-Bw-R，土体厚度 50～70 cm，层次质地构型为壤土-砂质黏壤土，部分层次有石灰反应，pH 6.5～8.4，土体色调为 5YR。土体中有少量岩石碎屑。

对比土系　同一土族的土系中，少云系，由侏罗系沙溪庙组紫色泥岩、粉砂岩风化残坡积物发育而成，表层土壤质地为黏壤土类，有氧化还原特征；官坝系，由侏罗系蓬莱镇组紫色泥岩、粉砂岩风化残坡积物发育而成，表层土壤质地为黏壤土类；少云系和官坝系，0～50 cm 深度范围内均有准石质接触面出现；古楼系，由侏罗系沙溪庙组紫色泥岩、砂岩风化残坡积物发育而成，层次质地构型为通体壤土，土体色调为 7.5R。

利用性能综述　该土系土体稍深，耕层质地适中，耕性好；耕层土壤有机质、全氮、全磷含量较低，全钾含量中等。在改良利用上，应整治坡面水系，挖好背沟，控制水土流失；注意种养结合，多施有机肥，实行秸秆还田和种植豆科养地作物等，提高有机质含量，改善土壤肥力状况；根据作物养分需求和土壤供肥性能，合理施肥。

参比土种　棕紫砂泥土。

代表性单个土体　位于重庆市忠县花桥镇宝胜村 2 组，30°21′01.2″N，107°42′31.8″E，海拔 485 m，台地，成土母质为侏罗系蓬莱镇组紫色泥岩、灰白色砂岩风化残坡积物，旱地，玉米-油菜轮作，50 cm 深度土温 18.2℃。野外调查时间为 2016 年 3 月 19 日，编号 50-102。

Ap:　0～19 cm，浊红棕（5YR 5/3，干），浊红棕（5YR 4/3，润）；壤土，强发育小块状结构，稍坚实；很少量中根和少量细根；中量动物穴；土体中有 2%岩石碎屑；无石灰反应；向下层平滑模糊过渡。

Bw1：19～35 cm，浊红棕（5YR 5/3，干），浊红棕（5YR 4/3，润）；壤土，中等发育中块状结构，稍坚实；很少量细根；中量动物穴；土体中有 2%岩石碎屑；轻度石灰反应；向下层平滑模糊过渡。

Bw2：35～54 cm，浊红棕（5YR 5/3，干），浊红棕（5YR 4/3，润）；砂质黏壤土，弱发育中块状结构，稍坚实；很少量细根；少量动物穴；土体中有 5%岩石碎屑；中度石灰反应；向下层波状突变过渡。

R:　54～63 cm，砂岩。

宝胜系代表性单个土体剖面

宝胜系代表性单个土体物理性质

土层	深度 /cm	砾石 (>2 mm，体积分数)/%	细土颗粒组成 (粒径：mm)/(g/kg)			质地	容重 /(g/cm³)
			砂粒 2～0.05	粉粒 0.05～0.002	黏粒 <0.002		
Ap	0～19	2	435	388	177	壤土	1.45
Bw1	19～35	2	470	290	240	壤土	1.45
Bw2	35～54	5	525	252	223	砂质黏壤土	1.56

宝胜系代表性单个土体化学性质

深度 /cm	pH (H₂O)	有机碳 /(g/kg)	全氮(N) /(g/kg)	全磷(P) /(g/kg)	全钾(K) /(g/kg)	CEC /[cmol(+)/kg]	游离铁 /(g/kg)
0～19	6.5	8.2	0.83	0.47	18.1	20.8	7.2
19～35	7.4	5.6	0.79	0.38	17.9	13.8	8.0
35～54	8.4	5.0	0.69	0.51	16.6	22.4	6.5

7.18.6　官坝系（Guanba Series）

土　族：黏壤质硅质混合型非酸性热性-红色铁质湿润雏形土
拟定者：慈　恩，唐　江，李　松

官坝系典型景观

分布与环境条件　主要分布在忠县、万州、梁平等地，多位于侏罗系蓬莱镇组泥岩、粉砂岩出露的低山上部坡地，坡度分级为中缓坡，海拔一般在 500～700 m，成土母质为侏罗系蓬莱镇组紫色泥岩、粉砂岩风化残坡积物；旱地，种植马铃薯、玉米、蔬菜等。亚热带湿润季风气候，年日照时数 1200～1300 h，年平均气温 15.5～17.0℃，年降水量 1200～1300 mm，无霜期 310～330 d。

土系特征与变幅　诊断层包括雏形层；诊断特性包括准石质接触面、湿润土壤水分状况、热性土壤温度状况、铁质特性等。由侏罗系蓬莱镇组紫色泥岩、粉砂岩风化残坡积物发育而成，剖面构型为 Ap-Bw-R，土体厚度在 30～50 cm，层次质地构型为黏壤土-粉质黏壤土，无石灰反应，pH 6.6～6.9，土体色调为 5YR。不同深度土层中有 2%～10%岩石碎屑。

对比土系　同一土族的土系中，少云系，由侏罗系沙溪庙组紫色泥岩、粉砂岩风化残坡积物发育而成，层次质地构型为黏壤土-砂质黏壤土，有氧化还原特征；宝胜系，由侏罗系蓬莱镇组紫色泥岩、灰白色砂岩风化残坡积物发育而成，表层土壤质地为壤土类，准石质接触面出现在 50 cm 深度以下；古楼系，由侏罗系沙溪庙组紫色泥岩、砂岩风化残坡积物发育而成，表层土壤质地为壤土类，土体色调为 7.5R，准石质接触面出现在 50 cm 深度以下。

利用性能综述　该土系土体浅，质地偏黏，耕性一般，保水保肥能力较强；耕层土壤有机质含量较低，全氮含量中等，全磷含量低，全钾含量较高。在改良利用上，应整治坡面水系，实行坡改梯或横坡耕作等，减少水土流失；改善农田水利条件，实行聚土栽培，增强土壤抗逆性能；多施有机肥，实行秸秆还田和合理轮作等，改善土壤结构和通透性，提高土壤肥力；根据作物养分需求和土壤供肥性能，合理施肥。

参比土种　紫泥土。

代表性单个土体　位于重庆市忠县官坝镇赛马村 3 组，30°28′56.7″N，107°51′37.1″E，海拔 564 m，低山上坡，坡度分级为中缓坡，成土母质为侏罗系蓬莱镇组紫色泥岩、粉砂岩风化残坡积物，旱地，种植马铃薯、玉米、蔬菜等，50 cm 深度土温 18.0℃。野外调查时间为 2016 年 3 月 20 日，编号 50-103。

Ap：　0～15 cm，浊红棕（5YR 5/3，干），暗红棕（5YR 3/3，润）；黏壤土，强发育中块状结构，稍坚实；桑树根系，少量中根和很少量细根；少量动物穴；土体中有 10%岩石碎屑；无石灰反应；向下层波状渐变过渡。

Bw：　15～40 cm，浊红棕（5YR 5/4，干），浊红棕（5YR 4/4，润）；粉质黏壤土，中等发育大块状结构，坚实；桑树根系，很少量细根；少量动物穴；土体中有 2%岩石碎屑；无石灰反应；向下层波状突变过渡。

R：　40～52 cm，粉砂岩半风化体。

官坝系代表性单个土体剖面

官坝系代表性单个土体物理性质

土层	深度 /cm	砾石 (>2 mm，体积分数)/%	细土颗粒组成 (粒径：mm)/(g/kg)			质地	容重 /(g/cm³)
			砂粒 2～0.05	粉粒 0.05～0.002	黏粒 <0.002		
Ap	0～15	10	208	506	286	黏壤土	1.34
Bw	15～40	2	161	515	324	粉质黏壤土	1.66

官坝系代表性单个土体化学性质

深度 /cm	pH (H₂O)	有机碳 /(g/kg)	全氮(N) /(g/kg)	全磷(P) /(g/kg)	全钾(K) /(g/kg)	CEC /[cmol(+)/kg]	游离铁 /(g/kg)
0～15	6.6	9.8	1.27	0.23	21.1	27.1	11.6
15～40	6.9	3.8	0.52	0.55	19.9	21.9	13.8

7.18.7　古楼系（Gulou Series）

土　族：黏壤质硅质混合型非酸性热性-红色铁质湿润雏形土
拟定者：慈　恩，唐　江，李　松

古楼系典型景观

分布与环境条件　主要分布在合川、铜梁、荣昌、永川、璧山等地，多位于侏罗系沙溪庙组地层出露的低丘中上部较平缓地段，坡度分级为缓坡，海拔一般在270~370 m，成土母质为侏罗系沙溪庙组紫色泥岩、砂岩风化残坡积物；旱地，种植蚕豆、玉米、红薯等。亚热带湿润季风气候，年日照时数1100~1200 h，年平均气温17.0~18.0℃，年降水量1000~1100 mm，无霜期320~340 d。

土系特征与变幅　诊断层包括淡薄表层、雏形层；诊断特性包括准石质接触面、湿润土壤水分状况、热性土壤温度状况、铁质特性等。由侏罗系沙溪庙组紫色泥岩、砂岩风化残坡积物发育而成，剖面构型为Ap-Bw-R，土体厚度50~70 cm，层次质地构型为通体壤土，无石灰反应，pH 5.2~6.8，土体色调为7.5R。土体中有5%左右岩石碎屑。

对比土系　同一土族的土系中，官坝系，由侏罗系蓬莱镇组紫色泥岩、粉砂岩风化残坡积物发育而成，表层土壤质地为黏壤土类，土体色调为5YR；少云系，由侏罗系沙溪庙组紫色泥岩、粉砂岩风化残坡积物发育而成，表层土壤质地为黏壤土类，有氧化还原特征，土体色调为5YR；官坝系和少云系，0~50 cm深度范围内均有准石质接触面出现；宝胜系，由侏罗系蓬莱镇组紫色泥岩、灰白色砂岩风化残坡积物发育而成，层次质地构型为壤土-砂质黏壤土，土体色调为5YR。

利用性能综述　该土系土体稍深，质地适中，耕性好，有一定的保水保肥能力；耕层土壤有机质、全氮、全磷含量低，全钾含量中等。在改良利用上，注意坡面水系整治，因地制宜采用相关农田工程和耕作措施等，护土防冲；多施有机肥，实行秸秆还田和合理轮作等，提高有机质含量，改善土壤肥力状况；根据作物养分需求和土壤供肥性能，合理施肥。

参比土种　灰棕紫砂泥土。

代表性单个土体　位于重庆市合川区古楼镇摇金村 5 组，30°11′11.9″N，106°10′12.9″E，海拔 317 m，低丘中坡，坡度分级为缓坡，成土母质为侏罗系沙溪庙组紫色泥岩、砂岩风化残坡积物，旱地，种植蚕豆、玉米、红薯等，50 cm 深度土温 18.4℃。野外调查时间为 2015 年 3 月 20 日，编号 50-003。

Ap:　0～17 cm，浊红棕（7.5R 5/3，干），浊红棕（7.5R 4/3，润）；壤土，中等发育小块状结构，稍坚实；很少量细根；很少量动物穴；土体中有 5%岩石碎屑；无石灰反应；向下层平滑渐变过渡。

Bw：17～51 cm，浊红棕（7.5R 5/3，干），浊红棕（7.5R 4/3，润）；壤土，弱发育中块状结构，坚实；很少量细根；很少量动物穴；土体中有 5%岩石碎屑；无石灰反应；向下层平滑突变过渡。

R:　51～65 cm，泥岩。

古楼系代表性单个土体剖面

古楼系代表性单个土体物理性质

土层	深度/cm	砾石(>2 mm, 体积分数)/%	细土颗粒组成 (粒径：mm)/(g/kg)			质地	容重/(g/cm³)
			砂粒 2～0.05	粉粒 0.05～0.002	黏粒 <0.002		
Ap	0～17	5	378	457	165	壤土	1.20
Bw	17～51	5	370	426	204	壤土	1.60

古楼系代表性单个土体化学性质

深度/cm	pH(H₂O)	有机碳/(g/kg)	全氮(N)/(g/kg)	全磷(P)/(g/kg)	全钾(K)/(g/kg)	CEC/[cmol(+)/kg]	游离铁/(g/kg)
0～17	5.2	4.8	0.60	0.36	16.7	22.0	11.0
17～51	6.8	2.8	0.39	0.35	17.2	21.5	11.0

7.18.8　少云系（Shaoyun Series）

土　族：黏壤质硅质混合型非酸性热性-红色铁质湿润雏形土
拟定者：慈　恩，唐　江，李　松

分布与环境条件　主要分布在铜梁、合川、永川、江津等地，多位于侏罗系沙溪庙组地层出露的低丘上部坡地，坡度分级为缓坡，海拔一般在 250～400 m，成土母质为侏罗系沙溪庙组紫色泥岩、粉砂岩风化残坡积物；果园或林地，主要种植枇杷、桉树等，植被覆盖度 40%～80%。亚热带湿润季风气候，年日照时数 1100～1200 h，年平均气温 17.5～18.5℃，年降水量 1000～1100 mm，无霜期 320～340 d。

少云系典型景观

土系特征与变幅　诊断层包括雏形层；诊断特性包括准石质接触面、滞水土壤水分状况、氧化还原特征、热性土壤温度状况、铁质特性等。由侏罗系沙溪庙组紫色泥岩、粉砂岩风化残坡积物发育而成，剖面构型为 Ap-Bw-Br-R，土体厚度在 30～50 cm，层次质地构型为黏壤土-砂质黏壤土，无石灰反应，pH 5.9～7.4，土体色调为 5YR。不同深度层次中有 5%～15%岩石碎屑，40 cm 左右深度以下土体结构面上有很少量铁锰斑纹。

对比土系　同一土族的土系中，宝胜系，由侏罗系蓬莱镇组紫色泥岩、灰白色砂岩风化残坡积物发育而成，表层土壤质地为壤土类，准石质接触面出现在 50 cm 深度以下；官坝系，由侏罗系蓬莱镇组紫色泥岩、粉砂岩风化残坡积物发育而成，层次质地构型为黏壤土-粉质黏壤土；古楼系，由侏罗系沙溪庙组紫色泥岩、砂岩风化残坡积物发育而成，表层土壤质地为壤土类，土体色调为 7.5R，准石质接触面出现在 50 cm 深度以下；宝胜系、官坝系和古楼系，均无氧化还原特征。

利用性能综述　该土系土体浅，土层紧实，质地偏黏，通透性较差，保水保肥能力较强。耕层土壤有机质、全氮含量较低，全磷、全钾含量低。在果园土壤改良上，注意开沟排水，协调土壤水气矛盾；可增施有机肥，合理套种绿肥，改善土壤结构和通透性，培肥地力。

参比土种　灰棕黄紫泥土。

代表性单个土体　位于重庆市铜梁区少云镇塔坡村 7 组，29°57′34.7″N，105°58′05.2″E，海拔 283 m，低丘上坡，坡度分级为缓坡，成土母质为侏罗系沙溪庙组紫色泥岩、粉砂岩风化残坡积物，果园，种植枇杷等，植被覆盖度 60%，50 cm 深度土温 18.6℃。野外调查时间为 2015 年 6 月 19 日，编号 50-011。

Ap： 0～20 cm，浊红棕（5YR 5/3，干），浊红棕（5YR 4/3，润）；黏壤土，中等发育中块状结构，稍坚实；枇杷树根系，少量粗根；中量动物穴；土体中有 5%岩石碎屑；无石灰反应；向下层平滑渐变过渡。

Bw： 20～38 cm，浊红棕（5YR 5/3，干），浊红棕（5YR 4/3，润）；黏壤土，中等发育中块状结构，坚实；枇杷树根系，很少量粗根；少量动物穴；土体中有 10%岩石碎屑；无石灰反应；向下层平滑渐变过渡。

Br： 38～45 cm，浊红棕（5YR 5/4，干），浊红棕（5YR 4/4，润）；砂质黏壤土，弱发育中块状结构，坚实；枇杷树根系，很少量粗根；少量动物穴；结构面上有很少量铁锰斑纹，土体中有 15%岩石碎屑；无石灰反应；向下层波状突变过渡。

R： 45～60 cm，粉砂岩半风化体。

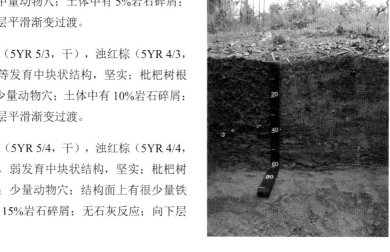

少云系代表性单个土体剖面

少云系代表性单个土体物理性质

| 土层 | 深度 /cm | 砾石 (>2 mm，体积分数)/% | 细土颗粒组成（粒径：mm)/(g/kg) | | | 质地 | 容重 /(g/cm³) |
			砂粒 2～0.05	粉粒 0.05～0.002	黏粒 <0.002		
Ap	0～20	5	294	357	349	黏壤土	1.55
Bw	20～38	10	363	313	324	黏壤土	1.68
Br	38～45	15	455	275	270	砂质黏壤土	1.69

少云系代表性单个土体化学性质

深度 /cm	pH (H₂O)	有机碳 /(g/kg)	全氮(N) /(g/kg)	全磷(P) /(g/kg)	全钾(K) /(g/kg)	CEC /[cmol(+)/kg]	游离铁 /(g/kg)
0～20	5.9	8.1	0.90	0.32	9.2	20.3	9.6
20～38	7.2	4.9	0.72	0.37	14.8	21.1	9.3
38～45	7.4	3.4	0.53	0.25	13.8	17.7	10.8

7.18.9　观胜系（Guansheng Series）

土　　族：壤质硅质混合型石灰性热性-红色铁质湿润雏形土
拟定者：慈　恩，唐　江，连茂山

观胜系典型景观

分布与环境条件　主要分布在荣昌、潼南、大足、铜梁等地，多位于侏罗系遂宁组地层出露的低丘中坡，坡度分级为中缓坡，海拔一般在 300～450 m，成土母质为侏罗系遂宁组红棕紫色泥岩风化残坡积物；旱地，单季玉米或玉米、红薯套作等。亚热带湿润季风气候，年日照时数 1000～1100 h，年平均气温 17.0～18.0℃，年降水量 1000～1100 mm，无霜期 310～330 d。

土系特征与变幅　诊断层包括雏形层；诊断特性包括准石质接触面、湿润土壤水分状况、热性土壤温度状况、铁质特性、石灰性等。由侏罗系遂宁组红棕紫色泥岩风化残坡积物发育而成，剖面构型为 Ap-Bw-R，土体厚度在 30～50 cm，层次质地构型为壤土-砂质壤土，通体有石灰反应，pH 8.1～8.3，土体色调为 2.5YR，$CaCO_3$ 相当物含量 40～80 g/kg。不同深度层次中有 15%～30%泥岩碎屑。

对比土系　同一土族的土系中，马灌系，所处地形部位相似，由侏罗系蓬莱镇组紫色砂岩、泥岩风化残坡积物发育而成，层次质地构型为粉壤土-壤土-粉壤土，有淡薄表层；两汇口系，所处地形部位相似，由侏罗系遂宁组红棕紫色泥岩、粉砂岩风化残坡积物发育而成，土体色调为 7.5R，有淡薄表层，准石质接触面出现在 50 cm 深度以下；平滩系，位于低丘顶部，成土母质相似，层次质地构型为通体粉壤土，有淡薄表层。马鞍系，同一亚类不同土族，矿物学类型为长石混合型。

利用性能综述　该土系土体浅，砾石含量高，耕层细土质地适中，易耕作；耕层土壤有机质、全氮含量较低，全磷含量很低，全钾含量较高。在改良利用上，注意整治坡面水系，实行坡改梯或横坡耕作，搞好间套作，护土防冲，减少蒸发；改善农田水利条件，增强抗旱减灾能力；可实行聚土垄作，增厚土层；增施有机肥，实行秸秆还田和合理轮作，改善土壤理化性状，促进土壤熟化；以施用生理酸性肥为宜，施肥宜少量多次。

参比土种　红棕紫砂泥土。

代表性单个土体　位于重庆市荣昌区观胜镇银河村 8 组，29°36′50.7″N，105°24′16.8″E，海拔 343 m，低丘中坡，坡度分级为中缓坡，成土母质为侏罗系遂宁组红棕紫色泥岩风化残坡积物，旱地，玉米、红薯套作，50 cm 深度土温 18.8℃。野外调查时间为 2015 年 7 月 28 日，编号 50-018。

Ap: 0～20 cm，亮红棕（2.5YR 5/6，干），浊红棕（2.5YR 4/4，润）；壤土，弱发育小块状结构，疏松；很少量细根；中量动物穴；土体中有 20%泥岩碎屑；强石灰反应；向下层平滑渐变过渡。

Bw1: 20～34 cm，亮红棕（2.5YR 5/6，干），浊红棕（2.5YR 4/4，润）；壤土，弱发育中块状结构，稍坚实；很少量细根；中量动物穴；土体中有 15%泥岩碎屑；强石灰反应；向下层平滑渐变过渡。

Bw2: 34～44 cm，亮红棕（2.5YR 5/6，干），浊红棕（2.5YR 4/4，润）；砂质壤土，弱发育中块状结构，坚实；很少量细根；少量动物穴；土体中有 30%泥岩碎屑；中度石灰反应；向下层波状突变过渡。

R: 44～62 cm，泥岩，轻度石灰反应。

观胜系代表性单个土体剖面

观胜系代表性单个土体物理性质

土层	深度 /cm	砾石 (>2 mm，体积分数)/%	细土颗粒组成（粒径：mm)/(g/kg)			质地	容重 /(g/cm³)
			砂粒 2～0.05	粉粒 0.05～0.002	黏粒 <0.002		
Ap	0～20	20	364	477	159	壤土	1.30
Bw1	20～34	15	360	467	173	壤土	1.64
Bw2	34～44	30	529	329	142	砂质壤土	1.53

观胜系代表性单个土体化学性质

深度 /cm	pH (H₂O)	有机碳 /(g/kg)	全氮(N) /(g/kg)	全磷(P) /(g/kg)	全钾(K) /(g/kg)	CEC /[cmol(+)/kg]	游离铁 /(g/kg)
0～20	8.3	7.6	0.99	0.11	21.6	36.2	8.2
20～34	8.3	5.0	0.67	0.59	18.8	32.9	7.5
34～44	8.2	3.5	0.55	0.57	19.3	31.4	5.3

7.18.10 两汇口系（Lianghuikou Series）

土　族：壤质硅质混合型石灰性热性-红色铁质湿润雏形土
拟定者：慈　恩，唐　江，李　松

两汇口系典型景观

分布与环境条件　主要分布在丰都、忠县、梁平、万州等地，多位于侏罗系遂宁组地层出露的丘陵和低山中坡，坡度分级为中坡，海拔一般在 200～400 m，成土母质为侏罗系遂宁组红棕紫色泥岩、粉砂岩风化残坡积物；旱地，种植玉米、红薯、蔬菜等。亚热带湿润季风气候，年日照时数 1200～1300 h，年平均气温 17.5～18.5℃，年降水量 1000～1100 mm，无霜期 310～330 d。

土系特征与变幅　诊断层包括淡薄表层、雏形层；诊断特性包括准石质接触面、湿润土壤水分状况、热性土壤温度状况、铁质特性、石灰性等。由侏罗系遂宁组红棕紫色泥岩、粉砂岩风化残坡积物发育而成，剖面构型为 Ap-Bw-R，土体厚度 50～60 cm，层次质地构型为壤土-砂质壤土，通体有石灰反应，pH 8.2～8.5，土体色调为 7.5R，$CaCO_3$ 相当物含量 70～95 g/kg。土体中有 15%左右岩石碎屑。

对比土系　同一土族的土系中，观胜系，所处地形部位相似，由侏罗系遂宁组红棕紫色泥岩风化残坡积物发育而成，土体色调为 2.5YR，无淡薄表层；马灌系，所处地形部位相似，由侏罗系蓬莱镇组紫色砂岩、泥岩风化残坡积物发育而成，层次质地构型为粉壤土-壤土-粉壤土，土体色调为 2.5YR；平滩系，位于低丘顶部，由侏罗系遂宁组红棕紫色泥岩风化残积物发育而成，层次质地构型为通体粉壤土，土体色调为 2.5YR；观胜系、马灌系和平滩系，准石质接触面均出现在 0～50 cm 深度范围内。马鞍系，同一亚类不同土族，成土母质相似，矿物学类型为长石混合型。树人系，分布区域相近，不同土类，为紫色湿润雏形土。

利用性能综述　该土系土体稍深，砾石含量较高，耕层细土质地适中，通透性较好，易耕作；耕层土壤有机质含量低，全氮含量较低，全磷、全钾含量中等。在改良利用上，应整治坡面水系，实行坡改梯，增加地表活体覆盖，控制水土流失；增施有机肥，实行秸秆还田和合理轮作等，提高有机质含量，培肥土壤；肥料品种以生理酸性肥为宜，施肥宜少量多次。

参比土种 红棕紫砂泥土。

代表性单个土体 位于重庆市丰都县名山街道两汇口村 2 组，29°54′04.7″N，107°42′45.1″E，海拔 224 m，低丘中坡，坡度分级为中坡，成土母质为侏罗系遂宁组红棕紫色泥岩、粉砂岩风化残坡积物，旱地，种植玉米、红薯、蔬菜等，50 cm 深度土温 18.7℃。野外调查时间为 2016 年 3 月 22 日，编号 50-109。

Ap: 0～20 cm，浊红橙（7.5R 5/4，干），浊红（7.5R 4/4，润）；壤土，弱发育小块状结构，疏松；少量细根；少量动物穴；土体中有 15%岩石碎屑；极强石灰反应；向下层平滑模糊过渡。

Bw1：20～38 cm，浊红橙（7.5R 5/4，干），浊红（7.5R 4/4，润）；壤土，弱发育小块状结构，疏松；很少量细根；少量动物穴；土体中有 15%岩石碎屑；极强石灰反应；向下层平滑渐变过渡。

Bw2：38～51 cm，浊红橙（7.5R 5/4，干），浊红（7.5R 4/4，润）；砂质壤土，弱发育中块状结构，稍坚实；很少量细根；很少量动物穴；土体中有 15%岩石碎屑；极强石灰反应；向下层平滑突变过渡。

R: 51～64 cm，泥岩，极强石灰反应。

两汇口系代表性单个土体剖面

两汇口系代表性单个土体物理性质

土层	深度 /cm	砾石 (>2 mm，体积分数)/%	细土颗粒组成 (粒径：mm)/(g/kg)			质地	容重 /(g/cm³)
			砂粒 2～0.05	粉粒 0.05～0.002	黏粒 <0.002		
Ap	0～20	15	519	335	146	壤土	1.41
Bw1	20～38	15	482	379	139	壤土	1.56
Bw2	38～51	15	548	353	99	砂质壤土	1.74

两汇口系代表性单个土体化学性质

深度 /cm	pH (H₂O)	有机碳 /(g/kg)	全氮(N) /(g/kg)	全磷(P) /(g/kg)	全钾(K) /(g/kg)	CEC /[cmol(+)/kg]	游离铁 /(g/kg)
0～20	8.3	5.5	0.79	0.71	18.6	22.3	16.6
20～38	8.4	2.5	0.55	0.27	9.9	22.6	16.8
38～51	8.3	2.1	0.41	0.55	17.7	20.3	15.9

7.18.11 马灌系（Maguan Series）

土　族：壤质硅质混合型石灰性热性-红色铁质湿润雏形土
拟定者：慈　恩，唐　江，李　松

马灌系典型景观

分布与环境条件　主要分布在忠县、垫江、涪陵、巴南、南川等地，多位于侏罗系蓬莱镇组地层出露的丘陵、低山坡腰地段，坡度分级为中坡，海拔一般在 400～500 m，成土母质为侏罗系蓬莱镇组紫色砂岩、泥岩风化残坡积物；旱地，种植油菜、蚕豆、玉米和马铃薯等。亚热带湿润季风气候，年日照时数 1200～1300 h，年平均气温 17.0～18.0 ℃，年降水量 1200～1300 mm，无霜期 325～340 d。

土系特征与变幅　诊断层包括淡薄表层、雏形层；诊断特性包括准石质接触面、湿润土壤水分状况、热性土壤温度状况、铁质特性、石灰性等。由侏罗系蓬莱镇组紫色砂岩、泥岩风化残坡积物发育而成，剖面构型为 Ap-Bw-R，土体厚度在 30～50 cm，层次质地构型为粉壤土-壤土-粉壤土，通体有石灰反应，pH 8.3～8.5，土体色调为 2.5YR，CaCO$_3$ 相当物含量 70～85 g/kg。不同深度层次中有 15%～25%岩石碎屑。

对比土系　同一土族的土系中，观胜系，所处地形部位相似，由侏罗系遂宁组红棕紫色泥岩风化残坡积物发育而成，层次质地构型为壤土-砂质壤土，无淡薄表层；两汇口系，所处地形部位相似，由侏罗系遂宁组红棕紫色泥岩、粉砂岩风化残坡积物发育而成，层次质地构型为壤土-砂质壤土，土体色调为 7.5R，准石质接触面出现在 50 cm 深度以下；平滩系，位于低丘顶部，由侏罗系遂宁组红棕紫色泥岩风化残积物发育而成，层次质地构型为通体粉壤土。

利用性能综述　该土系土体浅，耕层细土质地适中，砾石含量较高，易耕作；耕层土壤有机质、全氮含量低，全磷、全钾含量中等。在改良利用上，应整治坡面水系，改坡为梯，结合相关耕作措施，减少水土流失；可实行聚土垄作，增厚活土层；增施有机肥，实行秸秆还田和合理轮作等，提高有机质含量，改善土壤理化性状；根据作物养分需求和土壤供肥性能等，合理选施肥料。

参比土种　棕紫砂泥土。

代表性单个土体　位于重庆市忠县马灌镇大桥村 8 组，30°21′45.6″N，107°48′01.2″E，海拔 441 m，低丘中坡，坡度分级为中坡，成土母质为侏罗系蓬莱镇组紫色砂岩、泥岩风化残坡积物，旱地，种植油菜、蚕豆和玉米等，50 cm 深度土温 18.2℃。野外调查时间为 2016 年 3 月 19 日，编号 50-101。

Ap:　0～20 cm，浊橙（2.5YR 6/4，干），浊红棕（2.5YR 5/4，润）；粉壤土，弱发育小块状结构，疏松；很少量细根；中量动物穴；土体中有 15%岩石碎屑；极强石灰反应；向下层波状渐变过渡。

Bw1: 20～36 cm，浊橙（2.5YR 6/4，干），浊红棕（2.5YR 5/4，润）；壤土，弱发育中块状结构，稍坚实；很少量细根；中量动物穴；土体中有 25%岩石碎屑；极强石灰反应；向下层平滑模糊过渡。

Bw2: 36～46 cm，浊橙（2.5YR 6/4，干），浊红棕（2.5YR 5/4，润）；粉壤土，弱发育中块状结构，稍坚实；很少量细根；中量动物穴；土体中有 20%岩石碎屑；极强石灰反应；向下层波状突变过渡。

R:　46～51 cm，泥岩，强石灰反应。

马灌系代表性单个土体剖面

马灌系代表性单个土体物理性质

土层	深度/cm	砾石(>2 mm, 体积分数)/%	细土颗粒组成（粒径：mm）/(g/kg) 砂粒 2～0.05	粉粒 0.05～0.002	黏粒 <0.002	质地	容重/(g/cm³)
Ap	0～20	15	352	504	144	粉壤土	1.27
Bw1	20～36	25	390	486	124	壤土	1.53
Bw2	36～46	20	366	521	113	粉壤土	1.60

马灌系代表性单个土体化学性质

深度/cm	pH(H₂O)	有机碳/(g/kg)	全氮(N)/(g/kg)	全磷(P)/(g/kg)	全钾(K)/(g/kg)	CEC/[cmol(+)/kg]	游离铁/(g/kg)
0～20	8.4	5.6	0.75	0.62	18.9	23.1	9.2
20～36	8.4	3.3	0.44	0.71	17.2	19.1	9.5
36～46	8.5	2.4	0.43	0.51	17.3	19.6	8.9

7.18.12 平滩系（Pingtan Series）

土　族：壤质硅质混合型石灰性热性-红色铁质湿润雏形土
拟定者：慈　恩，唐　江，李　松

平滩系典型景观

分布与环境条件　主要分布在铜梁、潼南、大足、荣昌等地，多位于侏罗系遂宁组地层出露的低丘顶部，坡度分级为微坡，海拔一般在250～450 m，成土母质为侏罗系遂宁组红棕紫色泥岩风化残积物；旱地，玉米（套红薯）-油菜轮作或蚕豆、玉米、红薯套作。亚热带湿润季风气候，年日照时数1100～1200 h，年平均气温17.0～18.5℃，年降水量1000～1100 mm，无霜期320～340 d。

土系特征与变幅　诊断层包括淡薄表层、雏形层；诊断特性包括准石质接触面、湿润土壤水分状况、热性土壤温度状况、铁质特性、石灰性等。由侏罗系遂宁组红棕紫色泥岩风化残积物发育而成，剖面构型为Ap-Bw-R，土体厚度30 cm左右，层次质地构型为通体粉壤土，通体有石灰反应，pH 8.1～8.3，土体色调为2.5YR，$CaCO_3$相当物含量85～145 g/kg。土体中有10%～15%泥岩碎屑。

对比土系　同一土族的土系中，观胜系，位于低丘中坡，成土母质相似，层次质地构型为壤土-砂质壤土，无淡薄表层；马灌系，位于丘陵、低山坡腰，由侏罗系蓬莱镇组紫色砂岩、泥岩风化残坡积物发育而成，层次质地构型为粉壤土-壤土-粉壤土；两汇口系，位于低山、丘陵中坡，由侏罗系遂宁组红棕紫色泥岩、粉砂岩风化残坡积物发育而成，层次质地构型为壤土-砂质壤土，土体色调为7.5R，准石质接触面出现在50 cm深度以下。

利用性能综述　该土系土体很浅，含中量砾石，细土质地适中，抗侵蚀能力弱；耕层土壤有机质含量较低，全氮、全钾含量中等，全磷含量很低。在改良利用上，应加强坡面水系整治，搞好间套作，增加活体覆盖，减少冲刷和蒸发；改善农田水利条件，实行聚土栽培，增厚土层，提升土壤抗逆性能；增施有机肥，实行秸秆还田和合理轮作等，改善土壤理化性状，促进土壤熟化；根据作物养分需求和土壤供肥性能等，合理选施肥料。

参比土种　红棕紫砂泥土。

代表性单个土体　位于重庆市铜梁区平滩镇插腊村 2 组，29°48′19.8″N，105°51′36.8″E，海拔 279 m，低丘顶部，坡度分级为微坡，成土母质为侏罗系遂宁组红棕紫色泥岩风化残积物，旱地，玉米（套红薯）-油菜轮作或蚕豆、玉米、红薯套作，50 cm 深度土温 18.7℃。野外调查时间为 2015 年 6 月 19 日，编号 50-012。

Ap：0～20 cm，浊橙（2.5YR 6/4，干），浊红棕（2.5YR 4/4，润）；粉壤土，弱发育小块状结构，疏松；很少量细根；中量动物穴；土体中有 10%泥岩碎屑；强石灰反应；向下层平滑渐变过渡。

Bw：20～30 cm，浊橙（2.5YR 6/4，干），浊红棕（2.5YR 4/4，润）；粉壤土，弱发育中块状结构，稍坚实；很少量细根；中量动物穴；土体中有 15%泥岩碎屑；强石灰反应；向下层波状突变过渡。

R：30～50 cm，泥岩半风化体，强石灰反应。

平滩系代表性单个土体剖面

平滩系代表性单个土体物理性质

土层	深度/cm	砾石（>2 mm，体积分数）/%	细土颗粒组成（粒径：mm)/(g/kg)			质地	容重/(g/cm³)
			砂粒 2～0.05	粉粒 0.05～0.002	黏粒 <0.002		
Ap	0～20	10	271	597	132	粉壤土	1.27
Bw	20～30	15	278	608	114	粉壤土	1.59

平滩系代表性单个土体化学性质

深度/cm	pH(H₂O)	有机碳/(g/kg)	全氮(N)/(g/kg)	全磷(P)/(g/kg)	全钾(K)/(g/kg)	CEC/[cmol(+)/kg]	游离铁/(g/kg)
0～20	8.2	8.9	1.10	0.14	16.7	25.0	7.6
20～30	8.2	4.7	0.60	0.79	16.4	22.7	9.1

7.18.13 茨竹系（Cizhu Series）

土　　族：壤质硅质混合型非酸性热性-红色铁质湿润雏形土
拟定者：慈　恩，唐　江，李　松

茨竹系典型景观

分布与环境条件　主要分布在渝北区茨竹、大湾等镇（乡），位于侏罗系遂宁组地层出露的倒置低山上坡，坡度分级为陡坡，海拔一般在 650～750 m，成土母质为侏罗系遂宁组鲜紫红色泥岩、粉砂岩风化残坡积物；旱地，种植玉米、蔬菜等。亚热带湿润季风气候，年日照时数 1100～1200 h，年平均气温 15.5～16.0℃，年降水量 1100～1200 mm，无霜期 300～310 d。

土系特征与变幅　诊断层包括淡薄表层、雏形层；诊断特性包括红色砂、页岩、砂砾岩和北方红土岩性特征、准石质接触面、湿润土壤水分状况、热性土壤温度状况、铁质特性等。由侏罗系遂宁组鲜紫红色泥岩、粉砂岩风化残坡积物发育而成，剖面构型为 Ap-Bw-R，土体厚度在 30～50 cm，层次质地构型为通体粉壤土，部分层次有石灰反应，pH 7.4～7.9，土体色调均为 10R，满足红色砂、页岩、砂砾岩和北方红土岩性特征的色调、明度和彩度要求。不同深度层次中有 10%～20%岩石碎屑。

对比土系　同一土族的土系中，石脚迹系，由侏罗系沙溪庙组砂岩风化残坡积物发育而成，层次质地构型为壤土-砂质壤土，有水耕表层和水耕氧化还原现象；永兴村系，由侏罗系沙溪庙组紫色砂岩、泥岩风化残坡积物发育而成，层次质地构型为通体壤土，准石质接触面出现在 100 cm 深度以下；砚台系，由侏罗系沙溪庙组紫色砂岩、泥岩风化残坡积物发育而成，层次质地构型为壤土-砂质壤土-壤土，有氧化还原特征，80～100 cm 深度范围内有准石质接触面出现；石脚迹系、永兴村系和砚台系，均无红色砂、页岩、砂砾岩和北方红土岩性特征。

利用性能综述　该土系土体浅，细土质地适中，含中量砾石，较易耕作，保肥性能较好；耕层土壤有机质、全氮含量低，全磷含量较低，全钾含量高。在改良利用上，应整治坡面水系，改坡为梯，结合相关耕作措施，减少水土流失；多施有机肥，实行秸秆还田和合理轮作等，提高有机质含量，培肥土壤；对于部分坡度大、水土流失较为严重的区域，可逐步退耕还林、还草。

参比土种 红棕紫砂泥土。

代表性单个土体 位于重庆市渝北区茨竹镇玉兰村 5 组，29°59′48.1″N，106°45′40.5″E，海拔 736 m，低山上坡，坡度分级为陡坡，成土母质为侏罗系遂宁组鲜紫红色泥岩、粉砂岩风化残坡积物，旱地，种植南瓜、玉米等，50 cm 深度土温 18.2℃。野外调查时间为 2016 年 5 月 1 日，编号 50-140。

Ap: 0～17 cm，红（10R 5/6，干），红（10R 4/6，润）；粉壤土，弱发育小块状结构，疏松；很少量细根；中量动物穴；土体中有 10%岩石碎屑；轻度石灰反应；向下层平滑模糊过渡。

Bw1: 17～28 cm，红（10R 5/6，干），红（10R 4/6，润）；粉壤土，弱发育中块状结构，稍坚实；中量动物穴；土体中有 15%岩石碎屑；无石灰反应；向下层平滑模糊过渡。

Bw2: 28～40 cm，红（10R 5/6，干），红（10R 4/6，润）；粉壤土，弱发育中块状结构，稍坚实；少量动物穴；土体中有 20%岩石碎屑；轻度石灰反应；向下层波状清晰过渡。

R: 40～68 cm，泥岩半风化体，整块状，轻度石灰反应。

茨竹系代表性单个土体剖面

茨竹系代表性单个土体物理性质

土层	深度 /cm	砾石 (>2 mm，体积分数)/%	细土颗粒组成（粒径：mm)/(g/kg)			质地	容重 /(g/cm³)
			砂粒 2～0.05	粉粒 0.05～0.002	黏粒 <0.002		
Ap	0～17	10	238	546	216	粉壤土	1.49
Bw1	17～28	15	283	527	190	粉壤土	1.56
Bw2	28～40	20	283	530	187	粉壤土	1.55

茨竹系代表性单个土体化学性质

深度 /cm	pH (H₂O)	有机碳 /(g/kg)	全氮(N) /(g/kg)	全磷(P) /(g/kg)	全钾(K) /(g/kg)	CEC /[cmol(+)/kg]	游离铁 /(g/kg)
0～17	7.6	5.6	0.62	0.54	26.0	24.3	12.8
17～28	7.4	3.6	0.49	0.42	25.2	21.3	12.3
28～40	7.9	3.2	0.38	0.32	26.4	21.2	10.2

7.18.14　石脚迹系（Shijiaoji Series）

土　　族：壤质硅质混合型非酸性热性-红色铁质湿润雏形土
拟定者：慈　恩，连茂山，李　松

石脚迹系典型景观

分布与环境条件　主要分布在永川、江津等地，多位于侏罗系沙溪庙组地层出露的低丘上坡，坡度分级为缓坡，梯田，海拔一般在 300～400 m，成土母质为侏罗系沙溪庙组砂岩风化残坡积物；水田，单季水稻。亚热带湿润季风气候，年日照时数 1200～1300 h，年平均气温 17.5～18.5℃，年降水量 1000～1100 mm，无霜期 320～340 d。

土系特征与变幅　诊断层包括水耕表层、雏形层；诊断特性包括准石质接触面、人为滞水土壤水分状况、氧化还原特征、热性土壤温度状况、铁质特性等；诊断现象包括水耕氧化还原现象。由侏罗系沙溪庙组砂岩风化残坡积物发育而成，剖面构型为 Ap1-Ap2-Br-R，土体厚度一般在 25～35 cm，层次质地构型为壤土-砂质壤土，无石灰反应，pH 5.0～5.6，土体色调为 2.5YR，结构面上有中量的铁锰斑纹。Br 层厚度<20 cm，不符合水耕氧化还原层厚度要求，仅具有水耕氧化还原现象，故该土系被划归为雏形土。

对比土系　同一土族的土系中，茨竹系，由侏罗系遂宁组鲜紫红色泥岩、粉砂岩风化残坡积物发育而成，通体粉壤土，有红色砂、页岩、砂砾岩和北方红土岩性特征；永兴村系，由侏罗系沙溪庙组紫色砂岩、泥岩风化残坡积物发育而成，层次质地构型为通体壤土，准石质接触面出现在 100 cm 深度以下；砚台系，成土母质相似，层次质地构型为壤土-砂质壤土-壤土，土体色调为 7.5R，80～100 cm 深度范围内有准石质接触面出现；茨竹系、永兴村系和砚台系，均无水耕表层和水耕氧化还原现象。

利用性能综述　该土系土体浅薄，砂性较重，疏松易耕，保水保肥能力较弱；耕层土壤有机质、全钾较低，全氮含量中等，全磷含量很低，pH 较低。在改良利用上，应改善农田水利条件，增强抗旱减灾能力；可挑肥泥面田，增厚土层，降低砂性；酌情施用石灰或其他土壤改良剂，调节土壤酸度；重施有机肥和实行秸秆还田等，改善土壤结构，增强保水保肥能力；注意增施磷肥和微肥，早施、勤施追肥。

参比土种　黄紫砂泥田。

代表性单个土体　位于重庆市永川区卫星湖街道石脚迹村四方碑小组，29°13′18.6″N，105°52′55.3″E，海拔 339 m，低丘上坡，坡度分级为缓坡，梯田，成土母质为侏罗系沙溪庙组砂岩风化残坡积物，水田，单季水稻，50 cm 深度土温 19.1℃。野外调查时间为2015 年 11 月 1 日，编号 50-065。

Ap1：　0～16 cm，红灰（2.5YR 6/1，干），红灰（2.5YR 5/1，润）；壤土，中等发育中块状结构，疏松；少量细根；结构面上有中量铁锰斑纹；无石灰反应；向下层平滑渐变过渡。

Ap2：　16～23 cm，红灰（2.5YR 6/1，干），红灰（2.5YR 5/1，润）；砂质壤土，中等发育大块状结构，稍坚实；很少量细根；结构面上有中量铁锰斑纹；无石灰反应；向下层平滑渐变过渡。

Br：　23～28 cm，红灰（2.5YR 6/1，干），红灰（2.5YR 5/1，润）；砂质壤土，弱发育中块状结构，稍坚实；很少量细根；结构面上有中量铁锰斑纹；无石灰反应；向下层波状清晰过渡。

R：　28～38 cm，砂岩半风化体。

石脚迹系代表性单个土体剖面

石脚迹系代表性单个土体物理性质

土层	深度/cm	砾石(>2 mm, 体积分数)/%	细土颗粒组成 (粒径: mm)/(g/kg)			质地	容重/(g/cm³)
			砂粒 2～0.05	粉粒 0.05～0.002	黏粒 <0.002		
Ap1	0～16	0	498	301	201	壤土	1.32
Ap2	16～23	0	526	281	193	砂质壤土	1.50
Br	23～28	0	534	285	181	砂质壤土	1.62

石脚迹系代表性单个土体化学性质

深度/cm	pH(H₂O)	有机碳/(g/kg)	全氮(N)/(g/kg)	全磷(P)/(g/kg)	全钾(K)/(g/kg)	CEC/[cmol(+)/kg]	游离铁/(g/kg)
0～16	5.0	9.2	1.01	0.17	12.2	13.7	9.8
16～23	5.4	7.1	0.92	0.14	12.0	13.1	12.2
23～28	5.6	6.3	0.91	0.10	11.8	14.5	14.5

7.18.15　砚台系（Yantai Series）

土　族：壤质硅质混合型非酸性热性-红色铁质湿润雏形土
拟定者：慈　恩，唐　江，李　松

砚台系典型景观

分布与环境条件　主要分布在垫江、长寿等地，多位于侏罗系沙溪庙组地层出露的低丘中坡，坡度分级为中缓坡，海拔一般在350～450 m，成土母质为侏罗系沙溪庙组紫色砂岩、泥岩风化残坡积物，旱地或果园，种植玉米、油菜、梨树、桃树等。亚热带湿润季风气候，年日照时数1100～1200 h，年平均气温 17.0～18.0 ℃，年降水量 1100～1200 mm，无霜期290～310 d。

土系特征与变幅　诊断层包括淡薄表层、雏形层；诊断特性包括准石质接触面、湿润土壤水分状况、氧化还原特征、热性土壤温度状况、铁质特性等。由侏罗系沙溪庙组紫色砂岩、泥岩风化残坡积物发育而成，剖面构型为 Ap-Bw-Br-R，土体厚度80～100 cm，层次质地构型为壤土-砂质壤土-壤土，无石灰反应，pH 6.6～7.2，土体色调为 7.5R。65 cm 左右深度以下土体结构面上有很少量的铁锰斑纹。

对比土系　同一土族的土系中，茨竹系，由侏罗系遂宁组鲜紫红色泥岩、粉砂岩风化残坡积物发育而成，通体粉壤土，有红色砂、页岩、砂砾岩和北方红土岩性特征，0～50 cm 深度范围内有准石质接触面出现；石脚迹系，由侏罗系沙溪庙组砂岩风化残坡积物发育而成，层次质地构型为壤土-砂质壤土，有水耕表层和水耕氧化还原现象；永兴村系，成土母质相似，层次质地构型为通体壤土，准石质接触面出现在 100 cm 深度以下；茨竹系、古楼系和永兴村系，均无氧化还原特征。

利用性能综述　该土系土体稍深，耕层质地适中，耕性好，通气透水，有一定的保肥能力；耕层土壤有机质、全磷含量较低，全氮含量低，全钾含量较高。在改良利用上，应整治坡面水系，增加地表覆盖，控制水土流失；增施有机肥，种植豆科绿肥，提高有机质含量，改善土壤肥力状况；根据果树或作物的养分需求及土壤供肥性能，合理施肥。

参比土种　灰棕紫砂泥土。

代表性单个土体　位于重庆市垫江县砚台镇太安村 5 组，30°09′29.1″N，107°19′09.1″E，海拔 407 m，低丘中坡，坡度分级为中缓坡，成土母质为侏罗系沙溪庙组紫色砂岩、泥岩风化残坡积物，果园，种植梨树、桃树等，改果园之前种植玉米、油菜等，50 cm 深度土温 18.4℃。野外调查时间为 2016 年 4 月 30 日，编号 50-139。

Ap:　0～19 cm，浊红橙（7.5R 6/3，干），浊红棕（7.5R 5/3，润）；壤土，强发育中块状结构，稍坚实；梨树根系，中量中根和很少量细根；少量动物穴；无石灰反应；向下层平滑模糊过渡。

Bw1：19～43 cm，浊红橙（7.5R 6/3，干），浊红棕（7.5R 5/3，润）；砂质壤土，中等发育中块状结构，坚实；梨树根系，很少量粗根和很少量细根；少量动物穴；无石灰反应；向下层平滑模糊过渡。

Bw2：43～64 cm，浊红橙（7.5R 6/3，干），浊红棕（7.5R 5/3，润）；壤土，中等发育中块状结构，坚实；梨树根系，很少量细根；少量动物穴；无石灰反应；向下层平滑模糊过渡。

Br:　64～85 cm，浊红橙（7.5R 6/3，干），浊红棕（7.5R 5/3，润）；壤土，弱发育中块状结构，坚实；梨树根系，很少量细根；土体结构面上有很少量铁锰斑纹；无石灰反应；向下层不规则突变过渡。

R:　85～100 cm，泥岩半风化体。

砚台系代表性单个土体剖面

砚台系代表性单个土体物理性质

土层	深度/cm	砾石（>2 mm，体积分数)/%	细土颗粒组成（粒径：mm)/(g/kg)			质地	容重/(g/cm³)
			砂粒 2～0.05	粉粒 0.05～0.002	黏粒 <0.002		
Ap	0～19	0	381	439	180	壤土	1.59
Bw1	19～43	0	667	175	158	砂质壤土	1.64
Bw2	43～64	0	461	372	167	壤土	1.71
Br	64～85	0	485	363	152	壤土	1.76

砚台系代表性单个土体化学性质

深度/cm	pH(H₂O)	有机碳/(g/kg)	全氮(N)/(g/kg)	全磷(P)/(g/kg)	全钾(K)/(g/kg)	CEC/[cmol(+)/kg]	游离铁/(g/kg)
0～19	6.6	5.9	0.56	0.56	22.2	19.9	10.8
19～43	7.0	3.4	0.32	0.50	22.7	21.6	11.4
43～64	7.1	3.2	0.30	0.44	22.4	24.3	11.4
64～85	7.2	2.7	0.21	0.46	22.5	19.9	11.0

7.18.16 永兴村系（Yongxingcun Series）

土　族：壤质硅质混合型非酸性热性-红色铁质湿润雏形土
拟定者：慈　恩，唐　江，李　松

永兴村系典型景观

分布与环境条件　主要分布在渝北区木耳、兴隆等镇（乡），位于侏罗系沙溪庙组地层出露的倒置低山中部坡地，坡度分级为中坡，海拔一般在 500～600 m，成土母质为侏罗系沙溪庙组紫色砂岩、泥岩风化残坡积物；旱地或果园，主要种植玉米、红薯、李子树等。亚热带湿润季风气候，年日照时数 1100～1200 h，年平均气温 16.0～17.0 ℃，年降水量 1100～1200 mm，无霜期 305～320 d。

土系特征与变幅　诊断层包括淡薄表层、雏形层；诊断特性包括准石质接触面、湿润土壤水分状况、热性土壤温度状况、铁质特性等。由侏罗系沙溪庙组紫色砂岩、泥岩风化残坡积物发育而成，剖面构型为 Ap-Bw-R，土体厚度 100 cm 以上，层次质地构型为通体壤土，无石灰反应，pH 5.1～6.0，土体色调为 10R，B 层游离铁含量≥14 g/kg。土体中有少量岩石碎屑。

对比土系　同一土族的土系中，茨竹系，由侏罗系遂宁组鲜紫红色泥岩、粉砂岩风化残坡积物发育而成，通体粉壤土，有红色砂、页岩、砂砾岩和北方红土岩性特征，土体浅，0～50 cm 深度范围内有准石质接触面出现；石脚迹系，由侏罗系沙溪庙组砂岩风化残坡积物发育而成，层次质地构型为壤土-砂质壤土，有水耕表层和水耕氧化还原现象；砚台系，成土母质相似，层次质地构型为壤土-砂质壤土-壤土，有氧化还原特征，80～100 cm 深度范围内有准石质接触面出现。

利用性能综述　该土系土体深厚，耕层土壤质地适中，耕性好；耕层土壤有机质、全氮、全磷含量较低，全钾含量中等，pH 较低。若发展旱作，应整治坡面水系，改坡为梯，结合相关耕作措施，护土防冲；可适量施用石灰、草木灰等土壤改良剂，增施有机肥，实行秸秆还田和合理轮作等，改善土壤理化性状，培肥地力；根据作物养分需求和土壤供肥性能，合理施肥。

参比土种　酸紫砂泥土。

代表性单个土体 位于重庆市渝北区兴隆镇永兴村 4 组，29°55′28.5″N，106°44′17.7″E，海拔 585 m，倒置低山中部坡地，坡度分级为中坡，成土母质为侏罗系沙溪庙组紫色砂岩、泥岩风化残坡积物，旱地，种植玉米、红薯等，50 cm 深度土温 18.4℃。野外调查时间为 2016 年 3 月 27 日，编号 50-110。

Ap: 0～20 cm，浊红橙（10R 6/4，干），红棕（10R 5/4，润）；壤土，中等发育小块状结构，疏松；中量中根和很少量细根；中量动物穴；土体中有 2%岩石碎屑；无石灰反应；向下层平滑模糊过渡。

Bw1: 20～48 cm，浊红橙（10R 6/4，干），红棕（10R 5/4，润）；壤土，中等发育小块状结构，疏松；很少量中根和细根；中量动物穴；土体中有 3%岩石碎屑；无石灰反应；向下层平滑模糊过渡。

Bw2: 48～86 cm，浊红橙（10R 6/4，干），红棕（10R 5/4，润）；壤土，弱发育中块状结构，稍坚实；很少量细根；中量动物穴；土体中有 2%岩石碎屑；无石灰反应；向下层平滑模糊过渡。

Bw3: 86～110 cm，浊红橙（10R 6/4，干），红棕（10R 5/4，润）；壤土，弱发育中块状结构，坚实；少量动物穴；土体中有 2%岩石碎屑；无石灰反应；向下层波状突变过渡。

R: 110～140 cm，砂岩半风化体。

永兴村系代表性单个土体剖面

永兴村系代表性单个土体物理性质

土层	深度 /cm	砾石 (>2 mm, 体积分数)/%	细土颗粒组成 (粒径：mm)/(g/kg)			质地	容重 /(g/cm³)
			砂粒 2～0.05	粉粒 0.05～0.002	黏粒 <0.002		
Ap	0～20	2	360	437	203	壤土	1.28
Bw1	20～48	3	334	480	186	壤土	1.50
Bw2	48～86	2	400	433	167	壤土	1.57
Bw3	86～110	2	395	382	223	壤土	1.64

永兴村系代表性单个土体化学性质

深度 /cm	pH (H₂O)	有机碳 /(g/kg)	全氮(N) /(g/kg)	全磷(P) /(g/kg)	全钾(K) /(g/kg)	CEC /[cmol(+)/kg]	游离铁 /(g/kg)
0～20	5.1	6.5	0.93	0.46	18.8	22.6	12.2
20～48	5.4	4.8	0.64	0.42	18.0	20.9	14.4
48～86	6.0	3.3	0.47	0.21	17.8	23.4	15.5
86～110	5.3	2.2	0.31	0.08	12.7	24.2	17.8

7.18.17　马鞍系（**Maan Series**）

土　族：壤质长石混合型石灰性热性-红色铁质湿润雏形土
拟定者：慈　恩，唐　江，李　松

分布与环境条件　主要分布在潼南、大足、铜梁、荣昌、璧山、江津等地，多位于侏罗系遂宁组地层出露的低丘中坡，坡度分级为中缓坡，海拔一般在 250～400 m，成土母质为侏罗系遂宁组红棕紫色泥岩、粉砂岩风化残坡积物；旱地，玉米（套红薯）-油菜轮作或玉米、红薯套作。亚热带湿润季风气候，年日照时数 1200～1300 h，年平均气温 17.5～18.5℃，年降水量 1000～1100 mm，无霜期 320～330 d。

马鞍系典型景观

土系特征与变幅　诊断层包括雏形层；诊断特性包括准石质接触面、湿润土壤水分状况、热性土壤温度状况、铁质特性、石灰性等。由侏罗系遂宁组红棕紫色泥岩、粉砂岩风化残坡积物发育而成，剖面构型为 Ap-Bw-R，土体厚度 90～100 cm，层次质地构型为通体壤土，通体有石灰反应，pH 8.1～8.3，土体色调为 7.5R，$CaCO_3$ 相当物含量 35～55 g/kg。不同深度层次中有 5%～18%岩石碎屑。

对比土系　同一亚类不同土族的土系中，观胜系，由侏罗系遂宁组红棕紫色泥岩风化残坡积物发育而成，矿物学类型为硅质混合型；五洞系，由侏罗系遂宁组红棕紫色泥岩风化残坡积物发育而成，颗粒大小级别为壤质盖黏质，矿物学类型为硅质混合型盖伊利石型；两汇口系，成土母质相似，矿物学类型为硅质混合型。金龙系，分布区域相近，不同土纲，有肥熟表层和磷质耕作淀积层发育，为人为土。

利用性能综述　该土系土体稍深，耕层细土质地适中，含中量砾石，通透性较好，易耕作；耕层土壤有机质含量较低，全氮含量低，全磷含量中等，全钾含量高。在改良利用上，应整治坡面水系，实行坡改梯或横坡耕作等，减少水土流失；增施有机肥，实行秸秆还田和合理轮作等，改善土壤理化性状，促进土壤熟化；根据作物养分需求和土壤供肥性能，合理施肥。

参比土种　红棕紫砂泥土。

代表性单个土体　位于重庆市璧山区广普镇马鞍村 4 组，29°20′58.8″N，106°08′25.9″E，海拔 291 m，低丘中坡，坡度分级为中缓坡，成土母质为侏罗系遂宁组红棕紫色泥岩、粉砂岩风化残坡积物，旱地，玉米（套红薯）-油菜轮作或玉米、红薯套作，50 cm 深度土温 19.0℃。野外调查时间为 2015 年 10 月 6 日，编号 50-057。

Ap：　0～20 cm，浊红棕（7.5R 5/3，干），浊红棕（7.5R 4/3，润）；壤土，弱发育中粒状结构，疏松；很少量细根；中量动物穴；土体中有 8%岩石碎屑；中度石灰反应；向下层平滑模糊过渡。

Bw1：20～40 cm，浊红棕（7.5R 5/3，干），浊红棕（7.5R 4/3，润）；壤土，弱发育小块状结构，疏松；桑树根系，很少量粗根和细根；少量动物穴；土体中有 5%岩石碎屑；中度石灰反应；向下层平滑模糊过渡。

Bw2：40～65 cm，浊红棕（7.5R 5/3，干），浊红棕（7.5R 4/3，润）；壤土，弱发育中块状结构，稍坚实；桑树根系，很少量粗根；很少量动物穴；土体中有 10%岩石碎屑；中度石灰反应；向下层平滑模糊过渡。

Bw3：65～98 cm，浊红棕（7.5R 5/3，干），浊红棕（7.5R 4/3，润）；壤土，弱发育小块状结构，稍坚实；桑树根系，很少量细根；土体中有 18%岩石碎屑；中度石灰反应；向下层波状清晰过渡。

R：　98～121 cm，泥岩半风化体，中度石灰反应。

马鞍系代表性单个土体剖面

马鞍系代表性单个土体物理性质

土层	深度 /cm	砾石 (>2 mm, 体积分数)/%	细土颗粒组成 (粒径：mm)/(g/kg)			质地	容重 /(g/cm³)
			砂粒 2～0.05	粉粒 0.05～0.002	黏粒 <0.002		
Ap	0～20	8	441	430	129	壤土	1.54
Bw1	20～40	5	428	445	127	壤土	1.48
Bw2	40～65	10	390	468	142	壤土	1.62
Bw3	65～98	18	507	394	99	壤土	1.66

马鞍系代表性单个土体化学性质

深度 /cm	pH (H₂O)	有机碳 /(g/kg)	全氮(N) /(g/kg)	全磷(P) /(g/kg)	全钾(K) /(g/kg)	CEC /[cmol(+)/kg]	游离铁 /(g/kg)
0～20	8.1	6.8	0.72	0.70	27.5	25.1	9.3
20～40	8.2	4.3	0.67	0.53	17.3	19.3	5.5
40～65	8.2	4.6	0.71	0.48	17.5	24.0	8.4
65～98	8.3	3.3	0.62	0.51	17.4	26.2	8.5

7.18.18 五洞系（Wudong Series）

土　　族：壤质盖黏质硅质混合型盖蒙脱石混合型石灰性热性-红色铁质湿润雏形土
拟定者：慈　恩，唐　江，李　松

五洞系典型景观

分布与环境条件　主要分布在垫江、梁平、忠县等地，多位于侏罗系遂宁组地层出露的低丘下坡，坡度分级为中缓坡，海拔一般在 350～400 m，成土母质为侏罗系遂宁组红棕紫色泥岩风化残坡积物；旱地，种植红薯、黄豆、油菜等。亚热带湿润季风气候，年日照时数 1100～1200 h，年平均气温 17.0～18.0 ℃，年降水量 1100～1200 mm，无霜期 290～310 d。

土系特征与变幅　诊断层包括淡薄表层、雏形层；诊断特性包括湿润土壤水分状况、氧化还原特征、热性土壤温度状况、铁质特性、石灰性等。由侏罗系遂宁组红棕紫色泥岩风化残坡积物发育而成，剖面构型为 Ap-Bw-Br-BCr，土体厚度 100 cm 以上，层次质地构型为粉壤土-壤土-粉质黏土-黏壤土，通体有石灰反应，pH 8.2～8.6，土体色调为 2.5YR，$CaCO_3$ 相当物含量 20～80 g/kg。不同深度层次中有 5%～50%泥岩碎屑，70 cm 左右深度以下土体结构面上有很少量至少量的铁锰斑纹。

对比土系　同一亚类不同土族的土系中，观胜系，成土母质相似，颗粒大小级别为壤质，矿物学类型为硅质混合型；马鞍系，由侏罗系遂宁组红棕紫色泥岩、粉砂岩风化残坡积物发育而成，颗粒大小级别为壤质，矿物学类型为长石混合型。

利用性能综述　该土系土体深厚，耕层土壤质地适中，含中量砾石，易耕作，保肥供肥性能较好；耕层土壤有机质、全氮含量较低，全磷、全钾含量较高。在改良利用上，注意整治坡面水系，改坡为梯，结合相关耕作措施，减少水土流失；搞好土壤排水，消除渍害；增施有机肥，实行秸秆还田和合理轮作等，提高有机质含量，改善土壤肥力状况；根据作物养分需求和土壤供肥性能，合理施肥。

参比土种　红棕紫砂泥土。

代表性单个土体　位于重庆市垫江县五洞镇龙滩村 12 组，30°10′49.8″N，107°22′41.8″E，海拔 372 m，低丘下坡，坡度分级为中缓坡，成土母质为侏罗系遂宁组红棕紫色泥岩风化残坡积物，旱地，种植红薯、黄豆、油菜等，50 cm 深度土温 18.4℃。野外调查时间为 2016 年 4 月 30 日，编号 50-138。

Ap: 0~16 cm，浊橙（2.5YR 6/4，干），浊红棕（2.5YR 5/4，润）；粉壤土，弱发育小块状结构，疏松；很少量细根；少量动物穴；土体中有 10%泥岩碎屑；强石灰反应；向下层平滑模糊过渡。

Bw1: 16~44 cm，浊红棕（2.5YR 5/4，干），浊红棕（2.5YR 4/4，润）；粉壤土，弱发育小块状结构，稍坚实；很少量细根；少量动物穴；土体中有 8%泥岩碎屑；强石灰反应；向下层平滑模糊过渡。

Bw2: 44~73 cm，浊红棕（2.5YR 5/4，干），浊红棕（2.5YR 4/4，润）；壤土，弱发育中块状结构，坚实；很少量细根；土体中有 5%泥岩碎屑；强石灰反应；向下层波状渐变过渡。

Br: 73~122 cm，浊橙（2.5YR 6/4，干），浊红棕（2.5YR 5/4，润）；粉质黏土，中等发育大块状结构，坚实；结构面上有很少量铁锰斑纹，土体中有 5%泥岩碎屑；轻度石灰反应；向下层波状渐变过渡。

五洞系代表性单个土体剖面

BCr: 122~138 cm，浊红棕（2.5YR 5/4，干），浊红棕（2.5YR 4/4，润）；黏壤土，弱发育中块状结构，坚实；结构面上有少量铁锰斑纹，土体中有 50%泥岩碎屑；轻度石灰反应。

五洞系代表性单个土体物理性质

| 土层 | 深度/cm | 砾石（>2 mm，体积分数)/% | 细土颗粒组成（粒径：mm)/(g/kg) | | | 质地 | 容重/(g/cm³) |
			砂粒 2~0.05	粉粒 0.05~0.002	黏粒 <0.002		
Ap	0~16	10	252	554	194	粉壤土	1.58
Bw1	16~44	8	360	516	124	粉壤土	1.68
Bw2	44~73	5	455	438	107	壤土	1.71
Br	73~122	5	46	424	530	粉质黏土	1.61
BCr	122~138	50	282	376	342	黏壤土	1.65

五洞系代表性单个土体化学性质

深度/cm	pH（H₂O）	有机碳/(g/kg)	全氮(N)/(g/kg)	全磷(P)/(g/kg)	全钾(K)/(g/kg)	CEC/[cmol(+)/kg]	游离铁/(g/kg)
0~16	8.5	6.6	0.78	0.86	22.9	33.1	14.9
16~44	8.6	3.8	0.57	0.57	22.9	27.9	14.2
44~73	8.6	3.3	0.44	0.55	24.6	28.6	15.3
73~122	8.2	3.4	0.42	0.21	24.0	37.8	18.3
122~138	8.2	2.9	0.38	0.27	23.9	34.8	17.8

7.19 普通铁质湿润雏形土

7.19.1 铜马系（Tongma Series）

土　族：粗骨砂质硅质混合型非酸性热性-普通铁质湿润雏形土
拟定者：慈　恩，翁昊璐，唐　江

铜马系典型景观

分布与环境条件　主要分布在万州、忠县、梁平等地，多位于侏罗系新田沟组地层出露的低山中坡，坡度分级为中坡，海拔一般在 400～600 m，成土母质为侏罗系新田沟组黄色泥岩、砂岩风化坡残积物；荒草地，生长有飞蓬、野燕麦、艾草、蛇莓、茅草等，植被覆盖度≥80%。亚热带湿润季风气候，年日照时数 1200～1300 h，年平均气温 15.5～17.0℃，年降水量 1200～1300 mm，无霜期 290～310 d。

土系特征与变幅　诊断层包括淡薄表层、雏形层；诊断特性包括准石质接触面、热性土壤温度状况、湿润土壤水分状况、铁质特性等。剖面构型为 Ah-Bw-R，土体厚度为 50～60 cm，层次质地构型为壤土-砂质壤土，无石灰反应，pH 5.6～6.1，土体色调为 2.5Y，B 层游离铁含量≥14 g/kg。不同深度层次中有 30%～45%岩石碎屑。

对比土系　同一亚类不同土族的土系中，云盘系，颗粒大小级别为粗骨黏质，矿物学类型为伊利石混合型，石灰性和酸碱反应类别为酸性；柿坪系，颗粒大小级别为粗骨壤质，石灰性和酸碱反应类别为酸性；石林系，颗粒大小级别为黏质盖粗骨黏质，矿物学类型为伊利石型，石灰性和酸碱反应类别为酸性；安居系，颗粒大小级别为黏壤质。

利用性能综述　该土系土体稍深，表层细土质地适中，砾石含量高，通透性较好；表层土壤有机质、全氮含量较低，全磷含量低，全钾含量中等，供肥力较弱。若发展旱作，应加强坡面水系整治，改坡为梯，增加地表覆盖，护土防冲；抓好深耕改土，增施有机肥，种植豆科绿肥，促进土壤熟化，培肥地力；根据作物养分需求和土壤供肥性能，合理施肥。

参比土种　砂黄泥土。

代表性单个土体 位于重庆市万州区新田镇铜马村 5 组，30°39′06.4″N，108°23′49.4″E，海拔 498 m，低山中坡，坡度分级为中坡，成土母质为侏罗系新田沟组黄色泥岩、砂岩风化残坡积物，荒草地，生长有飞蓬、野燕麦、艾草、蛇莓、茅草等，植被覆盖度≥80%，50 cm 深度土温 17.9℃。野外调查时间为 2016 年 4 月 28 日，编号 50-134。

Ah： 0～19 cm，浊黄（2.5Y 6/4，干），黄棕（2.5Y 5/4，润）；壤土，中等发育中块状夹粒状结构，疏松；草本植物根系，中量细根；中量动物穴；土体中有 30%岩石碎屑；无石灰反应；向下层平滑模糊过渡。

Bw： 19～56 cm，亮黄棕（2.5Y 6/6，干），黄棕（2.5Y 5/6，润）；砂质壤土，弱发育小块状夹粒状结构，稍坚实；草本植物根系，中量细根；少量动物穴；土体中有 45%岩石碎屑；无石灰反应；向下层波状突变过渡。

R： 56～80 cm，泥岩。

铜马系代表性单个土体剖面

铜马系代表性单个土体物理性质

土层	深度/cm	砾石(>2 mm，体积分数)/%	细土颗粒组成（粒径：mm)/(g/kg)			质地	容重/(g/cm³)
			砂粒 2～0.05	粉粒 0.05～0.002	黏粒 <0.002		
Ah	0～19	30	519	338	143	壤土	1.45
Bw	19～56	45	581	303	116	砂质壤土	1.57

铜马系代表性单个土体化学性质

深度/cm	pH(H₂O)	有机碳/(g/kg)	全氮(N)/(g/kg)	全磷(P)/(g/kg)	全钾(K)/(g/kg)	CEC/[cmol(+)/kg]	游离铁/(g/kg)
0～19	6.1	7.5	0.79	0.31	17.7	25.1	13.2
19～56	5.6	3.8	0.46	0.37	17.3	23.4	14.6

7.19.2　云盘系（Yunpan Series）

土　　族：粗骨黏质伊利石混合型酸性热性-普通铁质湿润雏形土
拟定者：慈　恩，翁昊璐，唐　江

云盘系典型景观

分布与环境条件　主要分布在涪陵、丰都等地，多位于侏罗系新田沟组地层出露的中、低山坡地，坡度分级为中缓坡；海拔600～800 m，成土母质为侏罗系新田沟组杂色泥岩、砂岩风化坡积物；旱地，种植萝卜等。亚热带湿润季风气候，年日照时数1000～1100 h，年平均气温15.0～16.5℃，年降水量1100～1200 mm，无霜期275～295 d。

土系特征与变幅　诊断层包括淡薄表层、雏形层；诊断特性包括湿润土壤水分状况、热性土壤温度状况、铁质特性等。剖面构型为Ap-Bw，土体厚度通常在100 cm以上，层次质地构型为黏壤土-黏土-黏壤土-黏土，无石灰反应，pH 4.8～5.0，土体色调为7.5YR，游离铁含量30～45 g/kg，盐基饱和度<50%。不同深度层次中有10%～30%岩石碎屑。

对比土系　同一亚类不同土族的土系中，铜马系，颗粒大小级别为粗骨砂质，矿物学类型为硅质混合型，石灰性和酸碱反应类别为非酸性；柿坪系，颗粒大小级别为粗骨壤质，矿物学类型为硅质混合型；石林系，颗粒大小级别为黏质盖粗骨黏质，矿物学类型为伊利石型；安居系，颗粒大小级别为黏壤质，矿物学类型为硅质混合型，石灰性和酸碱反应类别为非酸性。

利用性能综述　该土系土体深厚，耕层细土质地偏黏，含中量砾石，耕性较差；耕层土壤有机质、全钾含量较低，全氮含量中等，全磷含量较高，pH低。在改良利用上，应整治坡面水系，实行坡改梯或横坡耕作等，减少水土流失；适量施用石灰或其他土壤改良剂，降低土壤酸度；拣出耕层粗砾和石块，改善耕性；深耕炕土，增施有机肥和合理轮作，改善土壤结构及肥力状况，促进土壤熟化；根据作物养分需求和土壤供肥性能，合理施肥。

参比土种　砂黄泥土。

代表性单个土体　位于重庆市涪陵区江东街道云盘村3组，29°42′47.6″N，107°27′11.0″E，海拔 749 m，中山中坡，坡度分级为中缓坡，成土母质为侏罗系新田沟组杂色泥岩、砂岩风化坡积物，旱地，种植萝卜等，50 cm 深度土温 18.5℃。野外调查时间为 2016 年 3 月 28 日，编号 50-113。

Ap: 0～15 cm，浊橙（7.5YR 6/4，干），浊棕（7.5YR 5/4，润）；黏壤土，强发育很小块状夹粒状结构，坚实；很少量细根；中量动物穴；土体中有 10%岩石碎屑；无石灰反应；向下层平滑清晰过渡。

Bw1: 15～57 cm，橙（7.5YR 6/6，干），亮棕（7.5YR 5/6，润）；黏土，中等发育很小块状结构，很坚实；很少量细根；少量动物穴；土体中有 30%岩石碎屑；无石灰反应；向下层平滑模糊过渡。

Bw2: 57～90 cm，橙（7.5YR 6/6，干），亮棕（7.5YR 5/6，润）；黏壤土，中等发育很小块状结构，坚实；很少量细根；很少量动物穴；土体中有 30%岩石碎屑；无石灰反应；向下层波状模糊过渡。

Bw3: 90～150 cm，橙（7.5YR 7/6，干），橙（7.5YR 6/6，润）；黏土，弱发育很小块状结构，很坚实；很少量细根；很少量动物穴；土体中有 20%岩石碎屑；无石灰反应。

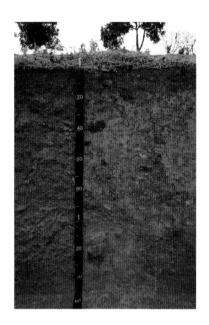

云盘系代表性单个土体剖面

云盘系代表性单个土体物理性质

土层	深度/cm	砾石(>2 mm, 体积分数)/%	细土颗粒组成（粒径：mm）/(g/kg)			质地	容重/(g/cm³)
			砂粒 2～0.05	粉粒 0.05～0.002	黏粒 <0.002		
Ap	0～15	10	240	389	371	黏壤土	1.33
Bw1	15～57	30	204	354	442	黏土	1.52
Bw2	57～90	30	248	415	337	黏壤土	1.53
Bw3	90～150	20	170	382	448	黏土	1.44

云盘系代表性单个土体化学性质

深度/cm	pH(H₂O)	有机碳/(g/kg)	全氮(N)/(g/kg)	全磷(P)/(g/kg)	全钾(K)/(g/kg)	CEC/[cmol(+)/kg]	游离铁/(g/kg)
0～15	4.8	11.4	1.21	0.83	13.0	23.1	35.0
15～57	4.9	3.4	0.72	0.41	13.5	23.3	42.2
57～90	5.0	2.4	0.59	0.46	10.9	24.1	40.9
90～150	4.8	2.8	0.66	0.41	12.7	23.3	39.7

7.19.3　柿坪系（Shiping Series）

土　族：粗骨壤质硅质混合型酸性热性-普通铁质湿润雏形土
拟定者：慈　恩，翁昊璐，唐　江

柿坪系典型景观

分布与环境条件　主要分布在城口等地，多位于震旦系地层出露的中山下坡，坡度分级为中坡，海拔一般在 700～800 m，成土母质为震旦系页岩、粉砂岩、硅质岩等风化残坡积混合物；旱地，种植玉米、红薯、蔬菜等。北亚热带山地气候，年日照时数 1300～1400 h，年平均气温 13.5～14.5 ℃，年降水量 1200～1300 mm，无霜期 230～240 d。

土系特征与变幅　诊断层包括雏形层；诊断特性包括准石质接触面、湿润土壤水分状况、热性土壤温度状况、铁质特性等。剖面构型为 Ap-Bw-R，土体厚度 90 cm 左右，层次质地构型为壤土-黏壤土-壤土，无石灰反应，pH 4.8～5.9，土体色调为 10YR，游离铁含量 14～25 g/kg，部分层次盐基饱和度<50%。不同深度层次中有 40%～45%岩石碎屑。

对比土系　同一亚类不同土族的土系中，铜马系，颗粒大小级别为粗骨砂质，石灰性和酸碱反应类别为非酸性；云盘系，颗粒大小级别为粗骨黏质，矿物学类型为伊利石混合型；石林系，颗粒大小级别为黏质盖粗骨黏质，矿物学类型为伊利石型；安居系，颗粒大小级别为黏壤质，石灰性和酸碱反应类别为非酸性。

利用性能综述　该土系土体稍深，细土质地适中，多砾石，保水保肥能力较弱；耕层土壤有机质含量中等，全氮、全磷含量高，全钾含量较高，pH 低。在改良利用上，应整治坡面水系，改坡为梯，增加地表覆盖，控制水土流失；采用客土法，降低砾石含量比例，提高土壤保水保肥性能；适量施用石灰或其他土壤改良剂，调节土壤酸度；施用有机肥，实行秸秆还田和合理轮作，改善土壤理化性状；对于部分坡度大、水土流失较严重的区域，可发展核桃、药材等经济林木。

参比土种　砂子土。

代表性单个土体　位于重庆市城口县复兴街道柿坪村 1 组，31°55′30.9″N, 108°42′20.4″E，海拔 789 m，中山下坡，坡度分级为中坡，成土母质为震旦系页岩、粉砂岩、硅质岩等风化残坡积混合物，旱地，种植玉米、红薯、蔬菜等，50 cm 深度土温 16.8℃。野外调查时间为 2015 年 9 月 3 日，编号 50-041。

Ap:　0～20 cm，灰黄棕（10YR 6/2，干），灰黄棕（10YR 4/2，润）；壤土，中等发育小块状结构，疏松；很少量细根；很少量动物穴；土体中有 40%岩石碎屑；无石灰反应；向下层平滑模糊过渡。

Bw1:　20～43 cm，灰黄棕（10YR 6/2，干），灰黄棕（10YR 4/2，润）；黏壤土，中等发育小块状结构，疏松；很少量细根；很少量动物穴；土体中有 40%岩石碎屑；无石灰反应；向下层平滑模糊过渡。

Bw2:　43～80 cm，灰黄棕（10YR 6/2，干），灰黄棕（10YR 4/2，润）；壤土，弱发育小块状结构，稍坚实；很少量细根；很少量动物穴；土体中有 40%岩石碎屑；无石灰反应；向下层平滑模糊过渡。

Bw3:　80～97 cm，灰黄棕（10YR 6/2，干），灰黄棕（10YR 4/2，润）；壤土，弱发育小块状结构，稍坚实；土体中有 45%岩石碎屑；无石灰反应；向下层波状突变过渡。

R:　97～127 cm，粉砂岩、页岩等。

柿坪系代表性单个土体剖面

柿坪系代表性单个土体物理性质

土层	深度 /cm	砾石 (>2 mm, 体积分数)/%	细土颗粒组成 (粒径: mm)/(g/kg)			质地	容重 /(g/cm³)
			砂粒 2～0.05	粉粒 0.05～0.002	黏粒 <0.002		
Ap	0～20	40	354	405	241	壤土	1.30
Bw1	20～43	40	294	433	273	黏壤土	1.35
Bw2	43～80	40	306	448	246	壤土	1.45
Bw3	80～97	45	370	409	221	壤土	1.58

柿坪系代表性单个土体化学性质

深度 /cm	pH (H₂O)	有机碳 /(g/kg)	全氮(N) /(g/kg)	全磷(P) /(g/kg)	全钾(K) /(g/kg)	CEC /[cmol(+)/kg]	游离铁 /(g/kg)
0～20	4.8	15.5	2.13	1.49	22.3	14.7	22.1
20～43	4.8	11.6	1.97	0.92	21.7	15.9	19.2
43～80	5.3	11.4	1.90	0.72	21.4	16.0	20.9
80～97	5.9	11.9	1.75	0.67	21.8	15.4	17.8

7.19.4 魏家系（Weijia Series）

土　族：黏质伊利石型石灰性热性-普通铁质湿润雏形土
拟定者：慈　恩，胡　瑾，唐　江

分布与环境条件　主要分布在奉节、巫山等地，多位于长江沿岸及其支流大宁河谷的二级阶地以上，海拔一般在 180～200 m，成土母质为第四系更新统黄色黏土；旱地，种植芝麻、蔬菜等。亚热带湿润季风气候，年日照时数为 1400～1500 h，年平均气温 16.5～17.0℃，年降水量 1100～1200 mm，无霜期为 300～310 d。

魏家系典型景观

土系特征与变幅　诊断层包括淡薄表层、雏形层；诊断特性包括湿润土壤水分状况、氧化还原特征、热性土壤温度状况、铁质特性、石灰性等。剖面构型为 Ap-Br，土体厚度 100 cm 以上，层次质地构型为黏土-粉质黏土-粉质黏壤土，0～100 cm 深度范围内各层次均有石灰反应，pH 7.5～8.2，土体色调为 10YR，游离铁含量>14 g/kg，CaCO$_3$ 相当物含量 10～25 g/kg。受水改旱之前的人为滞水影响，20 cm 深度以下土体结构面上有很少量至多量的铁锰斑纹。该土系水改旱年限较长，已无水耕表层。

对比土系　罗云系，同一土族，位于低山上部坡地，由石灰岩风化残坡积物发育而成，层次质地构型为通体粉质黏土，无淡薄表层。同一亚类不同土族的土系中，石林系，颗粒大小级别为黏质盖粗骨黏质，石灰性和酸碱反应类别为酸性；安居系，颗粒大小级别为黏壤质，矿物学类型为硅质混合型，石灰性和酸碱反应类别为非酸性。胡家村系，分布区域相近，不同土类，B 层不符合铁质特性要求且 pH<5.5，为酸性湿润雏形土。

利用性能综述　该土系土体深厚，质地黏，土壤通透性、耕性差，保水保肥能力强；耕层土壤有机质、全磷含量较低，全氮、全钾含量中等。应改善排水条件，防止渍害；可深耕炕土，客土掺砂，增施有机肥和实行秸秆还田等，改善土壤结构和通透性；根据作物养分需求和土壤供肥性能，合理施肥。

参比土种　黄褐大泥土。

代表性单个土体　位于重庆市奉节县朱衣镇魏家社区 2 组，31°01′16.2″N, 109°25′50.5″E，海拔 195 m，二级阶地，成土母质为第四系更新统黄色黏土，旱地，种植芝麻、蔬菜等，之前种植水稻，50 cm 深度土温 17.9℃。野外调查时间为 2015 年 8 月 27 日，编号 50-028。

Ap: 0～20 cm，浊黄橙（10YR 6/4，干），浊黄棕（10YR 5/4，润）；黏土，中等发育中块状结构，疏松；很少量细根；少量动物穴；土体中有 2%次圆状岩石碎屑；轻度石灰反应；向下层平滑渐变过渡。

Br1: 20～56 cm，浊黄橙（10YR 6/4，干），浊黄棕（10YR 5/4，润）；粉质黏土，中等发育大块状结构，坚实；很少量细根；少量动物穴；2～3 条宽度 5 mm 的裂隙；结构面上有很少量铁锰斑纹；轻度石灰反应；向下层平滑渐变过渡。

Br2: 56～100 cm，浊黄橙（10YR 6/4，干），浊黄棕（10YR 5/4，润）；粉质黏土，中等发育大棱柱状结构，很坚实；很少量细根；很少量动物穴；2～3 条宽度 5 mm 的裂隙；结构面上有中量铁锰斑纹；轻度石灰反应；向下层波状清晰过渡。

魏家系代表性单个土体剖面

Br3: 100～141 cm，亮黄棕（10YR 6/6，干），黄棕（10YR 5/6，润）；粉质黏壤土，弱发育中块状结构，坚实；结构面上有多量铁锰斑纹；无石灰反应。

魏家系代表性单个土体物理性质

| 土层 | 深度 /cm | 砾石 (>2 mm，体积分数)/% | 细土颗粒组成（粒径：mm)/(g/kg) | | | 质地 | 容重 /(g/cm³) |
			砂粒 2～0.05	粉粒 0.05～0.002	黏粒 <0.002		
Ap	0～20	2	173	384	443	黏土	1.29
Br1	20～56	0	153	432	415	粉质黏土	1.61
Br2	56～100	0	157	438	405	粉质黏土	1.69
Br3	100～141	0	149	452	399	粉质黏壤土	1.59

魏家系代表性单个土体化学性质

深度 /cm	pH (H₂O)	有机碳 /(g/kg)	全氮(N) /(g/kg)	全磷(P) /(g/kg)	全钾(K) /(g/kg)	CEC /[cmol(+)/kg]	游离铁 /(g/kg)
0～20	7.7	10.1	1.45	0.51	17.8	55.1	18.4
20～56	8.1	7.6	1.01	0.19	16.2	29.3	19.2
56～100	8.2	6.4	0.73	0.17	15.7	23.3	20.6
100～141	7.5	1.7	0.55	0.13	16.2	28.1	25.8

7.19.5　罗云系（Luoyun Series）

土　族：黏质伊利石型石灰性热性-普通铁质湿润雏形土
拟定者：慈　恩，陈　林，唐　江

分布与环境条件　主要分布在涪陵、丰都、武隆等地，多位于石灰岩地区的低山上部坡地，坡度分级为中缓坡，梯田，海拔一般在 550～700 m，成土母质为三叠系石灰岩风化残坡积物；旱地，种植玉米、烤烟等。亚热带湿润季风气候，年日照时数 1100～1200 h，年平均气温 16.0～17.0℃，年降水量 1000～1100 mm，无霜期 280～300 d。

罗云系典型景观

土系特征与变幅　诊断层包括雏形层；诊断特性包括湿润土壤水分状况、热性土壤温度状况、氧化还原特征、铁质特性等。剖面构型为 Ap-Br，土体厚度 100 cm 以上，层次质地构型为通体粉质黏土，0～50 cm 深度范围内各层次均有石灰反应，pH 7.0～8.2，土体色调为 2.5Y～10YR，游离铁含量 20～40 g/kg。受水改旱之前的人为滞水影响，耕作层之下土体结构面上有很少量至多量的铁锰斑纹。该土系水改旱年限较长，已无水耕表层。

对比土系　魏家系，同一土族，位于江河沿岸的高阶地，由第四系更新统黄色黏土发育而成，层次质地构型为黏土-粉质黏土-粉质黏壤土，有淡薄表层。

利用性能综述　该土系土体深厚，质地黏，通透性、耕性差，保水保肥能力较强；耕层土壤有机质、全氮含量中等，全磷含量高，全钾含量较高。若发展旱作，应改善排水条件，防止渍害；深耕炕土，施用有机肥和实行秸秆还田等，改善土壤结构和通透性，协调水、肥、气、热关系；根据作物养分需求和土壤供肥性能，合理施肥。

参比土种　石灰黄泥土。

代表性单个土体　位于重庆市涪陵区罗云乡老龙洞村 2 组，29°43′47.3″N，107°30′26.5″E，海拔 621 m，低山上坡，坡度分级为中缓坡，梯田，成土母质为三叠系石灰岩风化残坡积物，旱地，水改旱 10 年以上，现主要种植玉米、烤烟等，50 cm 深度土温 18.5℃。野外调查时间为 2016 年 3 月 28 日，编号 50-114。

Ap：　0～17 cm，浊黄（2.5Y 6/3，干），橄榄棕（2.5Y 4/3，润）；粉质黏土，强发育中块状夹粒状结构，疏松；很少量细根和中根；少量动物穴；中度石灰反应；向下层平滑渐变过渡。

Br1：17～35 cm，浊黄（2.5Y 6/4，干），橄榄棕（2.5Y 4/4，润）；粉质黏土，强发育大块状结构，稍坚实；很少量细根和中根；很少量动物穴；结构面上有很少量铁锰斑纹；轻度石灰反应；向下层平滑渐变过渡。

Br2：35～52 cm，浊黄（2.5Y 6/4，干），橄榄棕（2.5Y 4/4，润）；粉质黏土，强发育大块状结构，很坚实；很少量细根；结构面上有多量铁锰斑纹；轻度石灰反应；向下层波状渐变过渡。

Br3：52～84 cm，浊黄橙（10YR 6/4，干），浊黄棕（10YR 5/4，润）；粉质黏土，中等发育中块状结构，坚实；结构面上有中量铁锰斑纹；无石灰反应；向下层平滑渐变过渡。

罗云系代表性单个土体剖面

Br4：84～127 cm，亮黄棕（10YR 6/6，干），黄棕（10YR 5/6，润）；粉质黏土，弱发育小块状结构，坚实；结构面上有少量铁锰斑纹；无石灰反应。

罗云系代表性单个土体物理性质

土层	深度/cm	砾石（>2 mm，体积分数)/%	细土颗粒组成 (粒径：mm)/(g/kg)			质地	容重/(g/cm³)
			砂粒 2～0.05	粉粒 0.05～0.002	黏粒 <0.002		
Ap	0～17	0	19	546	435	粉质黏土	1.29
Br1	17～35	0	21	577	402	粉质黏土	1.50
Br2	35～52	0	25	542	433	粉质黏土	1.65
Br3	52～84	0	22	528	450	粉质黏土	1.54
Br4	84～127	0	37	477	486	粉质黏土	1.51

罗云系代表性单个土体化学性质

深度/cm	pH (H₂O)	有机碳/(g/kg)	全氮(N)/(g/kg)	全磷(P)/(g/kg)	全钾(K)/(g/kg)	CEC/[cmol(+)/kg]	游离铁/(g/kg)
0～17	8.2	12.0	1.44	1.04	20.1	20.7	25.2
17～35	8.1	9.8	1.09	1.76	20.2	28.0	25.1
35～52	7.7	6.0	0.90	0.30	19.2	19.4	27.9
52～84	7.3	3.7	0.72	0.23	18.7	20.8	27.3
84～127	7.0	3.6	0.80	0.30	16.8	57.7	34.1

7.19.6　石林系（Shilin Series）

土　族：黏质盖粗骨黏质伊利石型酸性热性-普通铁质湿润雏形土
拟定者：慈　恩，翁昊璐，唐　江

分布与环境条件　主要分布于綦江、南川等地，多位于奥陶系页岩出露的中山中坡，坡度分级为中坡，海拔一般在 600～800 m，成土母质为奥陶系页岩风化残坡积物；旱地，种植玉米、红薯等。亚热带湿润季风气候，年日照时数 1000～1100 h，年平均气温 15.5～17.0℃，年降水量 1200～1300 mm，无霜期 300～320 d。

石林系典型景观

土系特征与变幅　诊断层包括雏形层；诊断特性包括热性土壤温度、湿润土壤水分状况、铁质特性等。剖面构型为 Ap-Bw-C，土体厚度一般在 80 cm 左右，层次质地构型为黏土-砂质黏土-黏土，无石灰反应，pH 4.6～5.3，土层和母质层色调分别为 2.5Y 和 5YR，游离铁含量>14 g/kg，0～80 cm 深度范围内盐基饱和度<50%。Ap 层和 Bw 层的岩石碎屑含量为 2%～5%，母质层的岩石碎屑含量则高达 70%～80%。

对比土系　同一亚类不同土族的土系中，铜马系，颗粒大小级别为粗骨砂质，矿物学类型为硅质混合型，石灰性和酸碱反应类别为非酸性；云盘系，颗粒大小级别为粗骨黏质，矿物学类型为伊利石混合型；柿坪系，颗粒大小级别为粗骨壤质，矿物学类型为硅质混合型；魏家系，颗粒大小级别为黏质，石灰性和酸碱反应类别为石灰性；安居系，颗粒大小级别为黏壤质，矿物学类型为硅质混合型，石灰性和酸碱反应类别为非酸性。

利用性能综述　该土系土体稍厚，上下部砾石含量对比强烈，上部为浅薄的低砾土层，下部为深厚的高砾母质层，耕层细土质地黏，耕性差；耕层土壤有机质、全氮、全钾含量较高，全磷含量低，pH 低。在改良利用上，应整治坡面水系，改坡为梯，增加地表覆盖，减少水土流失；改善农田水利条件，采用聚土栽培，增厚低砾活土层，提高土壤抗逆性和生产力；可适量施用石灰或其他土壤改良剂，降低土壤酸度；施用有机肥，实行秸秆还田和合理轮作，改善土壤结构，培肥地力；根据作物养分需求和土壤供肥性能，合理施肥。

参比土种　扁砂黄泥土。

代表性单个土体　位于重庆市綦江区石林镇石鼓村大坝合作社，28°51′04.2″N，106°54′20.8″E，海拔 619 m，中山中坡，坡度分级为中坡，成土母质为奥陶系页岩风化残坡积物，旱地，种植玉米、红薯等，50 cm 深度土温 19.2℃。野外调查时间为 2015 年 8 月 13 日，编号 50-024。

Ap：　0～18 cm，浊黄（2.5Y 6/3，干），黄棕（2.5Y 5/3，润）；黏土，强发育中块状结构，稍坚实；很少量粗根和细根；多量动物穴；有 2%页岩碎屑；无石灰反应；向下层平滑模糊过渡。

Bw：18～28 cm，浊黄（2.5Y 6/3，干），黄棕（2.5Y 5/3，润）；砂质黏土，中等发育中块状结构，稍坚实；很少量细根；中量动物穴；有 5%页岩碎屑；无石灰反应；向下层波状清晰过渡。

C1：　28～80 cm，橙（5YR 6/6，干），亮红棕（5YR 5/6，润）；黏土，很弱发育小块状结构，疏松；很少量细根；少量动物穴；有 70%页岩碎屑；无石灰反应；向下层平滑模糊过渡。

C2：　80～150 cm，橙（5YR 6/6，干），亮红棕（5YR 5/6，润）；黏土，很弱发育小块状结构，疏松；有 80%页岩碎屑；很少量动物穴；无石灰反应。

石林系代表性单个土体剖面

石林系代表性单个土体物理性质

土层	深度/cm	砾石(>2 mm，体积分数)/%	细土颗粒组成（粒径：mm）/(g/kg)			质地	容重/(g/cm³)
			砂粒 2～0.05	粉粒 0.05～0.002	黏粒 <0.002		
Ap	0～18	2	289	296	415	黏土	1.22
Bw	18～28	5	474	142	384	砂质黏土	1.27
C1	28～80	70	308	283	409	黏土	1.04
C2	80～150	80	314	230	456	黏土	1.09

石林系代表性单个土体化学性质

深度/cm	pH(H₂O)	有机碳/(g/kg)	全氮(N)/(g/kg)	全磷(P)/(g/kg)	全钾(K)/(g/kg)	CEC/[cmol(+)/kg]	游离铁/(g/kg)
0～18	4.6	20.9	1.92	0.34	22.9	23.34	21.6
18～28	4.7	15.4	1.65	0.55	22.9	25.06	18.4
28～80	4.9	6.8	0.91	0.48	21.6	36.85	29.5
80～150	5.3	3.7	0.77	0.47	24.4	45.73	44.7

7.19.7　安居系（Anju Series）

土　族：黏壤质硅质混合型非酸性热性-普通铁质湿润雏形土
拟定者：慈　恩，胡　瑾，唐　江

安居系典型景观

分布与环境条件　主要分布在潼南、铜梁、合川等地，多位于涪江、嘉陵江等河流沿岸的高阶地上，海拔一般在 220～280 m，成土母质为第四系更新统老冲积物；旱地，玉米（套红薯）-油菜轮作。亚热带湿润季风气候，年日照时数 1100～1200 h，年平均气温 18.0～18.5℃，年降水量 1000～1100 mm，无霜期330～340 d。

土系特征与变幅　诊断层包括淡薄表层、雏形层；诊断特性包括湿润土壤水分状况、氧化还原特征、热性土壤温度状况、铁质特性等。成土母质为更新世冰水或流水堆积而成的老冲积物，其主要构成物质为黄色、黄红色黏土。剖面构型为 Ap-Br，土体厚度 100 cm 以上，层次质地构型为粉质黏壤土-粉壤土-壤土-粉壤土，无石灰反应，pH 5.0～5.9，土体色调为 10YR，游离铁含量 20～45 g/kg。耕作层之下土体结构面上有很少量至少量的铁锰斑纹，不同深度土层中有 1%～4%铁锰结核。该土系位于河流沿岸的高阶地上，目前已脱离地下水的影响。

对比土系　同一亚类不同土族的土系中，铜马系，颗粒大小级别为粗骨砂质；云盘系，颗粒大小级别为粗骨黏质，矿物学类型为伊利石混合型，石灰性和酸碱反应类别为酸性；柿坪系，颗粒大小级别为粗骨壤质，石灰性和酸碱反应类别为酸性；魏家系，颗粒大小级别为黏质，矿物学类型为伊利石型，石灰性和酸碱反应类别为石灰性；石林系，颗粒大小级别为黏质盖粗骨黏质，矿物学类型为伊利石型，石灰性和酸碱反应类别为酸性。

利用性能综述　该土系土体深厚，耕层质地偏黏，耕性一般，有机质含量较低，全氮含量中等，全磷含量低，全钾含量高。在改良利用上，应增施有机肥，实行秸秆还田和合理轮作等，改善土壤理化状况，培肥地力；根据作物养分需求和土壤供肥性能等，合理施肥，宜选施碱性肥料。

参比土种　面黄泥土。

代表性单个土体 位于重庆市铜梁区安居镇四面村 6 组，29°59′47.7″N，106°06′07.0″E，海拔 229 m，高阶地，成土母质为第四系更新统老冲积物，主要由黄色、黄红色黏土组成，旱地，玉米（套红薯）-油菜轮作，50 cm 深度土温 18.6℃。野外调查时间为 2015 年 10 月 1 日，编号 50-051。

安居系代表性单个土体剖面

Ap: 0～15 cm，浊黄橙（10YR 7/4，干），浊黄橙（10YR 6/4，润）；粉质黏壤土，中等发育中块状结构，稍坚实；很少量细根；多量动物穴；土体中有 1%次圆状砾石；无石灰反应；向下层平滑清晰过渡。

Br1: 15～40 cm，亮黄棕（10YR 7/6，干），亮黄棕（10YR 6/6，润）；粉质黏壤土，弱发育小块状结构，坚实；很少量细根；中量动物穴；结构面上有很少量铁锰斑纹，土体中有 1%球形铁锰结核；无石灰反应；向下层平滑模糊过渡。

Br2: 40～70 cm，亮黄棕（10YR 7/6，干），亮黄棕（10YR 6/6，润）；粉壤土，弱发育小块状结构，坚实；很少量细根；少量动物穴；结构面上有很少量铁锰斑纹，土体中有 2%球形铁锰结核；无石灰反应；向下层平滑模糊过渡。

Br3: 70～85 cm，亮黄棕（10YR 6/6，干），黄棕（10YR 5/6，润）；壤土，弱发育小块状结构，坚实；很少量细根；结构面上有少量铁锰斑纹，土体中有 4%球形铁锰结核；无石灰反应；向下层平滑模糊过渡。

Br4: 85～123 cm，亮黄棕（10YR 6/6，干），黄棕（10YR 5/6，润）；粉壤土，弱发育小块状结构，坚实；很少量细根；结构面上有少量铁锰斑纹，土体中有 4%球形和管状铁锰结核；无石灰反应；向下层平滑渐变过渡。

Br5: 123～140 cm，亮黄棕（10YR 7/6，干），亮黄棕（10YR 6/6，润）；粉壤土，弱发育小块状结构，坚实；结构面上有少量铁锰斑纹，土体中有 2%球形和管状铁锰结核。

安居系代表性单个土体物理性质

土层	深度 /cm	砾石 (>2 mm，体积分数)/%	细土颗粒组成（粒径：mm）/(g/kg)			质地	容重 /(g/cm³)
			砂粒 2～0.05	粉粒 0.05～0.002	黏粒 <0.002		
Ap	0～15	1	73	589	338	粉质黏壤土	1.39
Br1	15～40	1	83	630	287	粉质黏壤土	1.43
Br2	40～70	2	152	596	252	粉壤土	1.45
Br3	70～85	4	294	472	234	壤土	1.48
Br4	85～123	4	143	604	253	粉壤土	1.43
Br5	123～140	2	91	659	250	粉壤土	1.48

安居系代表性单个土体化学性质

深度 /cm	pH (H₂O)	有机碳 /(g/kg)	全氮(N) /(g/kg)	全磷(P) /(g/kg)	全钾(K) /(g/kg)	CEC /[cmol(+)/kg]	游离铁 /(g/kg)
0～15	5.3	6.4	1.19	0.34	25.4	19.7	35.6
15～40	5.9	2.2	0.70	0.22	27.9	26.5	38.7
40～70	5.0	1.1	0.58	0.16	24.7	21.5	30.8
70～85	5.0	1.3	0.47	0.16	22.7	15.0	24.5
85～123	5.6	1.1	0.34	0.14	25.9	16.6	28.7
123～140	5.7	0.4	0.64	0.15	26.1	11.0	28.8

7.20 漂白酸性湿润雏形土

7.20.1 胡家村系（**Hujiacun Series**）

土　族：黏壤质硅质混合型热性-漂白酸性湿润雏形土
拟定者：慈　恩，翁昊璐，李　松

分布与环境条件　主要分布在奉节、巫山等地，多位于长江沿岸的高阶地，坡度分级为中缓坡，海拔一般在 240～270 m，成土母质为第四系更新统老冲积物；荒草地，植被有黄荆、白茅等，植被覆盖度≥80%。亚热带湿润季风气候，年日照时数1400～1500 h，年平均气温16.5～17.0℃，年降水量1100～1200 mm，无霜期300～310 d。

胡家村系典型景观

土系特征与变幅　诊断层包括淡薄表层、雏形层；诊断特性包括滞水土壤水分状况、氧化还原特征、热性土壤温度状况等；诊断现象包括舌状现象。成土母质为更新世冰水或流水堆积而成的老冲积物，其主要构成物质为黄色、黄红色黏土。剖面构型为 Ah-Br，土体厚度在 100 cm 以上，层次质地构型为通体粉质黏壤土，无石灰反应，pH 5.1～5.9，土体色调为 10YR，部分 B 层游离铁含量<14 g/kg。20 cm 以下土体结构面上有很少量至少量的铁锰斑纹，40 cm 以下土体中有少量漂白物质。

对比土系　魏家系，分布区域相近，不同土类，B 层均有铁质特性，为铁质湿润雏形土。朱衣系，分布区域相近，不同土纲，砾石含量高，无雏形层发育，为新成土。

利用性能综述　该土系土体深厚，质地偏黏，通透性较差，保水保肥能力强；表层土壤有机质、全磷含量低，全氮含量很低，全钾含量较高。若发展旱作，应整治坡面水系，实行坡改梯或横坡耕作等，减少水土流失；抓好深耕炕土，增施有机肥和种植豆科绿肥等，改善土壤结构及肥力状况，促进土壤熟化；根据作物养分需求和土壤供肥性能，合理施肥。

参比土种　面黄泥土。

代表性单个土体　位于重庆市奉节县朱衣镇胡家村 5 组，31°01′31.3″N，109°23′52.5″E，海拔 256 m，高阶地，坡度分级为中缓坡，成土母质为第四系更新统老冲积物，由黄色、黄红色黏土组成，荒草地，植被有黄荆、白茅等，植被覆盖度≥80%，50 cm 深度土温 17.8℃。野外调查时间为 2017 年 7 月 31 日，编号 50-143。

胡家村系代表性单个土体剖面

Ah：0～20 cm，黄橙（10YR 8/8，干），亮黄棕（10YR 6/8，润）；粉质黏壤土，中等发育大块状结构，坚实；黄荆、白茅根系，中量粗根和很少量细根；少量动物穴；无石灰反应；向下层平滑模糊过渡。

Br1：20～41 cm，黄橙（10YR 8/8，干），亮黄棕（10YR 6/8，润）；粉质黏壤土，中等发育很大块状结构，坚实；白茅根系，很少量细根；很少量动物穴；结构面上有很少量铁锰斑纹；无石灰反应；向下层平滑模糊过渡。

Br2：41～70 cm，98%亮黄棕、2%橙白（98% 10YR 6/6、2% 10YR 8/1，干），98%黄棕、2%橙白（98% 10YR 5/6、2% 10YR 8/2，润）；粉质黏壤土，中等发育大块状结构，很坚实；白茅根系，很少量细根；结构面上有少量铁锰斑纹，土体中有很少量漂白物质；无石灰反应；向下层平滑渐变过渡。

Br3：70～116 cm，95%亮黄棕、5%橙白（95% 10YR 7/6 、5% 10YR 8/1，干），95%亮黄棕、5%橙白（95% 10YR 6/6、5% 10YR 8/2，润）；粉质黏壤土，弱发育中块状结构，很坚实；白茅根系，很少量细根；结构面上有少量铁锰斑纹，土体中有少量漂白物质；无石灰反应；向下层平滑模糊过渡。

Br4：116～130 cm，95%亮黄棕、5%橙白（95% 10YR 7/6、5% 10YR 8/1，干），95%亮黄棕、5%橙白（95% 10YR 6/6、5% 10YR 8/2，润）；粉质黏壤土，弱发育中块状结构，很坚实；结构面上有少量铁锰斑纹，土体中有少量漂白物质；无石灰反应。

胡家村系代表性单个土体物理性质

| 土层 | 深度/cm | 砾石(>2 mm，体积分数)/% | 细土颗粒组成 (粒径：mm)/(g/kg) | | | 质地 | 容重/(g/cm³) |
			砂粒 2～0.05	粉粒 0.05～0.002	黏粒 <0.002		
Ah	0～20	0	83	595	322	粉质黏壤土	1.44
Br1	20～41	0	59	653	288	粉质黏壤土	1.65
Br2	41～70	0	104	562	334	粉质黏壤土	1.76
Br3	70～116	0	133	535	332	粉质黏壤土	1.73
Br4	116～130	0	180	447	373	粉质黏壤土	1.69

胡家村系代表性单个土体化学性质

深度 /cm	pH (H₂O)	有机碳 /(g/kg)	全氮(N) /(g/kg)	全磷(P) /(g/kg)	全钾(K) /(g/kg)	CEC /[cmol(+)/kg]	游离铁 /(g/kg)
0～20	5.9	5.2	0.44	0.24	23.4	51.0	12.5
20～41	5.3	3.7	0.56	0.26	21.6	55.3	11.8
41～70	5.3	1.7	0.45	0.32	21.1	49.3	16.9
70～116	5.3	1.3	0.44	0.28	22.5	34.6	15.8
116～130	5.1	2.0	0.82	0.26	21.9	39.3	18.6

7.21 普通酸性湿润雏形土

7.21.1 红岩系（Hongyan Series）

土　族：粗骨壤质硅质混合型热性-普通酸性湿润雏形土
拟定者：慈　恩，唐　江，李　松

红岩系典型景观

分布与环境条件　主要分布在綦江、江津等地的丹霞地貌区，多位于白垩系地层出露的中山中坡，坡度分级为中坡，海拔一般在 600~800 m，成土母质为白垩系夹关组杂色砂岩风化残坡积物；旱地，种植玉米、红薯、黄豆等。亚热带湿润季风气候，年日照时数 1200~1300 h，年平均气温 15.5~17.0℃，年降水量 1100~1200 mm，无霜期 300~320 d。

土系特征与变幅　诊断层包括淡薄表层、雏形层；诊断特性包括准石质接触面、湿润土壤水分状况、热性土壤温度状况等。由白垩系夹关组杂色砂岩风化残坡积物发育而成，剖面构型为 Ap-Bw-R，土体厚度 50~60 cm，层次质地构型为砂质壤土-砂质黏壤土-砂质壤土，无石灰反应，pH 5.0~5.3，土体色调以 7.5YR 为主，游离铁含量<14 g/kg。不同深度层次中有 10%~35%砂岩碎屑。

对比土系　老瀛山系和朝音沟系，分布区域相近，不同土类，由相同岩石地层（夹关组）的砂岩发育而成，老瀛山系 B 层均有铝质现象，为铝质湿润雏形土，朝音沟系 B 层均有铁质特性，为铁质湿润雏形土。

利用性能综述　该土系土体稍深，耕层细土质地偏砂，含中量砾石，通透性好，保水保肥能力较弱；耕层土壤有机质、全磷、全钾含量较低，全氮含量低，pH 较低。在改良利用上，应整治坡面水系，改坡为梯，增加地表覆盖，减少水土流失；可适量施用石灰或其他土壤改良剂，调节土壤酸度；增施有机肥，实行秸秆还田和合理轮作，改善土壤理化性状，培肥地力；拣出耕层较大砾石，提高耕作质量；根据作物养分需求和土壤供肥性能，合理施肥。

参比土种　红紫砂土。

代表性单个土体 位于重庆市綦江区三角镇红岩村 3 社，29°01′58.3″N，106°46′06.9″E，海拔 696 m，中山中坡，坡度分级为中坡，成土母质为白垩系夹关组紫色、灰黄色等砂岩风化残坡积物，旱地，种植玉米、红薯、黄豆等，50 cm 深度土温 19.0℃。野外调查时间为 2015 年 8 月 11 日，编号 50-021。

Ap: 0~18 cm，浊橙（7.5YR 6/4，干），棕（7.5YR 4/4，润）；砂质壤土，弱发育小块状结构，疏松；很少量细根；中量动物穴；土体中有 10%砂岩碎屑；无石灰反应；向下层平滑模糊过渡。

Bw1: 18~50 cm，75%浊橙、15%浊橙、10%红橙（75% 7.5YR 7/4、15% 7.5YR 6/4、10% 10R 6/6，干），75%浊棕、15%棕、10%红（75% 7.5YR 5/4、15% 7.5YR 4/4、10% 10R 4/6，润）；砂质黏壤土，弱发育中块状结构，稍坚实；很少量细根；少量动物穴；土体中有 35%砂岩碎屑；无石灰反应；向下层波状渐变过渡。

Bw2: 50~60 cm，浊橙（7.5YR 6/4，干），棕（7.5YR 4/4，润）；砂质壤土，弱发育中块状结构，稍坚实；很少量细根；少量动物穴；土体中有 15%砂岩碎屑；无石灰反应；向下层波状突变过渡。

R: 60 cm~，砂岩。

红岩系代表性单个土体剖面

红岩系代表性单个土体物理性质

土层	深度 /cm	砾石 (>2 mm, 体积分数)/%	细土颗粒组成 (粒径：mm)/(g/kg)			质地	容重 /(g/cm³)
			砂粒 2~0.05	粉粒 0.05~0.002	黏粒 <0.002		
Ap	0~18	10	562	263	175	砂质壤土	1.50
Bw1	18~50	35	548	230	222	砂质黏壤土	1.66
Bw2	50~60	15	576	227	197	砂质壤土	1.67

红岩系代表性单个土体化学性质

深度 /cm	pH (H₂O)	有机碳 /(g/kg)	全氮(N) /(g/kg)	全磷(P) /(g/kg)	全钾(K) /(g/kg)	CEC /[cmol(+)/kg]	游离铁 /(g/kg)
0~18	5.0	6.8	0.72	0.55	14.4	10.8	9.3
18~50	5.3	4.1	0.52	0.35	14.6	10.9	9.0
50~60	5.1	6.6	0.69	0.33	15.6	11.6	9.3

7.22　漂白简育湿润雏形土

7.22.1　钓鱼城系（Diaoyucheng Series）

土　族：黏壤质硅质混合型非酸性热性-漂白简育湿润雏形土
拟定者：慈　恩，唐　江，李　松

钓鱼城系典型景观

分布与环境条件　主要分布在合川、铜梁、大足、荣昌等地，多位于侏罗系沙溪庙组地层出露的低丘上坡较平缓地段，坡度分级为缓坡，海拔一般在230～300 m，成土母质为侏罗系沙溪庙组紫色泥岩风化残坡积物；旱地，种植蚕豆、玉米、红薯等。亚热带湿润季风气候，年日照时数 1100～1300 h，年平均气温 17.5～18.0℃，年降水量 1100～1200 mm，无霜期 330～340 d。

土系特征与变幅　诊断层包括漂白层、雏形层；诊断特性包括准石质接触面、滞水土壤水分状况、氧化还原特征、热性土壤温度状况等。由侏罗系沙溪庙组紫色泥岩风化残坡积物发育而成，剖面构型为 Ap-Br-E-R，土体厚度 70～90 cm，层次质地构型为壤土-粉壤土-壤土，无石灰反应，pH 4.9～6.3，土体色调为 7.5YR，游离铁含量<14 g/kg。漂白层厚度 10 cm 左右，耕作层以下土体结构面上有很少量铁锰斑纹。不同深度层次中有 5%～15%泥岩碎屑。

对比土系　永黄系，同一亚类不同土族，成土母质相似，颗粒大小级别为壤质，无漂白层发育。

利用性能综述　该土系土体稍深，质地适中，疏松易耕，保肥性能好；耕层土壤有机质含量较低，全氮含量低，全磷、全钾含量中等，pH 低。在改良利用上，应改善排水条件，防止渍害；可适量施用石灰、草木灰或其他土壤改良剂，调节土壤酸度；增施有机肥，实行秸秆还田和合理轮作，改善土壤理化性状，培肥地力；根据作物养分需求和土壤供肥性能，合理施肥。

参比土种　酸紫砂泥土。

代表性单个土体　位于重庆市合川区钓鱼城街道金马村 12 组，30°04′35.0″N，

106°18′29.9″E，海拔 254 m，低丘上坡较平缓地段，坡度分级为缓坡，成土母质为侏罗系沙溪庙组紫色泥岩风化残坡积物，旱地，种植蚕豆、玉米、红薯等，50 cm 深度土温 18.5℃。野外调查时间为 2015 年 4 月 10 日，编号 50-006。

Ap：0～20 cm，灰棕（7.5YR 4/2，干），黑棕（7.5YR 3/2，润）；壤土，弱发育小块状结构，疏松；很少量细根；少量动物穴；土体中有 5%泥岩碎屑；无石灰反应；向下层平滑模糊过渡。

Br：20～63 cm，灰棕（7.5YR 4/2，干），黑棕（7.5YR 3/2，润）；粉壤土，弱发育大块状结构，稍坚实；很少量细根；少量动物穴；结构面上有很少量铁锰斑纹；土体中有 5%泥岩碎屑；无石灰反应；向下层平滑渐变过渡。

E：63～75 cm，90%淡棕灰、10%灰棕（90%7.5YR 7/2、10%7.5YR 4/2，干），90%灰棕、10%黑棕（90%7.5YR 6/2、10%7.5YR 3/2，润）；壤土，弱发育小块状结构，稍坚实；很少量细根；结构面上有很少量铁锰斑纹，土体中有 90%漂白物质和 15%泥岩碎屑；无石灰反应；向下层波状突变过渡。

钓鱼城系代表性单个土体剖面

R：75～92 cm，泥岩半风化体。

钓鱼城系代表性单个土体物理性质

土层	深度 /cm	砾石 (>2 mm, 体积分数)/%	细土颗粒组成 (粒径：mm)/(g/kg)			质地	容重 /(g/cm³)
			砂粒 2～0.05	粉粒 0.05～0.002	黏粒 <0.002		
Ap	0～20	5	286	450	264	壤土	1.23
Br	20～63	5	248	562	190	粉壤土	1.59
E	63～75	15	425	331	244	壤土	1.43

钓鱼城系代表性单个土体化学性质

深度 /cm	pH (H₂O)	有机碳 /(g/kg)	全氮(N) /(g/kg)	全磷(P) /(g/kg)	全钾(K) /(g/kg)	CEC /[cmol(+)/kg]	游离铁 /(g/kg)
0～20	4.9	9.8	0.53	0.66	17.7	42.3	7.1
20～63	5.5	5.8	0.70	0.62	17.9	46.4	8.7
63～75	6.3	2.2	0.32	0.18	14.7	44.8	4.2

7.22.2　永黄系（Yonghuang Series）

土　　族：壤质硅质混合型非酸性热性-漂白简育湿润雏形土
拟定者：慈　恩，连茂山，李　松

永黄系典型景观

分布与环境条件　主要分布在江津、永川等地，多位于侏罗系沙溪庙组地层出露的低丘坡麓平缓地段，坡度分级为微坡或平地，海拔一般在 200～300 m，成土母质为侏罗系沙溪庙组紫色泥岩风化残坡积物；旱地（水改旱），主要种植油菜、高粱等。亚热带湿润季风气候，年日照时数 1100～1200 h，年平均气温 18.0～18.5℃，年降水量 1000～1100 mm，无霜期 340～350 d。

土系特征与变幅　诊断层包括淡薄表层、舌状层、雏形层；诊断特性包括准石质接触面、湿润土壤水分状况、氧化还原特征、热性土壤温度状况等。剖面构型为 Ap-Br-Br/E-R，土体厚度多在 60～80 cm，层次质地构型为壤土-粉壤土，无石灰反应，pH 5.2～5.8，土体色调为 10YR，部分 B 层游离铁含量<14 g/kg。受水改旱之前的人为滞水影响，土体结构面上有中量至多量的铁锰斑纹，50 cm 左右深度以下土层内有 25%漂白物质。该土系水改旱年限较长，已无水耕表层。

对比土系　钓鱼城系，同一亚类不同土族，成土母质相似，颗粒大小级别为黏壤质，有漂白层发育。

利用性能综述　该土系土体稍深，质地适中，耕性好，有一定的保水保肥能力；耕层土壤有机质含量低，全氮、全磷含量很低，全钾含量较低，pH 较低。若发展旱作，应改善排水条件，优化土壤水分状况；酌情施用石灰或其他土壤改良剂，调节土壤酸度；多施有机肥，实行秸秆还田和合理轮作等，提高有机质含量，增强土壤保肥供肥能力；根据作物养分需求和土壤供肥性能，合理施肥。

参比土种　酸紫黄砂泥土。

代表性单个土体　位于重庆市江津区永兴镇黄庄村 5 组，29°03′47.8″N，106°11′34.7″E，海拔 260 m，低丘坡麓平缓地段，坡度分级为平地，成土母质为侏罗系沙溪庙组紫色泥岩风化残坡积物，旱地，水改旱 10 年以上，现主要种植油菜、高粱等，50 cm 深度土温 19.3℃。野外调查时间为 2015 年 10 月 5 日，编号 50-054。

Ap: 0~16 cm, 浊黄橙 (10YR 6/3, 干), 浊黄棕 (10YR 5/3, 润); 壤土, 中等发育中块状结构, 稍坚实; 很少量细根; 少量动物穴; 结构面上有中量铁锰斑纹; 无石灰反应; 向下层平滑模糊过渡。

Br1: 16~22 cm, 浊黄橙 (10YR 6/3, 干), 浊黄棕 (10YR 5/3, 润); 壤土, 中等发育大棱块状结构, 坚实; 很少量细根; 少量动物穴; 结构面上有中量铁锰斑纹; 无石灰反应; 向下层平滑渐变过渡。

Br2: 22~48 cm, 浊黄橙 (10YR 6/4, 干), 浊黄棕 (10YR 5/4, 润); 粉壤土, 中等发育很大棱块状结构, 坚实; 很少量细根; 很少量动物穴; 结构面上有中量铁锰斑纹; 无石灰反应; 向下层波状渐变过渡。

永黄系代表性单个土体剖面

Br/E: 48~68 cm, 75%浊黄橙、25%橙白 (75% 10YR 7/4、25% 10YR 8/1, 干), 75%浊黄橙、25%橙白 (75% 10YR 6/4、25% 10YR 8/2, 润); 粉壤土, 弱发育大棱块状结构, 坚实; 结构面上有多量铁锰斑纹, 土体中有 25%漂白物质和 20%泥岩碎屑; 无石灰反应; 向下层不规则突变过渡。

R: 68~112 cm, 泥岩半风化体。

永黄系代表性单个土体物理性质

土层	深度 /cm	砾石 (>2 mm, 体积分数)/%	细土颗粒组成 (粒径: mm)/(g/kg)			质地	容重 /(g/cm³)
			砂粒 2~0.05	粉粒 0.05~0.002	黏粒 <0.002		
Ap	0~16	0	335	443	222	壤土	1.62
Br1	16~22	0	321	489	190	壤土	1.73
Br2	22~48	0	257	541	202	粉壤土	1.68
Br/E	48~68	20	370	503	127	粉壤土	1.54

永黄系代表性单个土体化学性质

深度 /cm	pH (H₂O)	有机碳 /(g/kg)	全氮(N) /(g/kg)	全磷(P) /(g/kg)	全钾(K) /(g/kg)	CEC /[cmol(+)/kg]	游离铁 /(g/kg)
0~16	5.2	4.2	0.43	0.13	10.9	16.1	12.7
16~22	5.3	3.1	0.39	0.11	11.1	17.4	10.1
22~48	5.5	3.2	0.42	0.16	13.0	22.6	9.8
48~68	5.8	1.2	0.27	0.03	16.8	39.8	18.4

7.23 普通简育湿润雏形土

7.23.1 三庙系（Sanmiao Series）

土　族：粗骨壤质硅质混合型非酸性热性-普通简育湿润雏形土
拟定者：慈　恩，胡　瑾，唐　江

分布与环境条件 主要分布在潼南、合川等地，多位于涪江、嘉陵江等河流沿岸的高阶地上，海拔一般在 240～280 m，成土母质为第四系更新统老冲积物；旱地，油菜-红薯/花生轮作。亚热带湿润季风气候，年日照时数 1100～1200 h，年平均气温 17.5～18.0℃，年降水量 1000～1100 mm，无霜期 330～340 d。

三庙系典型景观

土系特征与变幅 诊断层包括雏形层；诊断特性包括湿润土壤水分状况、热性土壤温度状况等。成土母质为更新世冰水或流水堆积而成的老冲积物，主要由黄色黏土和卵石组成。剖面构型为 Ap-Bw-C，土体厚度 100 cm 以上，层次质地构型为壤土-粉壤土，无石灰反应，pH 5.6～6.7，土体色调为 7.5YR，游离铁含量<14 g/kg。不同深度层次中有 10%～60%次圆状砾石（卵石），50 cm 深度以下为富含卵石的母质层。

对比土系 南溪系，同一亚类不同土族，位于中、低山坡地，由侏罗系蓬莱镇组砂岩、泥岩风化坡积物发育而成，土壤颗粒大小级别为黏壤质，石灰性和酸碱反应类别为石灰性。

利用性能综述 该土系土体深厚，耕层细土质地适中，含中量卵石，耕性较差，通透性较好，保肥能力弱；耕层土壤有机质、全氮和全磷含量较低，全钾含量低。在改良利用上，应增施有机肥，实行秸秆还田和合理轮作等，改善土壤理化性状，提升土壤保肥供肥能力；适度深翻，拣出卵石，改善耕性和作物根系伸展环境；根据作物养分需求和土壤供肥性能，合理施肥。

参比土种 卵石黄泥土。

代表性单个土体 位于重庆市合川区三庙镇安塘村 13 组，30°13′56.6″N，106°10′26.3″E，海拔 244 m，高阶地，成土母质为第四系更新统老冲积物，主要由黄色黏土和卵石组成，旱地，油菜-红薯/花生轮作，50 cm 深度土温 18.4℃。野外调查时间为 2015 年 3 月 20 日，编号 50-004。

Ap：0～20 cm，浊棕（7.5YR 6/3，干），棕（7.5YR 4/3，润）；壤土，弱发育小块状结构，疏松；很少量粗根和细根；少量蚯蚓孔道，内有球形蚯蚓粪便；土体中有 10%次圆状砾石，很少量砖块碎屑；无石灰反应；向下层平滑模糊过渡。

Bw：20～50 cm，浊棕（7.5YR 6/3，干），棕（7.5YR 4/3，润）；粉壤土，弱发育小块状结构，稍坚实；很少量细根；少量蚯蚓孔道，内有球形蚯蚓粪便；土体中有 20%次圆状砾石；无石灰反应；向下层平滑渐变过渡。

C： 50～135 cm，浊橙（7.5YR 6/4，干），浊棕（7.5YR 5/3，润）；粉壤土，弱发育小块状结构，稍坚实；土体中有 60%次圆状砾石；无石灰反应。

三庙系代表性单个土体剖面

三庙系代表性单个土体物理性质

土层	深度/cm	砾石(>2 mm,体积分数)/%	细土颗粒组成 (粒径：mm)/(g/kg)			质地	容重/(g/cm³)
			砂粒 2～0.05	粉粒 0.05～0.002	黏粒 <0.002		
Ap	0～20	10	479	314	207	壤土	1.23
Bw	20～50	20	270	548	182	粉壤土	1.19
C	50～135	60	100	645	255	粉壤土	1.01

三庙系代表性单个土体化学性质

深度/cm	pH(H₂O)	有机碳/(g/kg)	全氮(N)/(g/kg)	全磷(P)/(g/kg)	全钾(K)/(g/kg)	CEC/[cmol(+)/kg]	游离铁/(g/kg)
0～20	5.6	10.4	0.91	0.50	8.0	9.8	10.7
20～50	6.7	4.8	0.55	0.34	8.6	8.5	11.5
50～135	6.3	4.3	0.54	0.20	9.2	12.7	13.3

7.23.2　南溪系（Nanxi Series）

土　族：黏壤质硅质混合型石灰性热性-普通简育湿润雏形土
拟定者：慈　恩，唐　江，李　松

分布与环境条件　主要分布在云阳、开州、忠县、涪陵等地，多位于侏罗系蓬莱镇组地层出露的中、低山坡地，坡度分级为中坡，海拔一般在 400~600 m，成土母质为侏罗系蓬莱镇组砂岩、泥岩风化坡积物；旱地，种植玉米、红薯、马铃薯等。亚热带湿润季风气候，年日照时数 1400~1500 h，年平均气温 16.5~18.0℃，年降水量 1100~1200 mm，无霜期 275~295 d。

南溪系典型景观

土系特征与变幅　诊断层包括雏形层；诊断特性包括湿润土壤水分状况、热性土壤温度状况、石灰性等。由侏罗系蓬莱镇组砂岩、泥岩风化坡积物发育而成，剖面构型为 Ap-Bw，土体厚度 100 cm 以上，层次质地构型为砂质黏壤土-黏壤土-砂质黏壤土-黏壤土-砂质壤土，通体有石灰反应，pH 7.6~7.8，土体色调为 7.5YR，游离铁含量<14 g/kg，$CaCO_3$ 相当物含量>10 g/kg。土体中部分层次有少量岩石碎屑。

对比土系　三庙系，同一亚类不同土族，位于河流沿岸的高阶地，由第四系更新统老冲积物发育而成，颗粒大小级别为粗骨壤质，石灰性和酸碱反应类别为非酸性。

利用性能综述　该土系土体深厚，耕层土壤砂黏比例适中，耕性较好，有一定的保水保肥能力；耕层土壤有机质含量较低，全氮、全磷含量低，全钾含量中等。在改良利用上，应整治坡面水系，改坡为梯，搞好间套作，增加地表活体覆盖，护土防冲；增施有机肥，实行秸秆还田和种植豆科养地作物等，改善土壤理化性状，培肥地力；根据作物养分需求和土壤供肥性能，合理施肥。

参比土种　棕紫砂泥土。

代表性单个土体　位于重庆市云阳县南溪镇宏实村 5 组，31°08′38.3″N，108°51′40.0″E，海拔 446 m，中山下坡，坡度分级为中坡，成土母质为侏罗系蓬莱镇组砂岩、泥岩风化坡积物，旱地，种植玉米、红薯、马铃薯等，50 cm 深度土温 17.6℃。野外调查时间为 2016 年 1 月 19 日，编号 50-089。

Ap: 0～19 cm，浊棕（7.5YR 6/3，干），棕（7.5YR 4/3，润）；砂质黏壤土，中等发育小块状结构，疏松；很少量极细根；中量动物穴；土体中有少量草木炭；轻度石灰反应；向下层平滑模糊过渡。

Bw1: 19～30 cm，浊棕（7.5YR 6/3，干），棕（7.5YR 4/3，润）；黏壤土，中等发育中块状结构，稍坚实；很少量极细根；很少量动物穴；土体中有 2%岩石碎屑，少量草木炭；轻度石灰反应；向下层平滑模糊过渡。

Bw2: 30～65 cm，浊棕（7.5YR 6/3，干），棕（7.5YR 4/3，润）；砂质黏壤土，中等发育小块状结构，稍坚实；土体中有 2%岩石碎屑，少量草木炭；轻度石灰反应；向下层平滑模糊过渡。

Bw3: 65～90 cm，浊棕（7.5YR 6/3，干），棕（7.5YR 4/3，润）；黏壤土，弱发育中块状结构，稍坚实；土体中有 2%岩石碎屑；轻度石灰反应；向下层平滑模糊过渡。

南溪系代表性单个土体剖面

Bw4: 90～120 cm，浊橙（7.5YR 6/4，干），棕（7.5YR 4/4，润）；黏壤土，弱发育中块状结构，稍坚实；土体中有 2%岩石碎屑；轻度石灰反应；向下层平滑模糊过渡。

Bw5: 120～140 cm，浊橙（7.5YR 6/4，干），棕（7.5YR 4/4，润）；砂质壤土，弱发育小块状结构，疏松；土体中有 2%岩石碎屑；轻度石灰反应。

南溪系代表性单个土体物理性质

| 土层 | 深度 /cm | 砾石 (>2 mm，体积分数)/% | 细土颗粒组成 (粒径：mm)/(g/kg) | | | 质地 | 容重 /(g/cm³) |
			砂粒 2～0.05	粉粒 0.05～0.002	黏粒 <0.002		
Ap	0～19	0	495	270	235	砂质黏壤土	1.43
Bw1	19～30	2	391	317	292	黏壤土	1.51
Bw2	30～65	2	544	234	222	砂质黏壤土	1.52
Bw3	65～90	2	441	277	282	黏壤土	1.54
Bw4	90～120	2	398	297	305	黏壤土	1.51
Bw5	120～140	2	568	242	190	砂质壤土	1.54

南溪系代表性单个土体化学性质

深度 /cm	pH (H₂O)	有机碳 /(g/kg)	全氮(N) /(g/kg)	全磷(P) /(g/kg)	全钾(K) /(g/kg)	CEC /[cmol(+)/kg]	游离铁 /(g/kg)
0～19	7.6	8.3	0.72	0.31	19.5	18.2	6.3
19～30	7.6	5.2	0.59	0.29	19.5	24.0	7.9
30～65	7.8	3.0	0.53	0.27	21.7	15.1	6.4
65～90	7.7	4.9	0.57	0.24	23.8	22.5	7.9
90～120	7.6	3.4	0.28	0.23	21.4	21.8	8.3
120～140	7.6	3.9	0.37	0.17	18.8	12.1	5.8

第8章 新 成 土

8.1 潜育潮湿冲积新成土

8.1.1 滴水系（Dishui Series）

土　族：黏质伊利石型石灰性热性-潜育潮湿冲积新成土
拟定者：慈　恩，胡　瑾，唐　江

滴水系典型景观

分布与环境条件　主要分布在开州、云阳等地，位于长江支流沿岸的消落带，海拔一般在 160～170 m，成土母质为异源母质，上部为第四系全新统冲积物，下部为侏罗系沙溪庙组紫色砂、泥岩风化残坡积物；内陆滩涂，生长有空心莲子草、蓼草、狗牙根、苍耳等。亚热带湿润季风气候，年日照时数 1300～1400 h，年平均气温 18.0～18.5 ℃，年降水量 1200～1300 mm，无霜期 300～310 d。

土系特征与变幅　诊断层包括淡薄表层；诊断特性包括冲积物岩性特征、潮湿土壤水分状况、潜育特征、氧化还原特征、热性土壤温度状况、石灰性等。剖面构型为 Ah-Cr-2Apgb-2Bg-2Br-2Bg，土体厚度 100 cm 以上，层次质地构型为粉壤土-粉质黏壤土-黏土-粉质黏壤土-粉壤土，80 cm 深度以上层次有石灰反应，pH 7.0～8.3。季节性出露水面，结构面上有少量至中量的铁锰斑纹，埋藏耕作层和潜育特征的出现深度为 50～70 cm。由冲积物发育的上部土体均有石灰反应，$CaCO_3$ 相当物含量 110～125 g/kg。因埋藏耕作层的上覆土体厚度≥50 cm，故按上覆土体构型划分高级单元，将该土系归为新成土土纲。

对比土系　佛耳系，相似地形部位不同亚类，通体无潜育特征，有石灰性，为石灰潮湿冲积新成土。

利用性能综述　该土系土体深厚，渍水严重，由冲积物发育的上部土层粉粒含量高，土壤结构差，土壤有机质、全氮含量低，全磷、全钾含量较低。该土系位于长江支流河漫滩，施用农药和化肥易进入重要水体，不宜耕种。

参比土种 淤滩土。

代表性单个土体 位于重庆市开州区丰乐街道滴水村 2 组，31°12′48.4″N，108°25′41.7″E，海拔 164 m，河漫滩，成土母质为异源母质，上部为第四系全新统冲积物，下部为侏罗系沙溪庙组紫色砂、泥岩风化残坡积物，内陆滩涂，生长有空心莲子草、蓼草、狗牙根、苍耳等，50 cm 深度土温 17.7℃。野外调查时间为 2016 年 4 月 27 日，编号 50-132。

Ah: 0～14 cm，淡黄（2.5Y 7/3，干），黄棕（2.5Y 5/3，润）；粉壤土，弱发育中块状结构，疏松；很少量细根；中量动物穴；结构面上有很少量铁锰斑纹；极强石灰反应；向下层平滑模糊过渡。

Cr1: 14～30 cm，淡黄（2.5Y 7/3，干），黄棕（2.5Y 5/3，润）；粉质黏壤土，冲积层理明显，稍坚实；很少量细根；少量动物穴；裂隙壁上有少量铁锰斑纹；极强石灰反应；向下层平滑模糊过渡。

Cr2: 30～53 cm，淡黄（2.5Y 7/3，干），黄棕（2.5Y 5/3，润）；粉质黏壤土，冲积层理明显，稍坚实；很少量细根；少量动物穴；裂隙壁上有少量铁锰斑纹；极强石灰反应；向下层平滑模糊过渡。

Cr3: 53～62 cm，淡黄（2.5Y 7/3，干），黄棕（2.5Y 5/3，润）；粉质黏壤土，冲积层理明显，稍坚实；很少量细根；少量动物穴；裂隙壁上有少量铁锰斑纹；极强石灰反应；向下层平滑突变过渡。

滴水系代表性单个土体剖面

2Apgb: 62～80 cm，棕灰（7.5YR 6/1，干），棕灰（10YR 5/1，润）；黏土，强发育中块状结构，稍坚实；很少量细根；少量动物穴；结构面上有少量铁锰斑纹；强度亚铁反应，轻度石灰反应；向下层平滑模糊过渡。

2Bg1: 80～118 cm，棕灰（7.5YR 6/1，干），棕灰（10YR 5/1，润）；粉质黏壤土，中等发育大块状结构，坚实；很少量细根；结构面上有中量铁锰斑纹；强度亚铁反应，无石灰反应；向下层不规则渐变过渡。

2Br: 118～133 cm，浊棕（7.5YR 6/3，干），浊黄棕（10YR 5/3，润）；粉质黏壤土，弱发育中块状结构，很坚实；结构面上有中量铁锰斑纹；中度亚铁反应，无石灰反应；向下层平滑渐变过渡。

2Bg2：133～148 cm，灰棕（7.5YR 6/2，干），灰黄棕（10YR 4/2，润）；粉壤土，弱发育中块状结构，很坚实；结构面上有中量铁锰斑纹；强度亚铁反应，无石灰反应。

滴水系代表性单个土体物理性质

| 土层 | 深度/cm | 砾石(>2 mm，体积分数)/% | 细土颗粒组成 (粒径：mm)/(g/kg) | | | 质地 | 容重/(g/cm³) |
			砂粒2～0.05	粉粒0.05～0.002	黏粒<0.002		
Ah	0～14	0	188	568	244	粉壤土	1.36
Cr1	14～30	0	37	686	277	粉质黏壤土	1.44
Cr2	30～53	0	60	653	287	粉质黏壤土	1.48
Cr3	53～62	0	43	628	329	粉质黏壤土	1.33
2Apgb	62～80	0	179	347	474	黏土	1.29
2Bg1	80～118	0	173	429	398	粉质黏壤土	1.47
2Br	118～133	0	189	532	279	粉质黏壤土	1.70
2Bg2	133～148	0	257	541	202	粉壤土	1.65

滴水系代表性单个土体化学性质

深度/cm	pH(H₂O)	有机碳/(g/kg)	全氮(N)/(g/kg)	全磷(P)/(g/kg)	全钾(K)/(g/kg)	CEC/[cmol(+)/kg]	游离铁/(g/kg)
0～14	8.2	5.5	0.51	0.44	12.6	32.8	10.7
14～30	8.3	3.8	0.39	0.44	12.3	24.1	10.9
30～53	8.3	2.8	0.38	0.45	13.2	26.7	11.3
53～62	8.2	5.4	0.49	0.48	13.7	23.3	11.8
62～80	7.6	16.7	1.40	0.23	18.0	24.1	8.5
80～118	7.0	13.9	1.01	0.13	18.3	32.1	8.5
118～133	7.0	2.8	0.32	0.24	18.6	32.3	13.8
133～148	7.1	2.6	0.26	0.21	17.9	20.8	9.9

8.2 石灰潮湿冲积新成土

8.2.1 佛耳系（Foer Series）

土　族：壤质硅质混合型热性-石灰潮湿冲积新成土
拟定者：慈　恩，胡　瑾，唐　江

分布与环境条件　主要分布在重庆市境内嘉陵江干流及主要支流沿岸的河漫滩后缘，海拔一般在 185～200 m，成土母质为第四系全新统冲积物；旱地，种植豌豆、卷心菜、玉米等。亚热带湿润季风气候，年日照时数 1200～1300 h，年平均气温 18.0～18.5℃，年降水量 1100～1200 mm，无霜期 330～340 d。

佛耳系典型景观

土系特征与变幅　诊断层包括淡薄表层；诊断特性包括冲积物岩性特征、潮湿土壤水分状况、氧化还原特征、热性土壤温度状况、石灰性等。剖面构型为 Ap-Cr-Apb-Br，土体厚度 100 cm 以上，层次质地型为壤质砂土-粉壤土-壤土-粉壤土，通体有石灰反应，pH 8.1～8.6，$CaCO_3$ 相当物含量 20～60 g/kg。土体结构面上有很少量铁锰斑纹。埋藏耕作层的出现深度≥50 cm，其成土母质也是第四系全新统冲积物。因埋藏耕作层的上覆土体厚度≥50 cm，故按上覆土体构型划分高级单元，将该土系归为新成土土纲。

对比土系　滴水系，相似地形部位不同亚类，50～100 cm 深度范围内有潜育特征，为潜育潮湿冲积新成土。

利用性能综述　该土系土体深厚，耕层质地砂，通透性好，松散易耕，保水保肥能力弱；耕层土壤有机质含量低，全氮、全磷含量很低，全钾含量较低。在改良利用上，可掺泥改砂，增施有机肥和实行合理轮作等，改善土壤理化性状，提高土壤保水保肥能力；根据作物养分需求和土壤供肥性能，合理施肥，宜少量多次，避免养分流失。因该土系靠近河流水体，种植农作物存在较高的环境风险，建议退耕。

参比土种　新积钙质灰棕砂土。

代表性单个土体　位于重庆市合川区钓鱼城街道佛耳村 7 组，29°59′57.3″N，106°16′42.0″E，海拔 195 m，河漫滩后缘，成土母质为第四系全新统冲积物，旱地，种植豌豆、卷心菜、玉米等，50 cm 深度土温 18.6℃。野外调查时间为 2015 年 3 月 19 日，编号 50-001。

佛耳系代表性单个土体剖面

Ap:　0～20 cm，灰棕（7.5YR 5/2，干），灰棕（7.5YR 4/2，润）；壤质砂土，单粒状，无结构，松散；很少量细根；中量蚯蚓孔道，内有球形蚯蚓粪便；轻度石灰反应；向下层波状模糊过渡。

Cr:　20～50 cm，灰棕（7.5YR 5/2，干），灰棕（7.5YR 4/2，润）；壤质砂土，单粒状，无结构，松散；很少量细根；少量蚯蚓孔道，内有球形蚯蚓粪便；轻度石灰反应；向下层平滑清晰过渡。

Apb:　50～87 cm，浊棕（7.5YR 6/3，干），棕（7.5YR 4/3，润）；粉壤土，中等发育中块状结构，稍坚实；很少量细根；多量蚯蚓孔道，内有球形蚯蚓粪便；结构面上有很少量铁锰斑纹，土体中有很少量砖瓦碎屑；中度石灰反应；向下层波状渐变过渡。

Br1:　87～105 cm，浊棕（7.5YR 6/3，干），棕（7.5YR 4/3，润）；壤土，中等发育中块状结构，疏松；很少量细根；中量蚯蚓孔道，内有球形蚯蚓粪便；结构面上有很少量铁锰斑纹；中度石灰反应；向下层平滑模糊过渡。

Br2:　105～133 cm，浊橙（7.5YR 6/4，干），浊棕（7.5YR 5/4，润）；粉壤土，中等发育中块状结构，疏松；很少量细根；中量蚯蚓孔道，内有球形蚯蚓粪便；结构面上有很少量铁锰斑纹，土体中有很少量砖瓦碎屑；轻度石灰反应；向下层平滑模糊过渡。

Br3:　133～150 cm，橙（7.5YR 6/6，干），棕（7.5YR 4/6，润）；粉壤土，弱发育中块状结构，稍坚实；很少量细根；结构面上有很少量铁锰斑纹，土体中有 2%次圆状岩石碎屑；轻度石灰反应。

佛耳系代表性单个土体物理性质

土层	深度/cm	砾石（>2 mm，体积分数)/%	细土颗粒组成（粒径：mm)/(g/kg)			质地	容重/(g/cm³)
			砂粒 2～0.05	粉粒 0.05～0.002	黏粒 <0.002		
Ap	0～20	0	864	92	44	壤质砂土	1.24
Cr	20～50	0	864	88	48	壤质砂土	1.24
Apb	50～87	0	354	519	127	粉壤土	1.54
Br1	87～105	0	422	485	93	壤土	1.50
Br2	105～133	0	250	633	117	粉壤土	1.58
Br3	133～150	2	153	619	228	粉壤土	1.64

佛耳系代表性单个土体化学性质

深度 /cm	pH (H$_2$O)	有机碳 /(g/kg)	全氮(N) /(g/kg)	全磷(P) /(g/kg)	全钾(K) /(g/kg)	CEC /[cmol(+)/kg]	游离铁 /(g/kg)
0～20	8.6	4.3	0.38	0.15	13.0	7.0	3.2
20～50	8.6	3.3	0.22	0.36	12.8	5.6	4.3
50～87	8.5	6.7	0.52	0.25	14.7	22.6	10.1
87～105	8.6	2.7	0.44	0.51	14.5	11.6	11.2
105～133	8.6	2.2	0.44	0.41	14.6	26.0	14.1
133～150	8.1	1.2	0.51	0.33	15.4	34.2	16.6

8.3　石灰紫色正常新成土

8.3.1　新兴系（Xinxing Series）

土　族：粗骨壤质硅质混合型热性-石灰紫色正常新成土
拟定者：慈　恩，唐　江，李　松

新兴系典型景观

分布与环境条件　主要分布在大足、涪陵、丰都、垫江等地，多位于侏罗系蓬莱镇组紫色泥岩盖顶的丘陵和低山顶部，坡度分级为中缓坡，海拔一般在400～600 m，成土母质为侏罗系蓬莱镇组紫色泥岩风化残积物；旱地，玉米（套红薯）-油菜轮作或红薯-油菜轮作等。亚热带湿润季风气候，年日照时数1100～1200 h，年平均气温16.0～17.0℃，年降水量1000～1100 mm，无霜期310～330 d。

土系特征与变幅　诊断特性包括紫色砂、页岩岩性特征、准石质接触面、湿润土壤水分状况、热性土壤温度状况、石灰性等。由侏罗系蓬莱镇组紫色泥岩风化残积物发育而成，剖面构型为 Ap-R，土体厚度<25 cm，层次质地构型为通体壤土，通体有石灰反应，pH 8.3～8.5，土体色调为10RP，$CaCO_3$ 相当物含量45～55 g/kg。土体中有30%左右泥岩碎屑。

对比土系　德感系，同一亚类不同土族，由侏罗系自流井组紫色泥岩风化残积物发育而成，颗粒大小级别为黏壤质，有淡薄表层。

利用性能综述　该土系土体很浅，细土质地适中，砾石含量高，通透性好，不耐旱；耕层土壤有机质、全氮含量较低，全磷含量中等，全钾含量较高。在改良利用上，应整治坡面水系，改坡为梯，搞好间套作，增加地表活体覆盖，减少冲刷和蒸发；改善农田水利条件，提高抗旱减灾能力；可采用聚土栽培、深啄石骨等措施，增厚土层；增施有机肥，合理种植豆科绿肥，改善土壤理化性状，促进土壤熟化；根据作物养分需求和土壤供肥性能，合理施肥。

参比土种　棕紫石骨土。

代表性单个土体　位于重庆市大足区高坪镇新兴村 7 组，29°49′00.9″N，105°40′22.4″E，海拔 515 m，低山顶部，坡度分级为中缓坡，成土母质为侏罗系蓬莱镇组紫色泥岩风化残积物，旱地，玉米（套红薯）-油菜轮作或红薯-油菜轮作，50 cm 深度土温 18.5℃。野外调查时间为 2015 年 6 月 28 日，编号 50-016。

Ap1：0～18 cm，灰红紫（10RP 5/4，干），灰红紫（10RP 4/3，润）；壤土，弱发育大粒状结构，疏松；很少量细根；中量动物穴；土体中有 30%泥岩碎屑；强石灰反应；向下层平滑模糊过渡。

Ap2：18～24 cm，灰红紫（10RP 5/4，干），灰红紫（10RP 4/3，润）；壤土，弱发育小块状结构，疏松；很少量细根；少量动物穴；土体中有 30%泥岩碎屑；强石灰反应；向下层波状突变过渡。

R：　24～45 cm，泥岩，强石灰反应。

新兴系代表性单个土体剖面

新兴系代表性单个土体物理性质

土层	深度/cm	砾石(>2 mm, 体积分数)/%	细土颗粒组成 (粒径：mm)/(g/kg)			质地	容重/(g/cm³)
			砂粒 2～0.05	粉粒 0.05～0.002	黏粒 <0.002		
Ap1	0～18	30	479	362	159	壤土	1.16
Ap2	18～24	30	466	409	125	壤土	1.40

新兴系代表性单个土体化学性质

深度/cm	pH(H₂O)	有机碳/(g/kg)	全氮(N)/(g/kg)	全磷(P)/(g/kg)	全钾(K)/(g/kg)	CEC/[cmol(+)/kg]	游离铁/(g/kg)
0～18	8.4	10.0	1.07	0.64	22.2	31.1	7.6
18～24	8.5	7.2	1.07	0.96	21.7	31.1	6.4

8.3.2 德感系（Degan Series）

土　　族：黏壤质硅质混合型热性-石灰紫色正常新成土
拟定者：慈　恩，唐　江，李　松

德感系典型景观

分布与环境条件　主要分布在江津、永川、璧山、铜梁、巴南、涪陵、忠县等地，多位于背斜两翼的低丘顶部，坡度分级为中缓坡，海拔一般在 250～450 m，成土母质为侏罗系自流井组紫色泥岩风化残积物；利用方式为旱地、林地、荒草地等，旱地种植红薯、玉米等，林地植被有马尾松、樟树等，荒草地植被有苦蒿、茅草、飞蓬等。亚热带湿润季风气候，年日照时数 1200～1300 h，年平均气温 17.0～18.5℃，年降水量 1000～1100 mm，无霜期 330～350 d。

土系特征与变幅　诊断层包括淡薄表层；诊断特性包括紫色砂、页岩岩性特征、准石质接触面、湿润土壤水分状况、热性土壤温度状况、石灰性等。由侏罗系自流井组紫色泥岩风化残积物发育而成，剖面构型为 Ah-AC-R，土体厚度<25 cm，层次质地构型为通体壤土，通体有石灰反应，pH 8.1～8.4，土体色调为 10RP，$CaCO_3$ 相当物含量 70～90 g/kg。不同深度层次中有 10%～50%泥岩碎屑。

对比土系　新兴系，同一亚类不同土族，由侏罗系蓬莱镇组紫色泥岩风化残积物发育而成，颗粒大小级别为粗骨壤质，无淡薄表层。杜市系，分布区域相近，不同土纲，成土母质相似，有雏形层发育，为雏形土。

利用性能综述　该土系土体很浅，细土质地适中，含中量砾石，不耐旱；表层土壤有机质、全磷含量较低，全氮、全钾含量中等。在改良利用上，应加强坡面水系整治，秉承因地制宜、循序渐进的原则，种草植树，涵蓄水源，固土防冲，改善生态环境；若发展旱作，则需进一步结合相关工程和耕作措施，控制水土流失，采用聚土栽培、深啄石骨、客土等方法，增厚土层，多施有机肥，合理轮作，改良熟化土壤，提高土壤肥力。

参比土种　暗紫石骨土。

代表性单个土体　位于重庆市江津区德感街道高桥溪村 7 组，29°16′50.3″N，106°11′59.1″E，海拔 301 m，低丘顶部，坡度分级为中缓坡，成土母质为侏罗系自流井组紫色泥岩风化残积物，荒草地，生长有苦蒿、茅草、飞蓬、樟树等，草本植物占优势，植被覆盖度70%，50 cm深度土温19.1℃。野外调查时间为2015年9月16日，编号50-048。

Ah：0～18 cm，灰紫红（10RP 6/4，干），灰红紫（10RP 5/4，润）；壤土，中等发育小块状结构，疏松；樟树和草本植物根系，中量中根和很少量细根；少量动物穴；土体中有10%泥岩碎屑；强石灰反应；向下层平滑模糊过渡。

AC：18～23 cm，灰紫红（10RP 6/4，干），灰红紫（10RP 5/4，润）；壤土，弱发育中块状结构，稍坚实；樟树和草本植物根系，少量中根和很少量细根；很少量动物穴；土体中有50%泥岩碎屑；强石灰反应；向下层平滑清晰过渡。

R：　23～50 cm，泥岩，强石灰反应。

德感系代表性单个土体剖面

德感系代表性单个土体物理性质

| 土层 | 深度/cm | 砾石(>2 mm，体积分数)/% | 细土颗粒组成 (粒径：mm)/(g/kg) | | | 质地 | 容重/(g/cm³) |
			砂粒 2～0.05	粉粒 0.05～0.002	黏粒 <0.002		
Ah	0～18	10	327	448	225	壤土	1.53
AC	18～23	50	327	481	192	壤土	1.63

德感系代表性单个土体化学性质

深度/cm	pH(H₂O)	有机碳/(g/kg)	全氮(N)/(g/kg)	全磷(P)/(g/kg)	全钾(K)/(g/kg)	CEC/[cmol(+)/kg]	游离铁/(g/kg)
0～18	8.1	10.4	1.10	0.51	18.5	26.9	17.9
18～23	8.4	7.7	0.74	0.50	18.1	31.7	19.1

8.4　普通紫色正常新成土

8.4.1　朱衣系（Zhuyi Series）

土　族：粗骨质云母混合型非酸性热性-普通紫色正常新成土
拟定者：慈　恩，唐　江，李　松

朱衣系典型景观

分布与环境条件　主要分布在奉节、巫山、云阳等地，多位于三叠系巴东组紫色泥（页）岩出露的中、低山下坡，坡度分级为陡坡，海拔一般在 200～400 m，成土母质为三叠系巴东组紫色泥（页）岩风化残坡积物；果园，主要种植柑橘等。亚热带湿润季风气候，年日照时数 1400～1500 h，年平均气温 15.5～17.0 ℃，年降水量 1100～1200 mm，无霜期 290～310 d。

土系特征与变幅　诊断层包括淡薄表层；诊断特性包括紫色砂、页岩岩性特征、准石质接触面、湿润土壤水分状况、热性土壤温度状况等。由三叠系巴东组紫色泥（页）岩风化残坡积物发育而成，剖面构型为 Ap-C-R，耕作层厚度一般<20 cm，层次质地构型为砂质壤土-砂质黏壤土-黏壤土，无石灰反应，pH 6.5～6.8，土体色调为 10RP。不同深度层次中有 60%～90%岩石碎屑，准石质接触面的出现深度一般在 120 cm 左右。

对比土系　福星系，同一亚类不同土族，由侏罗系沙溪庙组紫色泥岩风化残坡积物发育而成，颗粒大小级别为粗骨砂质，矿物学类型为硅质混合型。胡家村系，分布区域相近，不同土纲，有 B 层发育，为雏形土。

利用性能综述　该土系土体很浅，砾石含量很高，耕层细土质地偏砂，通透性好，干旱威胁大，供肥能力差；耕层土壤有机质、全氮、全磷含量较低，全钾含量较高。在改良利用上，应加强坡面水系整治，改坡为梯，合理套种绿肥，增加果园地表覆盖，减少冲刷和蒸发；增施有机肥，改善土壤结构和肥力状况；根据果树养分需求和土壤供肥性能等，合理施肥。

参比土种　红砂石骨土。

代表性单个土体　位于重庆市奉节县朱衣镇黄果村 4 组，31°01′04.8″N，109°22′45.8″E，海拔 269 m，低山下坡，坡度分级为陡坡，成土母质为三叠系巴东组紫色泥（页）岩风化残坡积物，果园，种植柑橘，50 cm 深度土温 17.8℃。野外调查时间为 2015 年 8 月 29 日，编号 50-031。

Ap: 0～14 cm，灰紫红（10RP 6/4，干），灰红紫（10RP 5/4，润）；砂质壤土，弱发育大粒状结构，疏松；中量中根和少量细根；少量动物穴；有 60%岩石碎屑；无石灰反应；向下层平滑模糊过渡。

C1: 14～45 cm，灰紫红（10RP 6/4，干），灰红紫（10RP 5/4，润）；砂质黏壤土，很弱发育大粒状结构，疏松；很少量粗根和细根；很少量动物穴；有 80%岩石碎屑；无石灰反应；向下层平滑模糊过渡。

C2: 45～110 cm，灰紫红（10RP 6/4，干），灰红紫（10RP 5/4，润）；黏壤土，很弱发育大粒状结构，稍坚实；很少量细根；有 90%岩石碎屑；无石灰反应；向下层不规则清晰过渡。

R: 110～120 cm，泥岩。

朱衣系代表性单个土体剖面

朱衣系代表性单个土体物理性质

土层	深度 /cm	砾石 (>2 mm，体积分数)/%	细土颗粒组成（粒径：mm)/(g/kg)			质地	容重 /(g/cm³)
			砂粒 2～0.05	粉粒 0.05～0.002	黏粒 <0.002		
Ap	0～14	60	572	240	188	砂质壤土	1.19
C1	14～45	80	559	203	238	砂质黏壤土	1.14
C2	45～110	90	373	348	279	黏壤土	—

朱衣系代表性单个土体化学性质

深度 /cm	pH (H₂O)	有机碳 /(g/kg)	全氮(N) /(g/kg)	全磷(P) /(g/kg)	全钾(K) /(g/kg)	CEC /[cmol(+)/kg]	游离铁 /(g/kg)
0～14	6.8	6.0	0.91	0.41	22.8	21.3	12.6
14～45	6.8	2.6	0.68	0.25	22.1	23.3	18.5
45～110	6.5	1.2	0.52	0.17	24.1	21.7	16.2

8.4.2 福星系（Fuxing Series）

土　族：粗骨砂质硅质混合型非酸性热性-普通紫色正常新成土
拟定者：慈　恩，唐　江，李　松

福星系典型景观

分布与环境条件　主要分布在云阳、奉节、开州、万州等地，多位于侏罗系沙溪庙组地层出露的低山上坡或顶部，坡度分级为中坡，海拔一般在 500～700 m，成土母质为侏罗系沙溪庙组紫色泥岩风化残坡积物；旱地，种植玉米、红薯、马铃薯、蔬菜等。亚热带湿润季风气候，年日照时数 1300～1400 h，年平均气温 16.0～17.5℃，年降水量 1100～1200 mm，无霜期 270～290 d。

土系特征与变幅　诊断特性包括紫色砂、页岩岩性特征、准石质接触面、湿润土壤水分状况、热性土壤温度状况等。由侏罗系沙溪庙组紫色泥岩风化残坡积物发育而成，剖面构型为 Ap-AC-R，土体厚度一般<30 cm，层次质地构型为通体砂质壤土，无石灰反应，pH 6.3～6.6，土体色调为 10RP。土体中有 70%左右泥岩碎屑。

对比土系　朱衣系，同一亚类不同土族，由三叠系巴东组紫色泥（页）岩风化残坡积物发育而成，颗粒大小级别为粗骨质，矿物学类型为云母混合型。

利用性能综述　该土系土体很浅，砾石含量很高，细土质地偏砂，通透性好，极不耐旱；耕层土壤有机质含量较低，全氮含量低，全磷、全钾含量较高。若发展旱作，应整治坡面水系，改坡为梯，增加地表覆盖，减少水土流失；挑泥面土，改良质地，结合聚土栽培、深啄石骨等，增厚土层；改善灌溉条件，增强抗旱能力；增施有机肥和种植豆科绿肥，改善土壤结构和肥力状况，促进土壤熟化；根据作物养分需求和土壤供肥性能等，合理选施肥料，适时少量分次施用。对于土层特别浅薄、产量很低的地块，可因地制宜发展经济林木等。

参比土种　灰棕石骨土。

代表性单个土体　位于重庆市云阳县栖霞镇福星村 13 组，31°00′55.8″N，108°47′33.1″E，海拔 612 m，低山上坡，坡度分级为中坡，成土母质为侏罗系沙溪庙组紫色泥岩风化残坡积物，旱地，种植玉米、红薯、马铃薯、蔬菜等，50 cm 深度土温 17.6℃。野外调查时间为 2016 年 1 月 18 日，编号 50-088。

Ap：0～20 cm，灰红紫（10RP 6/2，干），灰紫（10RP 4/2，润）；砂质壤土，弱发育小粒状结构，极疏松；少量细根；很少量动物穴；土体中有 70%泥岩碎屑；无石灰反应；向下层平滑模糊过渡。

AC：20～28 cm，灰红紫（10RP 6/2，干），灰紫（10RP 4/2，润）；砂质壤土，弱发育小粒状结构，疏松；很少量细根；土体中有 70%泥岩碎屑；无石灰反应；向下层平滑突变过渡。

R：28～40 cm，泥岩。

福星系代表性单个土体剖面

福星系代表性单个土体物理性质

| 土层 | 深度/cm | 砾石（>2 mm，体积分数)/% | 细土颗粒组成 (粒径：mm)/(g/kg) | | | 质地 | 容重/(g/cm³) |
			砂粒 2～0.05	粉粒 0.05～0.002	黏粒 <0.002		
Ap	0～20	70	705	212	83	砂质壤土	1.25
AC	20～28	70	659	241	100	砂质壤土	1.41

福星系代表性单个土体化学性质

深度/cm	pH(H₂O)	有机碳/(g/kg)	全氮(N)/(g/kg)	全磷(P)/(g/kg)	全钾(K)/(g/kg)	CEC/[cmol(+)/kg]	游离铁/(g/kg)
0～20	6.6	9.8	0.64	0.80	22.4	20.0	13.1
20～28	6.3	7.3	0.62	0.70	24.2	14.2	11.5

8.5 钙质湿润正常新成土

8.5.1 黄柏渡系（Huangbaidu Series）

土　　族：粗骨黏质伊利石型石灰性热性-钙质湿润正常新成土
拟定者：慈　恩，陈　林，唐　江

分布与环境条件　主要分布在武隆、南川等地，多位于石灰岩广泛出露的中、低山下坡，坡度分级为中坡，海拔一般在250～400 m，成土母质为三叠系石灰岩风化残坡积物；旱地，种植马铃薯、玉米等。亚热带湿润季风气候，年日照时数 1000～1100 h，年平均气温 16.5～17.5 ℃，年降水量 1000～1100 mm，无霜期290～310 d。

黄柏渡系典型景观

土系特征与变幅　诊断特性包括碳酸盐岩岩性特征、石质接触面、湿润土壤水分状况、热性土壤温度状况、石灰性等。剖面构型为Ap-R，土体厚度<25 cm，层次质地构型为通体粉质黏土，通体有石灰反应，pH 7.8～8.0，土体色调为10YR，$CaCO_3$ 相当物含量20～30 g/kg，石灰岩碎屑含量25%～35%，0～25 cm深度范围内有石质接触面出现。

对比土系　石梁子系和仙女山系，分布区域相近，不同土纲，土体深厚，有雏形层发育，为雏形土。

利用性能综述　该土系土体很浅，细土质地黏，砾石含量高，耕作困难；耕层土壤有机质、全钾含量中等，全氮含量较高，全磷含量较低。若发展旱作，要加强坡面水系整治，因地制宜采用相关工程和耕作措施等，减少水土流失。但该土系多位于斜坡地带，坡度较大，地表岩石露头度高，耕作管理极为不便，生产力低下，应逐步退耕还林、还草，保持水土，改善生态环境。

参比土种　石窖土。

代表性单个土体　位于重庆市武隆区巷口镇黄渡村黄柏渡景区，29°16′37.2″N，107°42′27.0″E，海拔 306 m，中山下坡，坡度分级为中坡，成土母质为三叠系石灰岩风化残坡积物，旱地，种植马铃薯、玉米等，50 cm深度土温19.1℃。野外调查时间为2016

代表性单个土体　位于重庆市北碚区龙凤桥街道龙车村大土组，29°45′37.9″N，106°25′52.0″E，海拔 520 m，背斜低山的内山上坡，坡度分级为中坡，成土母质为三叠系飞仙关组暗紫色泥（页）岩风化残坡积物，旱地，种植玉米、红薯等，50 cm 深度土温 18.6℃。野外调查时间为 2016 年 4 月 21 日，编号 50-128。

Ap： 0～15 cm，暗红灰（10R 4/1，干），暗红灰（10R 3/1，润）；壤质砂土，弱发育小粒状结构，疏松；很少量细根；少量动物穴；土体中有 75%岩石碎屑；轻度石灰反应；向下层平滑模糊过渡。

AC： 15～24 cm，暗红灰（10R 4/1，干），暗红灰（10R 3/1，润）；砂质壤土，弱发育小粒状结构，疏松；少量动物穴；土体中有 75%岩石碎屑；轻度石灰反应；向下层波状突变过渡。

R： 24～48 cm，泥（页）岩，强石灰反应。

中梁山系代表性单个土体剖面

中梁山系代表性单个土体物理性质

土层	深度 /cm	砾石 (>2 mm，体积分数)/%	细土颗粒组成 (粒径：mm)/(g/kg)			质地	容重 /(g/cm³)
			砂粒 2～0.05	粉粒 0.05～0.002	黏粒 <0.002		
Ap	0～15	75	832	50	118	壤质砂土	1.34
AC	15～24	75	729	175	96	砂质壤土	1.34

中梁山系代表性单个土体化学性质

深度 /cm	pH (H₂O)	有机碳 /(g/kg)	全氮(N) /(g/kg)	全磷(P) /(g/kg)	全钾(K) /(g/kg)	CEC /[cmol(+)/kg]	游离铁 /(g/kg)
0～15	8.2	9.5	1.04	2.26	20.3	37.7	32.2
15～24	8.4	9.6	1.00	1.53	19.4	40.3	32.2

8.6.3　三泉系（Sanquan Series）

土　族：粗骨质云母混合型非酸性热性-石质湿润正常新成土
拟定者：慈　恩，陈　林，唐　江

分布与环境条件　主要分布在南川、綦江等地，多位于志留系页岩出露的中山下坡，坡度分级为陡坡，海拔一般在 500～700 m，成土母质为志留系页岩风化残坡积物；旱地，种植马铃薯、玉米、红薯等。亚热带湿润季风气候，年日照时数 1000～1100 h，年平均气温 16.0～17.0 ℃，年降水量 1100～1200 mm，无霜期 300～320 d。

三泉系典型景观

土系特征与变幅　诊断特性包括准石质接触面、湿润土壤水分状况、热性土壤温度状况等。剖面构型为 Ap-AC-C-R，土体厚度一般在 70 cm 左右，层次质地构型为壤土-砂质壤土-壤土，无石灰反应，pH 4.9～5.8，土体色调为 2.5Y。不同深度层次中有 45%～80% 页岩碎屑，AC 层的出现深度<25 cm，准石质接触面的出现深度多在 100～120 cm。

对比土系　同一亚类不同土族的土系中，高何系，由侏罗系遂宁组红棕紫色泥岩风化残坡积物发育而成，石灰性和酸碱反应类别为石灰性；中梁山系，由三叠系飞仙关组暗紫色泥（页）岩风化残坡积物发育而成，石灰性和酸碱反应类别为石灰性；金铃系，由志留系砂页岩风化残坡积物发育而成，颗粒大小级别为粗骨壤质，矿物学类型为硅质混合型，石灰性和酸碱反应类别为酸性。

利用性能综述　该土系土体稍深，细土质地适中，砾石含量很高，通透性好，保蓄能力差；耕层土壤有机质含量较高，全氮、全磷、全钾含量中等，pH 低。在改良利用上，应整治剖面水系，改坡为梯，增加地表活体覆盖，减少冲刷和蒸发；可适量施用石灰或其他土壤改良剂，调节土壤酸度；根据作物养分需求和土壤供肥性能等，合理选施肥料，施肥宜少量多次；对于坡度过大、水土流失较严重的地块，应逐步退耕还林、还草。

参比土种　扁砂土。

代表性单个土体　位于重庆市南川区三泉镇龙凤村 2 组，29°08′44.4″N，107°11′40.2″E，海拔 575 m，中山下坡，坡度分级为陡坡，成土母质为志留系页岩风化残坡积物，旱地，种植马铃薯、玉米、红薯等，50 cm 深度土温 19.0℃。野外调查时间为 2016 年 3 月 30 日，编号 50-119。

Ap: 0～20 cm，浊黄（2.5Y 6/3，干），黄棕（2.5Y 5/3，润）；壤土，弱发育大粒状结构，疏松；中量细根和中根；中量动物穴；有 45%页岩碎屑；无石灰反应；向下层平滑模糊过渡。

AC: 20～50 cm，浊黄（2.5Y 6/3，干），黄棕（2.5Y 5/3，润）；壤土，弱发育小块状夹粒状结构，疏松；很少量细根和中根；中量动物穴；有 70%页岩碎屑；无石灰反应；向下层平滑模糊过渡。

C1: 50～70 cm，浊黄（2.5Y 6/4，干），黄棕（2.5Y 5/4，润）；砂质壤土，弱发育中块状夹粒状结构，稍坚实；很少量细根和中根；少量动物穴；有 75%页岩碎屑；无石灰反应；向下层平滑模糊过渡。

C2: 70～110 cm，浊黄（2.5Y 6/4，干），黄棕（2.5Y 5/4，润）；壤土，弱发育中块状夹粒状结构，稍坚实；很少量细根；少量动物穴；有 80%页岩碎屑；向下层波状清晰过渡。

R: 110～130 cm，页岩半风化体。

三泉系代表性单个土体剖面

三泉系代表性单个土体物理性质

土层	深度/cm	砾石(>2 mm，体积分数)/%	细土颗粒组成（粒径：mm)/(g/kg)			质地	容重/(g/cm³)
			砂粒 2～0.05	粉粒 0.05～0.002	黏粒 <0.002		
Ap	0～20	45	474	364	162	壤土	1.19
AC	20～50	70	463	381	156	壤土	1.33
C1	50～70	75	521	320	159	砂质壤土	1.42
C2	70～110	80	454	367	179	壤土	1.53

三泉系代表性单个土体化学性质

深度/cm	pH(H₂O)	有机碳/(g/kg)	全氮(N)/(g/kg)	全磷(P)/(g/kg)	全钾(K)/(g/kg)	CEC/[cmol(+)/kg]	游离铁/(g/kg)
0～20	4.9	21.9	1.43	0.70	20.6	21.4	14.8
20～50	5.2	13.7	1.06	0.51	20.6	18.6	14.9
50～70	5.8	10.3	0.84	0.28	22.2	20.9	15.4
70～110	5.6	7.9	0.79	0.34	20.8	23.3	14.1

8.6.4　金铃系（Jinling Series）

土　　族：粗骨壤质硅质混合型酸性热性-石质湿润正常新成土
拟定者：慈　恩，李　松，翁昊璐

金铃系典型景观

分布与环境条件　主要分布在石柱、黔江等地，多位于志留系砂页岩出露的中山中上部坡地，坡度分级为中坡或陡坡，海拔一般在 1100～1400 m，成土母质为志留系砂页岩风化残坡积物；旱地，主要种植单季玉米等。亚热带湿润季风气候，年日照时数 1100～1200 h，年平均气温 11.5～13.5℃，年降水量 1100～1200 mm，无霜期 220～245 d。

土系特征与变幅　诊断特性包括准石质接触面、常湿润土壤水分状况、热性土壤温度状况等。由志留系砂页岩风化残坡积物发育而成，剖面构型为 Ap-AC-R，土体厚度 20～40 cm，层次质地构型为通体黏壤土，无石灰反应，pH 4.8～5.0，土体色调为 2.5Y。不同深度层次中有 70%～75%岩石碎屑，0～40 cm 深度范围内有准石质接触面出现。

对比土系　同一亚类不同土族的土系中，高何系，由侏罗系遂宁组红棕紫色泥岩风化残坡积物发育而成，颗粒大小级别为粗骨质，矿物学类型为云母混合型，石灰性和酸碱反应类别为石灰性；中梁山系，由三叠系飞仙关组暗紫色泥（页）岩风化残坡积物发育而成，颗粒大小级别为粗骨质，矿物学类型为云母混合型，石灰性和酸碱反应类别为石灰性；三泉系，成土母质相似，颗粒大小级别为粗骨质，矿物学类型为云母混合型，石灰性和酸碱反应类别为非酸性。

利用性能综述　该土系土体很浅，细土质地偏黏，砾石含量很高，水、热、气、肥不协调，耕犁易损农具；耕层土壤有机质、全氮含量丰富，全磷、全钾含量中等，pH 较低。在改良利用上，应整治坡面水系，改坡为梯，结合相关耕作和生物措施，护土防冲；拣出粗砾和石块，改善耕性，实行聚土栽培，增厚土层；改善灌溉条件，适量施用石灰或其他土壤改良剂，调节土壤酸度，配施腐熟的有机肥，合理施用化肥，施肥宜少量多次；对于坡度大、难以改造的地块，应退耕还林、还草。

参比土种　石渣子土。

代表性单个土体　位于重庆市石柱土家族自治县金铃乡响水村老窑组，30°00′44.9″N，108°29′01.3″E，海拔 1265 m，中山中坡，坡度分级为中坡，成土母质为志留系砂页岩风化残坡积物，旱地，单季玉米，50 cm 深度土温 16.3℃。野外调查时间为 2016 年 3 月 21日，编号 50-106。

Ap:　0～15 cm，灰黄（2.5Y 6/2，干），暗灰黄（2.5Y 5/2，润）；黏壤土，弱发育小块状结构，疏松；少量细根；中量动物穴；土体中有 70%岩石碎屑；无石灰反应；向下层平滑模糊过渡。

AC:　15～30 cm，浊黄（2.5Y 6/3，干），黄棕（2.5Y 5/3，润）；黏壤土，弱发育小块状结构，疏松；很少量细根；少量动物穴；土体中有 75%岩石碎屑，有 1 块直径 75～250 mm暗色岩石碎屑侵入；无石灰反应；向下层波状突变过渡。

R:　30～60 cm，页岩。

金铃系代表性单个土体剖面

金铃系代表性单个土体物理性质

土层	深度/cm	砾石(>2 mm，体积分数)/%	细土颗粒组成（粒径：mm）/(g/kg)			质地	容重/(g/cm³)
			砂粒2～0.05	粉粒0.05～0.002	黏粒<0.002		
Ap	0～15	70	362	338	300	黏壤土	1.20
AC	15～30	75	219	503	278	黏壤土	1.22

金铃系代表性单个土体化学性质

深度/cm	pH(H₂O)	有机碳/(g/kg)	全氮(N)/(g/kg)	全磷(P)/(g/kg)	全钾(K)/(g/kg)	CEC/[cmol(+)/kg]	游离铁/(g/kg)
0～15	5.0	35.1	3.35	0.78	15.8	31.1	16.7
15～30	4.8	30.9	2.75	0.64	13.3	35.0	19.2

8.7　普通湿润正常新成土

8.7.1　黄安坝系（Huang'anba Series）

土　族：粗骨壤质云母混合型酸性温性-普通湿润正常新成土
拟定者：慈　恩，连茂山，翁昊璐

分布与环境条件　主要分布在城口等地，多位于寒武系板岩出露的中山上部坡地，坡度分级为陡坡，海拔一般在 2200～2500 m，成土母质为寒武系板岩风化残坡积物；林地，植被有华山松、枫树、灌木、蕨类等，植被覆盖度≥80%。北亚热带山地气候，年日照时数 1400～1500 h，年平均气温 4.5～6.5℃，年降水量 1500～1600 mm，无霜期 110～130 d。

黄安坝系典型景观

土系特征与变幅　诊断特性包括石质接触面、常湿润土壤水分状况、温性土壤温度状况等。剖面构型为 Ah-AC-C-R，土体厚度 40～50 cm，层次质地构型为粉质黏壤土-壤土-粉壤土，无石灰反应，pH 5.2～5.4，土体色调为 10YR。不同深度层次中有 45%～80% 岩石碎屑，AC 层的出现深度<25 cm。

对比土系　北屏系，分布区域相近，不同土纲，有雏形层发育，为雏形土。

利用性能综述　该土系土体浅，砾石含量高，表层细土质地偏黏，供肥能力弱；表层土壤有机质、全氮含量高，全磷含量较低，全钾含量较高。在发展林木上，要加强幼林抚育与管理，采种并举，防止林木被破坏，以免造成水土流失和生态环境恶化；在种植林木上，可根据实际需求，适量施肥。

参比土种　石块黄泥砂土。

代表性单个土体　位于重庆市城口县东安镇黄安坝景区，31°50′38.7″N，109°10′51.3″E，海拔 2404 m，中山上部坡地，坡度分级为陡坡，成土母质为寒武系板岩风化残坡积物，林地，植被有华山松、枫树、灌木、蕨类、茅草等，植被覆盖度≥80%，50 cm 深度土温 11.6℃。野外调查时间为 2015 年 9 月 2 日，编号 50-040。

+6～0 cm，枯枝落叶。

Ah：　0～19 cm，浊黄橙（10YR 6/3，干），浊黄棕（10YR 4/3，
润）；粉质黏壤土，中等发育很小团块状结构，疏松；
草灌根系，多量细根和少量中根；中量动物穴；有 45%
板岩碎屑；无石灰反应；向下层波状清晰过渡。

AC：19～44 cm，浊黄橙（10YR 7/4，干），浊黄棕（10YR 5/4，
润）；壤土，弱发育小块状结构，疏松；草灌根系，多
量细根和中量中根；少量动物穴；有 60%板岩碎屑；无
石灰反应；向下层波状渐变过渡。

C：　44～84 cm，浊黄橙（10YR 7/4，干），浊黄棕（10YR 5/4，
润）；粉壤土，很弱发育小块状结构，疏松；华山松和
草灌根系，很少量粗根和细根；有 80%板岩碎屑；无石
灰反应；向下层波状突变过渡。

R：　84～120 cm，板岩。

黄安坝系代表性单个土体剖面

黄安坝系代表性单个土体物理性质

土层	深度 /cm	砾石 (>2 mm，体积分数)/%	细土颗粒组成 (粒径：mm)/(g/kg)			质地	容重 /(g/cm³)
			砂粒 2～0.05	粉粒 0.05～0.002	黏粒 <0.002		
Ah	0～19	45	193	535	272	粉质黏壤土	0.71
AC	19～44	60	344	463	193	壤土	1.00
C	44～84	80	259	604	137	粉壤土	1.17

黄安坝系代表性单个土体化学性质

深度 /cm	pH (H₂O)	有机碳 /(g/kg)	全氮(N) /(g/kg)	全磷(P) /(g/kg)	全钾(K) /(g/kg)	CEC /[cmol(+)/kg]	游离铁 /(g/kg)
0～19	5.3	42.4	4.02	0.57	22.9	31.2	23.0
19～44	5.2	28.2	2.36	0.46	22.3	32.8	22.4
44～84	5.4	21.8	1.94	0.46	24.0	19.9	15.5

参 考 文 献

陈林, 慈恩, 连茂山, 等. 2019. 渝东南岩溶区典型土壤的系统分类研究. 土壤, 51(1): 178-184.

陈升琪. 2003. 重庆地理. 重庆: 西南师范大学出版社.

慈恩, 唐江, 连茂山, 等. 2018. 重庆市紫色土系统分类高级单元划分研究. 土壤学报, 55(3): 569-584.

重庆市地理信息中心, 重庆市遥感中心. 2008. 重庆区县地图. 西安: 西安地图出版社.

重庆市地质矿产勘查开发总公司. 2002. 重庆市地貌图. 重庆: 重庆长江地图印制厂.

重庆市气象志编纂委员会. 2007. 重庆市志·气象志. 重庆: 西南师范大学出版社.

重庆市统计局, 国家统计局重庆调查总队. 2018. 重庆统计年鉴 2018. 北京: 中国统计出版社.

重庆市土壤普查办公室. 1986. 重庆土壤.

冯学民, 蔡德利. 2004. 土壤温度与气温及纬度和海拔关系的研究. 土壤学报, 41(3): 489-491.

龚子同, 张甘霖, 陈志诚, 等. 2007. 土壤发生与系统分类. 北京: 科学出版社.

辜学达, 刘啸虎. 1997. 四川省岩石地层. 武汉: 中国地质大学出版社.

何毓蓉. 2003. 中国紫色土(下篇). 北京: 科学出版社.

侯光炯. 1941. 四川重庆区土壤概述//刘明钊. 侯光炯土壤学论文选集. 成都: 四川科学技术出版社:
    113-120.

侯光炯. 1945. 北碚土壤志//刘明钊. 侯光炯土壤学论文选集. 成都: 四川科学技术出版社: 158-174.

侯光炯. 1956. 四川盆地内紫色土的分类与分区//刘明钊. 侯光炯土壤学论文选集. 成都: 四川科学技术
    出版社: 191-199.

胡瑾, 慈恩, 连茂山, 等. 2018. 重庆市全新统冲积物发育土壤的系统分类研究. 土壤, 50(1): 202-210.

黄昌勇, 徐建明. 2014. 土壤学. 北京: 中国农业出版社.

连茂山, 慈恩, 唐江, 等. 2018. 渝东北中山区典型土壤的系统分类. 浙江农业学报, 30(10): 1729-1738.

刘德. 2012. 重庆市天气预报技术手册. 北京: 气象出版社.

刘兴诗. 1983. 四川盆地的第四系. 成都: 四川科学技术出版社.

全国土壤普查办公室. 1993. 中国土壤分类系统. 北京: 中国农业出版社.

四川省涪陵地区土壤普查办公室. 1987a. 涪陵土壤(上册).

四川省涪陵地区土壤普查办公室. 1987b. 涪陵土壤(土种志).

四川省农牧厅, 四川省土壤普查办公室. 1994. 四川土种志. 成都: 四川科学技术出版社.

四川省农牧厅, 四川省土壤普查办公室. 1997. 四川土壤. 成都: 四川科学技术出版社.

万县地区土地资源调查办公室. 1987. 万县地区土壤.

向芳, 朱利东, 王成善, 等. 2005. 长江三峡阶地的年代对比法及其意义. 成都理工大学学报(自然科学
    版), 32(2): 162-166.

易思荣, 唐正中, 张仁固. 2008. 重庆市植物区系特征及植被类型. 重庆林业科技, (1): 42-46.

张凤荣. 2016. 土壤地理学. 北京: 中国农业出版社.

张甘霖, 龚子同. 2012. 土壤调查实验室分析方法. 北京: 科学出版社.

张甘霖, 李德成. 2016. 野外土壤描述与采样手册. 北京: 科学出版社.

张甘霖, 王秋兵, 张凤荣, 等. 2013. 中国土壤系统分类土族和土系划分标准. 土壤学报, 50(4): 826-834.

中国科学院成都分院土壤研究室. 1991. 中国紫色土(上篇). 北京: 科学出版社.

中国科学院南京土壤研究所, 中国科学院西安光学精密机械研究所. 1989. 中国土壤标准色卡. 南京: 南京出版社.

中国科学院南京土壤研究所土壤系统分类课题组, 中国土壤系统分类课题研究协作组. 2001. 中国土壤系统分类检索. 3 版. 合肥: 中国科学技术大学出版社.

庄云, 武小净, 李德成, 等. 2013. 重庆典型烟区代表性烟田土壤系统分类研究. 土壤, 45(6): 1142-1146.

Thorp J. 1936. Geography of the soils of China. Nanjing: The National Geography Survey of China.

附录 重庆市土系与土种参比表

（按土系拼音顺序）

土系	土种	土系	土种
安居系	面黄泥土	官坝系	紫泥土
安稳系	钙质矿子黄泥田	官渡系	红砂土
八颗系	灰棕紫砂泥土	郭扶系	酸紫砂泥田
白帝系	姜石黄泥土	红池坝系	厚层酸棕泡砂泥土
柏梓系	紫潮砂田	红岩系	红砂土
板溪系	钙质矿子黄泥田	胡家村系	面黄泥土
宝胜系	棕紫砂泥土	虎峰系	冷砂土
北屏系	石灰棕泥土	华盖山系	红紫砂泥土
碧水系	石灰黄石渣土	黄安坝系	石块黄泥砂土
曹回系	棕紫泥田	黄柏渡系	石窖土
长寿寨系	黄紫泥田	黄登溪系	紫潮砂泥田
长兴系	灰泡黄泥土	黄水系	黄棕泡土
朝音沟系	红紫砂土	黄庄村系	酸紫泥土
澄溪系	鸭屎紫泥田	继冲系	黄紫砂泥田
春晓村系	矿子黄泥土	兼善系	砂黄泥田
慈云系	酸紫砂泥土	建坪系	矿子黄泥土
茨竹系	红棕紫砂泥土	金铃系	石渣子土
大南系	紫潮砂泥田	金龙系	酸紫砂泥土
大坪村系	黄棕泥土	来苏系	紫潮砂泥田
德感系	暗紫石骨土	老瀛山系	红紫砂土
滴水系	淤滩土	黎咀系	紫潮砂泥土
钓鱼城系	酸紫砂泥土	礼让系	小土黄泥田
东安系	扁石黄砂土	荔枝坪系	石灰黄泥土
东渡系	钙质灰棕潮砂泥土	凉河系	大泥田
杜市系	暗紫泥土	凉亭系	黄红泥田
丰盛系	黄砂田	两汇口系	红棕紫砂泥土
凤来系	黄砂田	蔺市系	黄紫砂泥田
凤岩系	棕紫泥土	龙车寺系	粗油砂土
佛耳系	新积钙质灰棕砂土	龙岗系	棕紫泥土
涪江系	钙质灰棕潮砂泥土	龙水系	棕紫夹砂泥田
福星系	灰棕石骨土	龙台系	红紫泥田
赶场系	灰棕紫砂泥土	楼房村系	粗石子黄泥土
高何系	红棕石骨土	鹿角系	火石子黄泥土
苟家系	洪积钙质黄泥土	罗云系	石灰黄泥土
古楼系	灰棕紫砂泥土	珞璜系	黄砂土
观胜系	红棕紫砂泥土	马鞍系	红棕紫砂泥土

土系	土种	土系	土种
马灌系	棕紫砂泥土	柿坪系	砂子土
马鹿系	黄砂土	树人系	棕紫砂泥土
马路桥系	紫潮泥田	双梁系	砂黄泥田
庙宇系	紫潮砂泥田	水江系	黄潮砂田
南泉系	砂黄泥土	思源系	厚层黄棕泡土
南溪系	棕紫砂泥土	四面山系	厚层红紫砂土
盘龙系	钙质鸭屎紫泥田	桃花源系	黄潮泥土
票草系	钙质烂黄泥田	铜马系	砂黄泥土
平安系	石灰黄石渣土	铜溪系	大泥田
平滩系	红棕紫砂泥土	团松林系	酸紫泥土
屏锦系	石灰黄泥土	围龙系	酸紫砂土
蒲吕系	矿子锈黄泥田	魏家系	黄褐大泥土
钱塘系	卵石锈黄泥田	文峰系	石灰黄泥土
清流系	紫潮砂泥田	吴家系	紫潮白鳝泥田
清泉系	石灰黄泥土	五洞系	红棕紫砂泥土
清水系	洪积黄泥土	西流溪系	厚层山地草甸土
渠口系	紫潮砂泥土	仙白系	厚层石灰黄泥土
泉沟系	黑泡泥土	仙女山系	厚层黄棕泡土
群力系	厚层石灰黄泥土	响水系	棕紫夹砂泥田
仁义系	酸紫泥土	新齐系	黄红泥土
三角系	黄砂土	新兴系	棕紫石骨土
三教系	下湿紫泥田	迎新系	黄潮泥田
三庙系	卵石黄泥土	砚台系	灰棕紫砂泥土
三泉系	扁砂土	杨寿系	老冲积黄泥土
三溪系	酸紫黄泥土	银厂坪系	厚层山地灌丛草甸土
三幢系	棕紫夹砂泥田	宜居系	黄潮砂泥土
沙子系	厚层冷砂黄泥土	永黄系	酸紫黄砂泥土
上和系	紫潮砂泥土	永生系	鸭屎紫泥田
上磺系	中层石灰黑泥土	永兴村系	酸紫砂泥土
少云系	灰棕黄紫泥土	云龙系	紫潮砂泥田
绍庆系	下湿潮田	云盘系	砂黄泥土
狮子山系	红紫砂土	中伙系	石灰黄泥土
石会系	矿子锈黄泥田	中梁山系	梭砂土
石脚迹系	黄紫砂泥田	朱沱系	新积钙质灰棕砂土
石梁子系	石渣黄棕泡土	朱衣系	红砂石骨土
石林系	扁砂黄泥土	灌水系	石灰黄泥土

索　引

(S-0012.01)

ISBN 978-7-5088-5703-9

9 787508 857039 >

定价：298.00 元